Planung und Reporting im Mittelstand

Dietmar Schön

Planung und Reporting im Mittelstand

Grundlagen, Business Intelligence und Mobile Computing

Prof. Dr. Dietmar Schön
Fachhochschule Dortmund
Dortmund, Deutschland

ISBN 978-3-8349-3603-5 ISBN 978-3-8349-3604-2 (eBook)
DOI 10.1007/978-3-8349-3604-2

Die Deutsche Nationalbibliothek verzeichnet diese Publikation in der Deutschen Nationalbibliografie; detaillierte bibliografische Daten sind im Internet über http://dnb.d-nb.de abrufbar.

Springer Gabler

Lektorat: Anna Pietras
Einbandentwurf: KünkelLopka GmbH, Heidelberg

Gedruckt auf säurefreiem und chlorfrei gebleichtem Papier.

Springer Gabler ist eine Marke von Springer DE. Springer DE ist Teil der Fachverlagsgruppe Springer Science+BusinessMedia
www.springer-gabler.de

Vorwort

Es gibt Herausforderungen an die Planung und das Reporting, die in nahezu allen mittelständischen Unternehmen anzutreffen sind:

- Das Datenangebot ist extrem groß, aber es mangelt an entscheidungsrelevanten Informationen.
- Die Antizipation zukünftiger Chancen und Risiken bei veränderten Wettbewerbsbedingungen ist äußerst wichtig, aber verlässliche und abgestimmte Planungen und Prognosen sind selten.

In der Unternehmenspraxis und in der Literatur werden die Themen Planung und Reporting selten zusammen betrachtet. Dies ist ein großes Manko, das Prof. Dr. Dietmar Schön in diesem Werk aufgreift. Er schafft mit diesem Buch erstmalig eine umfangreiche Ausarbeitung über die Integration von Planung und Reporting im Mittelstand, in dem er systematisch zunächst die Grundlagen aufbaut und unscharfe Definitionen präzisiert. Er nutzt dazu einen Ordnungsrahmen, der alle wichtigen Fragen bezüglich der fachlich-inhaltlichen Ausgestaltung, der ablauftechnischen und organisatorischen Verankerung sowie der DV-Umsetzung von Planungs- und Reportingsystemen beantwortet. Neben zahlreichen Gestaltungsvorschlägen und Praxisbeispielen werden besondere Einsatzprobleme und Erfolgspotenziale für den Mittelstand analysiert.

Besonders hervorzuheben ist die DV-Unterstützung. Hierbei wird aufgezeigt, welche Vor- und Nachteile spezielle DV-Werkzeuge (Tabellenkalkulationsprogramme, ERP-Systeme, proprietäre Software auf relationaler Datenbanktechnik sowie Data-Warehouse- bzw. Business-Intelligence-gestützte Systeme) für das Reporting und die Planung besitzen. Aufgrund der starken Etablierung von Business Intelligence in den letzten 10 Jahren werden zahlreiche Analyse- und Planungswerkzeuge dieser Data-Warehouse-gestützten Technologie vorgestellt. Der Leser kann dabei von der Datenquelle über die Datenmodellierung bis hin zur Ablage der Berichte im Portal differenziert nachvollziehen, welche Möglichkeiten modernes Reporting und moderne Planung bieten. Abgerundet wird dieses Buch mit dem zukunftsweisenden Thema Mobile Computing, in dem dargestellt wird, welche mobilen Endgeräte mit welchen technischen Potenzialen für das Reporting und die Planung zur Verfügung stehen.

Das Werk stellt eine umfassende und richtungsweisende Analyse zum Reporting und zur Planung im Mittelstand dar und ist für Forschende, Lehrende und Studenten der Betriebswirtschaftslehre sowie der Wirtschaftsinformatik genauso geeignet wie für Praktiker. Speziell für das Top-Management, für Führungs- und Leitungskräfte und vor allem für das Controlling und die IT ist ein Ratgeber für den Aufbau und die Weiterentwicklung von leistungsfähigen Reporting- und Planungssystemen in Unternehmen entstanden. Das Buch liefert zahlreiche Hinweise, Beispiele und Anregungen, die man gezielt nachschlagen kann.

Dortmund, Januar 2012 Prof. Dr. Uwe Schmitz

Markenzeichen

Fast alle Hardware- und Softwarebezeichnungen sowie sonstigen Produktmarken, die in diesem Buch genannt werden, sind gleichzeitig auch eingetragene Markenzeichen oder sollten als solche betrachtet werden, z. B.:

Balanced Chance and Risk Card® ist ein geschütztes Markenzeichen von Prof. Dr. Thomas Reichmann, CIC GmbH & Co. KG.

Cognos PowerPlay und Cognos Visualizer sind Markenzeichen von Cognos. Inc.

Diamant®/3 IQ ist ein Markenzeichen der Diamant Software GmbH & Co. KG.

HTML, XML, sind Marken oder eingetragene Marken des W3 C®, World Wide Web Consortium, Massachusetts Institute of Technology.

InSight & dynaSight (jetzt arcplan Enterprise) sind eingetragene Marken der Firma arcplan.

IBM®, DB2® und Informix® sind eingetragene Marken der IBM Corporation in den USA und anderen Ländern.

JAVA® ist eine eingetragene Marke der Sun Microsystems, Inc., JAVASCRIPT® ist eine eingetragene Marke der Sun Microsystems, Inc., verwendet unter der Lizenz der von Netscape entwickelten und implementierten Technologie.

Lotus® ist ein eingetragenes Warenzeichen der Lotus Development Corporation, USA.

MICROSOFT®; WINDOWS®; MS PowerPoint® und MS SQL Server®, MS Office®, MS Excel®, MS Word®, MS Access® und MS Query® sind eingetragene Warenzeichen der Microsoft Corporation, USA.

ORACLE®, Oracle Hyperion Financial, Oracle Hyperion Planning, Oracle Hyperion Essbase sind eine eingetragene Marke der ORACLE Corporation.

SAP®, R/3®, SAP ECC® (ERP Central Component), ABAP/4® SAP BW®, SAP BO®, SAP SEM®, mySAP, mySAP.com, xApps, xApp, SAP NetWeaver und weiter im Text erwähnte SAP-Produkte und -Dienstleistungen sowie die entsprechenden Logos sind Marken oder eingetragene Marken der SAP AG in Deutschland und anderen Ländern.

Die Marken, Abbildungen und Symbole vom iPhone und iPad sind ausschließliches Eigentum und Warenzeichen der Apple Inc.

Die Marken, Abbildungen und Symbole der RIM- und Blackberry Familie sind ausschließliches Eigentum und Warenzeichen von Research in Motion Limited.

Alle anderen Namen von Produkten und Dienstleistungen sind Marken der jeweiligen Firmen.

Die Informationen in der vorliegenden Arbeit werden ohne Rücksicht auf einen eventuellen Patentschutz veröffentlicht. Warennahmen werden ohne Gewährleistung der freien Verwendbarkeit benutzt. Herausgeber und Autor können für fehlerhafte Angaben und deren Folgen weder juristische Verantwortung noch irgendeine Haftung übernehmen. Für Verbesserungsvorschläge, Hinweise und fehlerhaft abgebildete Sach- und Produktinformationen sind Verlag und Autor dankbar.

Inhaltsverzeichnis

Abbildungsverzeichnis

Tabellenverzeichnis

Abkürzungsverzeichnis

Abw.	Abweichung
Akt.	Aktueller (Monat)
APS	Advanced Planning and Scheduling
BBRT	Beyond Budgeting Round Table
BCR-Card	Balanced Chance and Risk Card
BDSG	Bundesdatenschutzgesetz
BEP	Break-Even-Point
BEPM	Break-Even-Absatzmenge
BHI	Boots Healthcare International
BI	Business Intelligence
BICC	BI Competence Center
BPM	Business-Performance-Management
BSC	Balanced Scorecard
BU	Business Unit
BWA	Betriebswirtschaftliche Auswertung
CFROI	Cash Flow Return on Investment
CIS	Chefinformationssystem
CMS	Content Management Systeme
DCF	Discounted Cashflow
DDL	data definition language
DML	data manipulation language
DSS	Decision Support-System
DMI	Deloitte Mittelstandsinstitut
DB	Deckungsbeitrag
DV	Datenverarbeitung
EDV	Elektronische Datenverarbeitung
EG	Einzelgesellschaft
EIS	Executive Information System
ERP	Enterprise Resource Planning
EU	Europäische Union
EUS	Entscheidungsunterstützungssysteme

EVA	Economic Value Added
ETL-Prozess	Extraktions-, Transformations- und Ladeprozess
F+E	Forschung und Entwicklung
FASMI	Fast, Analysis, Shared, Multidimensional und Information
FC	Forecast
FIS	Führungsinformationssystem
GPRS	Genaral Packet Radio Service
GPS	Global Positioning System
GSM	Global System for Mobile Communications
GuV	Gewinn- und Verlustrechnung
HOLAP	Hybrid OLAP
HSPA	High Speed Packet Access
IC-Umsätze	Intercompany-Umsätze
IfM	Institut für Mittelstandsforschung
KMU	kleinere und mittlere Unternehmen
KST	Kostenstelle
KVD	Key Value Drivers
LA	Leistungsart
MA	Mitarbeiter
MDX	Multidimensional Expressions
MIS	Management Information Systeme
MOLAP	multidimensionales OLAP
MQE	Managed Query Environments
MSS	Management Support Systeme
NN	no name
ODBC	Open Database Connection
ODS	Operational Data Stores
OLAP	Online Analytic Processing
OLE	Objekt Linking and Embedding
OLTP	On-Line Transaction Processing
QR-Code	Qick-Response-Code
RDBMS	Relationales Datenbank Management-System
REWE	Rechnungswesen
RFID	Radio frequency identification
ROCE	Return on Capital Employed
ROLAP	relationales OLAP
SaaS	Software as a Service
SCM	Supply Chain Management
SGE	Strategische Geschäftseinheit
SIGDSS	Special Interest Group on Decision Support, Knowledge and Data Management Systems

SQL	Structured Query Language
Std.	Stunde
SWOT	Strengths, Weaknesses, Opportunities and Threats
TCP/IP	Transmission Control Protocol/Internet Protocol
TK	Teilkonzern
T€	Tausend Euro
UMTS	Universal Mobile Telecommunications System
URL	Uniform Resource Locator (einheitlicher Quellenanzeiger für Internetquellen)
VBA	Visual Basic for Applications
VIS	Vorstandsinformationssystem
VJ	Vorjahr
VPN	Virtual Private Network
WLAN	Wireless Local Area Networks
WPA2	Wi-Fi Protected Access 2

1 Einführung

Inhaltsverzeichnis

1.1 Problemstellung

In vielen mittelständischen Unternehmen sind die vorhandenen Planungs- und Reportinglösungen im Controlling in einfachen Tabellenkalkulationsprogrammen und Reportgeneratoren innerhalb der vorhandenen Anwendungsprogramme abgebildet. Dies ist sehr zeit- und kostenaufwendig für den Mittelstand, die Informationen sind nicht integriert und es werden sinnvolle Informationen aus anderen Bereichen und Systemen nicht oder nur unzureichend mit einbezogen.[1]

Hier bietet sich u. a. Business Intelligence mit dem Einsatz von Data-Warehouse-Technologie zur Umsetzung leistungsstarker Planungs- und Reportingsysteme an, deren fachspezifischen Ausprägungen und Möglichkeiten jedoch im derzeitigen Forschungsstand erst am Anfang stehen. Eine Online-Befragung vom Autor zum Thema „Business Intelligence für Reporting und Planung im Mittelstand" vom April 2011 zeigte deutlich auf, dass eine große Lücke zwischen Planungs- und Reporting-Unterstützung mit Business Intelligence im Management-Regelkreis klafft.[2] Zudem wird die Ausgestaltung solcher Planungs- und Reportingsysteme für den Mittelstand in seinen grundlegenden Anforderungsprofilen (Inhalt, Organisation, Prozesse und DV-Unterstützung) nicht umfassend und zusammenhängend betrachtet. Entsprechende literarische Werke behandeln das The-

[1] Vgl. Schön (2011a, S. 1–47).
[2] Vgl. Schön (2011b).

D. Schön, *Planung und Reporting im Mittelstand*, DOI 10.1007/978-3-8349-3604-2_1,

ma Planung und Reporting bisher immer getrennt und stellen den integrativen Bezug nur wenig her.[3]

Laut einer gemeinsamen Studie „The State of Business Intelligence in Academia 2010" von der Teradata University Network und der Special Interest Group on Decision Support, Knowledge and Data Management Systems (SIGDSS) schaffen es die Hochschulen (weltweit) nicht, entsprechend qualifizierte Absolventen hervorzubringen, obwohl die Unternehmen Mitarbeiter benötigen, die gleichermaßen Kenntnisse über BI als auch über betriebswirtschaftliche Abläufe mitbringen.[4]

1.2 Zielsetzung

Aus diesen Gründen zielt dieses Buch darauf ab, derzeitige Problemfelder aufzudecken und ein Anforderungsprofil für ein integriertes Konzept zur Planung und zum Reporting im Mittelstand zu entwickeln, welches inhaltliche, organisatorische, prozessbezogene und DV-technische Ausgestaltungsmöglichkeiten grundlegend aufzeigt. Das wissenschaftliche Konzept wird dabei mit zahlreichen Praxisbeispielen angereichert, so dass ein Nutzen für die Lehre und Forschung als auch für die Praxis entsteht.

Die Kernfragen lauten:

- Was zeichnet eine gute Planung und ein gutes Reporting im Mittelstand aus?
- Wie lassen sich Reporting und Planung sinnvoll integrieren?
- Wie soll die Planung und das Reporting effektiv ausgestaltet und effizient genutzt werden?

Leider kann zu dieser Frage keine allgemeingültige Empfehlung gegeben werden, da Unternehmen individuelle und branchenbezogene Besonderheiten aufweisen und deswegen durchaus in gewissen Bereichen unterschiedliche Anforderungen und Schwerpunkte an die Planung und das Reporting stellen. Es lassen sich aber grundlegende Anforderungsprofile und Gestaltungsempfehlungen für die Planung und das Reporting und ihrer Integration entwickeln.

1.3 Vorgehensweise

Für die Integration der Planung und des Reporting im Mittelstand ist es sinnvoll, die **4 Perspektiven „fachlicher Inhalt, Organisation, Prozesse sowie deren DV-technische Um-**

[3] Vgl. z. B. Horváth (2008), Küpper (1995), Reichmann (2011), Weber et al. (2005, 2008a, 2008b, 2009).

[4] Vgl. Terradata (2011).

setzung" im Gesamtzusammenhang zu betrachten. Aus diesem Grund gibt es in diesem Buch einen stufenweisen Aufbau. Es behandelt die 4 Perspektiven systematisch in einzelnen Kapiteln. Hierbei werden die Planung und das Reporting nicht isoliert, sondern integriert analysiert.

Kapitel 2 definiert die grundlegenden Begriffe „Mittelstand, Planung und Reporting" und stellt ein integriertes Analyseprofil hierfür auf. Die Untersuchung des Mittelstandsbegriffes liefert Kriterien für die Einordnung und Abgrenzung der Unternehmen zum Mittelstand. Die quantitativen und qualitativen Kriterien sind dabei nicht starr, sondern richtungsweisend zu verstehen und müssen im Zusammenhang betrachtet werden. Von einer reinen Orientierung an quantitativen Größen wird abgeraten. Vielmehr sollten auch diejenigen Unternehmen zum Mittelstand gerechnet werden, die eine Vielzahl der aufgezeigten qualitativen Kriterien abdecken.

Die besondere Bedeutung der Integration von Planung und Reporting im Zusammenhang mit der Unternehmenssteuerung wird anschließend herausgearbeitet. Es wird die Verzahnung und wichtige Klammerfunktion von Planung und Reporting im Managementregelkreis aufgezeigt, die folgende Thesen unterstützt:

- Eine isolierte Betrachtung der Planung und des Reporting führen zu Unstimmigkeiten im Managementregelkreis und können somit Fehlsteuerungen im Unternehmen hervorbringen.

Wenn z. B. Verantwortlichkeiten und Objekte der Planung und des Reporting nicht aufeinander abgestimmt sind, können Überschneidungen und Lücken entstehen, die dazu führen, dass bestimmte Bereiche nicht oder nur unzureichend gesteuert werden. Unterschiedlich ausgestaltete Inhalte, z. B. Kennzahlen, führen zu Fehlinterpretationen und kontroversen Meinungsbildungen, die zu vermeiden sind.

Nun ist in der Unternehmenspraxis jedoch festzustellen, dass Reporting- und Planungsprojekte in der Vergangenheit selten zusammen, sondern aufgrund der Komplexität und Zeitbindung der Ressourcen separat durchgeführt werden. Dies hat den Nachteil, dass der Verbindung von Planung und Reporting im Managementregelkreis zu geringe Beachtung beigemessen wird. Deshalb gilt folgende Projektempfehlung:

- Im Idealfall sollte ein Planungsprojekt auch immer ein Reportingprojekt sein bzw. umgekehrt. Lässt sich aufgrund der knappen Ressourcen eine Verbindung von Planungs- und Reportingprojekt nicht verwirklichen, sollte zumindest im isolierten Projekt die Verbindung zur Planung bzw. zum Reporting intensiv bearbeitet werden.

Nach den grundlegenden Definitionen zur Planung und zum Reporting werden die oben aufgeführten Perspektiven in einem Untersuchungsrahmen systematisiert. Es entsteht ein integriertes Analyseprofil.

Die zu untersuchenden **4 Perspektiven (fachlicher Inhalt, Organisation, Prozesse und DV-Unterstützung)** bezüglich der Planung und des Reporting im Mittelstand stellen den Hauptteil des Beitrages dar und sind in folgende 3 Kapitel unterteilt:

- Kapitel 3: Fachliche und inhaltliche Ausgestaltung
- Kapitel 4: Organisation und Prozesse
- Kapitel 5: DV-Unterstützung

Im Kap. 3 wird zu Beginn der besondere Bezug der fachlichen und inhaltlichen Ausgestaltung zur Unternehmensstrategie und zu den wertschöpfungstreibenden Faktoren des Geschäftsmodells hervorgehoben. Dies sind die wichtigsten Treiber für ein gutes Reporting und eine gute Planung.

Anschließend werden für die Strukturierung, die Navigation und die Analysepfade in der Planung und im Reporting wichtige Hinweise und praktische Gestaltungsvorschläge gegeben. Ein Überblick über die Planungsobjekte (Dimensionen, Hierarchien, Attribute und Werte) und Berichtsarten dient als Einstieg für die Darstellung der wichtigsten zehn Berichtsgrundformen wie dem Soll-Ist-Vergleich und der ABC-Analyse. Im Rahmen der Berichtsgestaltung werden neben generellen Empfehlungen vor allem die Filter- und Selektionsfunktionen, das Layout, und die Hauptbestandteile von Berichten, die Tabellen, die Diagramme und die Kommentierungen detailliert besprochen. Hier können sich die Leser viele Anregungen und Tipps für die individuelle Einzelberichtgestaltung holen. Zudem werden die Besonderheiten von Planungsformularen und die Abstimmung von Planungs- und Reportinginhalten thematisiert. Anhand exemplarischer Praxisbeispiele werden viele Ideen für die Ausgestaltung von speziellen Planungsgebieten aufgezeigt.

Kapitel 4 beschäftigt sich mit der organisatorischen Einbindung und der Ausgestaltung der Prozesse im Zusammenhang mit der Planung und dem Reporting. Es wird untersucht, welchen Einfluss Unternehmensverbindungen, die Aufbauorganisation und der Führungsstil auf die Planung und das Reporting haben. Zudem werden die Aufgaben und Beziehungen der beteiligten Rollen, auf der einen Seite die Adressaten bzw. Empfänger und auf der anderen Seite die Ersteller bzw. Sender und Koordinatoren, unterschieden. Für die Planung und das Reporting wurden weiterhin folgende Prozesse differenziert betrachtet: Der Einführungsprozess, der zyklische Prozess (kontinuierliche Abwicklung) und der Qualitätssicherungsprozess. Durch die systematische Einteilung der Prozessschritte werden den Unternehmen viele Anstöße gegeben, die für die praktische Umsetzung und Initiierung von Projekten von Planungs- und Reportinglösungen wichtig sind.

Im Kap. 5 (DV-Unterstützung) wird zunächst kurz auf die Historie und die grundlegenden Hardwarekomponenten von Planungs- und Reportinglösungen eingegangen. Bei den Softwarelösungen für die Planungs- und Reportingaufgaben werden spezielle ERP-Systeme, Tabellenkalkulationsprogramme, spezielle Softwareprogramme (basierend auf relationaler Datenbanktechnik) und Data-Warehouse- bzw. Business-Intelligence-gestützte Systeme unterschieden und deren Vor- und Nachteile anhand gebildeter Anforderungskriterien herausgearbeitet. Zahlreiche Beispiele aus der Praxis geben Anregungen für die praktische Ausgestaltung von Planungs- und Reportinglösungen. Aufgrund der rasanten Entwicklung und der an Bedeutung gewinnenden Informationstechnologie werden speziell die Grundlagen und Definitionen von Data Warehouse und Business Intelligence in den Abschn. 5.5 und 5.6 herausgearbeitet. Hierbei stehen u. a. die OLAP-Datenmodellierung, die OLAP-Speicherkonzepte, die ETL-Prozesse, die unterschiedlichen Analysewerkzeuge, wie z. B. Cockpit- und Dashboard-Lösungen sowie Portale im Vordergrund. Zudem werden Planungswerkzeuge und weitere Nutzungsmöglichkeiten für Managementaufgaben wie z. B. die Balanced Scorecard aufgezeigt. Data Warehouse und Business Intelligence bilden zudem auch die Basis für das Themengebiet „Mobile Reporting and Mobile Planning", welches im Abschn. 5.7 Mobile Computing thematisiert wird. Mobile Endgeräte werden in der Zukunft immer häufiger für Planungs- und Reportingaufgaben im Business eingesetzt. Redensarten, wie z. B. „etwas auf dem Schirm haben", werden durch den Einsatz von Smartphones, Smartpads bzw. Tablet-PCs zur mobilen virtuellen Wirklichkeit. Von daher werden technische und inhaltliche Voraussetzungen sowie die Einsatzprobleme und -potenziale von mobilen Anwendungen speziell für den Mittelstand vorgestellt.

Der Beitrag schließt mit einem Ausblick auf zukünftige Trends und Entwicklungen bezüglich Planung und Reporting im Mittelstand in den 4 Perspektiven des vorgestellten Analyseprofils.

Literatur und Quellen zum Kap. 1

Horváth, P. 2008. Grundlagen des Management-Reportings. In *Management-Reporting – Grundlagen, Praxis und Perspektiven*, Hrsg. P. Horváht, R. Gleich, U. Michel. München.

Küpper, H.U. 1995. *Controlling, Konzeption, Aufgaben und Instrumente*. Stuttgart.

Reichmann, T. 2011. *Controlling mit Kennzahlen, Die systemgestützte Controlling-Konzeption mit Analyse- und Reportinginstrumenten*, 8. Aufl. München.

Schön, D. 2011a. Ergebnisse zur empirischen Untersuchung: Business Intelligence für Reporting und Planung im Mittelstand – April 2011. Die kompletten Ergebnisse der Studie stehen über folgenden Link zum Download bereit: http://www.fhdortmund.de/de/studi/fb/9/personen/lehr/schdie/103020100000206873.php. Zugegriffen: am 01.06.2011.

Schön, D. 2011b. Lücke klafft zwischen Planung und Kontrolle in mittelständischen Unternehmen. http://www.isreport.de/newsevents/news/archiv/2011/05/30/article/luecke-klafft-zwischen-planung-und-kontrolle-in-mittelstaendischen-unternehmen.html. Zugegriffen: am 01.06.2011.

Terradata. Hochschulen haben Business Intelligence zu wenig im Visier. http://www.beyenetwork.de/view/15350. Zugegriffen: am 14.07.2011.

Weber, J., und S. Linder. 2008. Neugestaltung der Budgetierung mit Better und Beyond Budgeting? In *Schriftenreihe Advanced Controlling*, Hrsg. J. Weber, Bd. 64. Weinheim.

Weber, J., R. Malz, und T. Lührmann. 2008. Excellence im Management-Reporting. In *Schriftenreihe Advanced Controlling*, Hrsg. J. Weber, Bd. 62. Weinheim.

Weber, J., P. Nevries, und D. Breiter et al. 2009. Operative Planung. In *Schriftenreihe Advanced Controlling*, Hrsg. J. Weber, Bd. 71. Weinheim

Weber, J., S. Schaier, und O. Strangfeld. 2005. Berichte für das Top-Management. In *Schriftenreihe Advanced Controlling*, Hrsg. J. Weber, Bd. 43. Weinheim.

2 Grundlegende Begriffe und Analyseprofile

Inhaltsverzeichnis

Zu Beginn werden die grundlegenden Begriffe „Mittelstand, Planung und Reporting" definiert. Anschließend wird ein integriertes Analyseprofil für die Planung und das Reporting entwickelt.

2.1 Mittelstand

Die Bedeutung von kleineren und mittelständischen Unternehmen für die deutsche Volkswirtschaft ist immens. Laut aktueller Zahlen des statistischen Bundesamtes und der KMU-Definition des Institutes für Mittelstandsforschung in Bonn (kurz IfM) umfasste der Mittelstand im Jahr 2008 in Deutschland 99,6 % aller Unternehmen, 38,0 % aller Umsätze

D. Schön, *Planung und Reporting im Mittelstand*, DOI 10.1007/978-3-8349-3604-2_2,

Tab. 2.1 Schwellenwerte für den Mittelstand laut der EU Kommission[2]

Unternehmensgröße	Zahl der Beschäftigten	und	Umsatz €/Jahr	oder	Bilanzsumme €/Jahr
kleinst	bis 9		bis 2 Mio.		bis 2 Mio.
klein	bis 49		bis 10 Mio.		bis 10 Mio.
mittel*	bis 249		bis 50 Mio.		bis 43 Mio.

Tab. 2.2 Schwellenwerte für den Mittelstand laut IfM Bonn[3]

Unternehmensgröße	Zahl der Beschäftigten	und	Umsatz €/Jahr
klein	bis 9		bis unter 1 Mio.
mittel*	bis 499		bis unter 50 Mio.
(KMU) zusammen	unter 500		unter 50 Mio.

und 59,9 % der sozialversicherungspflichtig Beschäftigten. Das IfM fasst unter dem Begriff „Mittelstand" hierbei alle kleineren und mittleren Unternehmen (KMU) zusammen.[1] Der Mittelstand in Deutschland stellt somit die meisten Arbeitsplätze und trägt zu einem erheblichen Anteil zur gesamten Wertschöpfungskraft bei.

Eine einheitliche Definition des Begriffes „Mittelstand" in Deutschland lässt sich nicht finden. Die Definitionen führender Institute in diesem Bereich verwenden ähnliche aber nicht deckungsgleiche Definitionen. Die wichtigsten Abgrenzungskriterien sind die Mitarbeiteranzahl, der Jahresumsatz und die Bilanzsumme.

Die EU Kommission verwendet für den Mittelstand seit dem 01.01.2005 die Schwellenwerte wie sie in der Tab. 2.1 aufgeführt sind.

Das Institut für Mittelstandsforschung Bonn grenzt den Mittelstand seit dem 01.01.2002 wie in Tab. 2.2 dargestellt ab.

Die aufgezeigten Grenzen für die KMU sollte für die Ausprägung der Planung und des Reporting aber keine quantitative Mauer darstellen. In der Unternehmenspraxis zeigt sich, dass auch größere Unternehmen, als in den Klassen gezeigt, sich zum Mittelstand zugehörig fühlen. Hierbei kann die Anzahl der Beschäftigten auch weit über 1000 hinausgehen.

Auch andere Studien zum Controlling im Mittelstand von Kosmider, Legenhausen, Dintner/Schrochtt, Kappler, Schreytt, Zimmermann und Ossandnik/Barklage/van Lengerich haben die Größenklassen hier am Beispiel der Mitarbeiterzahl weitergefasst.[4] Das

[1] Vgl. IfM Bonn (2011a).

[2] Tabelleninhalte entnommen aus EU Kommission (2003).

[3] Tabelleninhalte entnommen aus IfM Bonn (2011b).

[4] Vgl. Ossadnik et al. (2010).

Tab. 2.3 Größenklasseneinteilungen mittelständischer Unternehmen in den relevanten empirischen Untersuchungen[5]

Größenklasse nach Anzahl der Mitarbeiter		Kosmider (1993)	Legenhausen (1998)	Dintner/Schorcht (1999)	Kappler/Scheytt (2000)	Zimmermann (2001)	Ossadnik/Barklage/van Lengerich (2003)
klein	bis	100	50	49	49	25	100
mittel	von bis	101 500	51 200	50 499	50 250	26 250	101 200
groß	von bis	500 1000	201 500	–	–	251 1000	201 500
sehr groß	von bis	–	–	–	–	1001 2000	–

Tab. 2.4 Mittelstandsdefinition des Deloitte.Mittelstandsinstituts[7]

Unternehmensgröße	Beschäftigte	Jahresumsatz
Kleinstunternehmen	bis ca. 30	bis ca. 6 Mio. EUR
Kleinunternehmen	bis ca. 300	bis ca. 60 Mio. EUR
mittlere Unternehmen	bis ca. 3000	bis ca. 600 Mio. EUR
große Unternehmen	über 3000	über 600 Mio. EUR

Abgrenzungskriterium dieser Studien war die Unternehmensgröße, wobei die Spannweite von 25 bis 2000 Mitarbeiter reichte (vgl. Tab. 2.3).

Die Diskussionen um die festzulegenden Zahlenwerte wurden durch eine Studie von Simon erheblich beeinflusst. In einer Untersuchung ermittelte er neue Schwellenwerte auf der Basis von quantitativen und qualitativen Kriterien. Nach seiner Untersuchung existieren Unternehmen, die dem Mittelstand zugerechnet werden können, obwohl ihre Zahlenwerte wesentlich größer als die oben genannten Schwellenwerte sind.[6] Diesem Weg folgend, legt auch das Deloitte Mittelstandsinstitut an der Universität in Bamberg [DMI] die Schwellenwerte wesentlich höher aus (vgl. Tab. 2.4):

Da die quantitativen Größen als Abgrenzungskriterien für die Planung und das Reporting im Mittelstand nicht ausreichen, sollen weitere qualitative Kriterien für den typischen Mittelstand herausgearbeitet werden. Hierbei sollen im Unterschied zu breit angelegten Studien bezüglich der Abgrenzung von KMU und Großbetrieben, wie bei Pfohl oder

[5] Tabelleninhalte entnommen aus: Ossadnik et al. (2010, S. 11).
[6] Vgl. zur Studie von Simon (1992) den Beitrag von: Becker et al. (2009, S. 258).
[7] Tabelleninhalte entnommen aus Becker und Ulrich (2009, S. 3).

Rheinard et al.,[8] die Anforderungen an die Planung und das Reporting im Vordergrund stehen.

Als erster Anhaltspunkt für die Kriterienfindung dient eine repräsentative empirische Untersuchung vom Autor und der Diamant Software GmbH vom April 2010. Hierbei wurde mit Hilfe einer branchenübergreifenden Fragebogenaktion das Controlling in mittelständischen Unternehmen analysiert.[9] Bei einer Rücklaufquote von ca. 5 % haben hierbei 190 der ca. 4000 angefragten mittelständischen Unternehmen wichtige Mängel und Hindernisse zur Gestaltung von leistungsfähigen Planungs- und Reporting-Lösungen aufgeführt.

- Personal- und Zeitmangel
- Es fehlt ein ganzheitliches Controlling für alle Funktions- bzw. Entscheidungsbereiche.
  - Im Mittelpunkt des Berichtswesens stehen häufig nur die zentralen Auswertungen des Rechnungswesens (BWA, Kostenstellen- und Ergebnisrechnung) und der Finanzrechnung (Liquiditätsentwicklung).
  - Es fehlen sparten- und kostenträgerbezogene Erfolgsrechnungen.
  - Berichte für andere Funktionsbereiche wie Beschaffung, Vertrieb, Produktion etc. fehlen häufig gänzlich.
- Berichte und Planungsformulare sind uneinheitlich und werden häufig mit Excel aufbereitet.
- Mängel in der inhaltlichen Ausgestaltung der Berichte und Planungsformulare.
- Mängel in den Prozessen zur Berichtsgestaltung. Die Datenaufbereitung ist fehlerbehaftet und aufwändig, teilweise manuell.
- Die Datenintegration weiterer Systeme fehlt (u. a. Warenwirtschaft, Zeiterfassung, PPS, Liquidität, Logistik etc.); es existieren heterogene Softwarelandschaften.
- EDV-Unterstützung wird nicht konsequent ausgenutzt.

Weiterhin zeigte die Studie, dass insbesondere inhabergeführte Unternehmen im Reporting nur bedingt volle Ergebnistransparenz für die Abteilungs-/Bereichsleitungsebenen sowie Gruppen- und Teamleitungsebenen wünschen. Für diese Führungsebenen wird nur eine Teil-Transparenz für die ausgewählten Bereiche bzw. die Teilgebiete angestrebt. Die volle Ergebnistransparenz bleibt der Unternehmensführung vorbehalten. Deswegen ist es für das Berichtswesen und die Planung wichtig, leistungsfähige Berechtigungssysteme bereitzustellen und benutzergruppenorientierte Berichts- und Planungskonzepte aufzubauen.[10]

Fasst man weitere Ergebnisse der Studie zusammen, so lassen sich für das Reporting und die Planung im Mittelstand noch folgende Anforderungen festhalten. Für das Reporting und die Planung soll eine Integration führungsrelevanter Daten aus verschiedenen

[8] Vgl. Pfohl (2006, S. 331–355) und Rheinhardt et al. (2007).

[9] Vgl. Schön und Müller (2010, S. 123–165).

[10] Vgl. Schön und Müller (2010, S. 142–143).

vorgelagerten Systemen mit automatischer Datenübertragung vorhanden sein.[11] Neben der adressatengerechten Aufbereitung der Berichte und Planungsergebnisse,[12] wird eine stärkere strategische Ausrichtung der Planung und des Reporting gefordert. Zudem sollen Planung und Reporting in der Ablauf- und Aufbauorganisation sowie in der Führungskultur der Unternehmung verankert sein.[13] Dies ist unabhängig von der Nationalität des Unternehmens, da das interne Planungs- und Berichtswesens im internationalen Controlling einen hohen Stellenwert besitzt.[14]

Die Ergebnisse einer speziell auf „Planung und Reporting mit Business Intelligence im Mittelstand" zugeschnittenen Online-Befragung im April 2011 werden im Abschn. 5.6.1 dargestellt. Auch hier lassen sich gute Abgrenzungen zwischen Großbetrieben und Mittelstand finden.[15]

Betrachtet man den Unterschied zwischen Großbetrieben auf der einen Seite und den kleineren und mittleren Betrieben als Mittelstand auf der anderen Seite, lassen sich folgende Abgrenzungskriterien finden (vgl. Tab. 2.5):

2.1.1 Eigentumsverhältnisse und Unternehmensführung

Die Adressatengruppe in mittelständischen Unternehmen besteht im Gegensatz zu Großbetrieben aus einem kleinen Kreis von Eigentümern, oftmals Familienangehörige, und nicht aus einer Vielzahl bekannter und anonymer Investoren. Die Eigentümer beziehen ihr laufendes Einkommen in Form von Geschäftsführerbezügen oder Gewinnausschüttungen aus dem Unternehmen, deshalb werden Informationen über die Ertragslage und insbesondere über die Ertragspotenziale und die Liquiditätskraft des Unternehmens benötigt. In dieser Hinsicht ist der Erhalt der Einkommensquelle von höchster Priorität, darum erstreckt sich das Informations- und Planungsbedürfnis sowohl auf das Erkennen positiver als auch negativer Unternehmensentwicklungen, da diese langfristig ihren Einkommensstrom unterstützen bzw. gefährden.[16] Eigentum, Leitung und wirtschaftliche Existenzsicherung bilden hier eine Einheit.

Während in Großbetrieben eine Trennung von Eigentümern und Managementführung nach der Prinzipal-Agent-Theorie vorliegt, werden KMU häufig direkt durch Inhaber bzw. Familien geführt. Ein inhabergeführtes Unternehmen bzw. ein Familienunternehmen zeichnet sich dadurch aus, dass bis zu zwei natürliche Personen geschäftsführend tätig sind und sie zusammen oder ihre Familien mindestens 50 % der Anteile am Unternehmen halten.[17] Maßgeblichen Einfluss auf die Geschäftsführungstätigkeit können Inhaber hierbei

[11] Vgl. Reichmann (2008, S. 690; 2011, S. 7).
[12] Vgl. Horváth (2008, S. 37).
[13] Vgl. Weber et al. (2008, S. 27).
[14] Vgl. Hoffjan (2008, S. 657).
[15] Vgl. Schön (2011a).
[16] Vgl. Janssen (2008, S. 89 ff.).
[17] Vgl. Wallau (2008, S. 9 f.).

Tab. 2.5 Abgrenzungskriterien von Großbetrieben und KMU hinsichtlich Planung und Reporting

Abgrenzungskriterium	Großbetrieb	KMU/Mittelstand
Eigentümerverhältnisse und Unternehmensführung	Eigentum eher auf viele Anteilseigner verteilt.Die Großbetriebe sind i. d. R. managementgeführt (Prinzipal-Agent-Beziehung)	Eigentum ist auf weniger Anteilseigner verteilt. Die Unternehmung ist häufig inhaber- bzw. familiengeführt, teilweise aber auch managementgeführt
Strategieverankerung	Eher höher	Eher geringer, Tendenz aber steigend
Operatives Handeln und Entscheidungswege	Komplexere Hierarchien erfordern längere Entscheidungswege mit Genehmigungsprozessen	Flexible und überschaubare Unternehmensprozesse; einfache Entscheidungswege, flache Hierarchien
Begrenzte personelle Ressourcen	Personelle Ressourcen sind verfügbar. Methoden- und Instrumenten-Know-how verfügbar.	Personelle Ressourcen sind stark begrenzt. Methoden- und Instrumenten-Know-how teils unzureichend.
Planungs- und Reportingintensität	Eher höher	Geringer, tendenz steigend
DV-gestützte Controllingsysteme	Eher integrierte Systemlandschaften und verzahnte ERP-Systeme, Reporting und Planung findet verstärkt mit Datenbank- bzw. Data Warehouse-gestützten Lösungen statt, teilweise aber auch mit MS Excel	Heterogene Softwarelandschaft, teilweise fehlende Datenintegration, Planung und Reporting häufig mit MS Excel
Kapital- und Liquiditätsabhängigkeit	Zugänge zum Kapitalmarkt größer, Liquiditätsabhängigkeit eher geringer	Zugänge zum Kapitalmarkt beschränkter, Liquiditätsabhängigkeit eher größer
Unternehmensverbindungen	Zumeist viele nationale und internationales Unternehmensverbindungen	Eher wenige nationale und internationale Unternehmensverbindungen, Tendenz aber bei größeren KMU steigend

auch über die Beirat- und Aufsichtsratfunktion besitzen. Aufgrund der Konzentration der Führung durch Inhaber und Familien sind die Entscheidungswege viel kürzer und Änderungen werden schneller durchgesetzt. Planungs- und Reportingsysteme müssen sich deswegen ebenso rasch an diese Veränderungen im Unternehmen anpassen.

Managementgeführte Unternehmen sind dadurch gekennzeichnet, dass für die Geschäftsführung andere Personen eingesetzt werden, die nicht oder nur zu einem geringeren Umfang an der Unternehmung beteiligt sind. Bei managementgeführten Unternehmen führen die Anteilseigner keine direkte Kontroll- und Steuerungsfunktion auf die Unternehmung aus. Diese wird durch das Management ausgeführt. In managementgeführten Unternehmen sind die Manager den Interessen der Anteilseigener verbunden, deren Renditeziele eher kurzfristiger angelegt sind. Da sie nicht der Familienbindung und Nachhaltigkeit der Generationen verpflichtet sind, neigen Manager eher dazu, einen Wechsel in der Strategie und in der Geschäftsfeldausrichtung einzuschlagen. Zudem verfolgen sie ihre eigenen persönlichen erfolgsbezogenen und finanziellen Ziele, wie sie insbesondere in der Prinzipal-Agent-Theorie herausgestellt werden.[18] Zur internen Zielerreichung müssen die Manager (Agenten) ihr erfolgreiches Handeln den Eignern (Prinzipal) nachweisen und somit nach außen hin transparent darstellen.

Es ist also zu vermuten, dass die managementgeführten Unternehmen aufgrund der Darstellungsanforderungen hier stärker auf Planungs- und Reportinginhalte sowie Controlling-Instrumente zurückgreifen. Die Eigner hingegen sind auf diese Informationen angewiesen, um ihre Zielerreichung zu kontrollieren.

Da sowohl inhaber- bzw. familien- und auch managementgeführte Unternehmen im Mittelstand zu finden sind, müssen beide Führungsrichtungen für die Planung und das Reporting berücksichtigt werden.

2.1.2 Strategieverankerung

Erstaunlicherweise verfügt nur ein gewisser Anteil der KMU über eine „kommunizierte" Unternehmensstrategie, woran sich das Reporting und die Planung ausrichten können. Für das Controlling besteht somit schon das erste Problem, eine interne Berichterstattung und Planung für die Unternehmensführung zu liefern, die sich an einer Strategie orientieren kann. Eine empirische Studie von Rautenstrauch im Jahr 2005 zeigte, dass im Mittelstand nur 45 % ein strategisches Leitbild oder eine Vision besitzen.[19] 12 % der Unternehmen verfügten hier sogar über keine explizit formulierte Strategie. Die Anzahl der Unternehmen mit einer Gesamtunternehmensstrategie wurde hier mit 58 % gemessen, wohingegen nur noch 33 bzw. 14 % weitergehende Geschäftsbereichs- bzw. Funktionsbereichsstrategien aufweisen.

Ergebnisse einer anderen empirischen Studie von Feldbauer-Durstmüller zeigen einen kontinuierlich steigenden Einsatz der strategischen Planungsinstrumente im Vergleich zu älteren Erkenntnissen von Niedermayr und Wimmer auf.[20] Es wird deutlich, dass im Gegensatz zu Großbetrieben im Mittelstand die Strategieverankerung und -ausstrahlung im Unternehmen hinterherhinkt, aber zunehmend an Bedeutung gewinnt. Für die Ausrichtung des Reporting und der Planung an festgelegten strategischen Zielen sind jedoch weitaus größere Hindernisse im Mittelstand zu erwarten als im Großbetrieb. Dies gilt insbesondere, wenn die strategischen Ziele nicht explizit formuliert werden.

[18] Vgl. Andreae (2007, S. 23).

[19] Vgl. Rautenstrauch (2006, S. 1–17).

[20] Vgl. Feldbauer-Durstmüller und Wimmer (2008, S. 31–52).

Zusammengefasst lässt sich also sagen, dass die Planung und das Reporting bei KMU zunächst an die strategischen Ziele angepasst werden müssen. Wenn diese nicht oder nur unzureichend definiert sind, muss dies nachgeholt bzw. verbessert werden. Ausgangspunkt hierfür sollten das Geschäftsmodell und seine wertschöpfungstreibenden Faktoren sein.

2.1.3 Operatives Handeln und Entscheidungswege

Im Gegensatz zu Großbetrieben ist der Mittelstand geprägt durch die Flexibilität und die Überschaubarkeit ihrer Unternehmensprozesse. Zudem existieren flachere Hierarchien und Genehmigungswege bei KMU als bei Großbetrieben, so dass Entscheidungen schneller getroffen und in operatives Handeln umgesetzt werden können. Direkte Kommunikationswege sowie die Nähe der Mitarbeiter zu den Entscheidungsträgern unterstützen dies. Die Anforderungen an Reporting und Planung fallen im Gegensatz zu Großbetrieben beim Mittelstand geringer aus. Reporting und Planung können viel flexibler und ohne große Genehmigungshürden aufgebaut und verwendet werden. Während im Großbetrieb Entscheidungen erst auf der Basis von umfangreichen Reporting- und Planungsergebnissen abgesichert und getroffen werden, kann das Reporting und die Planung in KMU gezielter, schneller und flexibler zur Entscheidungsfindung herangezogen werden.

2.1.4 Begrenzte personelle Ressourcen

Im Vergleich zu Großbetrieben stehen in KMU weniger personelle Ressourcen für das Reporting und die Planung zur Verfügung. Planung und Reporting im Unternehmen wird durch das Controlling schwerpunktmäßig unterstützt. Die Controlling-Aufgaben in KMU werden aber nur durch wenige Mitarbeiter, häufig sogar nur einen Mitarbeiter, getragen. Häufig existiert sogar keine eigenständige Controlling-Abteilung oder -stelle, sondern die Controlling-Aufgaben werden als Tätigkeiten im Bereich Rechnungswesen und Finanzen mit abgewickelt.[21] Konkurrierende Tätigkeiten wie die Erstellung von Monats- und Jahresabschlüssen im Rechnungswesen und laufende Buchungstätigkeiten vermindern deutlich die potenzielle Einsatzzeit für Controlling-Aufgaben, wie das Management-Reporting und die Planung. Aber auch in den anderen Fachabteilungen ist die Personalausstattung hinsichtlich Reporting und Planung relativ überschaubar.

Ein weiteres Problem ergibt sich durch das fehlende Know-how. Reporting- und Planungsmethoden sowie moderne Instrumente sind teilweise nicht oder nur unzureichend bekannt.

Die Schlussfolgerung hieraus ist, dass die Reporting- und Planungslösungen mit diesen begrenzten Ressourcen entwickelt und gepflegt werden müssen. Eventuelle Wissensdefizite sind aufzuholen.

[21] Vgl. Schön und Diamant Software GmbH (2009, S. 4).

2.1.5 Planungs- und Reportingintensität

Auch beim Kriterium Planungs- und Reportingintensität liegen KMU hinter den großen Unternehmen. Dies ist nicht verwunderlich, da bei zunehmender Größe eines Unternehmens die Komplexität tendenziell steigt und somit in der Regel auch der Steuerungs- und Planungsbedarf größer wird.

Erfreulich ist aber, dass der Anteil der intensiver planenden KMU zunimmt. Laut der empirischen Studie von Schön und der Diamant Software GmbH im Jahr 2009 haben bereits ca. 33,4 % der KMU eine integrierte Planung für kosten- und erfolgsrelevante Bereiche im Unternehmen voll umgesetzt, während weitere 29,7 % der Unternehmen dies zumindest teilweise getan haben.[22] Dennoch wird man auch noch KMU finden, die bisher nicht oder nur sehr rudimentär Planung betreiben.

Bei KMU fällt auf, dass das Reporting häufig historisch gewachsen ist und kein grundlegendes Reportingkonzept im Sinne eines ganzheitlichen Controlling für alle Funktions- bzw. Entscheidungsbereiche existiert. Schwerpunkte des Reporting in KMU sind oft nur die zentralen Auswertungen des Rechnungswesens (u. a. Umsatzstatistiken, BWA, Kostenstellen- und Ergebnisrechnungen sowie Liquiditätsentwicklungen). Es fehlen Sparten- und kostenträgerbezogene Erfolgsrechnungen. Berichte für andere Funktionsbereiche wie etwa Vertrieb, Produktion und Technik fehlen häufig gänzlich.

Hinsichtlich der Planungs- und Reportingintensität besteht sowohl konzeptionell als auch umsetzungstechnisch Verbesserungsbedarf.

2.1.6 DV-gestützte Controllingsysteme

Im Gegensatz zu mittelständischen Unternehmen verfügen größere Gesellschaften über eine homogenere Softwarelandschaft mit einem umfangreich ausgebauten (zentralen) ERP-System. Die Controlling-Funktionalität des ERP-Systems wird dabei häufig durch Reporting- und Planungssysteme erweitert, die auf Business Intelligence und Data Warehouse basieren (vgl. hierzu Abschn. 5.5 und 5.6).

In KMU existieren dagegen heterogene Softwarelandschaften. Software für Personalwirtschaft und Rechnungswesen sowie Warenwirtschaftssysteme sind häufig von verschiedenen Softwareherstellern und müssen über Schnittstellen verbunden werden. Oft sind auch noch manuelle Datenübertragungswege zu finden. Die Planungsrechnungen und Controllingauswertungen können mit den Reportfunktionen des Rechnungswesens nur in Teilen erfolgen. Für die letztendliche Durchführung wird in vielen Fällen das Tabellenkalkulationsprogramm MS Excel genutzt (vgl. hierzu Abschn. 5.4.3). Moderne Data-Warehouse-Lösungen mit Reporting- und Planungs-Cockpits sind im Gegensatz zu größeren Unternehmen nicht so häufig zu finden.[23] Dies gilt vor allem für KMU unter 100

[22] Vgl. Schön und Diamant Software GmbH (2009).

[23] Vgl. hierzu Schön (2011b).

Beschäftigten. Hier konnte eine Größenschwelle für die Akzeptanz und die Nutzung von Business Intelligence festgestellt werden. Bei größeren Unternehmen wächst der Einsatz von Business-Intelligence-Lösungen stetig an.[24]

Hinsichtlich der DV-Unterstützung sind damit erhebliche Verbesserungen notwendig, die vor allem die Integration der vorgelagerten Systeme (Warenwirtschaft, Erfassungssysteme etc.) betrifft. Weiterhin ist die inhaltliche Ausgestaltung der kaufmännischen Systeme und hier vor allem der Ausbau der Erfolgs- und Kostenträgerrechnung voranzutreiben. Als letztes Glied der Informationskette sind die Reporting- und Planungswerkzeuge mit moderner Data-Warehouse- bzw. Business-Intelligence-Lösungen zu unterstützen.

2.1.7 Kapital- und Liquiditätsabhängigkeit

Der Zugang zum Kapitalmarkt ist bei KMU gegenüber großen Unternehmen eingeschränkt. Während die großen Unternehmen Zugang zum organisierten Kapitalmarkt und anderen Finanzierungsformen haben, nutzen die KMU neben den Gesellschaftereinlagen i. d. R. Bankkredite und verstärkt auch institutionelle Investoren wie Private-Equity-Gesellschaften oder stille Gesellschafter.

Aufgrund des begrenzten Zugangs zum Kapitalmarkt und der begrenzten finanziellen Möglichkeiten hat die Planung der Liquiditätsbedarfe und das Reporting der Liquiditätsentwicklung für KMU im Gegensatz zu größeren Unternehmen einen größeren Stellenwert. Erhöhte Kredit-Sicherungsanforderungen der Banken durch Basel II und III erfordern zusätzlich zu den finanziellen Kennzahlen der traditionellen Jahresabschlussanalyse, weitergehende Informationen über die leistungstreibenden Größen bezüglich der Prozesse, Qualität, Mitarbeiter und Kunden der Unternehmungen.[25] Durch die Ratinganforderungen an die Unternehmen wird die Planung und Berichterstattung aller wichtigen Risiken und Chancen wichtiger.

2.1.8 Unternehmensverbindungen

Unternehmen, bei denen Fremde oder andere Unternehmen einen größeren Anteil als 25 % der Stimmrechte oder Besitzanteile haben, sind wirtschaftlich nicht mehr eigenständig. Liegt der Anteil zwischen 25 und 50 %, so spricht man von Partnerunternehmen. Liegt er darüber, so spricht man von verbundenen Unternehmen.[26] Große Unternehmen besitzen Konzernstrukturen, die national und international ein Geflecht aus Teilkonzernen und vielen Einzelgesellschaften bilden. In diesem Geflecht von Unternehmensverbindungen sind aber viele KMU eingebunden, die den Reportinganforderungen der übergeordneten

[24] Vgl. hierzu Schön (2011b, S. 10).
[25] Schulte-Mattler und Manns (2010, S. 83–126).
[26] Vgl. Lerch (2008, S. 43 ff.).

Konzerneinheiten genügen müssen. Je nach Konzerntyp (Finanzholding, Strategische Holding, Managementholding) sind die Anforderungen an das Reporting und die Planung höher oder niedriger (vgl. Abschn. 4.1.1). Der Einfluss durch die übergeordnete Konzerngesellschaft ist bei der Managementholding deutlich höher als bei der Finanzholding. Es kann also sein, dass der Einfluss auf das beteiligte (mittelständisch geprägte) Unternehmen eher geringer ausfällt und somit die Handlungsspielräume weitestgehend frei ausgeübt werden können.[27] Zwar fällt bei den verbundenen KMU die Eigenständigkeit als Kriterium eines mittelständigen Unternehmens weg, dennoch weisen viele dieser verbundenen Gesellschaften mittelständische Strukturen auf, wie z. B. die begrenzten personellen Ressourcen, die heterogenen Softwarelandschaften und die geringe Strategieverankerung.

Anders als bei den kleineren Unternehmen findet man unter den größeren Mittelständlern zunehmend mehrere, die selbst als Unternehmensverbund mit mehreren kleineren Einzelgesellschaften am Markt agieren. Die Anforderungen für die Planung und das Reporting im Sinne des Beteiligungscontrolling steigen auch hier.

Zusammenfassend kann festgehalten werden, dass eine eindeutige Abgrenzung des Mittelstandes anhand von rein quantitativen Kriterien für die Betrachtung von Planungs- und Reportinglösungen nicht in Frage kommt. Eine reine Orientierung z. B. an den niedrigen Grenzen von Umsatz und Beschäftigtenanzahl, wie bei der EU Kommission, würde viele mittelständisch geprägten Unternehmen ausschließen. Deswegen sollen in der weiteren Betrachtung der Reporting- und Planungslösungen auch Unternehmen mit einbezogen werden, die größere Schwellenwerte überschreiten, bei denen aber viele qualitative Kriterien für die Mittelstandszuordnung zutreffen.

2.2 Planung und Reporting im Zusammenhang mit der Unternehmenssteuerung

Unternehmen stehen heute in einem extremen Spannungsumfeld: Auf der einen Seite müssen sie alles tun, um die Kosten im Griff zu behalten, wenn sie am Markt bestehen wollen, auf der anderen Seite fordert sie der Wettbewerb permanent heraus, neue Potenziale aufzubauen und diese effektiv und effizient zu nutzen. Die Planung und das Reporting sind für das Management unerlässliche Instrumente, um die dynamischen Änderungen im Wirtschaftsumfeld und im Unternehmen zu erkennen und den Kurs der Unternehmung erfolgreich abzustimmen. Die Grundlage für erfolgreiches unternehmerisches Handeln bilden demnach sowohl die Planung als auch das Reporting.[28]

Die Planung hilft bei der Ausrichtung an vorher gesetzten Zielen und Maßstäben, die im Rahmen eines Planungsprozesses erarbeitet werden. Sie zeigt bereits im Vorfeld Ge-

[27] Vgl. Reinemann (1999, S. 661–662).

[28] Vgl. Schön und Irmer (2010, S. 49–56).

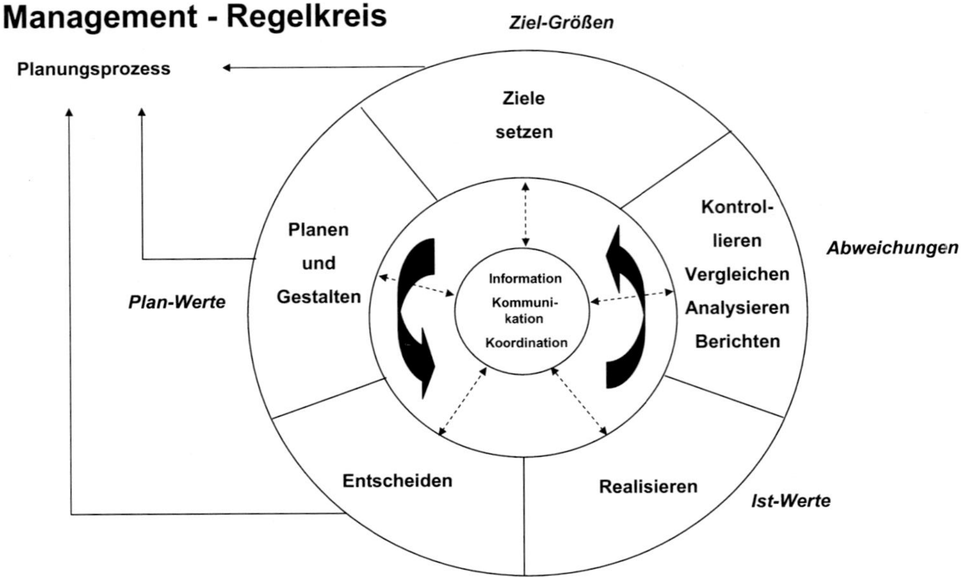

Abb. 2.1 Planung und Reporting im Management-Regelkreis[29]

staltungsspielräume des Unternehmens auf und hilft später bei einer Kursänderung, die aufgrund auftretender Abweichungen notwendig geworden ist.

Das Reporting soll transparent das Unternehmensgeschehen widerspiegeln und ist somit unerlässlich für die Steuerung des Unternehmens.

Planungs- und Reportingfunktionen sind im Kontext des Management-Regelkreises zu betrachten, der die Funktionen der Führung und des Managements darstellt (vgl. Abb. 2.1).

Ausgehend von den Visionen und Zielen der Unternehmung erfolgt die Planung und Gestaltung des unternehmerischen Handelns. Entscheidungen über die betriebliche Zukunft werden gefällt und durch Maßnahmen realisiert. Mit Hilfe des Reporting lassen sich Veränderungen und Entwicklungen vergleichen, überwachen und analysieren, so dass es den Entscheidungsträgern wiederum möglich ist, Rückkopplungsprozesse zur Korrektur von Zielvorgaben, Plänen, Entscheidungen und Maßnahmen anzustoßen. Basis dieser Management-Regelkreisfunktionen ist der Austausch von Informationen sowie die Kommunikation und Koordination untereinander.

Wie komplex dieser einfach dargestellte Management-Regelkreis in Wirklichkeit ist, lässt sich schnell an der zeitlichen Dimension der Unternehmenssteuerung erkennen (vgl. Abb. 2.2).

[29] Eigene Darstellung. Vgl. zum Management-Regelkreis ähnliche Darstellungen, die in der Kybernetik und in der Managementliteratur verwendet werden, z. B. Wild (1981, S. 40). Synonym für den Begriff Management-Regelkreis werden auch die Begriffe kybernetischer Regelkreis oder einfach Steuerungskreis verwendet.

Abb. 2.2 Zeitdimensionen der Unternehmensführung

Strategische, taktische und operative Aufgaben müssen miteinander verzahnt werden und dies oft konzern- und weltweit. Dynamische Marktveränderungen, Unternehmensumstrukturierungen und kürzere Produktzyklen erfordern immer wieder neu zusammengestellte entscheidungsrelevante Informationen. Dennoch sollte die Transparenz und die Genauigkeit der Informationen nicht leiden und sie sollte entsprechend anwendergerecht zur Verfügung gestellt werden. Schaut man auf den Softwaremarkt, so kann man schnell den Eindruck bekommen, dass es eine Vielzahl an leistungsfähigen Planungs- und Reportingtools gibt, die das Analysieren zum kinderleichten Mausklick machen. Fragt man jedoch das Management selbst, so fühlen sich viele mit Informationen überversorgt ohne jedoch richtig informiert zu sein. Planungs- und Informationsdefizite sind also immer noch vorhanden. Die Probleme hierfür sind vielschichtig.

2.3 Grundlagen zur Planung und zum Reporting

Die Zielgestaltung, die Planung und das Reporting[30] sind im Unternehmen das zentrale Koordinations- und Kommunikationsinstrument für das Management und Controlling seit jeher. Erstaunlicherweise findet man in der Literatur erst in den letzten Jahren verstärkt Beiträge und Bücher, die sich intensiver entweder mit der Planung oder dem Reporting beschäftigen. Zudem findet man Veröffentlichungen von umgesetzten Praxislösungen, die vor

[30] Neben dem Begriff Reporting wird synonym der Begriff Berichtswesen verwendet.

allem auf Besonderheiten, Probleme und Umsetzungsvorschläge der jeweiligen Berichts- und Planungssysteme hinweisen.[31] Aus diesem Grunde soll die Untersuchung ausgehend von der Definition, den Zielen und Aufgaben der Planung und des Reporting systematisch den Integrationsaspekt von beiden Seiten betrachten. Anschließend wird ein gemeinsames Analyseprofil mit den 4 Hauptperspektiven „Inhalt, Organisation, Prozesse und DV-Unterstützung" entwickelt, an denen die Planung und das Reporting gemeinsam und nicht isoliert untersucht werden. In vielen Fällen treffen die Aussagen sowohl auf die Planung als auch auf das Reporting zu. In den Fällen, wo Planung und Reporting Unterschiede aufweisen, wird dies besonders herausgestellt.

2.3.1 Planungsdefinition

Zur Beurteilung der Leistung, Produktivität und Wirtschaftlichkeit sind in allen Unternehmensbereichen Orientierungsgrößen und Vergleichsmaßstäbe erforderlich.

Eine zukunftsbezogene Unternehmensführung benötigt entscheidungsrelevante Informationen, die Prognosecharakter besitzen. Dies gilt für alle Teilbereiche der Unternehmensplanung. In Anlehnung an die Definition von Wild wird die Unternehmensplanung wie folgt definiert:

> Die Unternehmensplanung umfasst das systematische, zukunftsbezogene Durchdenken und Festlegen von Unternehmenszielen sowie Maßnahmen, Mittel und Wege zur Zielerreichung.[32]

Die Unternehmensplanung lässt sich nach den Kriterien Planungshorizont, Planungsobjekt und Planungsinhalt differenzieren.[33]

Objekte sind die betrachteten Gegenstände und Verantwortungsbereiche, die der Planung zu Grunde liegen, wie z. B. Gesellschaften, Kostenstellen, Kostenträger etc. Der Inhalt umfasst die Mengen- und Wertgerüste sowie weitere Eigenschaften, die bezüglich der Planungsobjekte prognostiziert und budgetiert werden.

In Anbetracht des Planungshorizontes unterscheidet man die generelle Unternehmenszielplanung, die strategische und die operative Unternehmensplanung. Der Planungshorizont gibt den Zeitraum (kurz-, mittel-, langfristig) an, für den geplant werden soll.

In der folgenden Abb. 2.3 wird ein idealisiertes Planungsmodell für die Gesamtunternehmung skizziert, in dem die wesentlichen Teilpläne der Unternehmensplanung sowie

[31] Vgl. Horváth (2008, S. 17).
[32] Vgl. Wild (1981, S. 13).
[33] Vgl. Homburg (1991, S. 18).

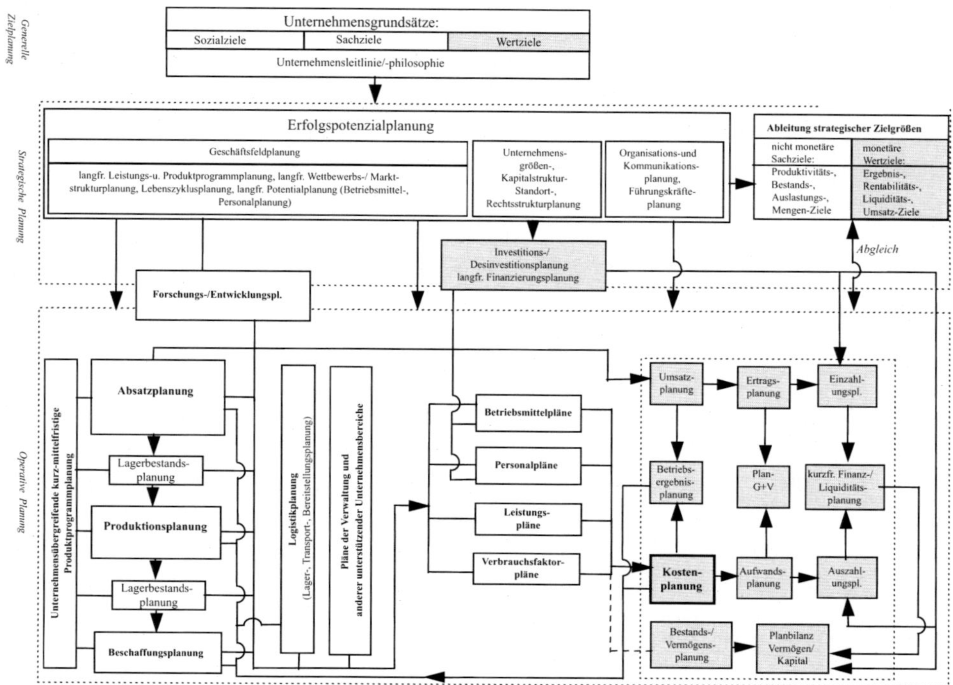

Abb. 2.3 Interdependenzen der betrieblichen Teilpläne[35]

ihre Beziehung untereinander aufgeführt sind. Zur besseren Unterscheidung der Plandatenebene sind dabei monetäre bzw. wertmäßige Pläne grau unterlegt.[34]

Die Planung von Kosten und Leistungen erlaubt eine Vorschau darauf, wie sich zukünftige Unternehmensaktivitäten auf das Betriebsergebnis auswirken und liefert somit nutzbare Entscheidungsgrundlagen für die Unternehmenssteuerung.[36]

Viele Informationsanforderungen für Entscheidungsprobleme des Managements und des Controlling, z. B. Angebotspreisaussagen, Make-or-Buy-Entscheidungen, Verfahrensauswahlentscheidungen, Produktionsprogramm- und Produktionsmengenentscheidungen sind zukunftsorientiert, d. h. es werden erfolgsorientierte Plan- bzw. Prognosedaten vor allem in Form von monetären bzw. quantitativen Daten benötigt.[37] Aufgrund zunehmend qualitativer Informationsanforderungen des Managements, verbunden mit neuen Managementkonzepten (u. a. Balanced Scorecard, Benchmarking, Customer Relationship Management), werden diese zudem verstärkt durch nicht-monetäre, qualitative Informationen wie z. B. Qualitätsmerkmale, Kunden- und Mitarbeiterzufriedenheit ergänzt.

[34] Vgl. Schön (1999, S. 23).

[35] Entnommen aus Schön (1999, S. 23).

[36] Vgl. Krause und Fröhling (1991, S. 275).

[37] Vgl. Hummel (1992, S. 76 ff.).

Die vorhandenen Interdependenzen zwischen den vorgelagerten mengenorientierten Teilplänen mit den wertmäßigen Kostenplänen erfordern aus theoretischer Sicht eine simultane Gesamtplanung.[38] Da allerdings eine simultane betriebliche Gesamtplanung, welche möglichst viele der komplexen betrieblichen Zusammenhänge berücksichtigt, als nicht realisierbar angesehen wird, kann eine schlüssige und konsistente Unternehmensplanung nur auf einer sukzessiven Planung der betrieblichen Teilpläne aufbauen.[39] Der Ablauf orientiert sich zumeist an der betrieblichen Prozesskette und deren Engpassbereich, angefangen von der Absatzplanung und Lagerbestandsplanung über die weiteren Prozess- und Potenzialpläne bis hin zu den bewerteten monetären Plänen (Finanz-, Erfolgs- und Bilanzplanung) einschließlich derer verdichteten Ausprägungen in Kennzahlensystemen, Management- und Konzernberichten.

Der Ablauf der Planungsrechnung vollzieht sich dabei in einzelnen Schritten, die nach dem System des Management-Regelkreises mehrfach durchlaufen werden müssen (vgl. Abschn. 2.2). Theoretisch gesehen erfolgt solange eine erneute Abstimmung der betrieblichen Teilpläne, bis die Ergebnisse der operativen Planung mit den von der Gesamtunternehmung geforderten Zielen kompatibel sind. Hierbei lassen sich die strategisch abgeleiteten Zielgrößen der Geschäftsleitung (z. B. Ergebnis- und Produktivitätsvorgaben) mit den operativen Planzahlen der einzelnen Unternehmensbereiche im Sinne des Gegenstromverfahrens Schritt für Schritt anpassen. In der Unternehmenspraxis sind solche Planungszyklen kaum durchführbar, da sie zu viel Zeit und Ressourcen in Anspruch nehmen würden, so dass man sich auf einige wenige Planungsrunden und grobe Plankorrekturen beschränkt. In der Unternehmenspraxis sind zudem auch noch einseitig ausgerichtete Planungsprozesse zu finden, die entweder nur Top-Down oder nur Bottom-Up ausgerichtet sind (vgl. Abschn. 4.2.2.1).

Der Planungsprozess kann nicht losgelöst von der Entscheidung, Realisierung und Kontrolle gesehen werden, da eine Planung ohne Kontrolle sinnlos ist und eine Kontrolle ohne Planung nicht funktioniert. Aus diesem Grunde ist bei unterschiedlichen Systemeinsätzen von Planungs- und Reportingtools die Hoheit festzulegen, in welcher Applikation die Analyse der Abweichungen stattfindet. Werden unterschiedliche Systeme für Planung und Reporting eingesetzt, sind auch Import- und Exportschnittstellen zu berücksichtigen. Die Phasen des Planungs- und Steuerungsprozesses und somit auch der Zusammenhang zwischen Planung und Reporting wird in der folgenden Abb. 2.4 angedeutet. Das Reporting übernimmt die Aufgabe der Analyse und Kontrolle. Darüber hinaus ist das Reporting aber auch Lieferant für Informationen im Zielbildungs- und Planungsprozess und unterstützt damit, verzahnt mit der Planung, die gesamte Unternehmenssteuerung.

2.3.1.1 Exkurs Budgetierung, Better und Beyond Budgeting

An dieser Stelle soll in einem kleinen Exkurs auf die Diskussion bezüglich der Budgetierung, Better und Beyond Budgeting eingegangen werden:

[38] Vgl. Horváth (2009, S. 163 ff.).

[39] Vgl. Scherrer (1991, S. 143).

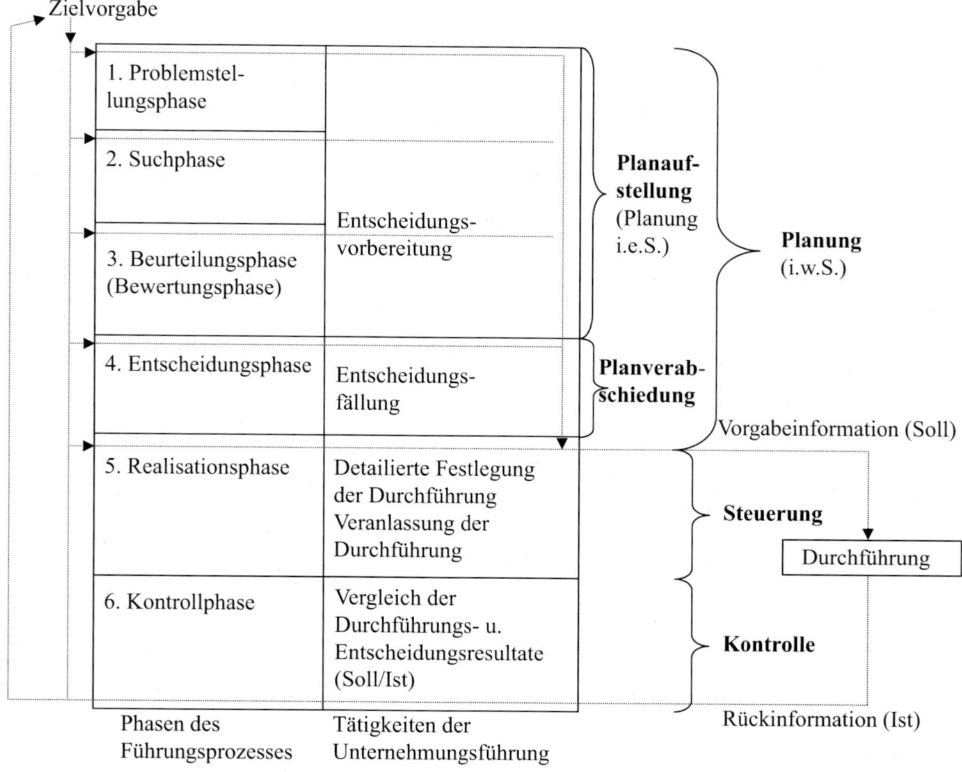

Abb. 2.4 Phasen des Planungs- und Steuerungsprozesses[40]

Vielfach wird der Begriff Budgetierung gleichgesetzt mit dem Begriff der Kostenplanung. Anders als bei dieser ungenauen begrifflichen Abgrenzung versteht man allerdings unter Budgetierung das konkrete zahlenmäßige Festlegen der geplanten Wert- und ggf. Mengengrößen für einen betrieblichen Teilbereich im Rahmen der operativen Kosten- und Leistungsplanung.[41] Das Budget ist dabei die wertmäßige Zielvereinbarung zweier Parteien (z. B. der Geschäftsleitung und der Bereichsleitung) und bildet das abschließende Glied in der Kette der Planwertgenerierung. Durch die Budgetvorgaben erfolgt eine Delegation der Entscheidungs- und Handlungsfreiheit in dezentrale Bereiche, die zur Entlastung der Führungskräfte führen.

Neuere Konzepte des „Better Budgeting“ sollen bürokratische Nachteile der Budgetierung durch systematische Beschleunigung, Vereinfachung und Flexibilisierung der traditionellen Budgetierung beheben. Dieser instrumentelle Wandel wird im Wesentlichen durch verbesserte Reporting- und Planungstools erreicht. Diesem Ansatz folgt auch die-

[40] In Anlehnung an: Hahn (1994, S. 42).

[41] Vgl. Wild (1981, S. 40).

ses Buch. Zudem wird aber neben der DV-Unterstützung die Verbesserung auch in Bezug zum fachlichen Inhalt, der organisatorischen Einbindung und der Prozessunterstützung betrachtet.

„Beyond Budgeting“ hingegen will auf die traditionelle Budgetierung verzichten und sie durch ein neues Steuerungsinstrumentarium ersetzen. Hierbei handelt es sich um einen grundlegenden Wechsel im Managementansatz, welches auf operative Planung und Budgets verzichtet.

Protagonisten des Beyond Budgeting sind Jeremy Hope, Robin Fraser sowie Peter Bunce, die anhand von Vorzeigebeispielen wie der Svenska Handelsbanken oder der Boots Healthcare International (BHI) einen umfassenden Managementansatz propagieren, der anstelle von Budgets mit zielgerichteten Key Value Drivers (20 % der Informationen (KVD) = 80 % des Erfolges), internen und externen Benchmarks sowie flexiblen strategischen Initiativen steuert.[42] Hier weist dieses Konzept große Ähnlichkeiten mit dem Balanced Scorecard-Ansatz auf. Als Managementforum wird ein sogenannter BBRT (Beyond Budgeting Round Table) eingerichtet. Das neue Steuerungsinstrumentarium verwendet keine operativen, planbasierten Rechnungssysteme mit Budgets, steuert aber mit zukunftsgerichteten Forecasting-Werten. Der Ausschnitt der rein operativen Planung und Budgetierung wird also beim Beyond-Budgeting nicht benötigt, hingegen rücken strategische Werkzeuge und das Forecasting in den Vordergrund.

Auf eine operative Planung kann m.E. allerdings nicht verzichtet werden. Somit ist der Beyond-Budgeting-Ansatz aus folgenden Gründen insbesondere für industrielle Unternehmen und den Mittelstand **nicht** haltbar:

- Forecast ist eine Variante der Planung, in der das kumulierte Ist um eine operative Restplanung ergänzt wird (ggf. rollierend). Planung wird also doch benötigt.
- Eine fundierte Planung eines neuen Geschäftsfeldes kommt nicht ohne eine Neuplanung aus.
- Zur Steuerung der Unternehmen sind Kalkulationen, Preisermittlungen und Tarifermittlungen notwendig, die auf Basis einer operativen Planung generiert werden. Diese wären ohne eine operative Planung gar nicht möglich.

2.3.2 Ziele und Aufgaben der Planung

Die zentrale Aufgabe der Unternehmensplanung besteht darin, zukünftige, im Verlauf der betrieblichen Unternehmensprozesse entstehende Entwicklungen zumeist unter Unsicherheit zu quantifizieren (Prognosefunktion) und einen Vergleichsmaßstab für die Analyse der tatsächlichen Entwicklung aufzustellen (Informations- und Dokumentationsfunktion). Aufgabe der Unternehmensplanung ist die Bestimmung der angestrebten Leistungen und der hierfür einzusetzenden Ressourcen sowie der sich hieraus ergebenen Wirtschaft-

[42] Hope und Fraser (1999).

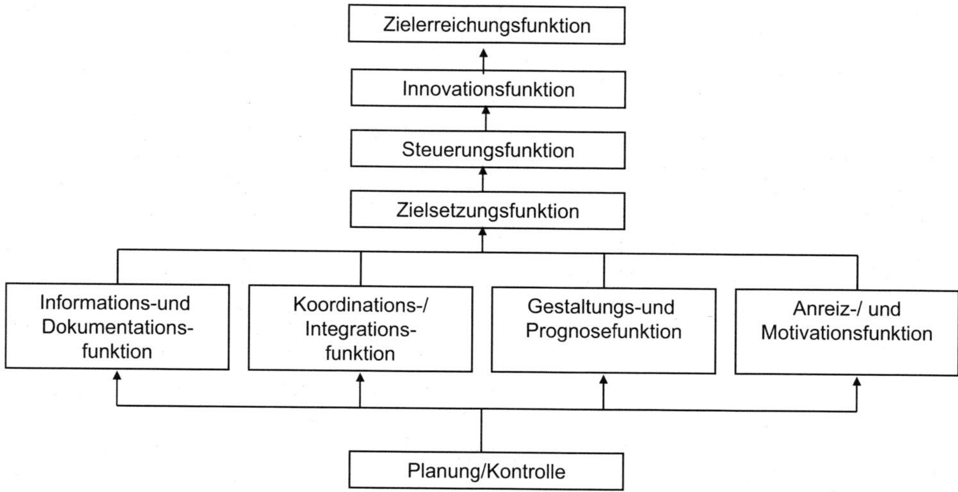

Abb. 2.5 Ziele und Aufgaben der Planung[44]

lichkeit zukünftiger Perioden (Gestaltungsfunktion). Hierbei sollen durch die Bereitstellung von Informationen die Grundlage für Entscheidungen und dispositive Zwecke zur Steuerung des Unternehmens gegeben werden. Abweichungs-, Vergleichs- und Simulationsanalysen helfen bei der Erfolgsplanung und Kontrolle der Wirtschaftlichkeit sowie bei der Schaffung von unternehmerischen Handlungsspielräumen und der Ausnutzung von alternativen Gestaltungsmöglichkeiten (vgl. Abb. 2.5).[43]

Weitere wesentliche Merkmale der Unternehmensplanung sind:

- Sie vollzieht sich in einem mehrstufigen, entscheidungsorientierten Prozess.
- Sie ist ein systematischer, rationaler und zum Teil subjektiver Informationsverarbeitungsprozess (Koordinations- und Integrationsfunktion), der von legitimierten Planungsträgern bestimmt wird.
- Sie ist ebenso zielgerichtet wie zukunftsorientiert und setzt die Willensbildung der Beteiligten voraus (Zielsetzungsfunktion).
- Sie erfüllt Vorgabe- und Orientierungsfunktionen, indem versucht wird, eine Abbildung der zukünftig angestrebten Wirklichkeit zu schaffen (Zielsetzungs-, Steuerungs-, Zielerreichungsfunktion).
- Sie soll motivieren und Anreize zur Verbesserung der Unternehmenssituation und Wirtschaftlichkeit geben. Rationalisierungsmöglichkeiten sollen aufdeckt werden (Innovationsfunktion, Anreiz- und Motivationsfunktion).

[43] Vgl. Gabele und Fischer (1992, S. 126).
[44] In Anlehnung an Töpfer (1976, S. 97).

2.3.3 Reportingdefinition

Zum Begriff des betrieblichen Reporting (Berichtswesens) hat jeder für sich schnell eine Vorstellung. Man stellt sich verschiedene papier- oder DV-gestützte Managementberichte und Analysen vor, die mit Tabellen, Diagrammen und Kommentaren unterschiedlichster Informationen dargestellt werden. Nimmt man die Definitionen näher unter die Lupe so lassen sich unterschiedlich weite Definitionen zum Reporting finden.

Weber z. B. versteht unter dem Begriff des Berichtswesens die Gesamtheit der an unternehmensinterne Adressaten gerichteten Berichte eines Unternehmens.[45]

Im *Gabler-Wirtschaftslexikon* werden unter dem Berichtswesen, alle systematisch erstellten, entscheidungs- und führungsrelevanten Informationen enthaltene Berichte in schriftlicher oder elektronischer Form für interne und externe Adressaten verstanden.[46]

Küpper fast das Reporting weiter. Es umfasst bei ihm das gesamte betriebliche Informationswesen, aber auch die dazugehörige Datenverarbeitung.[47]

Eine weitreichende Definition liefert Blom, bei dem das betriebliche Berichtswesen „alle Einrichtungen, Mittel und Maßnahmen eines Unternehmens (…) zur Erarbeitung, Weiterleitung, Verarbeitung und Speicherung von Informationen über den Betrieb und seine Umwelt“ umfasst.[48] Wie Blom bezieht auch Reichmann den Informationsversorgungsprozess als wichtigen Bestandteil der Reportinganalyse ein.[49]

Horváth hingegen fasst die Definition des Management-Reporting wesentlich kürzer. Als Teil des betrieblichen Berichtswesen umfasst das Management-Reporting laut Horváth die Phasen der Informationsbereitstellung und -übermittlung sowie die Informationsnutzung, aber nicht die Phasen der Informationsbedarfsermittlung, -beschaffung und -erzeugung.[50]

Die Dimensionen der Reportingdefinition lassen sich demnach nach dem Empfängerkreis der Informationen, dem inhaltlichen Umfang der Information und dem Prozess der Informationsversorgung eingrenzen (vgl. Abb. 2.6).

Im Gegensatz zu Horváth ist m.E. auch der frühe Informationsprozess untrennbar vom Berichtswesen, da gerade die Informationsbedarfsermittlung und die Beschaffung der Quelldaten immens wichtig für das Reporting sind und sich somit schlecht hiervon trennen lassen.[51]

[45] Vgl. Weber et al. (2005, S. 13).
[46] Vgl. Gablerlexikon (2004, S. 364).
[47] Siehe Küpper (1995, S. 148 ff.).
[48] Vgl. Blom (1975, Sp. 1924–1930).
[49] Vgl. Reichmann (2006, S. 16).
[50] Vgl. Horváth (2008, S. 18–20).
[51] Vgl. Horváth (2008, S. 18).

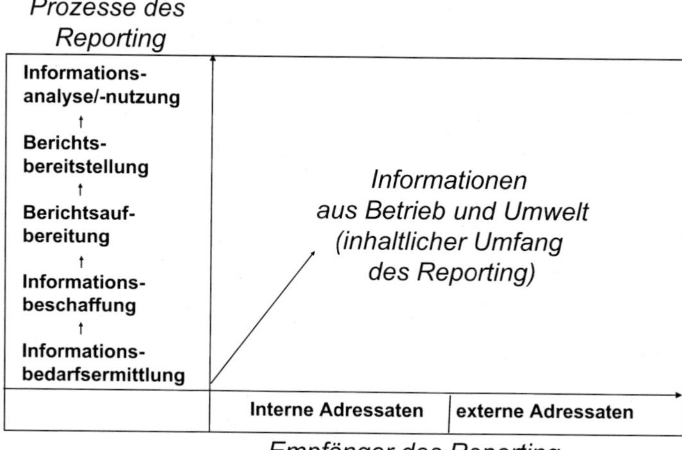

Abb. 2.6 Dimensionen der Reportingdefinition

Deswegen fällt die hier genutzte Reporting-Definition weitergefasst aus:

Unter dem betrieblichen Reporting im weitesten Sinne ist die Informationsbedarfsermittlung, -beschaffung, -aufbereitung, -bereitstellung, -nutzung und -analyse aller steuerungs- und entscheidungsrelevanter Informationen des Betriebs und seiner Umwelt für externe und interne Adressaten des Unternehmens in Form von Berichten zu verstehen, wobei diese idealerweise adressatengerecht gebündelt in einem Reportingsystem aufbereitet werden.

Da Planung und Reporting im Zusammenhang mit dem Management-Regelkreis eng miteinander in Verbindung stehen, kann die allgemeine Planungsdefinition sinnvoll erweitert werden.

Die Unternehmensplanung umfasst das systematische, zukunftsbezogene Durchdenken und Festlegen von Unternehmenszielen sowie Maßnahmen, Mittel und Wege zur Zielerreichung.[52] Hierzu bedarf es einer planungsrelevanten Informationsbedarfsermittlung, -beschaffung, -aufbereitung, -bereitstellung und -nutzung aller steuerungs- und entscheidungsrelevanter Informationen des Betriebs und seiner Umwelt für die Planungs- und Steuerungsverantwortlichen im Unternehmen in Form von Planungswerkzeugen, wie Planungsformulare und -funktionen, wobei diese idealerweise adressatengerecht in einem Planungssystem zur Verfügung gestellt werden.

Planung und Reporting sind dabei sinnvoll zu integrieren und aufeinander abzustimmen.

2.3.4 Ziele und Aufgaben des Reporting

Ziel des Reporting ist es, den jeweiligen Berichtsempfängern möglichst schnell aktuelle, richtige und relevante Informationen für die anstehenden Entscheidungen und Steuerungsfragen zur Verfügung zu stellen. Das Reporting soll dabei bestmöglich folgende Grundfragen beantworten:[53]

- Warum soll berichtet werden? (Berichtszweck/Nutzen)
- Was soll berichtet werden? (Inhalt, Detaillierungsgrad)
- Wie soll berichtet werden? (Gestaltung, Medium)
- Wer soll für wen berichten? (Ersteller und Empfänger)
- Wann soll berichtet werden? (Zyklus der Berichte)

Der generelle Berichtszweck wurde bereits im Rahmen der Vorstellung des Management-Regelkreises angesprochen. Berichte dienen als Informationsgrundlage für die Steuerung des Unternehmens, also die Beeinflussung der Mitarbeiter, der Prozesse und organisatorischen Rahmenbedingungen des Unternehmens durch die Leitungs- und Führungskräfte, die im Prozess der Zielbildung, Gestaltung, Planung, Realisation und Kontrolle des Management-Regelkreises direkt oder indirekt initiiert werden (vgl. Abschn. 2.2).

Die wichtigsten **Aufgaben des Reporting** können stichpunktartig wie folgt zusammengefasst werden:

- Dokumentation und Information von betrieblich relevanten Sachverhalten, hierdurch
  - verbesserte Kommunikation
  - verbesserte Koordination
  - verbesserte Analyse und Kontrolle
  - verbesserte Entscheidungsgrundlage
  - verbesserte Steuerung
  - verbesserte Grundlage für die Zielfindung, Gestaltung, Prognose und Planung

Zusammenfassend schafft das Reporting die notwendige Transparenz für die Unternehmensführung. Damit eine transparente Informationsgrundlage vorliegt, müssen folgende Grundanforderungen der Informationen erfüllt sein:

[53] Vgl. Antony et al. (1972).

- Vollständigkeit der Informationen
- Komplexitätsreduktion[54] bzw. Detailausprägung der Informationen für die jeweilige Analyse und Entscheidungsfindung
- Richtigkeit der Informationen was Datenkonsistenz und Widerspruchsfreiheit betrifft.

Insbesondere die Vollständigkeit und die Komplexitätsreduktion bergen einen Zielkonflikt in sich, der dadurch behoben werden kann, dass das Reporting gestuft zu gestalten ist. Adressatenbezogen ist z. B. zunächst eine Übersicht der verfügbaren Berichte und Informationen zu liefern, bevor der Berichtsempfänger schrittweise von verdichteten bis zu detailliert aufgelösten Informationen analysieren kann.

Im Idealfall sollte das Unternehmensreporting diesen Anforderungen gewachsen sein. Eine zunehmend größere Unternehmenskomplexität in einem ständigen dynamischeren Wirtschaftsumfeld führt allerdings zu einem Informationsdilemma hinsichtlich des Auseinanderklaffens von Informationsentstehung, -verarbeitung und -bedarf.[55] Auf der einen Seite werden die Entscheidungsträger mit einer Flut von zum größten Teil veralteten und vergangenheitsbezogenen Daten unterschiedlichster Quellen und Systeme erschlagen, währenddessen sie auf der anderen Seite schnelle, aktuelle, relevante, zuverlässige und zumeist zukunftsbezogene Informationen für ihre Entscheidungen benötigen.

2.3.5 Generelle Beeinflussungsgrößen von Planung und Reporting

Der **Umfang und die Ausprägung des Reporting** und der Planung ist von vielen Einflussfaktoren geprägt. Generelle Beeinflussungsgrößen sind:

- Die **Unternehmensgröße:** je größer das Unternehmen ist, desto umfangreicher sind i. d. R. auch Planungs- und Reportinglösungen. (vgl. Abschn. 2.1).
- Die **Dynamik der Umwelt- und Umfeldbedingungen** eines Unternehmens fordern die ständige Neuausrichtung und Anpassung an die sich ändernden Gegebenheiten.
- Die **strategische Zielausrichtung eines Unternehmens** ist mit Hilfe der Planung und des Reporting anzusteuern (vgl. Abschn. 3.1).
- Die **wertschöpfungstreibenden Faktoren des Geschäfts** (vgl. Abschn. 3.2) sind zentral in der Planung und im Reporting abzubilden.
- Liegen **Unternehmensverbindungen** vor, so ergeben sich Planungs- und Berichtsanforderungen für die übergeordnete Unternehmenseinheit, z. B. fordert die Holding eine Planung und ein Reporting für ihre Beteiligung ein. Hinzu kommen die Konsolidierungsanforderungen und die hiermit verbundene Berücksichtigung der Intercompany-Beziehungen. (vgl. Abschn. 4.1.1).

[54] Vgl. Mehrmann (2004, S. 55 f.).

[55] Vgl. Nölken (2002, S. 25).

- Die **Organisationsstruktur** und die Verantwortungs- und Entscheidungsbereiche (vgl. Abschn. 4.1.2) sowie **der Führungsstil** des Managements (vgl. Abschn. 4.1.3) beeinflussen Inhalte und Adressaten der Planung und des Reporting.
- Ein **international ausgerichtetes Unternehmen** mit mehreren ausländischen Standorten und Vertretungen benötigt mehrsprachige Reporting- und Planungslösungen. Zudem sind kulturelle und rechtliche Vorschriften des jeweiligen Landes zu berücksichtigen.
- **Branchenbesonderheiten** sind in der Planung und im Reporting zu berücksichtigen. Beispielsweise müssen im Krankenhausmanagement pflichtmäßig Statistiken (E1–E3) über spezielle medizinische Leistungen erstellt werden. Andere Branchen wie z. B. die Versicherungen haben mit dem Risikoreporting andere Besonderheiten.

Deswegen kann an dieser Stelle auch keine Empfehlung über die Anzahl und die Seitenzahl der Berichte abgegeben werden. In der Unternehmenspraxis sind nicht selten Unternehmen zu finden, die im Monat mehr als 30 Berichte mit einer Gesamtanzahl von bis zu 50–100 Seiten erstellen. Bei der Gestaltung des Reporting kommt es aber darauf an, wie ausgewogen der Umfang des Berichtswesens ist und das die Informationsdichte die Anforderung der Entscheidungsträger und Berichtsadressaten transparent und möglichst optimal erfüllt.

Bei der Gestaltung der Planung kommt es wie im Reporting darauf an, eine ausgewogene Planung zu erstellen. Sie darf auf der einen Seite nicht zu detailliert sein, da sie ansonsten sehr aufwändig für die an der Planung beteiligten ist und neben der Unwirtschaftlichkeit zudem noch Frustration mit sich bringt. Auf der anderen Seite darf sie nicht zu grob sein, da ansonsten die Analyse- und Steuerungsfunktionen der Planungen nicht greifen.

2.4 Integriertes Analyseprofil für die Planung und das Reporting

In den meisten Quellen zum Thema Planung und Reporting erfolgt die Analyse entweder komplett losgelöst nur zum Thema Planung oder nur zum Thema Reporting. Dies ist zwar prinzipiell aufgrund der Komplexität dieser Analysebereiche zu verstehen, aber vorteilhafter ist sicherlich die Verbindung beider Themen. Auch in der Unternehmenspraxis werden häufig Planungs- und Reportingprojekte unabhängig voneinander initiiert, obwohl ein Planungsprojekt immer auch das Reporting und ein Reportingprojekt auch immer die Planung mit berücksichtigen sollte. Ansonsten können Abstimmungsprobleme wie Überschneidungen und Lücken oder Fehlinterpretationen bei Objekten und Inhalten entstehen, die zu einer fehlerhaften Steuerung führen.

Die Bedeutung des Zusammenhangs von Planung und Reporting im Managementregelkreis wurde bereits im Abschn. 2.2 erläutert. Die Verzahnung wurde zudem bei der Entwicklung der Definition zur Planung und zum Reporting im Abschn. 2.3 aufgezeigt. Eine Analyse der gesteckten Ziele und Zielausprägungen ohne Planungsvorgaben funktio-

Fachlicher Inhalt:	**DV-Unterstützung:**

• Bezug zur Unternehmensstrategie
• Wertschöpfungstreibende Faktoren des Geschäftsmodells
• Planungs-/Berichtsinhalte (Struktur und Navigation, Berichts- und Planungsobjekte)
• Planungsformular-/Berichtsgestaltung (Berichtsarten, Grundformen, Filter-/Selektionsmöglichkeiten, Layout, Besonderheiten der Planungsformulare)
	• Hardware
	• Software
	  • ERP-gestützte Systeme
	  • Tabellenkalkulationsprogramme
	  • Relationale Datenbank-gestützte Systeme
	  • Data-Warehouse-und BI-gestützte Systeme (Anforderungskriterien: Datenanbindung, Datenmodellierung, -harmonisierung und -qualität, Analyse- und Planungsfunktionalität, Flexibilität und Gestaltungsmöglichkeiten, Geschwindigkeit etc.)

Organisation:	**Prozesse:**

• Unternehmensverbindungen
• Aufbauorganisation
• Führungsstil
• Adressaten/Empfänger der Planung/Berichte
• Sender/Ersteller/Koordinatoren der Planung/Berichte (zentrale und dezentrale Verantwortlichkeiten)
	• Einführungsprozesse (Rahmenbedingungen, Informationsbedarfs- und Ist-Analyse, Best-Practice-Abgleich, Blueprint, Sollkonzept, DV-Auswahl, DV-Konzept und Implementierung, Coaching/Schulung)
	• Zyklische Durchführungsprozesse
	  • Zyklischer Planungsprozess (Vorbereitung (u.a. Datenaufbereitung), Durchführung, Abstimmung und Genehmigung)
	  • Zyklischer Reportingprozess (Informationsbeschaffung, -aufbereitung, Berichtserstellung, Analysevorbereitung, Berichtsbereitstellung, Informationsanalyse und Steuerung)
	• Qualitätssicherungsprozesse (u.a. Support)

Abb. 2.7 Vier-Felder-Ordnungsrahmen für das Reporting und die Planung

niert nicht und eine Planung ohne eine Kontrolle wäre Zeitverschwendung. Planung und Reporting sollten daher m. E. in der Forschung und Praxis stärker im Zusammenhang betrachtet werden, als dies bisher geschieht. Aus diesem Grunde werden in den folgenden Kapiteln Reporting- und Planungsthemen integriert betrachtet. Gemeinsamkeiten können im direkten Zusammenhang dargestellt werden. Dort wo Unterschiede sind, wie zum Beispiel im Planungsprozess, werden diese aufgezeigt und Integrationsaspekte herausgearbeitet.

Als gemeinsames Analyseprofil werden Kriterien gesucht, anhand derer sich die Planung und das Reporting gemeinsam untersuchen lassen. Als Ordnungsrahmen bieten sich dabei vier Felder an: Der fachliche Inhalt, die Organisation, die Prozesse und die DV-Unterstützung (vgl. Abb. 2.7).

Da die Analyse der vier Felder keine zwingende Reihenfolge, sondern eher im Gesamtkontext zu verstehen ist, werden in den folgenden Kapiteln immer wieder Querverweise auf Verbindungen innerhalb der vier Felder vorgenommen.

Literatur und Quellen zum Kap. 2

Andreae, C. 2007. *Familienunternehmen und Publikumsgesellschaft*. Wiesbaden.

Antony, R.N., J. Dearden, und R.F. Vancil. 1972. *Management Control System – Text, Cases und Readings*. London.

Becker, W., M. Staffel, und P. Ulrich. 2009. Wissensmanagement als Instrument der strategischen Führung im Mittelstand – Konzepte, Modifikationen und Empfehlungen. In *Management-Instrumente in kleinen und mittleren Unternehmen: Jahrbuch der KMU-Forschung und -Praxis 2009*, Hrsg. J. Meyer, 257–282. Lohmar.

Becker, W., und P. Ulrich. 2009. Mittelstand, KMU und Familienunternehmen in der Betriebswirtschaftslehre. *WiSt* 38(1): 2–7.

Blom, H. 1975. Informationswesen, Organisation des. In *Handwörterbuch der Betriebswirtschaft*, Hrsg. E. Grochla, W. Wittmann, 4. Aufl., Bd. 2, 1924–1930. Stuttgart.

EU Kommission. Empfehlung der Kommission vom 6. Mai 2003 (Empfehlung 2003/361/EG), die seit dem 1. Januar 2005, die bis dahin geltende Empfehlung (96/280/EG) ersetzt.

Feldbauer-Durstmüller, B., und B. Wimmer. 2008. Familienunternehmen und Controlling – Ergebnisse der empirischen Studie: Familienunternehmen in Oberösterreich. In *Familienunternehmen*, Hrsg. B. Feldbauer-Durstmüller, H. Pernsteiner, R. Rohatschek, M. Tumpel, 31–52. Wien.

Gabele, E., und P. Fischer. 1992. *Kosten- und Erlösrechnung*. München.

Gablerlexikon: Stichwort Berichtswesen, 16. Aufl. 2004.

Hahn, D. 1994. *Planungs- und Kontrollrechnung, – PuK Controllingkonzepte*, 4. Aufl. Wiesbaden.

Harvard Business Review 2009. (Vol. 70, 1992, S. 115–123) den Beitrag von: W. Becker, M. Staffel, P. Ulrich: Wissensmanagement als Instrument der strategischen Führung im Mittelstand – Konzepte, Modifikationen und Empfehlungen; in: Meyer, J. (Hrsg.): Managementinstrumente in kleinen und mittleren Unternehmen: Jahrbuch der KMU-Forschung und -Praxis 2009, Lohmar.

Hoffjan, A. 2008. Comparative Management Accounting. *Zeitschrift für Controlling* 20: 655–660.

Homburg, C. 1991. *Modellgestützte Unternehmensplanung*. Wiesbaden.

Hope, J., und R. Fraser. 1999. *Beyond Budgeting round Table*. Poole, Dorset.

Horváth, P. 2008. Grundlagen des Management-Reportings. In *Management-Reporting – Grundlagen, Praxis und Perspektiven*, Hrsg. P. Horváht, R. Gleich, U. Michel, 15–42. München.

Horváth, P. 2009. *Controlling*, 11. Aufl. München.

Hummel, S. 1992. Die Forderung nach entscheidungsrelevanten Kostenrechnungsinformationen. In *Handbuch Kostenrechnung*, Hrsg. W. Männel, 76–83. Wiesbaden.

IfM Bonn: KMU-Anteile 2008 in Deutschland. http://www.ifm-bonn.org/index.php?id=889. Zugegriffen: am 24.03.2011.

IfM Bonn: KMU-Definition des IfM Bonn seit 01.01.2002. http://www.ifm-bonn.org/index.php?id=89. Zugegriffen: am 24.03.2011.

Janssen, J. 2008. Rechnungslegung im Mittelstand, Diss. TU Dortmund.

Krause, H., und O. Fröhling. 1991. PC-gestützte Kostenplanung. Intelligenter Baustein eines computergestützten Unternehmens-Controlling. In *Tagungsband 6. Deutscher Controlling Congress*, Hrsg. T. Reichmann, 273–310. München.

Küpper, H.U. 1995. *Controlling, Konzeption, Aufgaben und Instrumente*. Stuttgart.

Lerch, V. 2008. Konzept einer Modellfabrik für integrierte Business Intelligence im Mittelstand –

Theorie und Anwendung bei einem mittelständischen Unternehmen der Fertigungsindustrie. *Inauguraldissertation*. Universität Mannheim: Mannheim.

Mehrmann, E. 2004. *Controlling in der Praxis*. Wiesbaden.

Nölken, D. 2002. *Controlling mit Intranet- und Business Intelligence Lösungen*. Frankfurt a. M.

Ossadnik, W., D. Barklage, und E. van Lengerich 2010. *Controlling mittelständischer Unternehmen*. Berlin Heidelberg.

Pfohl, H.C. 2006. Abgrenzung der Klein- und Mittelbetriebe von Großbetrieben. In *Betriebswirtschaftslehre der Mittel- und Kleinbetriebe*, Hrsg. H.C. Pfohl, 4. Aufl., 331–355. Berlin.

Rautenstrauch, T. 2005. Balanced Scorecard in mittelständischen Unternehmen: Empirische Ergebnisse und Implikationen. In *Einsatz von Controllinginstrumenten im Mittelstand, Konferenz Mittelstandscontrolling*, Hrsg. V. Lingnau, 1–17. Köln.

Reichmann, T. 2011. *Controlling mit Kennzahlen, Die systemgestützte Controlling-Konzeption mit Analyse- und Reportinginstrumenten*, 8. Aufl. München.

Reichmann, T. 2006. *Controlling mit Kennzahlen und Managementberichten*, 7. Aufl. München.

Reichmann, T. 2008. Die systemgestützte Controlling-Konzeption in Theorie und Praxis. *Zeitschrift für Controlling* 20: 689–700.

Reinemann, H. 1999. Was ist Mittelstand? Zur Definition der kleinen und mittleren Unternehmen. *WiSt* 28(12): 661–662.

Rheinhardt, R., D. Kilian, B. Kirschner, und W. Moriel. 2007. *Wettbewerbsfähigkeit kleiner und mittlerer Unternehmen in Österreich, eine empirische Studie*. Innsbruck.

Scherrer, G. 1991. *Kostenrechnung*, 2. Aufl. Stuttgart.

Schön, D. Ergebnisse zur empirischen Untersuchung: Business Intelligence für Reporting und Planung im Mittelstand – April 2011. Die kompletten Ergebnisse der Studie stehen über folgenden Link zum Download bereit. http://www.fhdortmund.de/de/studi/fb/9/personen/lehr/schdie/103020100000206873.php. Zugegriffen: am 01.06.2011.

Schön, D. Lücke klafft zwischen Planung und Kontrolle in mittelständischen Unternehmen. http://www.isreport.de/newsevents/news/archiv/2011/05/30/article/luecke-klafft-zwischen-planung-und-kontrolle-in-mittelstaendischen-unternehmen.html. Zugegriffen: am 01.06.2011.

Schön, D. 1999. *Neue Entwicklungen in der DV-gestützten Kosten- und Leistungsplanung*. Frankfurt a. M.

Schön, D., und Diamant Software GmbH. 2009. *Moderne Anforderungen und Trends im Finanz- und Rechnungswesen sowie im Controlling – Ergebnisse der empirischen Studie*. Dortmund/Bielfeld.

Schön, D., und K.H. Irmer. 2010. Effiziente Steuerung mit Forecasting und Integrierter Unternehmensplanung bei der GRAMMER Gruppe. *Controlling* 22(1): 49–56.

Schön, D., und R. Müller. 2010. Mittelstandscontrolling für Inhaber und Manager. In *25. Deutscher Controlling Congress, Tagungsband*, Hrsg. T. Reichmann, S. 123–165. Dortmund.

Schulte-Mattler, H., und T. Manns. 2010. Bedeutung des regulatorischen und ökonomischen Eigenkapitals für das Risikomanagement der Banken. In *Risikomanagement und Frühwarnverfahren*, Hrsg. U. Bantleon, A. Becker, 83–126. Stuttgart.

Simon, H. 1992. Lessons from Germany´s midzise giants. *Harvard Business Review* 70: 115–123.

Töpfer, A. 1976. *Planungs- und Kontrollsysteme industrieller Unternehmungen*. Berlin.

Wallau, F. 2008. Institut für Mittelstandsforschung Bonn): Das familiengeführte Unternehmen, Expertenforum Familienunternehmen. Köln.

Weber, J., R. Malz, und T. Lührmann. 2008. *Excellence im Management-Reporting*. Weinheim.

Weber, J., S. Schaier, und O. Strangfeld. 2005. *Berichte für das Top-Management*. Weinheim.

Wild, J. 1981. *Grundlagen der Unternehmensplanung*, 3. Aufl. Opladen.

Fachliche inhaltliche Ausgestaltung 3

Inhaltsverzeichnis

D. Schön, *Planung und Reporting im Mittelstand*, DOI 10.1007/978-3-8349-3604-2_3,

Die fachliche und inhaltliche Ausgestaltung der Planung und des Reporting werden maßgeblich durch die Informationsbedarfs- und Ist-Analyse (vgl. Abschn. 4.2.1.2) und das Soll- bzw. Fachkonzept zur Planung bzw. zum Reporting geprägt (vgl. Abschn. 4.2.1.3).

In diesem Kapitel soll die fachliche und inhaltliche Ausgestaltung der Berichte und Planungsformulare im Vordergrund stehen. Hierbei sollen folgende Fragen geklärt werden:

- Welche Arten von Berichten und Planungsformularen können generell verwendet werden?
- Welche Berichtsgrundformen können generell verwendet werden?
- Welche Faktoren beeinflussen den Umfang und welche Gebiete sind in der Planung und im Reporting zu unterscheiden?
- Welche Möglichkeiten der Gestaltung können bei den Planungsformularen und Berichten genutzt werden?

Zu Beginn dieses Kapitels soll aber vorab der inhaltliche Bezug der Planung und des Reporting zur Unternehmensstrategie und den wertschöpfungstreibenden Faktoren des Geschäftsmodells gelegt werden, in denen vor allem die Integration der gesamten Unternehmensplanung und -steuerung im Vordergrund steht.

3.1 Bezug zur Unternehmensstrategie

Ausgangspunkt der Konzeption, der Implementierung und der Weiterentwicklung der Planung und des Reporting ist stets die Verbindung zur Vision und Strategie des Unternehmens. Alle strategierelevanten Faktoren sind im Planungs- und Reportingprozess zu berücksichtigen. Zur Unterstützung der strategischen Planung sollte das Reporting in der Lage sein, unterstützende Informationen für die Standortbestimmung, die strategische Zielbestimmung und die Maßnahmengestaltung zu geben.

3.1.1 Integration der strategischen, taktischen und operativen Steuerung

In den meisten Anwendungen in der Praxis sind die Planungs- und Steuerungsinstrumente von der strategischen bis zur operativen Planung sowie das Reporting nicht stringent miteinander verbunden. Das Konzept der integrierten Unternehmensplanung und -steuerung verfolgt hier einen integrativen Controlling-Ansatz und bindet die Planung, Steuerung und Kontrolle im Sinne eines ganzheitlichen Management-Regelkreises im zeitlichen Horizont zusammen (vgl. Abschn. 2.2). Strategische, taktische und operative Steuerungskomponen-

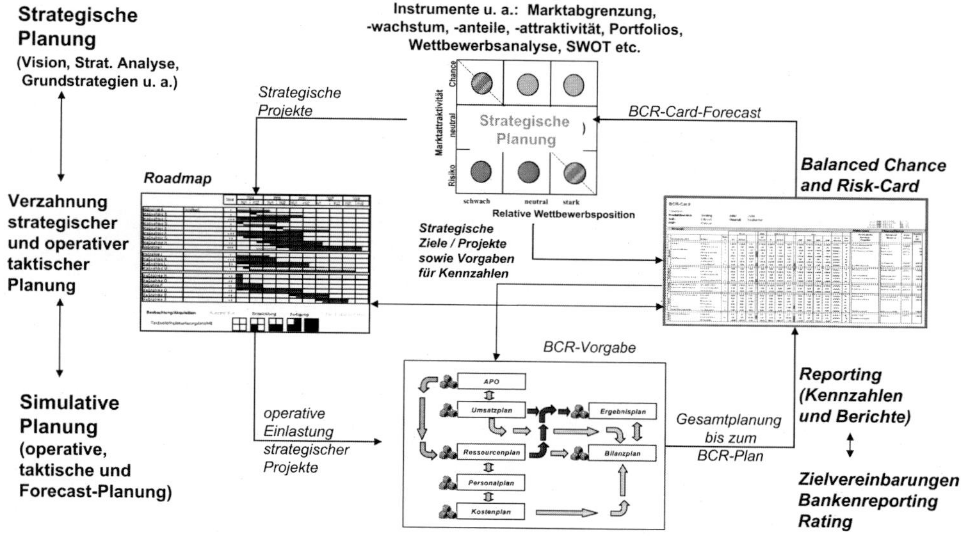

Abb. 3.1 Gesamtmodellüberblick für die integrierte Unternehmensplanung und -steuerung[2]

ten werden so miteinander verzahnt.[1] Wichtige Elemente der integrierten Unternehmensplanung und -steuerung zeigt Abb. 3.1.

Die Formulierung der Vision, der Grundstrategien und die Anwendung der bereits etablierten strategischen Instrumente, wie z. B. die Markt-, Wettbewerbs-, Umfeld-, SWOT-Analysen sowie die Portfoliotechnik, werden hierbei zur Findung einer strategischen Zielausrichtung in das Konzept integriert. Zur Ausgestaltung dieser Instrumente wird auf die einschlägige Literatur verwiesen.[3] Das Ergebnis der strategischen Planung ist die Festlegung der Strategie, der strategischen Ziele und die zur Erreichung notwendigen Projekte und Messgrößen. Für die strategische Zielsetzung, Planung, Kontrolle und Steuerung bietet sich die Balanced Scorecard[4] bzw. die erweiterte „Balanced Chance and Risk Card®" an.[5]

Balanced Scorecards lassen sich für die strategischen Geschäftsfelder, Funktionsbereiche, Sparten und/oder Regionalbereiche aufstellen, welche wiederum im Gesamtunternehmen, bis hin zur Unternehmensgruppe zusammengeführt werden. Für die Integration der strategischen und operativen/taktischen Planung sollen für ausgewählte Spitzenkennzahlen der Balanced Scorecard (z. B. Nettoumsatz, ROCE etc.) Trends und grobe Vorgaben als Orientierungswerte aufgestellt werden.

[1] Vgl. Schön und Irmer (2007, S. 245–255).

[2] Leicht angepasst an Schön und Irmer (2007, S. 245–255, S. 248).

[3] Vgl. z. B. Bauer (1995, Sp. 1653–1668, insbes. Sp. 1660) oder Köhler (1993, S. 21 f.).

[4] Vgl. hierzu Horváth (2008, S. 229 ff.).

[5] Die Balanced Chance and Risk Card® ist ein geschütztes Markenzeichen von Prof. Dr. Thomas Reichmann, CIC GmbH & Co. KG (vgl. Reichmann 2011, S. 590 ff.).

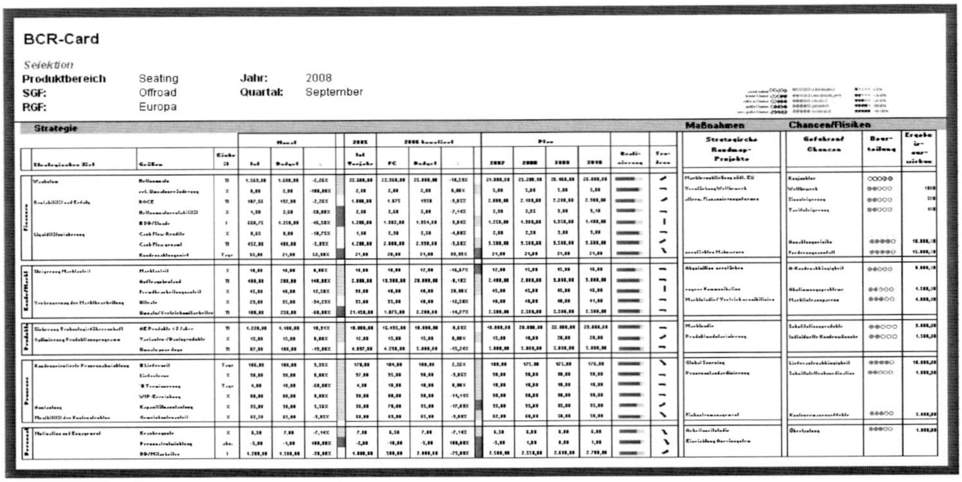

BCR-Card

Selektion

Produktbereich	Seating	Jahr:	2008
SGF:	Offroad	Quartal:	September
RGF:	Europa		

Strategie | Maßnahmen | Chancen/Risiken

Abb. 3.2 Exemplarische Balanced Chance and Risk Card[8]

Weiterhin werden für die Integration der strategischen Planung mit der operativ-taktischen Ebene Planungsprämissen und Top-Down-Vorgaben gegeben, auf die im Abschn. 3.1.2 näher eingegangen wird.

Unter der Balanced Scorecard versteht man ein Steuerungskonzept, das die eher langfristig orientierte Unternehmensstrategie mit der kurzfristigen Steuerung des operativen Geschäfts verknüpft und neben der finanzwirtschaftlichen Betrachtung auch die Kunden-, Markt-, Produktperspektive, die Lern- und Entwicklungsperspektive sowie die interne Prozessperspektive einbezieht.[6]

Die Balanced Scorecard lässt sich dabei als ein ausgewogenes Zielsystem interpretieren, das alle Perspektiven ausgewogen berücksichtigt.

Die BCR-Card von Reichmann erweitert die klassische Balanced Scorecard um die Integration des Risikomanagements.[7] Die BCR-Card bildet im Gesamtkonzept das zentrale Steuerungsinstrument, das die Erreichung/Verfehlung der strategischen Ziele anhand der Kennzahlenmessung frühzeitig signalisiert und risikobehaftete Felder kontrolliert. Ein Beispiel für eine BCR-Card zeigt Abb. 3.2.

Ausgangspunkt des BCR-Card-/Balanced-Scorecard-Managements ist die Entwicklung und Festlegung strategischer Ziele sowie der Ableitung von geeigneten Kennzahlen, Vorgaben, Ist-Daten und strategischen Projekten für jedes strategische Ziel.[9]

[6] Vgl. Reichmann (2011, S. 550 ff.) und Horváth (2008, S. 229–232).

[7] Vgl. Reichmann (2011, S. 550 ff.).

[8] Entnommen aus Schön und Irmer (2007, S. 251). Die Balanced Chance and Risk Card® ist ein geschütztes Markenzeichen von Prof. Dr. Thomas Reichmann, CIC GmbH & Co. KG (vgl. Reichmann 2011, S. 590 ff.).

[9] Vgl. Blumenschien und Dick (2004, S. 659–678).

Als Erweiterung zur traditionellen Balanced Scorecard kann zudem das Risikomanagement hier integriert werden. Dies geschieht durch die Zuordnung möglicher Gefahren und Chancen zu den einzelnen strategischen Zielen. Erst hierdurch kann eine risikoadäquate Erfolgssteuerung der strategischen Projekte erfolgen. Die BCR-Card kann wie die Balanced Scorecard nach der Unternehmensorganisationsstruktur kaskadiert werden z. B. für Business Units, Sparten, Funktionsbereiche oder Regionen.

Da Risiken, definiert als mögliche positive und negative Abweichungen von einem unter Unsicherheit festgelegten Plans/Zieles, den Wert eines Unternehmens in nicht unerheblichem Maße beeinflussen, wird das Risikomanagement in die Planungs- und Reportingsysteme integriert. Das bedeutet u. a. dass bereits bei der strategischen Planung beginnend die Risiken erfasst werden, welche die gesteckten Ziele gefährden könnten. Hierbei sind 4 Fragen zu beantworten (vgl. Gleißner, 2000, S. 1625):[10]

- Welchen Bedrohungen sind die Erfolgsfaktoren des Unternehmens ausgesetzt (Risikoidentifikation)?
- Ist das vorhandene Eigenkapital ein ausreichendes Risikodeckungspotenzial (Risikoaggregation)?
- Welche „Kernrisiken“ muss das Unternehmen zwingend selbst tragen (Transfer von Risiken)?
- Welche risikoadjustierten Performancemaße operationalisieren den Unternehmenserfolg (Aufbau wertorientierter Steuerungssysteme)?

Die Festlegung der strategischen Ziele und Teilziele ist immer mit konkreten strategischen Projekten zu verknüpfen, die zur direkten oder indirekten Erreichung des Ziels beitragen. Hier fehlt in der Praxis häufig ein geeignetes verbindendes Instrumentarium. Zu favorisieren ist hier die Roadmap-Planung und -steuerung, in der strategische Projekte operationalisiert werden können (vgl. Abb. 3.3).

Das **Roadmap-Management** zielt auf eine Bündelung strategischer Projekte aus unterschiedlichsten Aufgabenbereichen der Unternehmung, z. B.:

- Strategische Projekte der Unternehmensführung
- Längerfristige Projekte der Funktionsbereiche
  - z. B. Maßnahmen im Bereich Supply-Chain-Management
  - z. B. Ausgleich von Kapazitätsengpässen bzw. -leerständen in der Produktion
- Forschung- und Entwicklungsprojekte
- Investitionsprojekte
- Projekte zur Vermeidung von Gefahren aus dem Risikomanagement
- …

[10] Siehe Gleißner (2000, S. 1625), Gleißner und Romeike (2005, S. 260 f.) und Denk et al. (2008, S. 124).

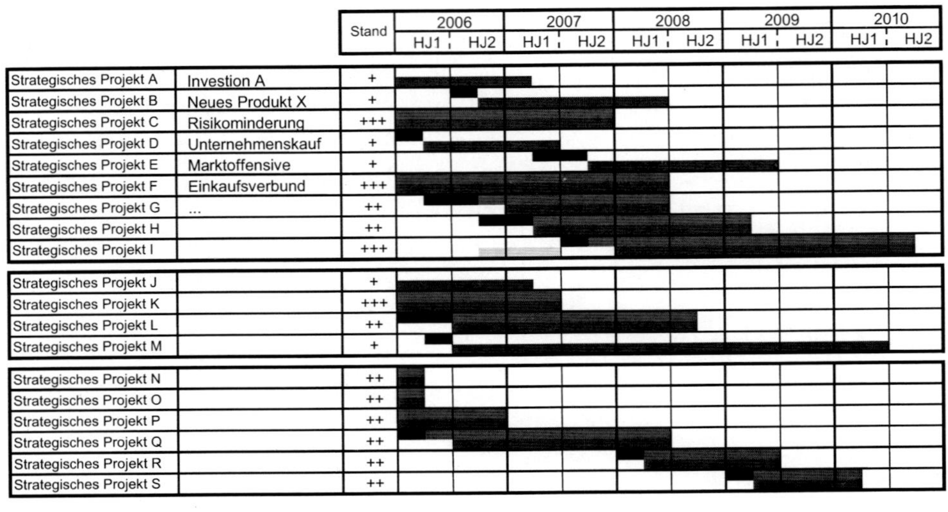

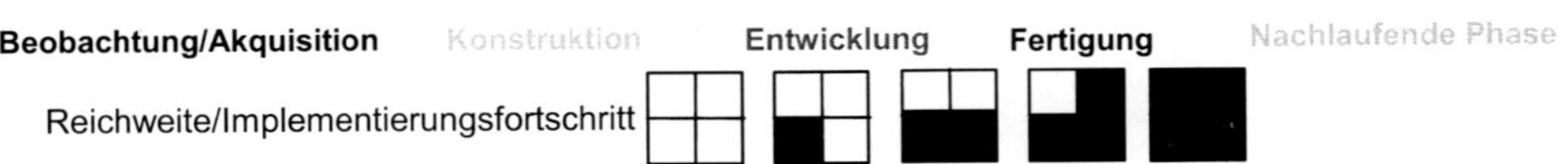

Abb. 3.3 Exemplarische Roadmap (Schematische Darstellung)[11]

Als Ergänzung zur Projekt-Roadmap bietet es sich an, die Projekte im Unternehmen hinsichtlich ihrer Strategierelevanz und ihrer Komplexität (z. B. konkretisiert durch Ressourcenbindung und Projektkosten) in einem Projektportfolio zu systematisieren, so dass transparenter wird, welche Projekte mit welcher Priorität im Roadmap-Management verfolgt werden sollen. Projekte mit hoher strategischer Bedeutung und niedriger Komplexität gelten als sogenannte „Quick Wins" und sind mit höchster Priorität umzusetzen. Als alternatives Kriterium zur Projektbewertung wird auch der Kapitalwert oder Wertbeitrag des betrachteten Projektes herangezogen.

Bei der Ausgestaltung des Roadmap-Managements ist die konsequente Steuerung der strategischen Projekte über ein angemessenes Projektmanagement und Controlling wichtig. Folgende Projektpläne und Reportinginformationen sind hierbei für die Steuerung zu nutzen:

- Kompakte Projektstrukturpläne und deren Änderungen
- Termin- und Ablaufpläne
- Ressourcen- und Kostenpläne
- Erfolgs- und Finanzierungspläne
- Risikopläne

[11] Quelle: Schön und Irmer (2007, S. 248).

- Projektberichte mit Zielerreichungsgrad und Ergebniswirkung der Projekte (gemessen anhand der Kennzahlen in der Balanced Scorecard)

Die Instrumente sind angemessen in Anbetracht der wirtschaftlichen Bedeutung der strategischen Projekte auszugestalten.[12] Im Sinne des Multiprojekt-Controlling und des „simultaneous planning" findet in den Führungsgremien der Unternehmung eine frühzeitige Berücksichtigung aller wichtigen Informationen der strategischen Projekte im Hinblick auf die Teil- und Gesamtzielsetzung des Unternehmens statt. Das hat den Vorteil, dass Schwierigkeiten und Risiken früher erkannt und „gemanagt" werden können. Durch die Konkretisierung der Ressourcen, Kosten, Ergebnisse und Finanzen für ein Projekt im Zeitablauf ergibt sich die Möglichkeit, diese direkt in der simulativen Planungs- und Steuerungsebene zu berücksichtigen. Idealerweise sind die wichtigsten strategischen Projekte mit der Balanced Scorecard verknüpft, um im Management-Regelkreis analysiert und verfolgt werden zu können.

Sowohl durch die Roadmap-Planung als auch durch die Balanced-Scorecard-Vorgaben erfolgt eine Integration der strategischen mit der operativen und taktischen Planung. Für die simulative, operative und taktische Planung und das Reporting wird eine von den bisherigen Systemen losgelöste aber integrierte neue Systemebene geschaffen. Als Planungsapplikationen bieten sich Business-Intelligence-Anwendungen in Form von Data-Warehouse-gestützten Planungs- und Reportingsystemen an.[13] Diese ermöglichen es, im Zusammenspiel mit den verwendeten ERP-Systemen bzw. den Warenwirtschaftssystemen und den kaufmännischen Systemen sowie weiteren Vorsystemen, eine leistungsfähige und integrierte Planungs- und Steuerungsumgebung für alle Bereiche des Unternehmens aufzubauen,[14] welche die notwendige Datenaggregation und -integration für die Planung und die Steuerung ermöglicht.[15] Es lassen sich verschiedene Planungszyklen realisieren, z. B.:

- Die operative Budgetplanung erfolgt für 12 Monate.
- Die taktische Planung (Mehrjahresplanung) ergänzt die operative Planung bis z. B. zum 3. oder 5. Folgejahr; die Planung erfolgt i. d. R. jahresbezogen.
- Die Forecast-Planung erfolgt i. d. R. bis zum Jahresende bzw. rollierend für 12 oder 12 und mehr Monate.

Kernaufgabe der operativen Planung ist die Aufstellung und Abstimmung der operativen Teilpläne, ausgehend von der Absatzplanung bis zur Erfolgs-, Finanz- und Bilanzplanung für die gesamte Unternehmung bzw. das Plankonsolidierungsergebnis für die Unternehmensgruppe. Im Gegensatz zu einer separaten (taktischen) Mittelfristplanung ist die ergänzende Mittelfristplanung im Anschluss an die operative Budgetplanung aufgrund

[12] Vgl. Schön (2003).

[13] Vgl. z. B. für SAP-BI- und andere DV-Lösungen Egger et al. (2005) und Schön (2004a, S. 287–337).

[14] Vgl. z. B. für SAP-BI-Lösungen Heuser et al. (2003).

[15] Vgl. Fischer (2003).

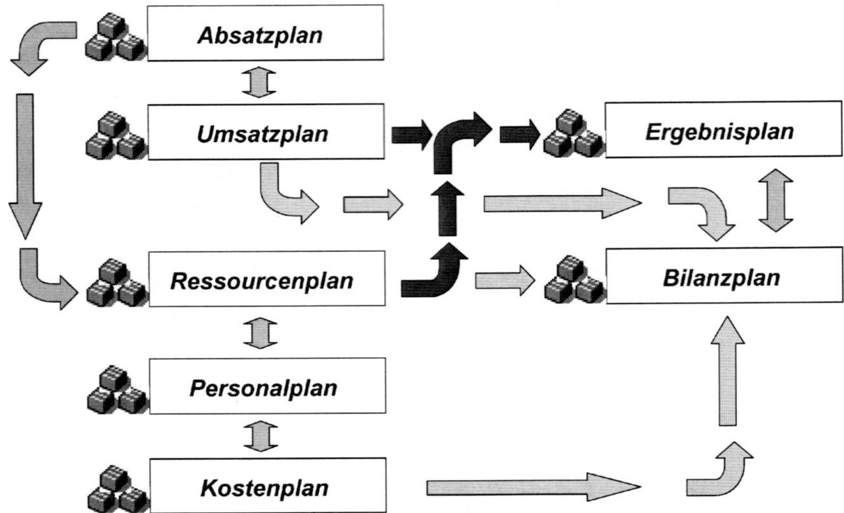

Abb. 3.4 Interdependenzen der betrieblichen Teilpläne[16]

ihrer Schnelligkeit und Wirtschaftlichkeit zu empfehlen, wenn Sie in einem integrierten Planungssystem durchgeführt werden kann. Das erste Jahr der (taktischen) Mittelfristplanung kann dann automatisch aus der Budgetplanung übernommen werden.

Im Gegensatz zu hoch aggregierten Planungsmodellen ist das integrierte Planungsmodell sehr stark verbunden mit den Strukturen und Werten der operativen Steuerungssysteme der eingesetzten ERP- und Controlling-Systeme sowie der verwendeten Vorsysteme. Hierdurch vermeidet man den Fehler, Planungssimulationen in verdichteten Planungsmodellen durchzuführen, die ressourcen- und leistungsbezogen nicht in der Realität durchführbar sind. Spätere operative Korrekturen führen zu Mehrfachkosten und Verlustquellen, die vermeidbar sind.

Für das System der integrierten Unternehmensplanung sind die bedeutsamsten betriebswirtschaftlichen Wertschöpfungsprozesse der Unternehmen zu modellieren und anschließend DV-technisch umzusetzen. In der Abb. 3.4 ist ein gekürztes Modell skizziert, in dem die wesentlichen Teilpläne der Unternehmensplanung sowie ihre Beziehung untereinander aufgeführt sind.

Die kritischen Erfolgsfaktoren der Unternehmen und der Teilpläne sind aus Sicht der Unternehmensplanung in einem Gesamtmodell zu integrieren. Die Granularität der Informationen muss abnehmen und verdichteten Informationen weichen, ohne die Transparenz und Steuerungsrelevanz erheblich einzuschränken.

[16] Leicht abgeändert entnommen aus Schön und Irmer (2007, S. 250).

Der Management-Regelkreis schließt sich im Reporting mit der Kontrolle und Analyse von Abweichungen, Trends und anderen Informationen. Als mögliches Instrument sei hier wieder die Balanced Scorecard aufgeführt.

3.1.2 Planungsprämissen und Top-Down-Vorgaben

Die Verzahnung der strategischen Planung mit der taktisch-operativen Ebene geschieht einerseits durch die im Vorkapitel aufgeführte Planung der strategischen Projekte in der Roadmap als auch durch die Vorgaben und Prämissen, die im Rahmen der Planung definiert und im Reporting nachgehalten werden.

Die strategischen Rahmenbedingungen werden in der Planung als Prämissen in einem zentralen Planungsgebiet vorgegeben. Beispiele für solche Prämissen sind typischerweise

- Preissteigerungen wichtiger Roh-, Hilfs- und Betriebsstoffe wie z. B. Metalle,
- Tarifveränderungen,
- Markteinschätzungen,
- Wechselkurse,
- Betriebs- und Werkskalender

und viele andere Planungsprämissen mehr.

Ein Beispiel für eine Prämissenplanung zeigt Abb. 3.5, in der zentrale Eckwerte für Inflationsraten, Wirtschaftswachstum etc. für eine Standardvariante und ggf. für weitere Planungsvarianten eingestellt werden können. Neben den allgemeinen Planungsprämissen gibt es planungsgebietsabhängige Größen, wie z. B. für die Personalplanung spezielle Schichtmodelle, Tarife und Zuschläge.

Die Planungsgeschwindigkeit, insbesondere die Vermeidung vieler Planungsschleifen und Abstimmungsprozesse kann vermieden werden, wenn Spitzenkennzahlen und Eckwerte des Ergebnisplans Top-Down vorgegeben und auf die Bereiche und einzelnen Ergebnisobjekte heruntergebrochen und abgeglichen werden. Dies kann bereits im Rahmen der BSC-Planung im Rahmen der Vorgabewerte aber auch unabhängig hiervon mit Hilfe von Spitzenkennzahlen durchgeführt werden.

Ein Beispiel für die Spitzenkennzahl Umsatz zeigt Abb. 3.6.

Der Gesamtumsatz wird hier auf die Ergebnisobjekte der Töchtergesellschaften und der Geschäftsbereiche und Großkunden heruntergebrochen. Die Gegenstromplanung zeigt an, ob der Vorgabewert erreicht bzw. über- oder unterschritten wurde.

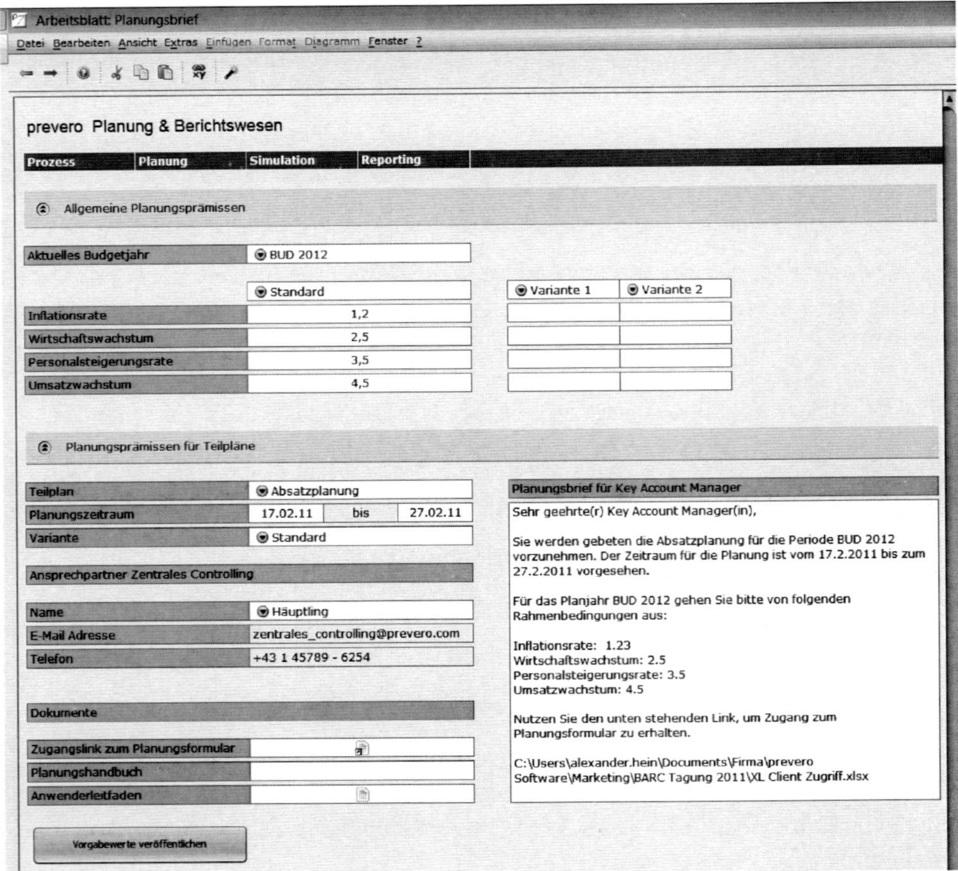

Abb. 3.5 Exemplarische Prämissenplanung[17]

3.2 Wertschöpfungstreibende Faktoren des Geschäftsmodells

Die Identifikation der steuerungsrelevanten und wertschöpfungstreibenden Faktoren des Geschäftsmodells eines Unternehmens bildet neben der strategischen Ausrichtung einen weiteren wichtigen Bestandteil der Planung und des Reporting. Hierbei ist vor allem das operative Steuerungsverständnis im Zusammenhang mit dem Geschäftsmodell mit dem Management zu erarbeiten.

Besteht zum Beispiel das operative Geschäft in der Vermarktung und Abwicklung von Projektleistungen auf der einen und dem Verkauf und der Produktion von unterschiedlichen Komponenten auf der anderen Seite, haben diese zwei Geschäftsrichtungen unterschiedliche Anforderungen an die Planung und das Reporting. In der Unternehmenspraxis

[17] Zur Verfügung gestellt aus den Vortragsunterlagen von Hein (2011, S. 39).

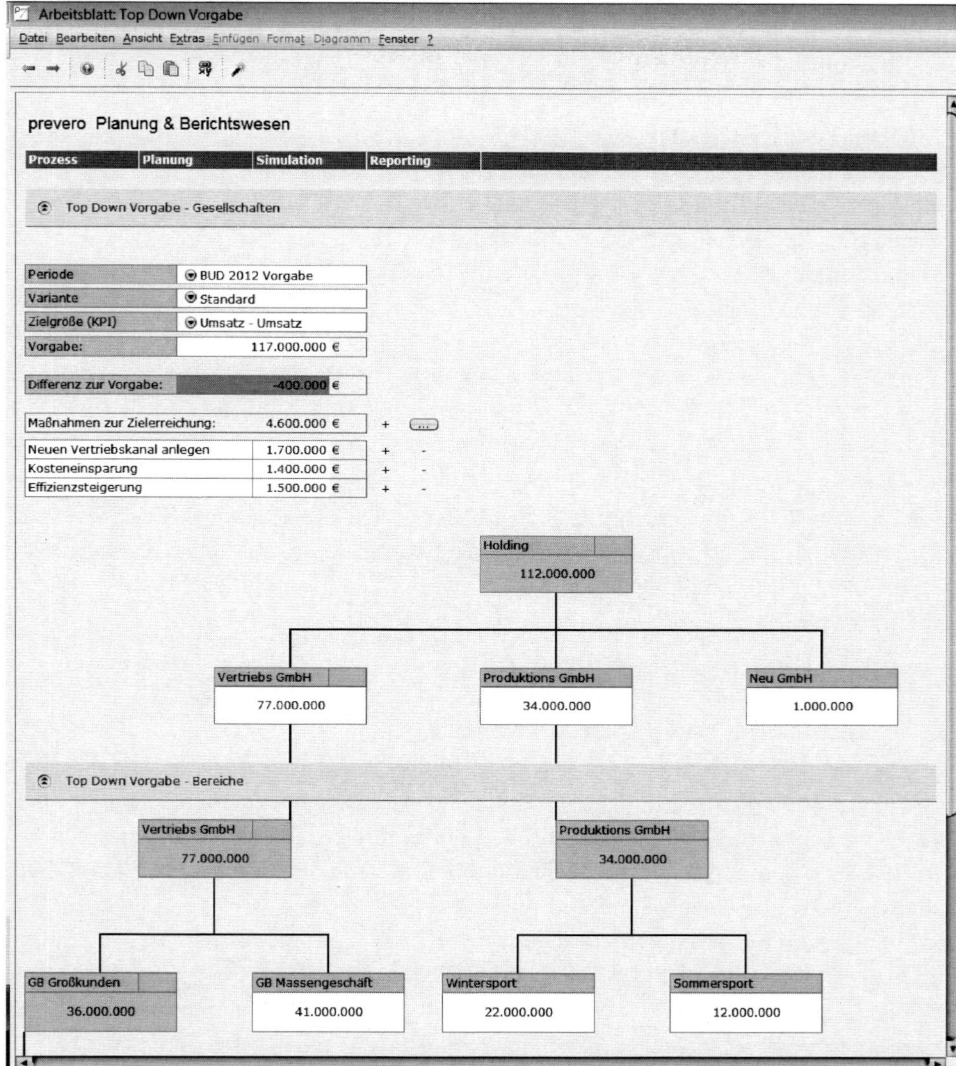

Abb. 3.6 Exemplarische Top-Down-Vorgaben und Abstimmungen[18]

führt das häufig dazu, dass der dominante Teil des Geschäftsmodells sich hinsichtlich seiner Anforderungen in der Planung und im Reporting durchsetzt und die Systeme zumeist auf ihn hin ausgerichtet werden. Vernünftig wäre aber, die Abbildung aller Geschäftsteile. Das bedeutet z. B., dass die Ergebnisbetrachtung einmal aus der Projektsicht und einmal aus der Produktsicht aufgebaut werden sollte, woraufhin der Informationsfluss von der Datenentstehung bis zum Reporting sichergestellt sein muss.

[18] Zur Verfügung gestellt aus den Vortragsunterlagen von Hein (2011, S. 41).

Beispiele für zentrale wertschöpfungstreibende Faktoren im Unternehmen sind in der folgenden Auflistung aufgeführt:

- Absatzmengen, -preise und -konditionen
- Einkaufsmengen, -preise und -konditionen
- Geleistete Personalstunden und Tarife
- Zeiten für produktive und indirekte Tätigkeiten
- Leiharbeiterquote
- Fremdleistungsquote
- Weitere Kostengrößen
- Zahlungsverhalten
- …

Die Größen sind nach ihrer Beeinflussbarkeit zu untersuchen. Nicht beeinflussbare Größen sind als Rahmenbedingung zu akzeptieren und sollten hinsichtlich Abweichungen analysiert werden. Beeinflussbare Größen sind die Hebelgrößen, die es gilt im Management durch gezielte Projekt- und Maßnahmenableitung positiv im Sinne der Unternehmensziele zu verändern.

3.3 Struktur und Navigation im Reporting

Die **Struktur im Reporting** sollte dem Grundprinzip folgen, dass von der generellen Unternehmensanalyse im Top-Management über die nächsten Führungsebenen des Unternehmens bis zu den dezentralen Einheiten hin tiefergehend analysiert werden kann. Bei der Betrachtung einer Unternehmensgruppe würde z. B. die Struktur des Konzerns ausgehend vom Gesamtkonzern über die Teilkonzerne bis zur Einzelgesellschaft berücksichtigt werden.

Abbildung 3.7 zeigt beispielsweise die Ausrichtung des Reporting von der zentralen Unternehmensanalyse einer Einzelgesellschaft zu den drei Führungsschichten Geschäftsfelder, Standorte und Funktionsbereiche.

Je nach Aufbauorganisation (vgl. Abschn. 4.1.2) sind hier die Besonderheiten der divisionalen, regionalen, funktionalen Organisation oder der Matrixorganisation zu berücksichtigen. Jede Ebene erhält einen zentralen Spitzenkennzahlenbericht von dem man in die Detailberichte verzweigen kann. Wegen der Integration zur strategischen Ausrichtung bietet sich als Spitzenkennzahlenbericht die Balanced Scorecard an (vgl. Abschn. 3.1.1), die auf die jeweilige Ebene zu kaskadieren ist. In mittelständischen Unternehmen, in denen noch keine Balanced Scorecard (BSC) etabliert ist, bieten sich alternative Kennzahlenberichte an, welche die wichtigsten Steuerungsgrößen der jeweiligen Bereiche zur Analyse bereitstellen.

Ein Beispiel aus der Unternehmenspraxis zeigt auf, wie dieses Grundprinzip in Form von Analysewegen im Reporting abgebildet werden kann (vgl. Abb. 3.8).

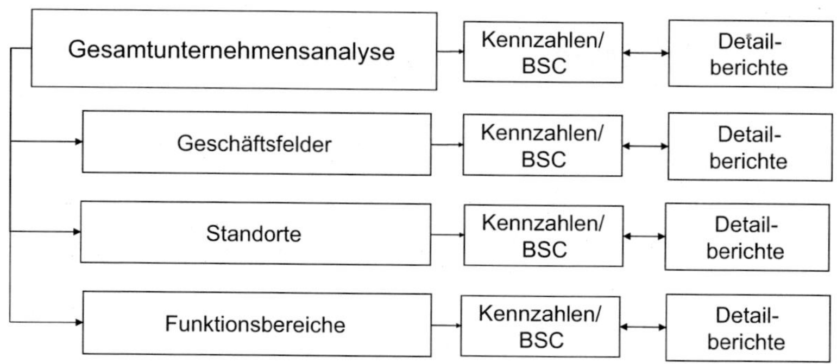

Abb. 3.7 Exemplarische Struktur im Reporting

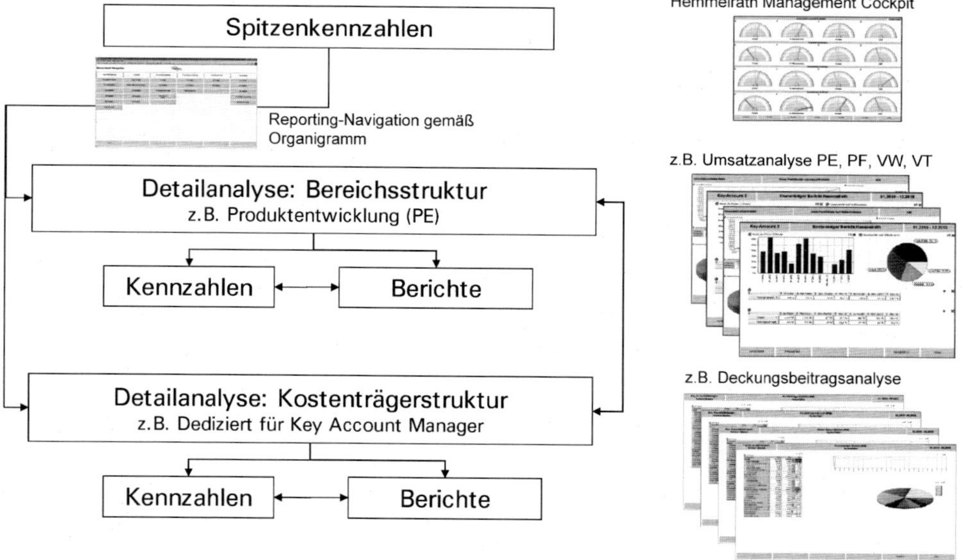

Abb. 3.8 Analysewege im Reporting[19]

Das Startcockpit bildet die Spitzenkennzahlen des Gesamtunternehmens ab. Hier werden die wichtigsten Kennzahlen zur Steuerung der Einzelgesellschaften des Unternehmens als Soll-Ist-Abweichung herausgearbeitet.

Für die **Navigation** wird ein flexibles Modell umgesetzt. Vom Startcockpit aus kann man entweder in eine Startnavigation wechseln, aus der die Detailanalysen anzusteuern sind, oder direkt über Verlinkung der Spitzenkennzahlen in verknüpfte Detailberichte springen.

Die Startnavigation ermöglicht einen Einstieg in das gesamte Reporting aus Sicht der Organisationsbereiche (siehe Abb. 3.9) oder die Kostenträgerbereiche (ohne Abbildung).

[19] Entnommen aus Schön et al. (2011, S. 232).

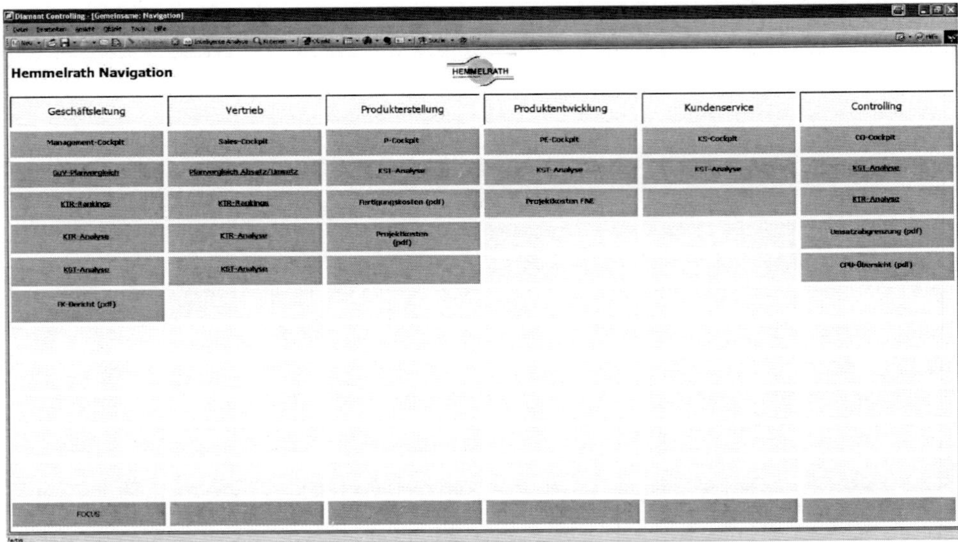

Abb. 3.9 Exemplarische Startnavigation[20]

In der Bereichsnavigation (z. B. für die Produktion und den Vertrieb) können wiederum die zugehörigen Spitzenkennzahlenberichte und weitere Einzelberichte angesteuert werden. In der Kostenträgernavigation lassen sich zudem die wichtigsten Kennzahlen und Berichte für die Kunden-, die Werks- und Artikelsicht analysieren.

Die Gliederungsmöglichkeiten der Berichte hängen, wie oben aufgeführt, sehr stark von der Organisationsstruktur des Unternehmens ab. Da Sparten, Produktgruppen, regionale Strukturen sehr unternehmensspezifisch abzubilden sind, sollen im Weiteren Gliederungsmöglichkeiten für die Top-Managementebene und die Funktionsbereiche aufgeführt werden. Hierbei werden bewusst Berichte, die in mehreren Bereichen verwendet werden, mehrfach zugeordnet:

- Gesamtunternehmensreporting/Top-Management
  - Spitzenkennzahlen/Balanced Scorecard
  - Absatz-/Umsatzreporting
  - Auftragseingangs-/Auftragsbestands-Reporting
  - Erfolgsrechnung
  - Deckungsbeitragsorientierte Projekt-/Produkterfolgsrechnung
  - Profitcenter-Reporting
  - Kostenstellenreporting
  - Bilanz
  - GuV

[20] Entnommen aus Schön et al. (2011, S. 233).

  - Anlagenspiegel
  - Eigenkapitalentwicklung
  - Lagebericht
  - Entwicklungsberichte
  - Strategisches Reporting
  - Konkurrenz- und Benchmark-Analysen
  - Risikoberichte
  - Corporate Governance-Berichte
  - Nachhaltigkeits-Berichte[21]
  - Aufsichtsrat-Reporting
- Finanz- und Investitionsreporting
  - Spitzenkennzahlen/Balanced Scorecard
  - Offene Posten-/Zahlungsstatistik
  - Liquiditätsentwicklung
  - Finanzplanung und Kapitalbedarfsermittlung
  - Kapitalflussrechnung
  - Investitionsplanung
- Kosten- und Erfolgsreporting
  - Spitzenkennzahlen/Balanced Scorecard
  - Absatz-/Umsatzreporting
  - Auftragseingangs-/Auftragsbestands-Reporting
  - Deckungsbeitragsorientierte Projekt-/Produkterfolgsrechnung
  - Erfolgsrechnung
  - Profitcenter-Reporting
  - Kostenstellenreporting
- Vertriebsreporting
  - Spitzenkennzahlen/Balanced Scorecard
  - Absatz-/Umsatzreporting
  - Auftragseingangs-/Auftragsbestands-Reporting
  - Deckungsbeitragsorientierte Produkterfolgsrechnung
  - Deckungsbeitragsorientierte Kundenerfolgsrechnung
  - Kostenstellenreporting
  - Profitcenter-Reporting
  - Kundenstatistiken/-analysen
  - Angebotsstatistik
  - Verkäuferstatistik
  - Konkurrenz- und Benchmark-Analysen

[21] Im Nachhaltigkeitsreporting werden Berichte bezüglich ihrer ökologischen, ökonomischen und sozialen Nachhaltigkeit für die Stakeholder des Unternehmens verlangt. Das Nachhaltigkeitsmanagement wird auch unter dem Begriff Corporate Social Responsibility (CSR) behandelt. Vgl. Regelungen der Kommission der Europäischen Gemeinschaften (2001, S. 7).

  - Konditionenanalysen
  - Versandstatistik
  - Vertragsstatistik
  - Servicestatistik
  - Mitarbeiterstatistik
  - Reklamationsstatistik
- Produktionsreporting
  - Spitzenkennzahlen/BSC
  - Kostenstellenreporting
  - Kapazitätsstatistiken
  - Stundenstatistik
  - Ausfallstatistik
  - Wartungsstatistik
  - Fehlerstatistik
  - Qualitätsberichte
  - Mitarbeiterstatistik
  - Unfallstatistik
- Beschaffungsreporting
  - Spitzenkennzahlen/BSC
  - Kostenstellenreporting
  - Lieferantenanalysen
  - Bestell- und Lieferstatistiken
  - Konditionenanalysen
  - Mitarbeiterstatistik
  - Lieferantenerfolgsrechnung
- Forschung und Entwicklung
  - Spitzenkennzahlen/BSC
  - Innovationsbericht
  - Kostenstellenreporting
  - Mitarbeiterstatistik
  - F+E-Projektberichte
- Projektreporting
  - Spitzenkennzahlen/BSC
  - Projektergebnisrechnung
  - Projekttermin- und -fortschrittsübersicht
  - Projektzahlungsübersicht
  - Earned-Value-Analyse
  - Mitarbeiterstatistik
  - Projektrisikoberichte
- Personalreporting
  - Spitzenkennzahlen/BSC
  - Mitarbeiterstatistiken

  - Stundenstatistiken
  - Qualifizierungsberichte
  - Personalkostenstatistiken
  - Kostenstellenreporting
- Logistikreporting
  - Lieferstatistik
  - Transportstatistiken
  - Lagerstatistiken
  - Kostenstellenreporting
- IT-Reporting
  - CPU-Statistik
  - Kostenstellenreporting
  - Mitarbeiterstatistik
  - Servicestatistik
  - IT-Kostenanalyse
  - Ausfallzeiten
- …

Hierbei müssen nicht alle Gebiete und Einzelberichte für die Unternehmung in Frage kommen. Bei kleineren Unternehmen wird die Zahl der Berichte deutlich kleiner sein.

Die Strukturierung kann dabei parallel oder einzeln oder auch in Kombination gestaltet werden. Hierbei ist unternehmensindividuell die „richtige Gliederungssystematik“ zu entwerfen. Grundsätzlich sollten die Gliederungen **überschneidungsfrei** sowie **vollständig** sein und auf gleichen Strukturierungsebenen auch **gleichartige Elemente** enthalten. Überschneidungsfrei heißt hier nicht, dass Berichte aus verschiedenen Sichten heraus auch doppelt vorkommen können, sondern dass man es vermeiden sollte unterschiedliche Berichtsnamen für gleiche oder ähnliche Inhalte zu verwenden. Steht die Gliederung fest, so sollte sie den Entscheidungsträgern und Berichtsempfängern im Unternehmen kommuniziert werden, so dass die Zugriffe schnell erfolgen können. Die Gliederungen werden dabei im Falle verschiedener DV-Systeme (Portal, BI-Frontend, ERP-System etc.) oder Medien (Druckberichte) parallel angelegt. Hierbei ist zu empfehlen, dass die Struktur möglichst einheitlich verwendet und für einen Zeitraum fixiert wird.

Für die Ordnung und den Zugriff der Berichte bieten sich verschiedene DV-technische Möglichkeiten an, wie z. B. einstufige oder mehrstufige Listen, Ordnerstrukturen, Register, Berichtsmappen (Briefing Books) oder Navigationsberichte (vgl. Abschn. 5.5.5.5). Hierüber können die Einzelberichte direkt angesteuert werden.

In den Einzelberichten lassen sich dabei über Menüfunktionen, Links oder wiederum über grafische Buttons (z. B. ähnlich einer Statusleiste am unteren Rand des Berichtsaufbaus) weitere Einzelberichte anspringen bzw. wieder in den zentralen Navigationsbericht verzweigen, so dass sich der Anwender schnell durch das gesamte verfügbare Berichtswesen bewegen kann.

Eine Beschränkung erfolgt hierbei durch das Berechtigungssystem und dem hier hinterlegten Profil des Anwenders. Wird die Berichtsgliederung von vornherein je Benutzerrolle aufgebaut, die sich z. B. aus der Organisationsstruktur des Unternehmens ergibt, so kann die Navigation auch eine Art Vorfilterung der möglichen anzusteuernden Berichte sein. Berichte, für die keine Berechtigungen vorhanden sind, werden dann erst gar nicht aufgeführt bzw. angezeigt.

3.4 Struktur und Navigation in der Planung

Die Struktur und Navigation der Planung ist in erster Linie prozessorientiert aufgebaut. Der Planungsablauf kann dabei sehr gut auch mit den Phasen des Reporting integriert werden. Ein Beispiel für eine prozessorientierte Übersicht der Reporting- und Planungsschritte anhand eines Kalenders zeigt Abb. 3.10.

Hierbei werden die Monats-, Quartals- und Jahresabschlüsse im Planungskalender neben der Strategischen Planung, der Mittelfristplanung und der Budgetplanung mit all ihren Planungsgebieten angezeigt.

Ein verkürztes Ablaufmodell einer Planung, in der die Verbindungen einzelner Planungsgebiete untereinander zu sehen sind, ist der Abb. 3.11 zu entnehmen. Es zeigt neben der Strategischen Planung wichtige Planungsgebiete die typisch für einen industriellen Fertiger sind.

Die Planung ist in der Budgetierung nach den Teilplanungsgebieten aufgebaut. Ausgehend vom Absatzplan folgt sie in erster Linie dem Wertschöpfungsprozess des Unternehmens bis zum Erfolgs-, Bilanz und Finanzplan.

Weitere Gliederungskriterien der Planung, nach denen die Teilgebiete oder die Gesamtplanung unterteilt werden können, sind wie im Reporting stark abhängig von der Unternehmensstruktur und Aufbauorganisation (vgl. Abschn. 4.1.2). Gliederungskriterien können z. B. die Konzernstruktur mit ihren Gesellschaften, die Geschäftsfelder, aber auch die Niederlassungen, Standorte und Funktionsbereiche sein.

Eine beispielhafte Gliederungsmöglichkeit der Planung in Anlehnung an den Planungsablauf und die Teilplanungsgebiete zeigt folgende Gliederung:

- Strategische Planung
  - Vision
  - Strategische Ziele
  - Strategische Projektplanung
  - Balanced Scorecard-/Spitzenkennzahlen-Planung
  - Top-Down-Vorgaben
- Mittelfristplanung (Taktische Planung)

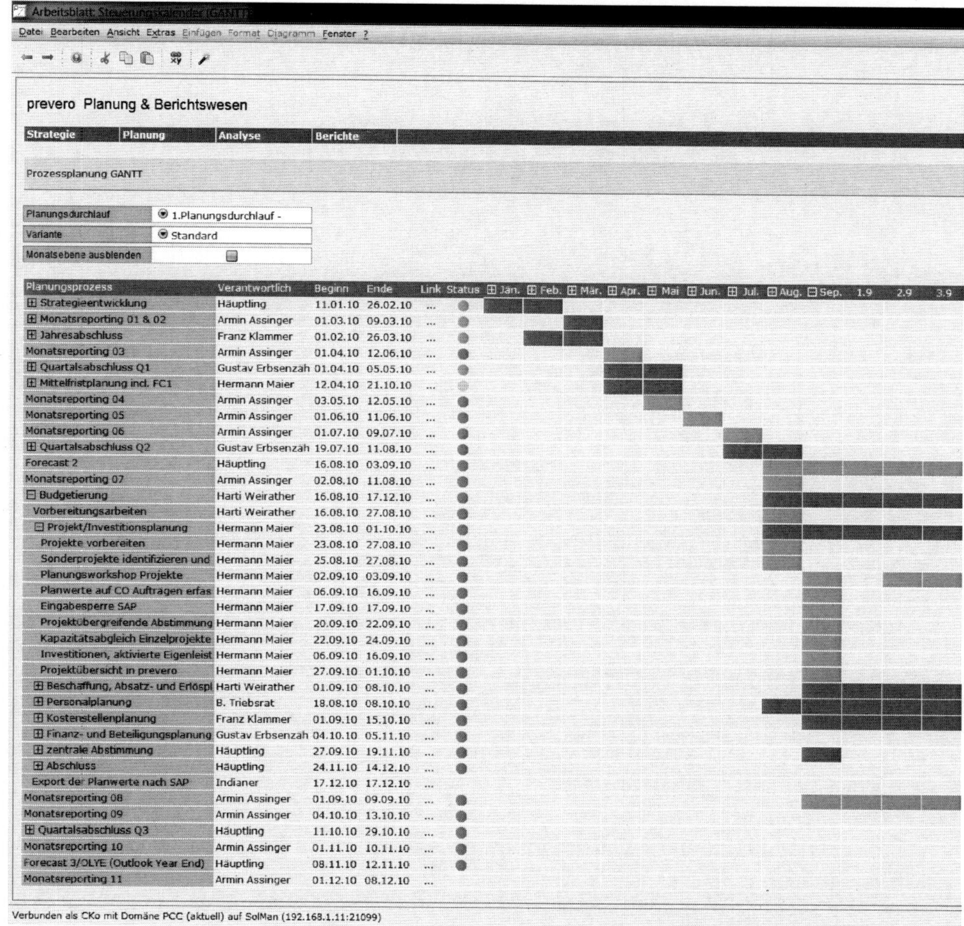

Planungsprozess	Verantwortlich	Beginn	Ende	Link
⊞ Strategieentwicklung	Häuptling	11.01.10	26.02.10	...
⊞ Monatsreporting 01 & 02	Armin Assinger	01.03.10	09.03.10	...
⊞ Jahresabschluss	Franz Klammer	01.02.10	26.03.10	...
Monatsreporting 03	Armin Assinger	01.04.10	12.06.10	...
⊞ Quartalsabschluss Q1	Gustav Erbsenzäh	01.04.10	05.05.10	...
⊞ Mittelfristplanung incl. FC1	Hermann Maier	12.04.10	21.10.10	...
Monatsreporting 04	Armin Assinger	03.05.10	12.05.10	...
Monatsreporting 05	Armin Assinger	01.06.10	11.06.10	...
Monatsreporting 06	Armin Assinger	01.07.10	09.07.10	...
⊞ Quartalsabschluss Q2	Gustav Erbsenzäh	19.07.10	11.08.10	...
Forecast 2	Häuptling	16.08.10	03.09.10	...
Monatsreporting 07	Armin Assinger	02.08.10	11.08.10	...
⊟ Budgetierung	Harti Weirather	16.08.10	17.12.10	...
Vorbereitungsarbeiten	Harti Weirather	16.08.10	27.08.10	...
⊟ Projekt/Investitionsplanung	Hermann Maier	23.08.10	01.10.10	...
Projekte vorbereiten	Hermann Maier	23.08.10	27.08.10	...
Sonderprojekte identifizieren und	Hermann Maier	25.08.10	27.08.10	...
Planungsworkshop Projekte	Hermann Maier	02.09.10	03.09.10	...
Planwerte auf CO Auftragen erfas	Hermann Maier	06.09.10	16.09.10	...
Eingabesperre SAP	Hermann Maier	17.09.10	17.09.10	...
Projektübergreifende Abstimmung	Hermann Maier	20.09.10	22.09.10	...
Kapazitätsabgleich Einzelprojekte	Hermann Maier	22.09.10	24.09.10	...
Investitionen, aktivierte Eigenleist	Hermann Maier	06.09.10	16.09.10	...
Projektübersicht in prevero	Hermann Maier	27.09.10	01.10.10	...
⊞ Beschaffung, Absatz- und Erlöspl	Harti Weirather	01.09.10	08.10.10	...
⊞ Personalplanung	B. Triebsrat	18.08.10	08.10.10	...
⊞ Kostenstellenplanung	Franz Klammer	01.09.10	15.10.10	...
⊞ Finanz- und Beteiligungsplanung	Gustav Erbsenzäh	04.10.10	05.11.10	...
⊞ zentrale Abstimmung	Häuptling	27.09.10	19.11.10	...
⊞ Abschluss	Häuptling	24.11.10	14.12.10	...
Export der Planwerte nach SAP	Indianer	17.12.10	17.12.10	...
Monatsreporting 08	Armin Assinger	01.09.10	09.09.10	...
Monatsreporting 09	Armin Assinger	04.10.10	13.10.10	...
⊞ Quartalsabschluss Q3	Häuptling	11.10.10	29.10.10	...
Monatsreporting 10	Armin Assinger	01.11.10	10.11.10	...
Forecast 3/OLYE (Outlook Year End)	Häuptling	08.11.10	12.11.10	...
Monatsreporting 11	Armin Assinger	01.12.10	08.12.10	...

Abb. 3.10 Reporting- und Planungskalender mit prevero[22]

- Operative Planung (Budgetierung/Jahresplanung)
  - Prämissenplanung
  - Absatz-/Umsatzplanung
  - Produktionsplanung
  - Material-/Einkaufsplanung
  - Ressourcenplanung
    - Direkte Personalplanung
    - Anlagenplanung
  - Indirekte Personalplanung

[22] Zur Verfügung gestellt aus den Vortragsunterlagen von Hein (2011, S. 38).

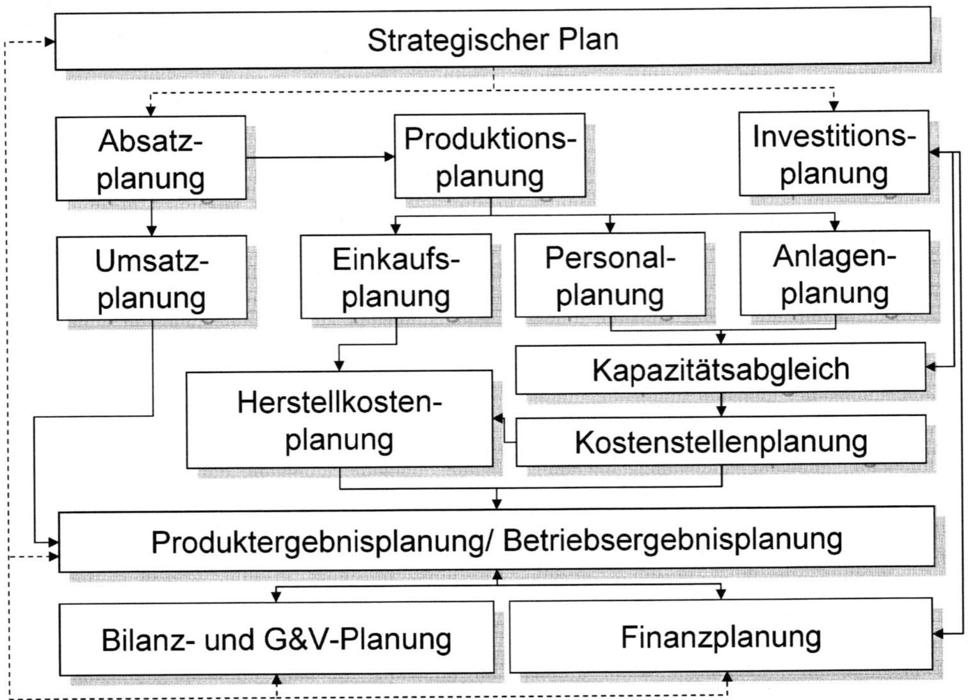

Abb. 3.11 Modell der Teilplanungsgebiete[23]

- Produkterfolgsplanung/Deckungsbeitragsplanung
- Projektplanung
  - Kundenauftragsbezogene Projekte
  - F+E-Projekte
  - Interne Projekte
  - Andere Projekte
  - Multiprojektplanung
- Investitionsplanung
- Ergebnis- bzw. Erfolgsplanung
- Kostenstellenplanung
  - Zentrale Primärkostenartenplanung
  - Restliche Primärkosten- und Leistungsplanung
  - Sekundärkostenplanung (Innerbetriebliche Leistungsverrechnung)
  - Tarifermittlung
- Profitcenter-Planung

[23] Leicht angepasst zu: Schön und Irmer (2010, S. 51).

  - Sonstige Erfolgsplanung (Steuern, Finanzergebnis, periodenfremdes und außerordentliches Ergebnis)
  - GuV-Planung
  - Bilanzplanung
  - Finanz-/Cash-Flow-Planung
  - Kennzahlenplanung
  - Risikoplanung
- Forecast (Hochrechnungen/Prognosen)
  - Bezogen auf das Jahresende
  - Rollierend für einen Zeitraum von z. B. 12 Monaten im Voraus.

Einzelne Planungsgebiete können dabei weiter unterteilt werden, wie z. B. die Projektplanung bezüglich:

- Projektterminplanung
- Projektressourcenplanung
- Projektergebnisplanung
- Projektzahlungsplanung
- Projektrisikoplanung

Bei der Planung sind zudem Planungsschleifen, Abstimmungs- und Genehmigungsrunden z. B. zwischen Top-Down-Vorgabe und Bottom-Up-Planung sowie Simulationen und Szenarioplanungen in verschiedenen Planversionen zu berücksichtigen, wobei eine finale Version als Planversion freizugeben ist.

3.5 Reporting- und Planungsobjekte (Dimensionen, Hierarchien und Werte)

Die wichtigsten Berichts- und Planungsobjekte der Unternehmung lassen sich in Dimensionen, Hierarchien, Attribute und Werte, sogenannte Kennzahlen (Measures), differenzieren.

Als Werte (Kennzahlen, Measures) versteht man die zu planenden bzw. zu berichtenden Größen wie Mengen (z. B. Stückzahlen und Arbeitsstunden), Beträge in Geldeinheiten (z. B. Erlös- und Kostenwerte, Deckungsbeiträge) aber auch Bestandsgrößen (Anlagenbuchwerte) und Prozentwerte (z. B. Rentabilitätskennzahlen).

Die Werte lassen sich für Dimensionen des Unternehmens auswerten. Dimensionen (z. B. Kostenstellen, Produkte und Kunden) können als Hierarchie (z. B. die Kostenstellenhierarchie) aber auch als Attribut mit nur einer einzelnen oder wenigen Ausprägungen (z. B. das Geschlecht der Beschäftigten) vorkommen.

Über die Hierarchien können die Objekte von der Gesamt- über die Gruppen- bis hin zur Einzelobjektsicht oder umgekehrt analysiert bzw. geplant werden. Deswegen sind gerade die Objekthierarchien für die Analyse und Planung so interessant.

Wichtige Hierarchien im Unternehmen sind der folgenden Liste zu entnehmen:

- Konzernhierarchie
- Kundenhierarchie
- Produkthierarchie
- Profitcenter-Hierarchie
- Kostenstellenhierarchie (Funktionsbereiche, Abteilungen, Niederlassungen)
- Konten- bzw. Erlös- und Kostenartengruppen
- Kostenträgerhierarchie
- Artikel-/Materialhierarchien
- Projekthierarchie
- Prozesshierarchie

Weitere Hierarchien sind z. B.:

- Lieferantenhierarchie
- Einsatzkomponentenhierarchie
- Kooperationen/Netzwerke
- Zeit
- (Mengen-)Einheiten

Über die Hierarchie bzw. durch weitere Ableitungsregeln lassen sich weitere Attribute für die Planung und das Reporting identifizieren, u. a.:

- Branchen (z. B. über die Attribute des Kunden oder Lieferanten)
- Regionen (z. B. über die Attribute des Kunden oder Lieferanten)
- Warengruppen (z. B. über die Attribute der verkaufsfähigen Produkte oder Einsatzkomponenten)
- Sparten (z. B. über die Profitcenter-Hierarchie oder Kostenträgerhierarchie)
- Niederlassungen (z. B. über die Profitcenter- oder Kostenstellen-Hierarchie)

Hierarchien und Attribute für die Planung und das Reporting sollten folgende Kriterien erfüllen:

- Vollständigkeit
- Eindeutigkeit/Widerspruchsfreiheit
- Einheitlichkeit

Grundproblematik bei den Hierarchien und Auswertungsattributen ist die Ermittlung der Zuordnung bei den Bewegungsdaten an der Datenquelle. Sollten schon bei den Buchungsbelegen und den Bewegungsarten Informationen oder Ableitungsmöglichkeiten (über die Stammdaten) fehlen oder mehrdeutig sein, kann die Planung und das Reporting nicht ordentlich versorgt werden.

3.6 Berichtsarten

Für die Informationsaufbereitung werden folgende Berichtsarten für die betriebliche Nutzung unterschieden:[24]

- Standardreporting
- Exception Reporting (Ausnahme-Berichte/Ausgelöste Abweichungsberichte)
- Analysereporting *und*
- Ad-hoc-Reporting (Individuell verlangte Berichte)

Das **Standardreporting** erfolgt zu festen Terminen und Zyklen an genau bestimmte Adressaten. Der Inhalt und die Form der Standardberichte sind festgelegt und kann nicht mehr durch den Empfänger geändert werden. Deswegen müssen die Inhalte und die Gestaltung dieser Berichte auch im Rahmen der Informationsbedarfsermittlung so weit definiert werden, dass möglichst keine bzw. wenige Informationslücken für den Empfänger entstehen können. Wie sich in der Praxis zeigt, unterliegen die Standardberichte jedoch auch einer gewissen Haltbarkeit und werden schließlich aus unterschiedlichsten Gründen (z. B. Umstrukturierungen, neue Einflüsse) in Abständen verändert.

Exception Reports bzw. **ausgelöste Berichte** werden bei der Erreichung von festgelegten Toleranzgrößen, Abweichungs- bzw. Schwellenwerten erzeugt. Sie werden bei Überschreitung festgelegter Grenzen zur Informationsanalyse i. d. R. automatisch den Empfängern vorgelegt und helfen dabei die Aufmerksamkeit auf besonders steuerungsrelevante Sachverhalte zu lenken.

Unter **Analysereporting** fasst man das strukturierte Recherchieren und Suchen nach neuen Erkenntnissen auf Basis der vorhandenen Datengrundlage der Informationssysteme durch den Berichtsempfänger zusammen. Im Gegensatz zum Standardreporting und zu den ausgelösten Berichten ist der Einstieg vordefiniert, die weitergehende Analyse der Information ist jedoch nicht vorbestimmt, sondern wird interaktiv zwischen Analyst und dem Informationssystem per Abfrage erstellt. Dies hat den Vorteil, dass der Analyst nicht in vordefinierten Berichtsstrukturen beschränkt ist, sondern darüber hinaus gehend seinen Informationsbedarf individuell ausdehnen und verändern kann, soweit es der Datenbestand zulässt.

[24] Erweitert im Vgl. zu: Küpper (2004, S. 171 ff.); Göpfert (2006, S. 695).

Individuell verlangte Bedarfsberichte bzw. **Ad-hoc-Reporting** werden aufgrund einer fachlichen Autorität und deren speziellen Informationsbedürfnisse erstellt. Sie ergeben sich häufig aus dem Eintritt von Ereignissen (z. B. erhebliche Abweichungen oder negative Ergebnisse) und dem Ziel Transparenz hierüber zu schaffen sowie aus neuen Informationsbedürfnissen, die nicht aus dem Standardreporting abgeleitet werden können. Ad-hoc-Berichte können, soweit es der Datenbestand zulässt, häufig schnell mit dem Analysereporting erzeugt werden. Zum Teil muss der vorliegende Datenbestand um die noch nicht verfügbaren Daten angereichert und die Gestaltung der Datenabfrage speziell angepasst werden.

Bedarfsberichte werden explizit vom Empfänger angefordert, um kurzfristig den zusätzlichen Bedarf an individuellen Informationen zu decken. Folglich sollte der Bedarfsbericht nur die vom Empfänger angeforderten Informationen enthalten. Durch die Entwicklung der Informations- und Kommunikationstechnik gewinnt diese Form von Berichten verstärkt an Bedeutung. Sie ergänzen zunehmend die Standardberichte. Der Empfänger übernimmt, mittels direkten Zugriffs auf zentrale Datenbanken, die aktive Rolle des Informationserzeugers.

Während ein Standardberichtswesen mittlerweile bereits auf der Ebene der sog. Abrechnungssysteme (z. B. Kostenrechnung) DV-technisch umgesetzt werden, verlangt die informationstechnische Umsetzung von problemorientierten Spezialberichten zumeist den Einsatz von speziellen Analyse- und Berichtssystemen (Reportgeneratoren), welche die für die Auswertungen erforderlichen Zeit-, Mengen- und Wertdatenausprägungen aus den darunter liegenden operativen Systemen selektieren und in einem Data Warehouse aufbereiten. Die DV-technische Unterstützung wird im Kap. 5 umfangreich besprochen.

Neben diesem controlling- und managementbezogenen Berichtswesen sind für die operative Abwicklung des Geschäfts zudem weitere Berichtsanforderungen erforderlich, die zum Teil mit Werkzeugen der Bürokommunikation oder mit den gleichen Werkzeugen der Reportgeneratoren erstellt werden können. Hierunter fällt u. a. das Formularwesen, z. B. für die Erstellung von Lieferscheinen und Rechnungen. Diese sind nicht Gegenstand der weiteren Untersuchung.

3.7 Berichtsgrundformen

Die Anzahl der Berichtsgrundformen für Vergleiche und Analysen ist in der Unternehmenspraxis sehr vielfältig und spezifisch. Dennoch lassen sich wichtige Grundmuster für das Reporting herausarbeiten. Aus diesem Grunde werden im Folgenden wichtige Grundformen für Berichte sowie Ihre Vor- und Nachteile herausgearbeitet. Die verschiedenen Berichtsgrundformen können sowohl alleine als auch kombiniert angewendet werden.

Tab. 3.1 Ist-Ist-Vergleiche

Ist kum.	**Ist VJ kum.**	**Abw.**	**Abw. in %**	**Berichtszeile**	**Ist akt. Monat**	**Ist VJ Monat**	**Abw.**	**Abw. in %**
1000	900	100	11,1 %	Umsatzerlöse	133	110	23	21,2 %
200	250	*-50*	–20,0 %	Sonstige Einnahmen	17	19	*-2*	–11,5 %
400	400	0	0,0 %	Bestandsveränderungen	37	33	4	12,0 %
1600	**1550**	**50**	**3,2 %**	**Gesamtleistung**	**187**	**162**	**25**	**15,5 %**
500	600	*-100*	–16,7 %	Materialkosten	42	54	*-12*	–22,8 %
100	200	*-100*	–50,0 %	Fremdleistungen	8	17	*-8*	–50,0 %
600	500	100	20,0 %	Personalkosten	50	42	8	20,0 %
100	50	50	100,0 %	Abschreibungen	9	4	5	124,0 %
100	150	*-50*	–33,3 %	Sonstige Kosten	8	11	*-2*	–20,6 %
1400	**1500**	***-100***	**–6,7 %**	**Gesamtkosten**	**118**	**127**	**-9**	**–7,3 %**
200	**50**	**150**	**300,0 %**	**Erfolg**	**70**	**35**	**35**	**98,1 %**

3.7.1 Ist-Ist-Vergleiche

Ist-Ist-Vergleiche betrachten ein Ergebnisobjekt hinsichtlich eines Zeitvergleichs. Hierbei werden identische Zeiträume wie Jahre, Quartale oder Monate verglichen (vgl. Tab. 3.1).

Der Beispielbericht ist in **T-Form** aufgebaut. In der Mitte sind die Berichtszeilen aufgeführt. Im linken Teil der Tabelle wird der Vergleich der kumulierten Istwerte bis zum aktuellen Monat im Vergleich zum Vorjahr dargestellt. Im rechten Teil der Tabelle wird der Monatsvergleich gezeigt. Absolute Abweichungswerte werden dabei häufig um prozentuale Abweichungswerte ergänzt.

Vorteile der Ist-Ist-Vergleiche sind:

- Veränderungen gegenüber der Vergangenheit sind schnell erkennbar.
- Erfahrungswerte und Orientierungsgrößen lassen sich ableiten.

Nachteile der Ist-Ist-Vergleiche sind:

- Die Vergleichszeiträume weisen unterschiedliche Unternehmenszustände auf, so dass die Werte ohne Bereinigung schlecht zu vergleichen sind.
- Im Extremfall existieren keine historischen Vergleichsdaten.
- Unwirtschaftlichkeiten in der Vergangenheit sind nicht erkennbar.
- Trends im Sinne einer detaillierten zeitlichen Entwicklung der einzelnen Periodenwerte sind nicht erkennbar.

Tab. 3.2 Soll-Ist- bzw. Plan-Ist-Vergleiche

Ist kum.	Plan kum.	Abw.	Abw. in %	Berichtszeile	Ist akt. Monat	Plan VJ Monat	Abw.	Abw. in %
1000	1000	0	0,0 %	Umsatzerlöse	133	118	15	12,7 %
200	250	*-50*	−20,0 %	Sonstige Einnahmen	17	19	*-2*	−11,5 %
400	400	0	0,0 %	Bestands-veränderungen	37	33	4	12,0 %
1600	**1650**	***-50***	**−3,0 %**	**Gesamtleistung**	**187**	**171**	**17**	**9,9 %**
500	500	0	0,0 %	Materialkosten	42	46	*-4*	−8,8 %
100	150	*-50*	−33,3 %	Fremdleistungen	8	13	*-4*	−33,3 %
600	450	150	33,3 %	Personalkosten	50	38	13	33,3 %
100	100	0	0,0 %	Abschreibungen	9	8	1	12,0 %
100	100	0	0,0 %	Sonstige Kosten	8	6	2	31,6 %
1400	**1300**	**100**	**7,7 %**	**Gesamtkosten**	**118**	**110**	**7**	**6,6 %**
200	**350**	***-150***	**−42,9 %**	**Erfolg**	**70**	**60**	**9**	**15,8 %**

3.7.2 Soll-Ist- bzw. Plan-Ist-Vergleiche

Soll-Ist-Vergleiche bzw. Plan-Ist-Vergleiche vergleichen die tatsächlich erreichten Ist-Werte eines Ergebnisobjektes mit gesteckten Zielvorgaben, z. B. dem Soll- oder Planwert für einen betrachteten Zeitraum. Die Abweichungen zeigen auf, ob die gesteckten Zielvorgaben erreicht bzw. übertroffen oder verfehlt wurden (Tab. 3.2).

Planwerte sind dabei die originären geplanten Werte, die z. B. in der operativen Planung als Budgetwerte festgeschrieben wurden. Sollwerte sind auf die Ist-Beschäftigung angepasste Planwerte. In der Kostenstellenrechnung erfolgt dies z. B. über die Trennung der fixen und variablen Plankosten, wobei die variablen Plankosten an die Istbeschäftigung angeglichen werden und die fixen Kosten, wie der Name schon sagt, beibehalten werden, da sie nicht auf Beschäftigungsänderungen reagieren.

Der Beispielbericht ist wiederum in T-Form aufgebaut. In der Mitte sind die Berichtszeilen aufgeführt. Im linken Teil der Tabelle wird der Vergleich der kumulierten Istwerte bis zum aktuellen Monat im Vergleich zum Plan dargestellt. Im rechten Teil der Tabelle wird der Monatsvergleich zum Plan gezeigt. Absolute Abweichungswerte werden dabei um prozentuale Abweichungswerte ergänzt.

Vorteile der Soll-Ist- bzw. Plan-Ist-Vergleiche sind:

- Unwirtschaftlichkeiten zum gesetzten Plan sind schnell erkennbar.
- Steuerungsbedarfe zur Erreichung der gesteckten Zielvorgaben sind schneller zu erkennen.

Nachteile der Soll-Ist- bzw. Plan-Ist-Vergleiche sind:

- Eine ausgeprägte Planung ist notwendig.
- Die Planung kann schon durch aktuelle Ereignisse überholt sein.
- Trends im Sinne einer detaillierten zeitlichen Entwicklung der einzelnen Periodenwerte sind nicht erkennbar.
- Prognosen über die zukünftige Entwicklung bleiben unberücksichtigt.

3.7.3 Plan-Wird-Vergleiche (Forecast/Hochrechnungen)

Da Plan-Ist-Vergleiche und Soll-Ist-Vergleiche eine aktualisierte Prognose der zukünftigen Entwicklung nicht anzeigen, werden als Ergänzung gerne Plan-Wird-Vergleiche aufgestellt. „Wird-Werte" stehen dabei für Prognosen bezüglich der Entwicklung der zukünftigen Ist-Werte betrachtet auf einen Zielzeitraum, meistens das Geschäftsjahresende oder bei einem Projektbericht, das geplante Projektende. Diese „Wird-Werte" werden auch als Forecast (Vorschau) oder Hochrechnungen bzw. Prognosen bezeichnet. Sie bilden sich aus den aufgelaufenen Ist-Werten und den zukünftigen aktualisierten Restplanwerten bis zum betrachteten Zielzeitpunkt. Für die Generierung der Restplanwerte können dabei verschiedene Verfahren angewendet werden:

- Übernahme der alten periodischen Planwerte
- Manuelle (analytische) Neuplanung der periodischen Planwerte
- Trendberechnungen mit Hilfe statistischer und mathematischer Methoden (häufig basierend auf den zurückliegenden Ist-Werten)

Während reine Hochrechnungen auf der Trendberechnung historischer Daten beruhen, können Forecastwerte bzw. Prognosen auch aktualisierte analytische Planwerte bezüglich der Zukunft beinhalten.

Der Beispielbericht in Tab. 3.3 ergänzt einen Plan-Ist-Vergleich im linken Teil der Tabelle um den Plan-Wird-Vergleich im rechten Teil der Tabelle. Der Vergleichswert wird hier als Forecast dargestellt.

Vorteile der Plan-Wird-Vergleiche sind:

- Unwirtschaftlichkeiten zum gesetzten Plan sind schnell erkennbar.
- Steuerungsbedarfe zur Erreichung der gesteckten Zielvorgaben sind schneller zu erkennen.
- Prognosen über die zukünftige Entwicklung werden berücksichtigt.

Tab. 3.3 Plan-Wird-Vergleiche (Forecast)

Berichtszeile	**Ist kum.**	**Plan kum.**	**Abw.**	**Abw. in %**	**Forecast**	**Plan ges.**	**Abw.**	**Abw. in %**
Umsatzerlöse	1000	900	100	11,1 %	1300	1200	100	8,3 %
Sonstige Einnahmen	200	250	*-50*	-20,0 %	350	400	*-50*	-12,5 %
Bestands-veränderungen	400	400	0	0,0 %	700	600	100	16,7 %
Gesamtleistung	**1600**	**1550**	**50**	**3,2 %**	**2350**	**2200**	**150**	**6,8 %**
Materialkosten	500	500	0	0,0 %	800	750	50	6,7 %
Fremdleistungen	100	150	*-50*	-33,3 %	250	300	*-50*	-16,7 %
Personalkosten	600	450	150	33,3 %	700	600	100	16,7 %
Abschreibungen	100	100	0	0,0 %	200	150	50	33,3 %
Sonstige Kosten	100	100	0	0,0 %	150	120	30	25,0 %
Gesamtkosten	**1400**	**1300**	**100**	**7,7 %**	**2100**	**1920**	**180**	**9,4 %**
Erfolg	**200**	**250**	***-50***	**-20,0 %**	**250**	**280**	***-30***	**-10,7 %**

Nachteile der Plan-Wird-Vergleiche sind:

- Eine ausgeprägte Aktualisierung der Planung ist notwendig.
- Trends im Sinne einer detaillierten zeitlichen Entwicklung der einzelnen Periodenwerte sind nicht erkennbar.

3.7.4 Zielerreichungsberichte

Zielerreichungsberichte vergleichen die aktuellen und tatsächlich erreichten Ist-Werte eines Ergebnisobjektes mit den gesteckten Zielvorgaben für den gesamten betrachteten Zeitraum. Hierdurch soll z. B. gezeigt werden, wie viel Umsatz nach dem dritten Quartal noch generiert werden muss, um den geplanten Jahresumsatz zu erreichen. Die Abweichung zeigt also die offenen Werte an, die es gilt, in der verbleibenden Zeit zu erreichen bzw. zu übertreffen.

Der Beispielbericht in Tab. 3.4 zeigt für diverse Geschäftskennzahlen im vorderen Teil an, wie hoch die Zielerreichung zum Jahresplan (per anno) und im hinteren Teil zum Vorjahreswert ist. Der Zielerreichungsgrad wird als Quote angezeigt und um die offenen absoluten Werte in der Folgespalte ergänzt.

Tab. 3.4 Zielerreichungsberichte

	Plan p. a.	Ist kum.	Quote %	offen	Ist VJ p. a.	Quote %	offen
Geschäftszahlen (in Mio. €)							
Betriebsertrag	8980	8709	−3,0 %	*-271*	8688	0,24 %	21
Betriebsaufwand	8168	7988	−2,2 %	*-180*	7953	0,44 %	35
Gewinn	812	721	−11,2 %	*-91*	735	−1,90 %	*-14*
Umsatzrendite	9,0 %	8,3 %	−8,4 %	*-0,8 %*	8,5 %	−2,14 %	*-0,2 %*
Investitionen	516	431	−16,5 %	*-85*	415	3,86 %	16
Free Cashflow	684	595	−13,0 %	*-89*	576	3,30 %	19
Bilanzsumme	71.603	84.676	18,3 %	13.073	82.659	2,44 %	2.017
Eigenkapital	2857	3534	23,7 %	677	2.745	28,74 %	789
Personalbestand (FTE)							
Konzern (ohne Leihpersonal)	44.178	44.803	1,4 %	625	44.698	0,23 %	105
Stammhaus (ohne Leihpersonal)	32.919	30.863	−6,2 %	*-2056*	30.699	0,53 %	164
Leihpersonal	1571	1690	7,6 %	119	1602	5,49 %	88

Vorteile der Zielerreichungsberichte sind:

- Steuerungsbedarfe zur Erreichung der gesteckten Zielvorgaben sind anhand des Zielerreichungsgrades schnell zu erkennen.
- Die offenen Werte, die in der Restzeit zum gesamten betrachteten Zeitraum noch erreicht werden sollten, sind schnell zu erkennen.

Nachteile der Zielerreichungsberichte sind:

- Eine ausgeprägte Planung ist notwendig.
- Die Planung kann schon überholt sein durch aktuelle Ereignisse.
- Trends im Sinne einer detaillierten zeitlichen Entwicklung der einzelnen Periodenwerte sind nicht erkennbar.

3.7.5 Zeitreihenanalysen

Vergleiche zwischen einzelnen Werten für einzelne Perioden lassen Trends nicht erkennen. Auch Ausreißer nach unten oder oben in einzelnen Perioden sind kaum zu identifizieren. Deshalb werden als Ergänzung gerne Zeitreihenanalysen verwendet.

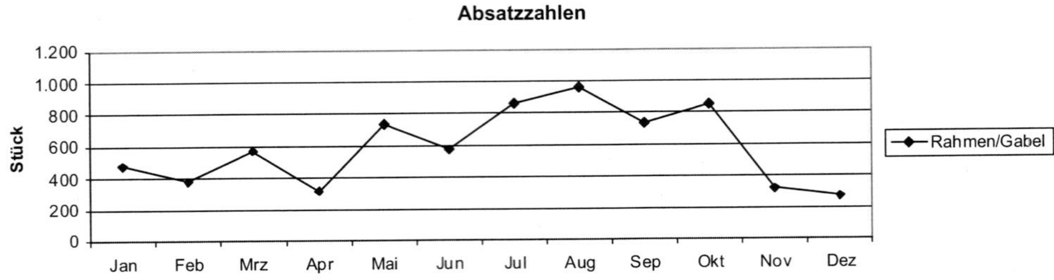

Produkte	Jan	Feb	Mrz	Apr	Mai	Jun	Jul	Aug	Sep	Okt	Nov	Dez	Summe
Rahmen/Gabel	477	379	573	318	735	575	864	964	734	855	320	271	**7.064**
Laufräder/h.	323	705	725	477	446	169	599	637	121	733	249	435	**5.619**
Laufräder/v.	45	700	993	566	458	949	328	719	721	472	245	142	**6.337**
Tretlager	137	476	888	981	837	250	879	693	587	116	451	190	**6.486**
Lenker	901	972	536	334	794	35	159	701	39	946	659	344	**6.421**

Abb. 3.12 Zeitreihenanalysen

Der Beispielbericht in Abb. 3.12 zeigt im oberen Teil eine grafische und im unteren Teil eine tabellarische Zeitreihe für Absatzzahlen bestimmter Produkte. Grafische Zeitreihenanalysen sind für den Betrachter intuitiver als tabellarische Darstellungen.

Vorteile der Zeitreihenanalysen sind:

- Trends im Sinne einer detaillierten zeitlichen Entwicklung der einzelnen Periodenwerte sind sehr gut erkennbar.
- Ausreißer nach oben und unten sind sehr gut erkennbar.

Nachteile der Zeitreihenanalysen sind:

- Aufgrund der Datenfülle einzelner Periodenwerte entstehen ggf. unübersichtliche Zahlenkolonnen, insbesondere in der tabellarischen Darstellung.
- Werden nur eine oder wenige Perioden betrachtet, ist Analysefähigkeit der Zeitreihenanalyse beschränkt.

3.7.6 ABC-, Flop- und Top-Analyse

Möchte man gerne wissen, welches Ergebnisobjekt am meisten oder am wenigsten zum Erfolg beigetragen hat, bietet es sich an, für ausgewählte Kennzahlen die betrachteten Ergebnisobjekte für einen Zeitraum zu sortieren. Hierdurch erhält man z. B. bei einer auf- bzw. absteigenden Sortierung die besten oder die schlechtesten Ergebnisobjekte. Beschränkt man die Ansicht auf eine gewisse Anzahl der Ergebnisobjekte, so erhält man eine Liste mit den Top- bzw. Flop-Ergebnisobjekten.

Der Beispielbericht in Abb. 3.13 zeigt die Top-Ten-Kunden in tabellarischer und grafischer Darstellung für die Umsatzwerte aus 2009 und 2010.

	Top-Ten-Kunden	Umsatz (€) 2010	Umsatz (€) 2009
1	Allianz	164.674	162.357
2	R+V	95.212	99.516
3	Generali	85.304	83.232
4	Zurich	73.767	74.290
5	Debeka	61.359	74.810
6	Würtembergische	55.128	55.637
7	Bayern Versicherung	55.075	58.943
8	Nürnberger	48.854	48.233
9	Hamburg-Mannheimer	48.302	52.128
10	AXA	46.650	34.402

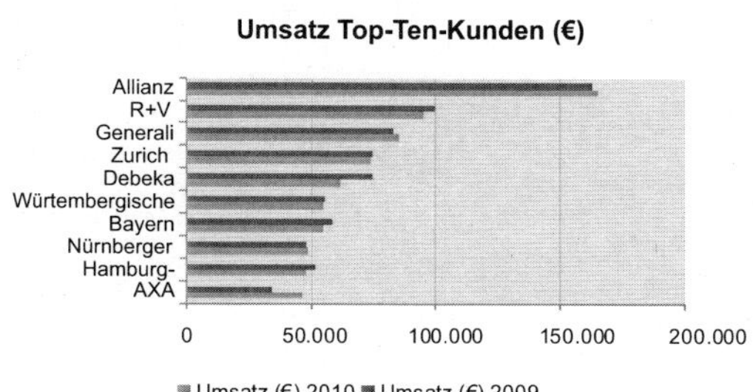

Abb. 3.13 Top-Ten-Analyse (Beispiel MS Excel)

Eine weitere Form der Sortierung stellt die ABC-Analyse dar, mit deren Hilfe eine Rangreihenfolge der betrachteten Ergebnisobjekte bezüglich ihrer Wichtigkeit und wirtschaftlichen Bedeutung gebildet werden kann. Hierdurch lässt sich die Aufmerksamkeit besonders auf die Ergebnisobjekte lenken, die einen überdurchschnittlich hohen Anteil an dem Wert einer Kennzahl besitzen. Die im Ergebnis ausgewiesene Klassifizierung zeigt auf, welche Ergebnisobjekte besonders betrachtet werden müssen. Häufig findet man die sogenannte *Pareto*-Kurve bestätigt, wobei mit nur ca. 20 % der Ergebnisobjekte mehr als 80 % des Gesamtvolumens des ausgewählten Kennzahlenwertes erreicht werden (A-Klasse). Mit ca. 50 % der Ergebnisobjekte werden mehr als 90 % des Gesamtvolumens des ausgewählten Kennzahlenwertes erreicht. Die hier hinzugerechneten Ergebnisobjekte werden der B-Kategorie zugeschrieben. Die restlichen 50 % der Ergebnisobjekte tragen häufig nur mit weniger als 10 % zum Gesamtvolumen des ausgewählten Kennzahlenwertes bei. Sie werden der C-Kategorie zugeordnet. Auch andere Einteilungen, wie die folgenden Beispiele zeigen, sind möglich.

Zur Darstellung der ABC-Analyse werden alle Ergebnisobjekte wertmäßig in fallender Reihenfolge tabellarisch sortiert abgebildet. Zudem werden die Kennzahlenwerte fortlaufend kumuliert. Die Klasseneinteilung erfolgt durch Festlegung von Schwellenwerten, z. B. prozentualen oder absoluten Wertgrenzen. Verwendet man prozentuale Schwellenwerte, so können ausgehend von dem Gesamtwert von 100 % die A-, B- und C-Ergebnisobjekte anhand der prozentualen kumulierten Anteile gebildet werden.

Für die gebildeten Klassen werden in den jeweiligen Funktionsgebieten häufig Normstrategien abgeleitet. Im Vertrieb werden z. B. Marketing-Maßnahmen oder Betreuungsintensitäten für die Kunden in ihrer jeweiligen Klasse entwickelt und festgelegt.

Der Beispielbericht in Abb. 3.14 zeigt eine ABC-Analyse aus dem Vertriebsbereich für die Kennzahl Umsatz, die Schwellenwerte für die A-Klasse zwischen 0–70 %, für die B-Klasse zwischen 70–90 % und für die C-Klasse zwischen 90–100 % des kumulierten Umsatzanteiles festgelegt. Die *Pareto*-Kurve wird in der Grafik rechts neben der Tabelle dargestellt.

Ein weiteres Beispiel für eine ABC-Analyse zeigt die Abb. 3.15, in der eine andere Klasseneinteilung gewählt wurde: 0–60 % (A), 60–80 % (B) und 80–100 % (C).

Bezeichnung	Umsatz abs.	Umsatz %	kum. Umsatz abs.	kum. Umsatz %	Klasse
Allianz	1.850.000	19,4%	1.850.000	19,4%	A
R+V	1.510.000	15,8%	3.360.000	35,3%	A
Generali	1.265.000	13,3%	4.625.000	48,5%	A
Zurich	1.115.000	11,7%	5.740.000	60,2%	A
Debeka	965.000	10,1%	6.705.000	70,4%	A
Würtembergische	660.000	6,9%	7.365.000	77,3%	B
Bayern Versicherung	550.000	5,8%	7.915.000	83,1%	B
Nürnberger	490.000	5,1%	8.405.000	88,2%	B
Hamburg-Mannheimer	200.000	2,1%	8.605.000	90,3%	B
AXA	190.000	2,0%	8.795.000	92,3%	C
HDI-Gerling	170.000	1,8%	8.965.000	94,1%	C
Provinzial	150.000	1,6%	9.115.000	95,7%	C
Swiss	105.000	1,1%	9.220.000	96,8%	C
Victoria	68.000	0,7%	9.288.000	97,5%	C
Iduna	60.000	0,6%	9.348.000	98,1%	C
Alte Leipziger	48.400	0,5%	9.396.400	98,6%	C
Cosmos	36.000	0,4%	9.432.400	99,0%	C
DBV	35.000	0,4%	9.467.400	99,4%	C
Gothaer	30.000	0,3%	9.497.400	99,7%	C
Volkswohl Bund	20.400	0,2%	9.517.800	99,9%	C
neue Leben	10.500	0,1%	9.528.300	100,0%	C
Summe	9.528.300	100,0%			

ABC-Analyse

Umsatzanteil

Objektanteil

Abb. 3.14 ABC-Analyse (Beispiel MS Excel)

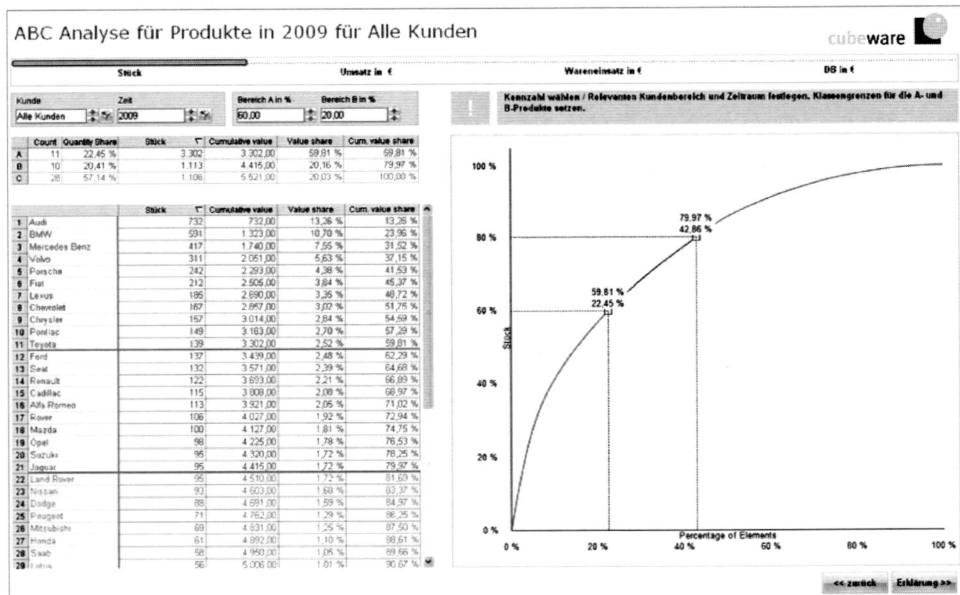

Abb. 3.15 ABC-Analyse (Beispiel Cubeware)[25]

Vorteile der ABC-Analyse sind:

- Die Ergebnisobjekte sind bezüglich ihrer wirtschaftlichen Bedeutung schnell zu identifizieren.

[25] Quelle: Cubeware Bildergalerie (2011).

- Ausreißer nach oben (Tops) und unten (Flops) sind sehr gut erkennbar.
- Normstrategien können für die gebildeten Klassen angewendet werden.

Nachteile der ABC-, Top- bzw. Flop-Analysen sind:

- Die Festlegung der Schwellenwerte für die ABC-Analyse ist an den Grenzen oft schwierig. Ggf. fallen Ergebnisobjekte an den Schwellen nur knapp aus der gebildeten Klasse.
- Viele Ergebnisobjekte können die Listen sehr lang werden lassen.
- Ergebnisobjekte, die heute noch in die B- oder C-Klasse fallen, können zukünftig zur A-Klasse gehören.

3.7.7 Portfolio-Analyse

Die Portfolio-Analyse zeichnet sich durch ihre Einordnung und Analysefähigkeit von Ergebnisobjekten in einer durch Kriterien gebildeten Matrix aus. Sie findet in vielen wirtschaftlichen Bereichen ihre Anwendung, z. B. in der Finanzwirtschaft zur Planung eines ausgewogenen Anlageportfolios oder in der strategischen Unternehmensplanung zur Optimierung der Geschäftsfelder, Produktbereiche oder Projekte. Die bekanntesten Portfolio-Analysen zur strategischen Unternehmensanalyse und -planung sind die Vier-Felder-Matrix der Bosten Consulting Group und die 9-Felder-Matrix der Beratungsgesellschaft McKinsey.

Die Portfolio-Analyse findet aber auch verstärkt Anwendung in anderen Funktionsbereichen des Unternehmens, wie z. B. zur Beurteilung der Lieferanten in einem Lieferantenportfolio oder ein Kundenportfolio zur Analyse von Kundengruppen.

Abbildung 3.16 zeigt die Vier-Felder-Matrix der Bosten Consulting Group. Hierbei lassen sich die wichtigsten Berichtsmerkmale veranschaulichen. Zur Darstellung des Portfolios müssen für die relevanten Ergebnisobjekte (hier die Strategischen Geschäftsfelder) drei Datenkategorien bestimmt werden, mit denen das Portfolio zu bilden ist. Bei der Vier-Felder-Matrix sind dies das Marktwachstum und der relative Marktanteil sowie der Umsatzanteil der betrachteten strategischen Geschäftsbereiche, wie sie in der darüber aufgeführten Tabelle ermittelt wurden. Für die gebildeten Felder lassen sich Klassifizierungen und Normstrategien festlegen, die zur Steuerung herangezogen werden können. In der Neun-Felder-Matrix der Beratungsgesellschaft McKinsey werden im Gegensatz zu den Einzelkriterien der Vier-Felder-Matrix viele Kriterien mit Hilfe eines Scoringmodells (vgl. Abschn. 3.7.10) auf die Achsenwerte Marktattraktivität und Wettbewerbsstärke verdichtet.

Vorteile der Portfolio-Analysen sind:

- Durch die Bildung der vergleichenden Wertebenen (relativ, nominal, ordinal, kardinal) lassen sich unterschiedliche Ergebnisobjekte mit gleichen Maßstäben messen.
- Normstrategien können für die gebildeten Portfolio-Felder angewendet werden.

SGE	Eigener Marktanteil	Marktanteil stärkster Konkurrent	relativer Marktanteil	Markt-wachstum	Umsatz in Mio. €	Umsatz-anteil
A	3,20%	7,60%	0,4	4,2%	250	23,15%
B	7,40%	2,90%	2,6	4,9%	120	11,11%
C	9,40%	5,30%	1,8	2,4%	310	28,70%
D	4,30%	3,10%	1,4	4,2%	280	25,93%
E	1,40%	3,30%	0,4	1,5%	120	11,11%

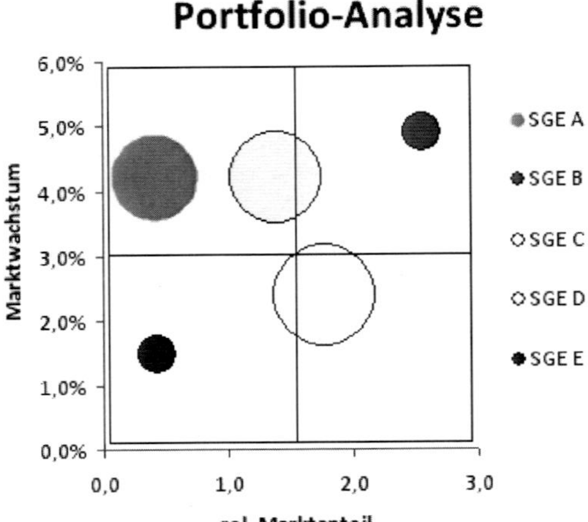

Abb. 3.16 Portfolio-Analyse

- Durch die grafische Darstellung ergibt sich ein hoher Kommunikations- und Analysewert.

  Nachteile der Portfolio-Analysen sind:

- In der Reduktion der Komplexität auf drei Wertebenen (X-Achse, Y-Achse und Größendarstellung der Ergebnisobjekte) können wichtige Faktoren verloren gehen.
- Abhängigkeiten und Verbundeffekte werden ggf. nicht erkannt.
- Allgemeine Normstrategien sind für spezifische Probleme nicht anwendbar.

3.7.8 Objekt- und Benchmark-Vergleiche

Bei Objektvergleichen werden zwei oder mehrere Objekte miteinander innerhalb eines betrachteten Zeitraums verglichen. Bei den Objekten können sowohl interne und externe Objekte verglichen werden. Bei den externen Objekten können die Objekte aus derselben Branche (Branchenvergleiche) oder sogar branchenübergreifend festgelegt werden. Ziel ist

Tab. 3.5 Objektvergleiche

Geschäftszahlen (in Mio. €)	Standort Hamburg	Standort München	Abw.	%
Betriebsertrag	10.980	10.709	271	2,5 %
Betriebsaufwand	8168	7988	180	2,3 %
Gewinn	2812	2721	91	3,3 %
Umsatzrendite	25,6 %	25,4 %	0,2 %	0,8 %
Investitionen	516	431	85	19,7 %
Free Cashflow	684	595	89	15,0 %

Tab. 3.6 Benchmark-Vergleiche

Geschäftszahlen (in Mio. €)	Standort Hamburg	Bester Standort	Abw.	%	Standorte im Durchschnitt	Abw.	%
Betriebsertrag	10.980	11.709	–729	–6,2 %	9540	1440	15,1 %
Betriebsaufwand	8168	7988	180	2,3 %	7950	218	2,7 %
Gewinn	2812	3721	–909	–24,4 %	1590	1222	76,9 %
Umsatzrendite	25,6 %	31,8 %	–6,2 %	–19,4 %	16,7 %	8,9 %	53,7 %
Investitionen	516	531	–15	–2,8 %	451	65	14,4 %
Free Cashflow	684	695	–11	–1,6 %	495	189	38,2 %

es, die Leistung der zu vergleichenden Objekte besser beurteilen zu können, um hieraus Steuerungsmaßnahmen abzuleiten.

Tabelle 3.5 zeigt einen einfachen internen Objektvergleich von zwei Standorten, die anhand unterschiedlicher Kennzahlen verglichen werden. Absolute und prozentuale Abweichungswerte helfen dabei die Unterschiede schneller zu erfassen.

Den Objektvergleichen ähnlich sind Benchmark-Vergleiche, hier werden ausgewählte Kennzahlen anhand der besten Vergleichsobjekte oder anhand der besten erzielten Werte verglichen. Zur Orientierung können alternativ oder zusätzlich auch Vergleiche zum Durchschnitt der Vergleichsobjekte oder zu den durchschnittlich erzielten Werten herangezogen werden. Die Vergleichsobjekte können wieder unternehmensintern, unternehmensübergreifend oder sogar branchenübergreifend gewählt werden.

Tabelle 3.6 zeigt einen Benchmark-Vergleich von einem Standort zum besten Standort (im linken Teil der Tabelle) und zum Durchschnitt aller Standorte (im rechten Teil der Tabelle).

Vorteile der Objekt- und Benchmark-Vergleiche sind:

- Bessere Leistungsbeurteilung der zu vergleichenden Objekte.
- Orientierung am „Besten" hilft bei der systematischen Suche nach Verbesserungsmöglichkeiten im Unternehmen.

Nachteile der Objekt- und Benchmark-Vergleiche sind:

- Bestimmung der Vergleichs- und Benchmark-Objekte und Generierung der Benchmark-Werte (Beste Werte, durchschnittliche Werte) ist oft aufwändig.
- Vergleiche sind teilweise schwierig zu interpretieren, da die Vergleichsobjekte andere und spezielle Rahmenbedingungen im Vergleichszeitraum aufweisen, die schwer zu erkennen oder zu eliminieren sind.

3.7.9 Break-Even-Point-Analyse

Bei rückläufiger Beschäftigung stellt sich die Unternehmensführung die Frage, ob das für das kommende Jahr angestrebte Gewinnziel überhaupt erreicht werden kann und wann oder ab welcher Absatzmenge bzw. ab welchem erzielten Umsatz dies der Fall ist. Hier kann die Break-Even-Point-Analyse hilfreich sein.

Das Instrument der Break-Even-Point-Analyse ermittelt diejenige Absatzmenge bzw. die dazugehörigen Umsatzerlöse, bei denen die gesamten fixen Kosten sowie die absatzmengenabhängigen (variablen) Kosten voll gedeckt sind. Dieser Deckungspunkt wird Break-Even-Point genannt. Er legt diejenige Erlös-Mengen-Kombination fest, ab der die Unternehmung Gewinne erzielt. Formal ermittelt man diesen kritischen Wert, indem man die entstandenen kumulierten Gesamtkosten (K_g) des Umsatzes mit den erzielten kumulierten Erlösen (U) gleichsetzt.

Die Bestimmung der Break-Even-Absatzmenge ($\mathrm{BEP_M}$) erhält man durch die Division der Fixkosten (K_f) der Gesamtperiode durch den Stückdeckungsbeitrag, der sich aus der Differenz der Stückerlöse (p) und der proportionalen Stückkosten (k_v) ergibt. Multipliziert man anschließend die Break-Even-Absatzmenge mit dem Stückerlös, so erhält man den Break-Even-Umsatz.

$$\mathrm{BEP_M} = \frac{K_f}{p - k_v}$$

Abbildung 3.17 zeigt eine Break-Even-Point-Analyse für den Fall einer Einproduktbetrachtung. Die Prämissenstruktur der Break-Even-Point-Analyse ist hierbei sehr restriktiv:[26]

[26] Vgl. Heigl (1989, S. 128 f.) und Poensgen (1981, Sp. 308).

BEP-Ausgangsdaten	Jan.	Feb.	Mrz	Apr	Mai	Jun	Jul	Aug	Sep	Okt	Nov	Dez
Menge	1.000	1.000	1.000	1.000	1.000	1.000	1.000	1.000	1.000	1.000	1.000	1.000
Menge kum.	1.000	2.000	3.000	4.000	5.000	6.000	7.000	8.000	9.000	10.000	11.000	12.000
variable Kosten (in Euro)	250	250	250	250	250	250	250	250	250	250	250	250
variable Kosten (in Euro) kum.	250	500	750	1.000	1.250	1.500	1.750	2.000	2.250	2.500	2.750	3.000
fixe Kosten (in Euro)	1.150	1.150	1.150	1.150	1.150	1.150	1.150	1.150	1.150	1.150	1.150	1.150
Erlöse (in Euro)	375	375	375	375	375	375	375	375	375	375	375	375
Erlöse (in Euro) kum.	375	750	1.125	1.500	1.875	2.250	2.625	3.000	3.375	3.750	4.125	4.500
Gesamtkosten (in Euro) kum	1.400	1.650	1.900	2.150	2.400	2.650	2.900	3.150	3.400	3.650	3.900	4.150

Break-Even-Point-Berechnung	
BEP-Absatzmenge	9.200
BEP-Umsatz	3.450

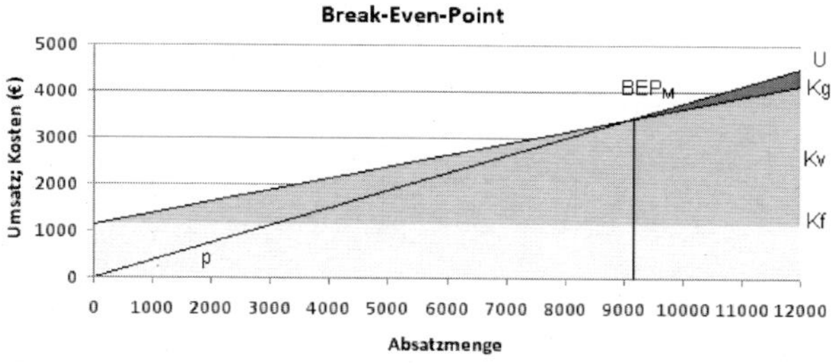

Abb. 3.17 Break-Even-Point-Analyse

- ein Erzeugnis wird hergestellt
- Kosten, Preise, Kapazitäten sind fest vorgegeben und bekannt
- Preise sind mengenunabhängig
- keine Rabatte beim Einkauf
- keine intervallfixen Kosten
- keine Parameteränderung während des Betrachtungszeitraumes
- keine Kostenremanenz (Kosten dieser Periode sind unabhängig von Kosten der Vorperiode)
- produzierte Menge = abgesetzte Menge => keine Lagerhaltung

Die sehr restriktiven Prämissen des einfachen Modells der Break-Even-Point-Analyse lassen sich durch verschiedene Erweiterungsmöglichkeiten größtenteils aufheben. Für ein Mehrproduktunternehmen mit unterschiedlichen Produktdeckungsbeiträgen bietet es sich an, die Break-Even-Point-Analyse zunächst auf Produkt- oder wenn möglich auf Produktgruppenebene mit den zugehörigen Produkt- bzw. Produktgruppenfixkosten durchzuführen, um dann für den gesamten Umsatzmix die Gewinnschwelle zu ermitteln.[27]

Vorteile der Break-Even-Point-Analyse sind:

- Liegen die Ausgangsdaten im BEP-Modell vor, hilft sie bei der schnellen Einschätzung der Gewinnschwelle.
- Differenzierte BEP-Analysen je Produkt- und Produktgruppen liefern eine Transparenz hinsichtlich der jeweiligen produkt- bzw. produktgruppenbezogenen Gewinnschwelle.

[27] Vgl. Kilger (1988, S. 802 f.).

		eigenes Produkt		Konkurrenz-Produkt	
Vergleichskriterien	**Gewichtung**	**Punkte (0 - 10)**	**gew. Punkte**	**Punkte (0 - 10)**	**gew. Punkte**
Preis	30	8	240	9	270
Leistung	20	7	140	9	180
Innovation	20	6	120	8	160
Qualität	20	9	180	7	140
Service	10	5	50	6	60
Summe	**100**	**35**	**730**	**39**	**810**

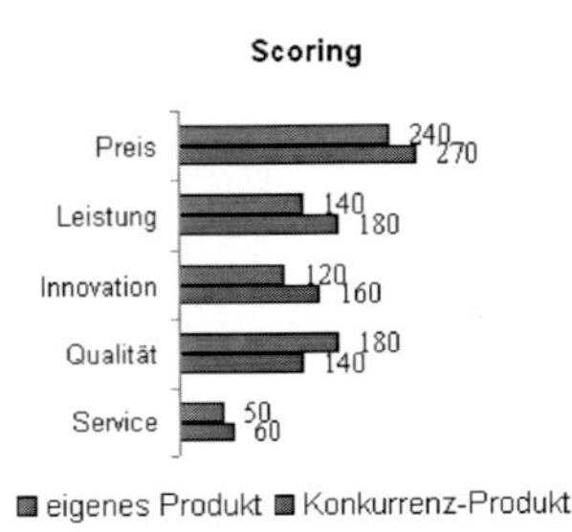

Abb. 3.18 Scoring-Analysen

Nachteile der Break-Even-Point-Analyse sind:

- Restriktive Prämissenstruktur der Modellannahme.
- Aufbereitung der Ausgangsdaten bei Mehrproduktunternehmen mit unterschiedlichen Erlös- und Deckungsbeitragsstrukturen (Regelfall) bedarf einer aufwändigen Planung.

3.7.10 Scoring- bzw. Nutzwertanalysen

Zur Ergänzung der Analyse von quantitativen Werten werden gerne Scoring- oder Nutzwertanalysen zur Beurteilung der qualitativen Werte herangezogen. Die Begriffe Scoring- und Nutzwertanalyse werden hier synonym verwendet. Für die Scoring-Analyse werden im 1. Schritt zunächst Beurteilungskriterien quantitativer und qualitativer Art erarbeitet. Sie sollten überschneidungsfrei und vollständig sein. Zudem bietet es sich an, auch Kriteriengruppen zu bilden. Die Einzelkriterien werden schließlich aufgrund unterschiedlicher Bedeutung im 2. Schritt gewichtet. Hierfür empfiehlt es sich, eine Normierung der Gesamtpunktzahl auf 100 oder 1000 vorzunehmen. Im 3. Schritt werden die zu vergleichenden Ergebnisobjekte bewertet. Im Idealfall lassen sich kardinale Bewertungen mit genauen Abgrenzungskriterien ableiten, in dem z. B. ein Kriterium wie der Preis (in einer vorab bestimmten Preisklasse) eine Bewertungsanzahl von Punkten bekommt. Aber auch nominale Bewertungen (ohne Punktwerte z. B. gut/schlecht) oder ordinale Bewertungen (mit einfachen Punktwerten für Rangklassen ohne Abstandsdefinition) finden Anwendung.

Abbildung 3.18 zeigt eine einfache Scoring-Analyse von zwei Vergleichsprodukten mit einer gewichteten Punktbewertung.

Vorteile der Scoring- bzw. Nutzwertanalyse sind:

- Einfache Bewertungsmethode, in der individuelle Benutzungskriterien zusammengestellt und Gewichtungen für die Bewertung der Kriterien vorgenommen werden können.

- Berücksichtigt gegenüber anderen Wirtschaftlichkeitsbetrachtungen auch qualitative Beurteilungskriterien und schafft somit gute Transparenz hierüber.

Nachteile der Scoring- bzw. Nutzwertanalyse sind:

- Subjektive Festlegung der Beurteilungskriterien und Gewichtungen.
- Die Messung der Beurteilungskriterien ist nicht immer möglich und erfolgt dann subjektiv.

3.8 Berichtsgestaltung

Im Rahmen der Gestaltung von Einzelberichten sind folgende Themenbereiche von besonderer Bedeutung: die Filter- bzw. Selektionskriterien, das Layout und der Auswertungsbereich, vor allem mit den hier verwendeten Tabellen, Kommentierungen, Diagrammen und anderen Visualisierungshilfen. Daneben werden grundsätzliche Hinweise und Empfehlungen zur Gestaltung von Berichten gegeben.

3.8.1 Filter- bzw. Selektionskriterien

Bei der Selektion bzw. Filterung von Berichtsinformationen muss man generell zwischen einer Vorselektion für den Bericht und einer Detailselektion im Bericht von Kennzahlen und Dimensionen unterscheiden.

Die Vorselektion ermöglicht dem Analysten den Bericht bereits mit selektiertem Datenmaterial aufzurufen, in dem z. B. nur bestimmte Dimensionsausprägungen wie eine Gesellschaft, eine Region, eine Kostenstelle etc. angesprochen werden. Wird eine Vorselektion getroffen, so lässt sich beim Aufruf des Berichtes nur das vorselektierte Datenmaterial zur Analyse bzw. Planung nutzen. Weitere Detailanalysen sind dann nur in dem vorselektierten Datenbestand möglich, also z. B. die Recherche der Umsätze und Kosten für eine vorselektierte Region.

Um die Datensicht eines vorselektierten Berichtes online wieder zu erweitern, bleibt meistens nichts anderes übrig, als aus dem Bericht wieder hinauszugehen und die Vorselektion entsprechend zu erweitern bzw. den gesamten zur Verfügung stehenden Datenbestand zu nutzen. Der Nutzen der Vorselektion besteht in der Einschränkung des zu analysierenden Datenmaterials. Eine Vorselektion und Eingrenzung des Datenmaterials erfolgt zudem auch durch die im Berechtigungsprofil des Users eingeschränkte Sicht auf den verfügbaren Datenbestand. Ein Kostenstellenleiter darf z. B. nur seine Kostenstellenergebnisse einsehen bzw. planen.

Die Detailinformationen im Einzelbericht lassen sich weiterhin durch verschiedene Instrumente selektieren, wobei im Folgenden die gängigsten Werkzeuge aufgeführt werden:

- Menüfunktionen, in dem z. B. verschiedene Dimensionen ausgewählt werden können.
- Drop-Down-Liste, z. B. für vorhandene Stammdaten z. B. Personalgruppen.
- Hierarchieauswahl aller zur Verfügung stehender Stammdaten nach gepflegter Hierarchie (z. B. Kostenstellenhierarchie).
- Radiobutton bzw. Kästchen, die für auszuwählende Dimensionen bzw. Stammdaten (z. B. die Regionen Nord, West, Ost, Süd) angekreuzt werden können.
- Selektion über Boolesche Operatoren wie „und" (Konjunktion), „oder" (Disjunktion), „nicht" (Negation) und „XOR" (ausschließendes entweder oder).
- Gesetzte Lesezeichen (Bookmarks) für bereits analysierte Berichte oder Inhalte.

Eine weitere Form der Datenaufbereitung stellt die **Sortierung** dar, in der auf- bzw. absteigend, die betrachteten Kennzahlenwerte im Bericht angezeigt werden. Hierdurch kann die Analyse auf die wichtigsten (z. B. größten und kleinsten) Werte gelenkt werden.

3.8.2 Layout

3.8.2.1 Generelle Gestaltungshinweise zum Layout

Folgende grundsätzlichen Gestaltungshinweise und -empfehlungen sind beim Layout des Managementreporting zu beachten (siehe folgende Auflistung).[28]

Kriterium	Gestaltungshinweise/-empfehlungen
Schriftgröße	Verwendung von max. 3 Schriftgrößen pro Bericht
Schriftart	Verwendung einer einheitlichen Schriftart. Zu bedenken ist, dass seltene nicht gängige Schriftarten nicht auf jedem Rechner verfügbar sind und in diesem Fall die Schriftart durch eine ähnliche ersetzt wird. Deshalb sind Standardschriftarten hier vorteilhaft.
Strichstärken	Verwendung von max. 3 Strichstärken pro Bericht
Farben/ Muster/ Schraffierungen	Farben, Muster und Schraffierungen sollten sparsam (z. B. 3–5 verschiedene) eingesetzt werden, ansonsten wird das gewünschte Hervorheben nicht mehr visuell wahrgenommen. Verwenden Sie für gleichartige Sachzusammenhänge immer die gleiche Hervorhebung, z. B. Istwerte und Planwerte immer in der gleichen Farbe. Die verwendeten Farben, Muster und Schraffierungen sollten sich gut voneinander unterscheiden, damit eine Abgrenzung leicht ersichtlich ist.
Freiräume	Es sollten ausreichende Freiräume und Abstände zwischen den Layoutelementen wie Tabellen, Grafiken etc. gelassen werden.
Fokus/Kerninformationen	Im Fokus soll der Inhalt der Berichte und nicht bestimmte Spezialeffekte, wie z. B. 3D-oder Flash-Effekte, stehen. Kerninformationen sind optisch hervorzuheben. Unwichtige Elemente und Informationen sind im Bericht zu vermeiden.

[28] Vgl. zu Gestaltungstipps u. a. Frontline-Consulting (2011) und Hichert (2008, S. 1–17).

Kriterium	Gestaltungshinweise/-empfehlungen
Überschriften	Treffende Berichtstitel sollten die Kernaussage des Berichtes widerspiegeln. Teile des Berichtes (Tabellen, Diagramme etc.) erhalten ebenfalls treffende Überschriften.
Hervorhebungen	Wichtiges sollte hervorgehoben werden (z. B. durch Umrahmungen, fette Schriftarten etc.). Sie sollten, wie die Farben und Muster, sparsam eingesetzt werden, damit sie visuell wahrgenommen werden. Unterstreichungen sollten aufgrund der Nutzung für Links vorbehalten sein. Marginalien am Seitenrand helfen stichpunktartig wichtige Informationen hervorzuheben bzw. Kommentare zuzuordnen.
Textergänzungen/Stichpunkte	Ergänzende wichtige Textinformationen (z. B. Kommentare) sollten mit wenigen Schlüsselwörtern in Stichpunkten zusammengefasst werden. Nur in Ausnahmefällen sind ausformulierte Texte zu ergänzen.
Gliederung	Bestehen Berichte aus mehreren Berichtsseiten ist eine Gliederung zu Beginn des Berichtes sinnvoll.
Visuelle Elemente	Durch den Einsatz oder die Ergänzung um visuelle Elemente wie Diagramme lassen sich Kerninhalte besser veranschaulichen.
Aufteilung	Der Bericht ist in sinnvolle Berichtsabschnitte zu unterteilen, die idealerweise einen gleichartigen Aufbau besitzen. So kann der Betrachter schneller die Informationen finden und aufnehmen, z. B. im rechten Teil des Berichts sind immer die Kommentare.
Einheitliche Notation und Legenden	Einheitliche Notation und Legenden bezüglich verwendeter Symbole und Zeiträume, z. B. für die Abkürzung für Tag, Stunde und Jahr DDHHJJJJ oder die Verwendung von einheitlichen Währungskennzeichen, wie z. B. T€ für Tausend Euro. Wichtige Dimensionen wie Produktgruppen, Datenarten (wie Plan-, Forecast-, Ist-Daten) sollten ebenfalls eine einheitliche Notation bekommen.
Einheitliche Wert- und Mengendarstellung	Wert- und Mengendarstellungen sollten einheitlich z. B. hinsichtlich der Dezimaldarstellung sein.

3.8.2.2 Grundraster

Das Grundraster eines Berichts hat verschiedene Elemente und Bereiche, die anhand der Abb. 3.19 verdeutlicht werden.

Navigationsmenü

Das Navigationsmenü hilft dem Anwender im Berichtswesen zu navigieren (vgl. hierzu Abschn. 3.3), um einzelne Berichte oder aber auch Detailinformationen schneller anzusteuern. Alternativ zum Navigationsmenü ist auch die Verknüpfung von Objekten unterschiedlicher Berichte über sogenannte **Links**. Wird ein solches verlinktes Objekt angeklickt, gelangt der Betrachter zum verknüpften Bericht.

Navigationsmenü	
generelle Berichtsinformationen	CI
Selektionskriterien	Funktionen
Auswertungsbereich Tabellen/Grafiken Kommentare	Auswertungsbereich Tabellen/Grafiken Kommentare
Auswertungsbereich Tabellen/Grafiken Kommentare	Auswertungsbereich Tabellen/Grafiken Kommentare

Abb. 3.19 Exemplarisches Grundraster eines Berichtes

Generelle Berichtsinformationen

Zu den generellen Berichtsinformationen zählen folgende Elemente des Berichtes:

- der Titel (Überschrift)
- der Verfasser
- der Empfänger
- der Erstellungszeitpunkt, (Tag, Uhrzeit, ggf. Ladezeit/-status der Daten)
- der Berichtszeitraum (z. B. Quartal 1)
- das/die zentralen Berichtsobjekt(e) (z. B. Kostenstelle(n))

Weiterhin können folgende Berichtsbestandteile zu den generellen Informationen zählen:

- Berichtsdeckblatt (bei zentralen Druckern von Vorteil, um seinen Bericht aufzufinden)
- Inhaltsverzeichnis/Gliederung des Berichtes bei umfangreichen mehrseitigen Berichtszusammenstellungen (häufig im Druckberichtswesen)
- Berichtsseitenkopf/-fuß-Informationen: Seitenzahl, Datum, Verfasser, Titel/Überschrift, Zeit, Firmenlogo etc.
- Berichtsseitenrandinformationen: Marginalien, Kurzkommentare etc.

Corporate Identity

Mit der Corporate Identity strebt ein Unternehmen eine unverwechselbare Identität und hohe Wiedererkennung an. Im Reporting sind dies Stilelemente, wie die Verwendung von einem **Logo**, oder einem **Firmenslogan** auf den Berichtsseiten. Hierzu gehört auch die Verwendung eines einheitlichen Berichtsdesigns, also die komplette Gestaltung, angefangen bei der Schriftart, über die Verwendung von Farben, bis hin zur kompletten Gestaltung des Seitenlayout.

Tabelle	Grafik
	Kommentare

Tabelle	Grafik
Kommentare	Grafik

Grafik	Grafik
Tabelle	Kommentare

Grafik	Grafik
Tabelle	

Abb. 3.20 Exemplarische Aufteilungsmöglichkeiten des Auswertungsbereiches

Selektionskriterien
Häufig basieren die Berichte auf einem umfangreicheren Datenmaterial, so dass der Berichtsempfänger die Möglichkeit hat die Daten auf bestimmte Dateninhalte einzuschränken. Zu unterscheiden ist eine Vorselektion vor dem Berichtsaufbau und eine Selektion im Bericht selber (vgl. Abschn. 3.8.1).

Funktionen
Im Bericht können Funktionen eingebaut werden, die eine Aktion ausführen. Die kommt häufig bei Planungsformularen vor, in dem z. B. Planwerte verteilt, hochgerechnet oder gesichert werden. Für das Reporting sind aber auch Aktionen wie Drucken und Versenden oder die Eingabe von Kommentaren und Anhängen möglich.

Auswertungsbereich
Der Auswertungsbereich stellt den größten Teil des Berichts dar und enthält die Kerninformationen. Wichtige Elemente des Auswertungsbereiches sind Tabellen, Diagramme und Kommentierungen, zu denen z. B. Statusinformationen und geplante Maßnahmen zählen. Aufgrund der besseren visuellen Aufbereitung von Informationen werden Tabellen-, Text- und Grafikinformationen auch kombiniert dargestellt, so dass es sich anbietet den Auswertungsbereich in sinnvolle Abschnitte aufzuteilen. Aufgrund des Querformats der Bildschirmauflösung bieten sich verschiedene Raster an, wie z. B. die Aufteilung in vier Quadranten (Abb. 3.20).

Hierbei sind verschiedene Kombinationen denkbar.[29] Ein Beispiel für einen übersichtlichen Bericht mit Navigationsmenü, generellen Berichtsinformationen, Selektionskriterien, Funktionen, Auswertungsbereichen mit Tabelle, Grafik und Kommentaren zeigt Abb. 3.21.

Da Tabellen häufig nach unten oder zur Seite viele Zeilen- bzw. Spalteneinträge haben, ist eine Verbindung von zwei Quadranten sinnvoll, wobei bei größeren Tabellen zudem die Nutzung einer **Laufleiste** (**Scrollleiste**) genutzt werden kann. Bei längeren Tabellen, die nur über die Scrollfunktion komplett gesichtet werden können, bietet es sich an, nicht nur die Attributüberschriften, sondern auch die Summenbildung zu Beginn der Tabelle (also oben oder links) aufzuführen. Abbildung 3.22 zeigt z. B. im rechten Teil eine Tabelle, in der die Auslastung und der Umsatz vieler Bereiche und Blöcke eines Stadions gezeigt werden.

[29] Vgl. z. B. das Controller's Soll-Ist-Formular mit Erwartungsrechnung – Formular „4 Fenster" von Deyle (2001, S. 31).

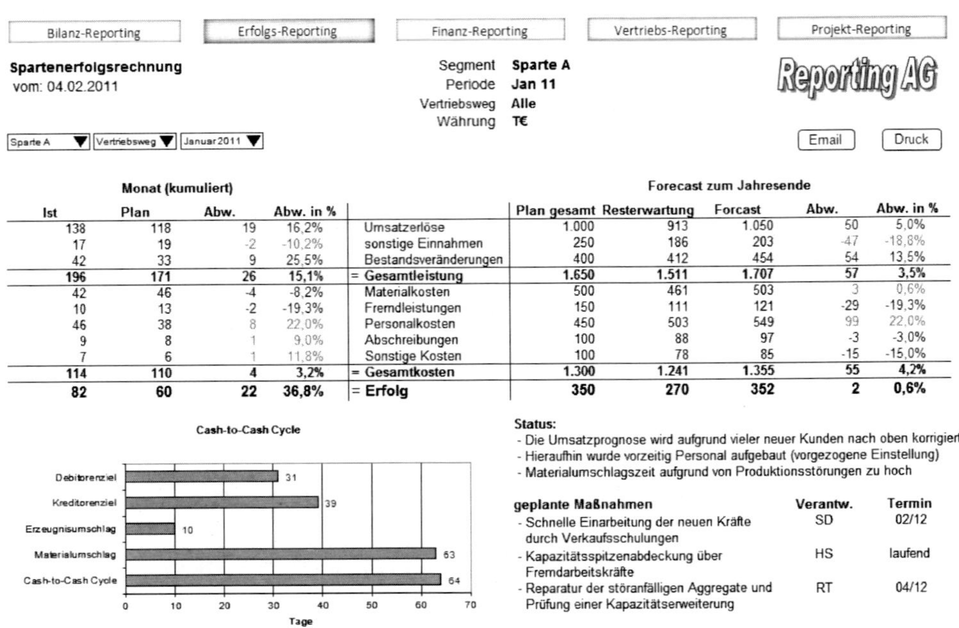

Ist	Plan	Abw.	Abw. in %		Plan gesamt	Resterwartung	Forcast	Abw.	Abw. in %
Monat (kumuliert)					Forecast zum Jahresende				
138	118	19	16,2%	Umsatzerlöse	1.000	913	1.050	50	5,0%
17	19	-2	-10,2%	sonstige Einnahmen	250	186	203	-47	-18,8%
42	33	9	25,5%	Bestandsveränderungen	400	412	454	54	13,5%
196	**171**	**26**	**15,1%**	**= Gesamtleistung**	**1.650**	**1.511**	**1.707**	**57**	**3,5%**
42	46	-4	-8,2%	Materialkosten	500	461	503	3	0,6%
10	13	-2	-19,3%	Fremdleistungen	150	111	121	-29	-19,3%
46	38	8	22,0%	Personalkosten	450	503	549	99	22,0%
9	8	1	9,0%	Abschreibungen	100	88	97	-3	-3,0%
7	6	1	11,8%	Sonstige Kosten	100	78	85	-15	-15,0%
114	**110**	**4**	**3,2%**	**= Gesamtkosten**	**1.300**	**1.241**	**1.355**	**55**	**4,2%**
82	**60**	**22**	**36,8%**	**= Erfolg**	**350**	**270**	**352**	**2**	**0,6%**

Status:
- Die Umsatzprognose wird aufgrund vieler neuer Kunden nach oben korrigiert
- Hieraufhin wurde vorzeitig Personal aufgebaut (vorgezogene Einstellung)
- Materialumschlagszeit aufgrund von Produktionsstörungen zu hoch

geplante Maßnahmen	Verantw.	Termin
- Schnelle Einarbeitung der neuen Kräfte durch Verkaufsschulungen	SD	02/12
- Kapazitätsspitzenabdeckung über Fremdarbeitskräfte	HS	laufend
- Reparatur der störanfälligen Aggregate und Prüfung einer Kapazitätserweiterung	RT	04/12

Abb. 3.21 Exemplarischer Bericht in Anlehnung an das Grundraster

Die Summen werden dabei nach oben hin aggregiert. Währenddessen sich Kosten, Mengen, Erlöse und andere Werte einfach kumulieren lassen, müssen ggf. andere Kennzahlen wie Preise, Auslastungen etc. im Durchschnitt für den betrachteten Verdichtungsbereich ermittelt werden. Im linken Teil wird die Auswertung durch das Geo-Reporting unterstützt, in der die Auslastung der einzelnen Stadionbereiche und -blöcke in einer Grafik von grün nach rot farblich nach Auslastungshöhe differenziert wird (vgl. hierzu die Geo-Visualisierung im Abschn. 3.8.2.4).

Je nach Berichtsinhalt sollte man einen geeigneten Berichtsaufbau wählen. Ähnliche Berichte sollten gleichartig aufgebaut sein, damit eine schnelle Wiedererkennung und Analyse möglich ist.

3.8.2.3 Tabellen

Wie bereits im Abschn. 3.7 Berichtsgrundformen gezeigt wurde, stellen Tabellen die am häufigsten verwendete Form für die Darstellung von Managementinformationen dar. Unterschieden werden hierbei flache Tabellen, Kreuztabellen und Pivot-Tabellen.

Flache Tabellen

Flache Tabellen stellen die einfachste Form einer Tabelle dar (vgl. Tab. 3.7). Im Sinne von relationalen Datenbanken bestehen sie aus der Relation von Attributen (Spalten) und Tupel (Zeilen). Attribute stehen für die Eigenschaften bzw. Namen von Feldern und die Tupel für einen Datensatz mit den Dateninhalten für die Felder. Natürlich kann die Tabelle auch

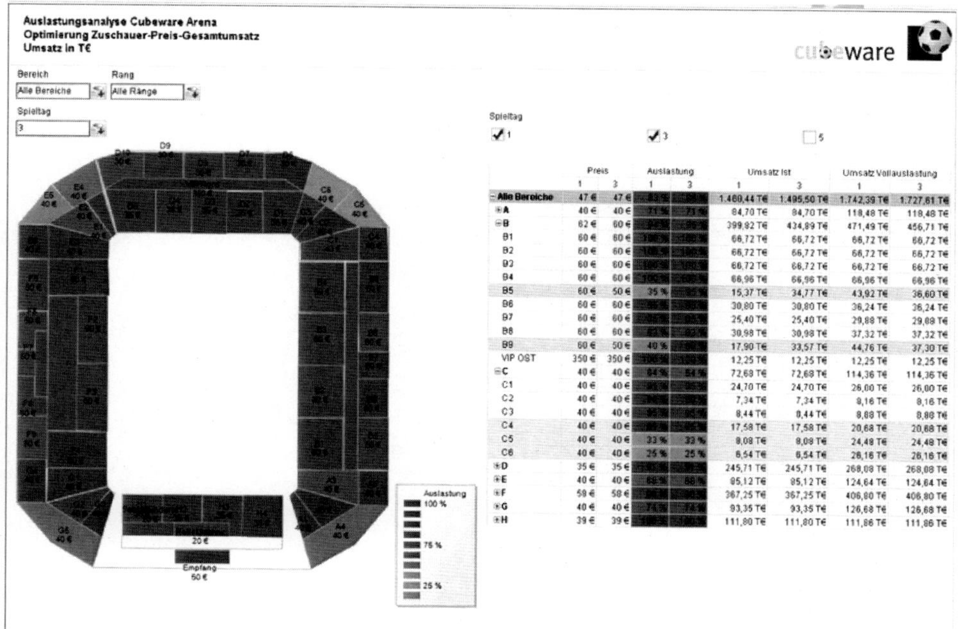

Abb. 3.22 Tabelle mit einer oben dargestellten Summe[30]

Tab. 3.7 Flache Tabelle

Auftragsnummer	Artikelnummer	Menge	Preis	Umsatz
10001	20101	2	10	20
10001	20201	1	20	20
10002	20101	3	10	30
10002	20201	4	20	80
10002	20203	1	15	15

gekippt dargestellt werden, in diesem Fall sind die Attribute in den Zeilen und die Tupel in den Spalten darzustellen. Bei den Feldern unterscheidet man Merkmale (Stammdaten) und Kennzahlen (Bewegungsdaten) mit den jeweiligen Attributsausprägungen (z. B. Nr., Bezeichnung und weiterer zugeordneter Eigenschaften).

Kreuztabellen

Die Kreuztabellen stehen für Tabellen, die eine Kombination von Dateninhalten von mindestens zwei oder mehreren Merkmalsausprägungen enthalten. Eine einfache Kreuztabelle,

[30] Quelle: Cubeware Bildergalerie (2011).

Tab. 3.8 Einfache Kreuztabelle

Absatz	Produkt 1	Produkt 2	Produkt 3	Produkt 4	Summe
Kunde 1	200	100	100	0	**400**
Kunde 2	100	50	200	100	**450**
Kunde 3	50	100	50	0	**200**
Kunde 4	100	300	100	50	**550**
Summe	**450**	**550**	**450**	**150**	**1600**

Tab. 3.9 Erweiterte Kreuztabelle

Absatz	Produktgruppe A		Produktgruppe B		
	Produkt 1	**Produkt 2**	**Produkt 3**	**Produkt 4**	**Summe**
Kunde 1	200	100	100	0	**400**
Kunde 2	100	50	200	100	**450**
Kunde 3	50	100	50	0	**200**
Kunde 4	100	300	100	50	**550**
Zw.-Summe	**450**	**550**	**450**	**150**	**1600**
Summe	**1000**		**600**		**1600**

wie in Tab. 3.8 dargestellt, zeigt die Werte für die Kennzahl „Absatzmenge" für die Merkmalsausprägung „Kunde" und „Produkt".

Eine oder weitere Merkmalsdimensionen oder auch weitere Kennzahlen lassen sich durch weitere Unterteilungen in den Spalten oder Zeilen vornehmen, wie die Tab. 3.9 anhand der Produktgruppe zeigt. Werden weitere Merkmalsdimensionen eingefügt, erkennt man leicht die Grenzen der Kreuztabelle, die durch weitere Verschachtelungen immer untransparenter wird.

Pivottabellen

Die Pivottabelle gibt dem Anwender die Möglichkeit Merkmalsdimensionen flexibel auszuwerten, in dem wahlweise Merkmalsdimensionen und Kennzahlen hinzugenommen oder weggenommen und ausgewertet werden können, ohne die Ausgangsdaten einer beliebigen Quelle (z. B. flache Tabelle, Tabellen externer relationaler Datenbankanwendungen) zu verändern. Die Pivottabelle stellt dabei eine Verdichtung der Datenfelder der Ausgangsdaten, bezogen auf die ausgewählten Merkmalsdimensionen und Kennzahlen, dar. Vorteilhaft ist, dass somit größere Datenmengen in Auswertungen auf überschaubare Merkmalsdimensionen reduziert werden können.

In der exemplarischen Pivottabelle (hier mit MS Excel dargestellt) werden die Ausgangsdaten auf den Umsatz verschiedener Materialgruppen und Verkaufsorganisationen verdichtet (vgl. Abb. 3.23). Weitere Dimensionen wie der Distributionsweg, die Zeitdimen-

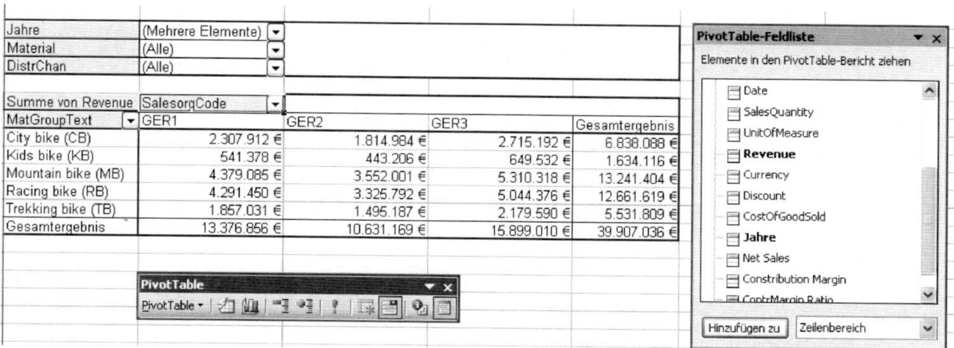

Jahre	(Mehrere Elemente)			
Material	(Alle)			
DistrChan	(Alle)			

Summe von Revenue	SalesorgCode			
MatGroupText	GER1	GER2	GER3	Gesamtergebnis
City bike (CB)	2.307.912 €	1.814.984 €	2.715.192 €	6.838.088 €
Kids bike (KB)	541.378 €	443.206 €	649.532 €	1.634.116 €
Mountain bike (MB)	4.379.085 €	3.552.001 €	5.310.318 €	13.241.404 €
Racing bike (RB)	4.291.450 €	3.325.792 €	5.044.376 €	12.661.619 €
Trekking bike (TB)	1.857.031 €	1.495.187 €	2.179.590 €	5.531.809 €
Gesamtergebnis	13.376.856 €	10.631.169 €	15.899.010 €	39.907.036 €

Abb. 3.23 Pivottabelle (MS Excel)

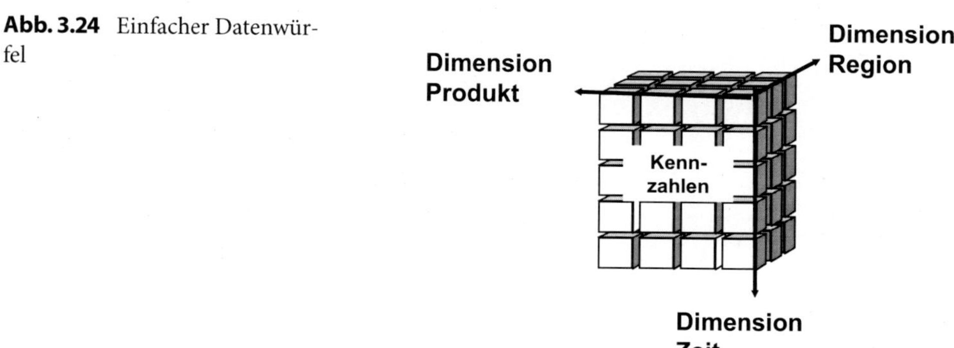

Abb. 3.24 Einfacher Datenwürfel

sion, die Materialien und auch weitere Kennzahlen, wie der Nettoumsatz oder Rabatte, können flexibel ausgewertet werden.

Aufgrund der Auswertung zahlreicher Merkmalsdimensionen wird die Pivottabelle auch als multidimensionale Auswertung bezeichnet. Damit sind die Auswertungsmöglichkeiten ähnlich zu denen, die bei multidimensionalen Datenwürfeln (Cubes), vorgestellt werden, die auf der Technologie von OLAP (On-Line Analytical Processing) basieren (vgl. Abschn. 5.5.4). Bei den OLAP-Cubes handelt es sich um die Datenhaltung, bei Pivot-Tabellen um die Auswertungsfunktion auf bestehenden Ausgangsdatenquellen, die beispielsweise multidimensional (OLAP-Cube) aber auch relational sein können.

Die wichtigsten Grundoperationen (Rotation bzw. Pivoting, Slice und Dice, Drill-Down und Roll-Up, Drill-Through und Drill-Across sowie Split und Merge) einer multidimensionalen Pivot-Tabelle sollen im Folgenden anhand eines einfachen Datenwürfel (vgl. Abb. 3.24) mit drei Dimensionen (Produkt, Zeit, Region) und Kennzahlen (wie z. B. Umsatz, Menge, Deckungsbeitrag) vorgestellt werden.[31]

[31] Vgl. auch Voß und Gutenschwager (2001, S. 269 ff.).

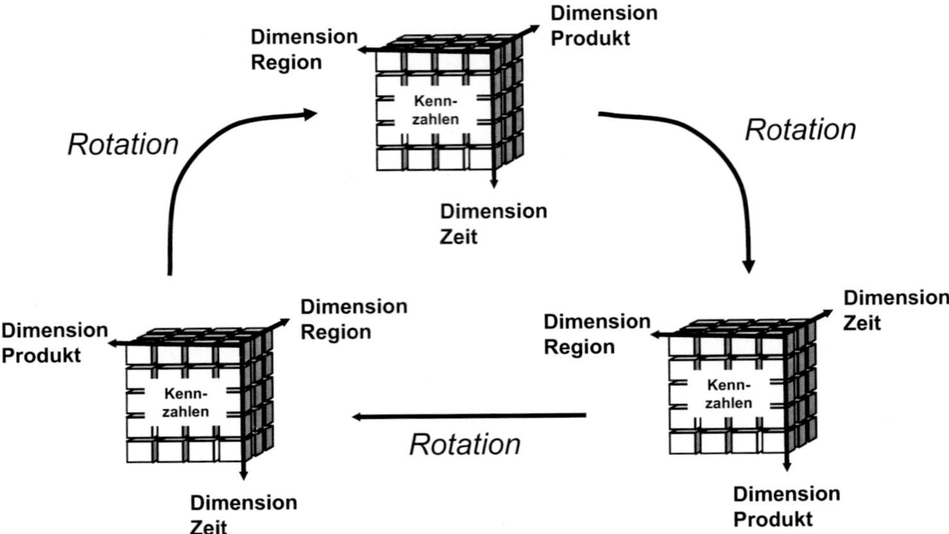

Abb. 3.25 Rotation bzw. Pivoting

Rotation bzw. Pivoting

Aufgrund der Beschränktheit visuell nur einen zweidimensionalen Ausschnitt aus einem multidimensionalen Datenwürfel für eine betriebswirtschaftliche Analyse analysieren zu können, ist die Sicht des Analysten in der Darstellung die Frontsicht, also die Analyse der Produktumsätze nach der Zeit z. B. nach Jahren.

Rotation bzw. Pivoting bedeutet nun, den Würfel um die eigene Achse zu drehen, um so andere Kombinationen von Dimensionen sichtbar zu machen, z. B. die Produktumsätze in den Regionen oder die Jahresumsätze der Regionen (vgl. Abb. 3.25).[32]

Slice und Dice

Um Daten bedarfsgerecht filtern zu können, gibt es die zwei Operationen Slice und Dice.[33] Beim Slice wird dem multidimensionalen Cube eine Scheibe entnommen. Praktisch wird dies erreicht, indem man eine Dimension auf einen Wert beschränkt. So hat der Regionalleiter z. B. die Möglichkeit alle Produktumsätze nur seiner Region zu betrachten (vgl. Abb. 3.26).

Beim Dice wird ein Teilwürfel aus dem Cube herausgeschnitten (vgl. Abb. 3.27). Dabei werden mehrere Dimensionen jeweils durch eine Menge von Dimensionselementen eingeschränkt. Man erhält so einen neuen Würfel, den man entweder extrahieren oder weiterverarbeiten kann.

[32] Vgl. Schmidt-Volkmar (2008, S. 23 f.) und Kemper (2010, S. 96).

[33] Vgl. Oehler (2006, S. 27).

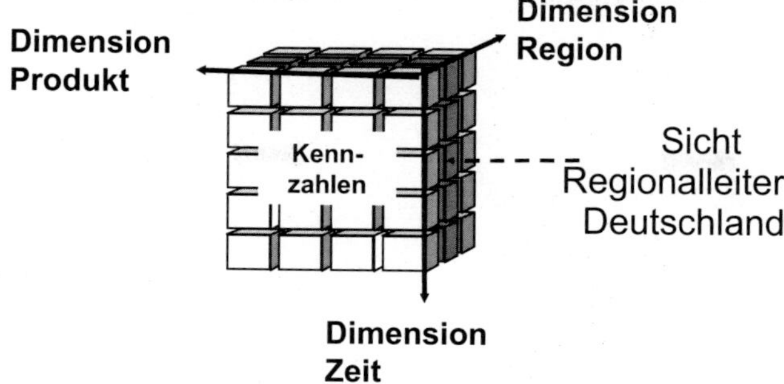

Abb. 3.26 Slice

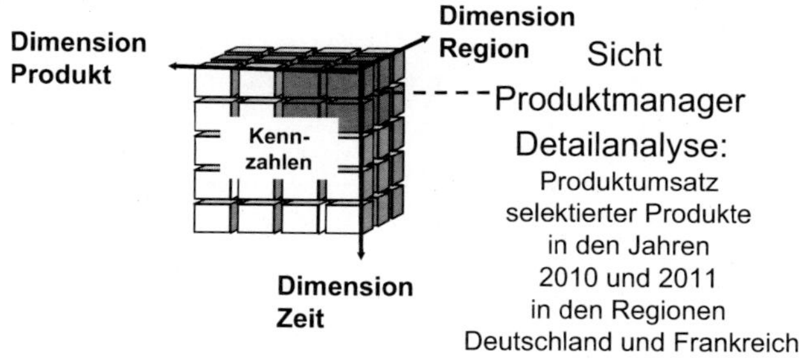

Abb. 3.27 Dice

Roll-Up und Drill-Down

Mit Hilfe der Operationen Roll-Up und Drill-Down kann man innerhalb der vorhandenen Dimensionshierarchien navigieren.[34] Durch Roll-Up werden Kennzahlenwerte weiter aggregiert bzw. verdichtet, wodurch sich aber der Detaillierungsgrad entlang der Dimensionshierarchie verringert. Demgegenüber erhält man durch die Operation Drill-down eine detailliertere Sichtweise auf die Kennzahlenwerte. Abbildung 3.28 stellt diesen Vorgang bildlich anhand der Zeit- (hier Monate zum Quartal 1) und Produkthierarchie (Summe und Einzelprodukte) dar.

Drill-Through und Drill-Across

Mit den Operationen Drill-Through und Drill-Across ist eine Navigation über den originalen Cube hinaus möglich.[35] Erreicht man mit einer Drill-Down Operation die höchste Detaillierungsstufe, ist eigentlich keine weitere Verfeinerung möglich. Doch durch ein Drill-Through wechselt man auf eine weitere, meist die originäre physikalische Datenquelle und bekommt so Zugang zu weiteren, detaillierteren Daten. Der Wechsel findet im Hinter-

[34] Vgl. Kemper et al. (2010, S. 96f).
[35] Vgl. Kemper et al. (2010, S. 97).

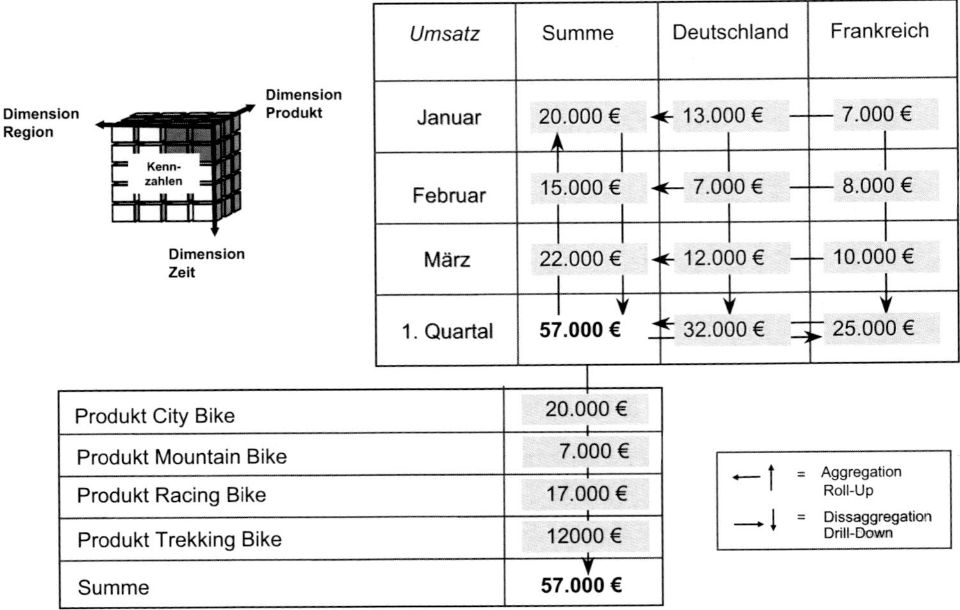

Abb. 3.28 Drill-Down und Roll-Up

grund statt und wirkt sich so nicht auf die Benutzeroberfläche des Anwenders aus. Anders ausgedrückt ermöglicht der Drill-Through eine erweiterte vertikale Recherche. Im Beispiel der Abb. 3.29 werden die Buchungsbelege zu den Umsätzen aus der Finanzbuchhaltung zu den Umsätzen zum Produkt Mountain Bike gelesen.

Im Gegensatz dazu erweitert die Drill-Across-Operation die horizontalen Recherchemöglichkeiten, indem sie den Wechsel zwischen multidimensionalen Würfeln ermöglicht (vgl. Abb. 3.30). Beispielsweise könnten in einem Unternehmen zwei Data Marts (kleinere Datenwürfel) für die Bereiche Produktmanagement und Vertrieb existieren, die beide die Dimension Produkt verwenden. Durch die Operation Drill-Across könnte so das Produktmanagement auf die Daten des Vertriebes zugreifen, um diese zu analysieren.

Split und Merge

Mit Hilfe der Split Operation ist ein Aufriss eines Wertes nach Elementen einer weiteren Dimension und somit eine weitere Detaillierung eines Wertes möglich. Demgegenüber kann man mit der Merge-Operation die zusätzliche Dimension wieder entfernen, wodurch der Detaillierungsgrad wieder abnimmt.[36]

So kann beispielsweise der Umsatz einer Filiale für eine bestimmte Menge von Produkten angezeigt oder wieder ausgeblendet werden. Im Gegensatz zum Drill-Across ist die Dimension bereits im multidimensionalen Datenwürfel enthalten (vgl. Abb. 3.31).

[36] Vgl. Oehler (2006, S. 27).

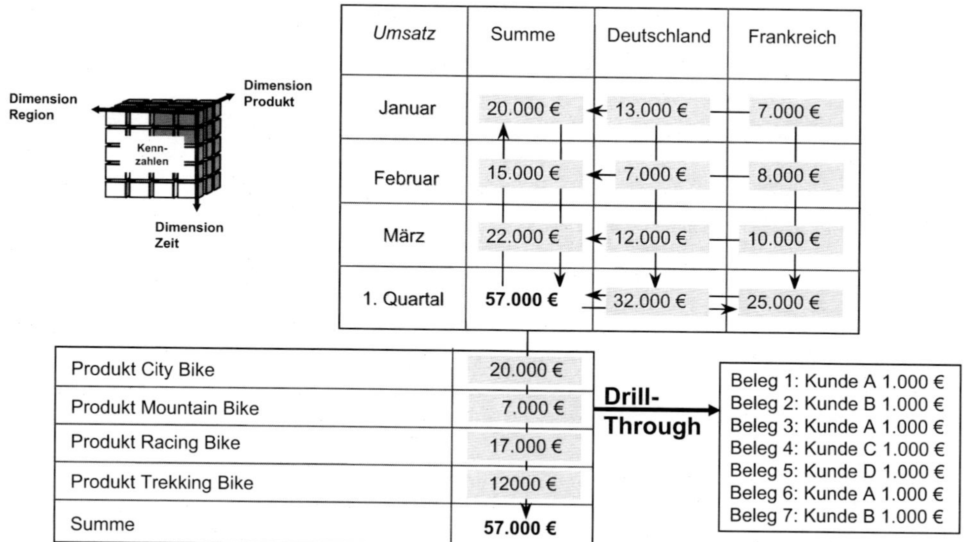

Abb. 3.29 Drill-Through

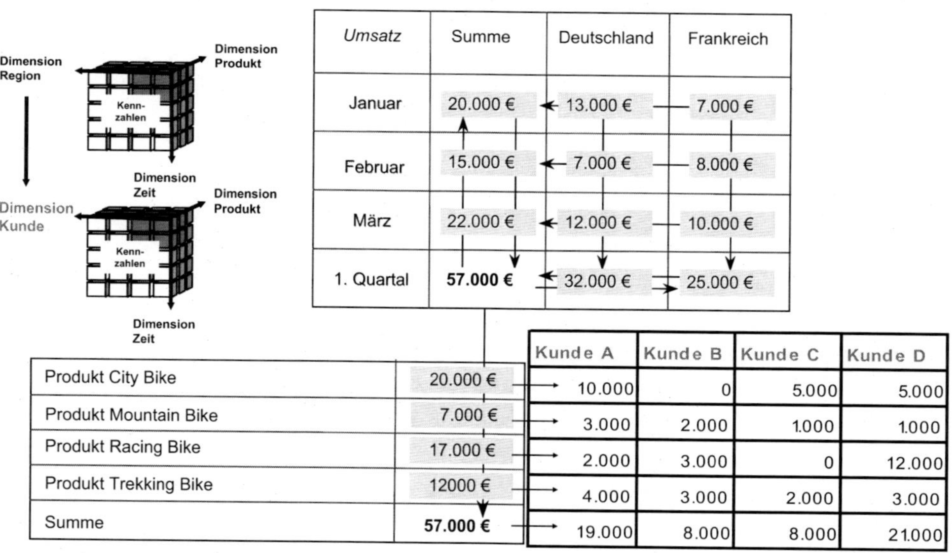

Abb. 3.30 Drill-Across

3.8.2.4 Diagramme und andere Visualisierungshilfen

Die Visualisierung von betriebswirtschaftlichen Management-Informationen mit Hilfe von Diagrammen und anderen grafischen Darstellungshilfen sind für die Analysen oft anschaulicher als Wertetabellen und Datenlisten und vermitteln einen schnelleren Überblick über

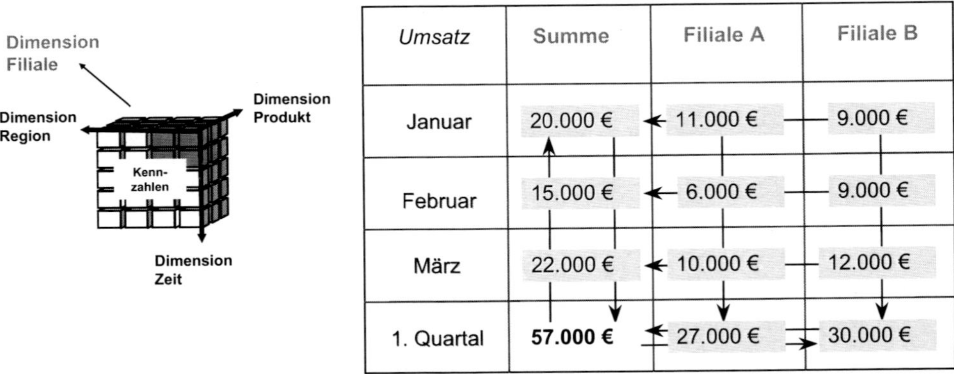

Umsatz	Summe	Filiale A	Filiale B
Januar	20.000 €	11.000 €	9.000 €
Februar	15.000 €	6.000 €	9.000 €
März	22.000 €	10.000 €	12.000 €
1. Quartal	**57.000 €**	27.000 €	30.000 €

Abb. 3.31 Split und Merge

die bedeutsamen Informationen für wichtige Management-Erkenntnisse. Grundsätzlich gelten für die visuelle Darstellung folgende Regeln:[37]

1. Konsequente Erläuterung der Inhalte von Diagrammen mit Überschriften, Achsenbezeichnung und Legenden. Allerdings sollten die Erläuterungen das Diagramm nicht überfrachten. Wiederholungen, wie z. B. die Werteart € in der Überschrift, Achsenbezeichnung oder Legende, sollten vermieden werden.
2. Nichts weglassen oder verfremden: Auch extreme Werte sollten gezeigt werden, um die Glaubwürdigkeit der Darstellung zu untermauern. Verzerrungen und andere Verfremdungen sollten nicht die Transparenz der Darstellung in Frage stellen.
3. Anzeigen von Vergleichen: Vergleiche helfen bei der Einordnung des Sachverhaltes. Viele Vergleichsmöglichkeiten bringen Transparenz. Können viele gleichartige Objekte miteinander verglichen werden, sollten diese nicht auf verschiedenen Seiten, sondern durchaus auch bei kleinerer Auflösung möglichst auf einer Seite dargestellt werden, um den direkten visuellen Vergleich zu nutzen.
4. Anzeigen von Ursachen: Diagramme sollten Zusammenhänge und Erklärungen für den Betrachter bringen.
5. Integration von Kommentaren und Botschaften: Eingefügte Kommentare und Botschaften sollten Erläuterungen, Handlungsempfehlungen und Maßnahmen direkt im Zusammenhang mit der Grafik ansprechen.

Im Folgenden sollen die wichtigsten Typen von Diagrammen und anderen Visualisierungshilfen vorgestellt werden, die im Management-Reporting Anwendung finden. Hierbei können i. d. R. alle betrachteten Objekte nach unterschiedlichen Dimensionen, Attributen und Werten analysiert werden.

[37] Vgl. Hichert (2011, S. 1–29) und Hichert (2008, S. 1–17).

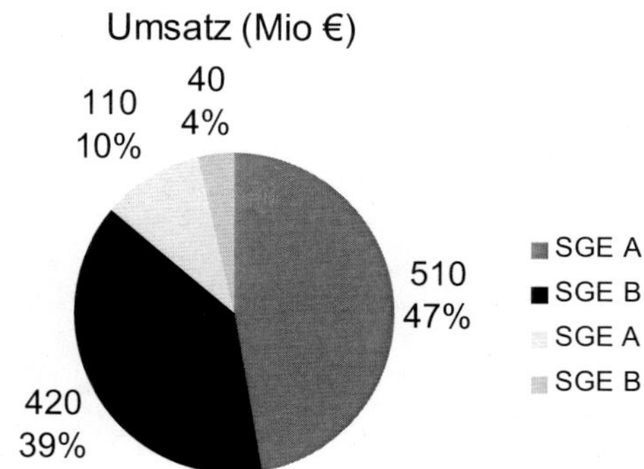

Abb. 3.32 Kreis- bzw. Kuchendiagramme

Kreis- bzw. Kuchendiagramme

Kreis- oder Kuchendiagramme zeigen Teilmengen einer Gesamtmenge in Form von Kreissektoren (vgl. Abb. 3.32). Je größer dabei die Teilmenge eines betrachteten Objektes ist, desto größer ist der Anteil des Kreissektors an der Gesamtmenge (100 % entsprechen 360° des Vollkreises). Mit Hilfe von Legenden und Kommentaren an den Kreissektoren lassen sich die Objektbezeichnungen und Anteilsangaben zur besseren Veranschaulichung ergänzen. Auch die Verwendung von Farben, Mustern oder Schraffierungen sollte angemessen erfolgen (vgl. Abschn. 3.8.2.1).

Kreis- oder Kuchendiagramme bieten sich für das Managementreporting nur dann an, wenn die Anzahl der betrachteten Objekte nicht zu groß ist. Steigt die Anzahl der Objekte schon über 10 wird die Anzahl der Kreissektoren unübersichtlich für den Analysten. Die Legenden werden dann häufig zu klein in der Schriftgröße, so dass die Transparenz verloren geht.

In diesem Fall sollten Objekte mit einem kleineren Anteil in einer Gruppe zusammengefasst werden, wenn dies die Analyse nicht beeinträchtigt. Ansonsten ist auf eine andere Diagrammform, z. B. die Säulen- oder Balkendiagramme auszuweichen.

Für Vergleiche bieten sich Kreisdiagramme i. d. R. nicht an, da die Veränderungen und Abweichungen nur schlecht zu erkennen sind.

Werden mehrere Kreisdiagramme parallel wie z. B. in einem Portfolio gezeigt, so kann die Flächengröße zudem für die Darstellung des Volumens eines ausgewählten Wertes dienen. Hier kann z. B. der Umsatz eines Landes von mehreren SGE abgebildet und mit anderen Ländern verglichen werden.

Säulen- und Balkendiagramme

Säulendiagramme stellen die betrachteten Objekte mit Hilfe von senkrecht ausgerichteten Linien, Rechteckflächen bzw. anderen animierten Flächentypen (z. B. 3D-Säulen) dar, die mehr oder weniger breit auf einer waagerechten Achse stehen (vgl. Abb. 3.33).

Balkendiagramme sind um 90° gekippte Säulendiagramme, bei denen die Linien, Rechteckflächen bzw. Säulen auf der senkrechten Achse liegen (vgl. Abb. 3.34).

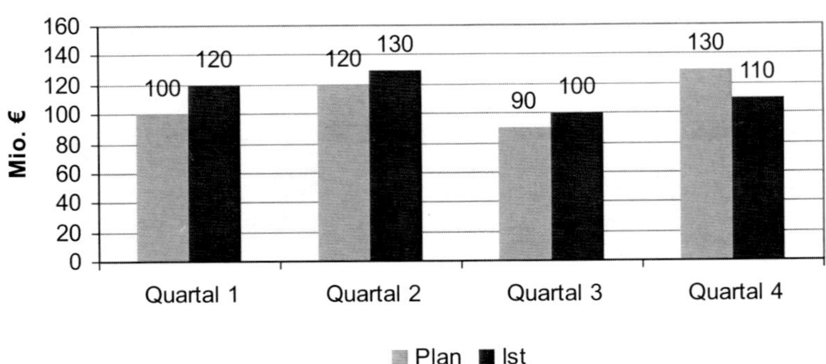

Abb. 3.33 Säulendiagramm

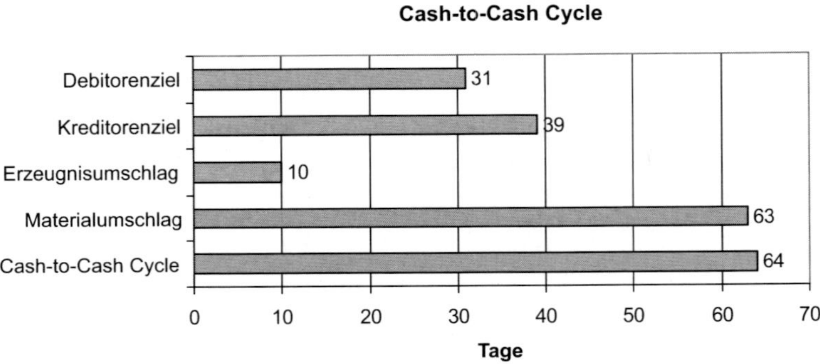

Abb. 3.34 Balkendiagramm

Die Breite der Flächen muss dabei identisch sein um keine Täuschung bei der Betrachtung zu erzeugen, da ansonsten die Flächen und nicht die Höhe die Wahrnehmung dominiert.

Wie auch bei Liniendiagrammen liegt den Säulen- und Balkendiagrammen ein rechtwinkliges Koordinatensystem zugrunde. Die Koordinatenachsen unterteilen die potenzielle Diagrammfläche in vier Quadranten. Hierbei wird der positive rechte obere Quadrant am häufigsten verwendet. Werden neben den positiven auch negative Werte gezeigt, so sind auch weitere Quadranten anzuzeigen. Durch die Höhen bzw. Längen der Linien bzw. Flächen werden unterschiedliche Größenverhältnisse der Werte der betrachteten Objekte veranschaulicht.

Vergleiche lassen sich mit Säulen- und Balkendiagrammen gut darstellen, da sich die Differenz der Vergleichsobjekte über die unterschiedliche Säulen- bzw. Balkenhöhe gut abschätzen lässt oder durch eine zusätzliche Säule bzw. Balken dargestellt werden kann.

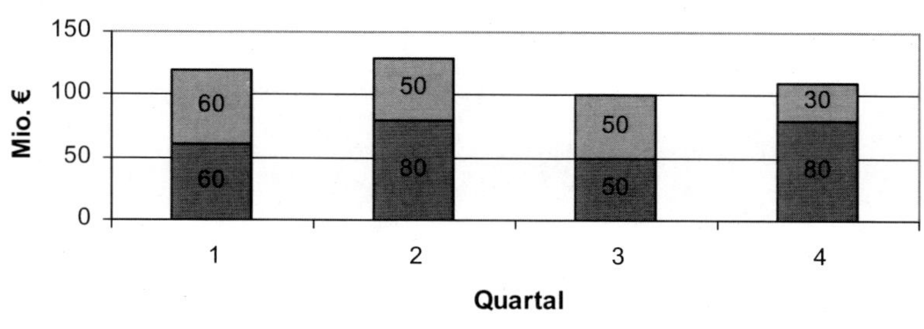

Abb. 3.35 Normale Stapelsäulen

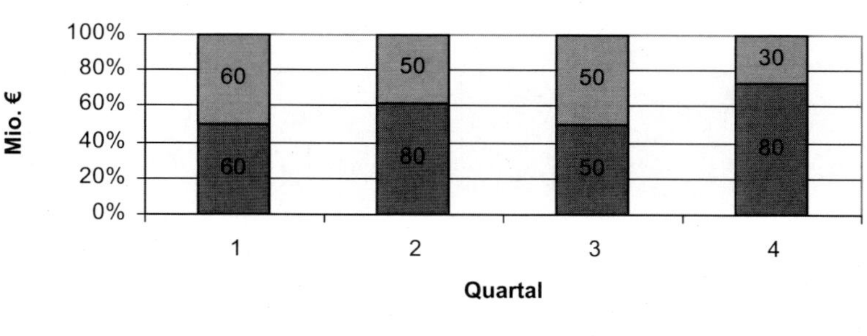

Abb. 3.36 Prozentual gewichtete Stapelsäulen

Mit Hilfe von Säulendiagrammen lassen sich wie bei Linien- und Kurvendiagrammen gut Trends, Entwicklungstendenzen und Veränderungen im Zeitablauf erkennen. Im Gegensatz zu Liniendiagrammen heben Säulendiagramme den Wert hervor.

Eine weitere Analyseebene erhält man bei Stapelsäulen bzw. -balken, in dem die rechteckige Gesamtfläche in Teilflächen aufgeteilt wird (vgl. Abb. 3.35). Ist die Anzahl der Teilflächen allerdings zu groß, wirkt das Diagramm wieder unübersichtlich.

Eine Alternative zur normalen Stapelsäule ist die prozentual gewichtete Stapelsäule (vgl. Abb. 3.36). Hierbei sind die Teilflächen im Sinne einer Gliederungszahl auf 100 % normiert dargestellt, wodurch die Verhältnisse der Objektwerte, die in den Teilflächen dargestellt werden, besser verglichen werden können. Nachteilig ist der Verlust der Transparenz des absoluten Gesamtwertes der betrachteten Objekte (Hier z. B. die zeitliche Entwicklung des Umsatzes)

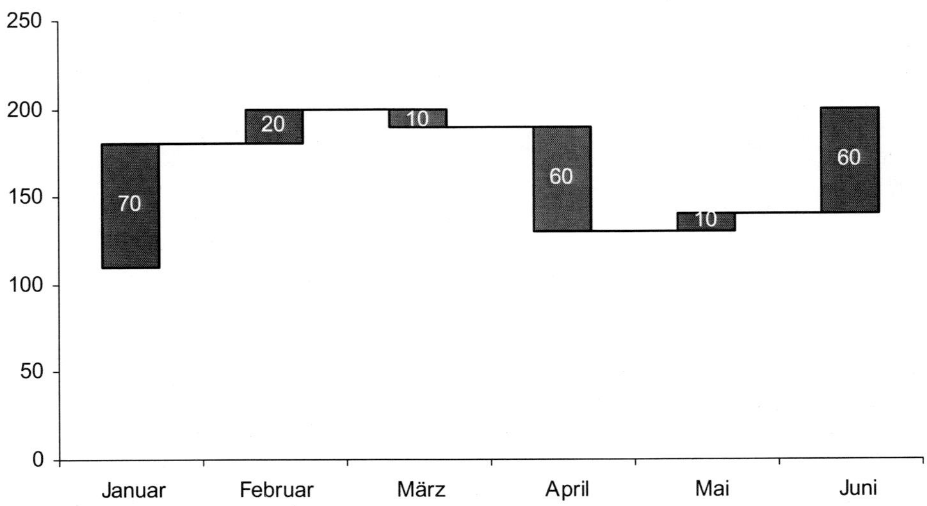

Abb. 3.37 Wasserfalldiagramm mit MS Excel

Weiterhin können auch in den Säulen bzw. Balken zusätzliche Informationen aufgenommen werden, wie z. B. Werte, Attribute oder Abweichungen. Hierdurch wird der Informationsgehalt erhöht, was unter Umständen zu größerer Unübersichtlichkeit beitragen kann.

Wasserfalldiagramme

Wasserfall-Diagramme sind eigentlich erweiterte Säulendiagramme, die insbesondere die positiven und negativen Veränderungen von Kennzahlen im Zeitablauf anzeigen (vgl. Abb. 3.37). Durch die farbliche Unterstützung lassen sich z. B. die Richtungsänderung und durch die Linienverbindung der Säulen das Gesamtvolumen der Kennzahl in der betrachteten Periode analysieren. Wasserfalldiagramme eignen sich insbesondere für die Analyse von Kennzahlen in ihrer zeitlichen Entwicklung und ihrer Änderungsrichtung und -intensität.

Weiterhin können Wasserfalldiagramme dazu genutzt werden, Anteile von Wertbeiträgen im Zeitablauf differenziert darzustellen, wie Abb. 3.38 beispielhaft (anhand des Rohertrages und diverser Kostenpositionen) zeigt:

Kurven-, Linien-, Punkt- und Flächendiagramme

Für die Darstellung von zeitlichen Entwicklungen und saisonalen Effekten eignet sich das Kurven- oder Liniendiagramm am besten (vgl. Abb. 3.39). Ausreißer, stabile Trends oder dynamische Veränderungen von Verläufen sind schnell zu erkennen. Zur besseren Übersicht können im Koordinatensystem Punktwerte angezeigt werden. Auch eine Normierung

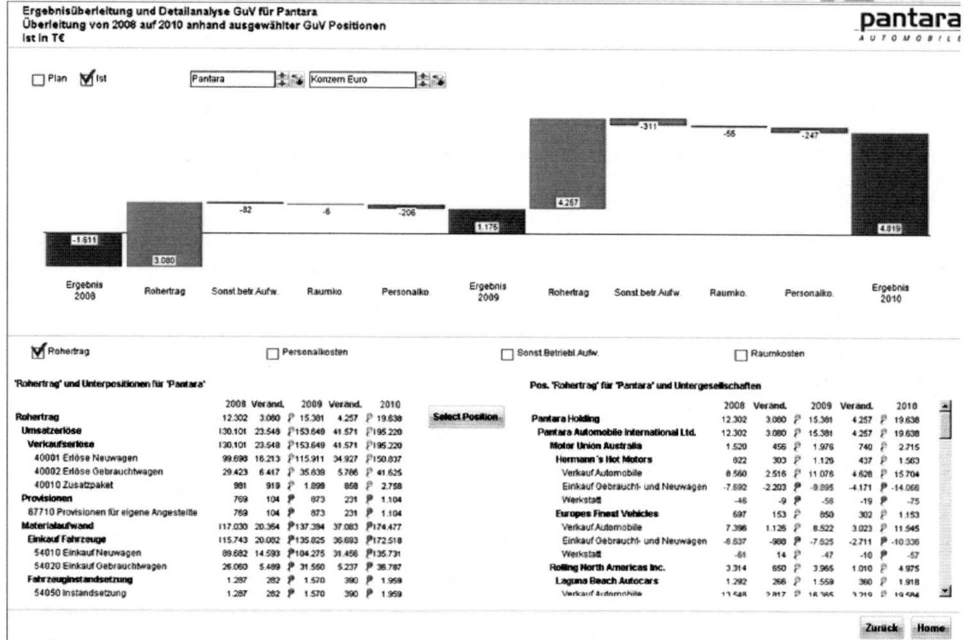

Abb. 3.38 Wasserfalldiagramm mit Cubeware[38]

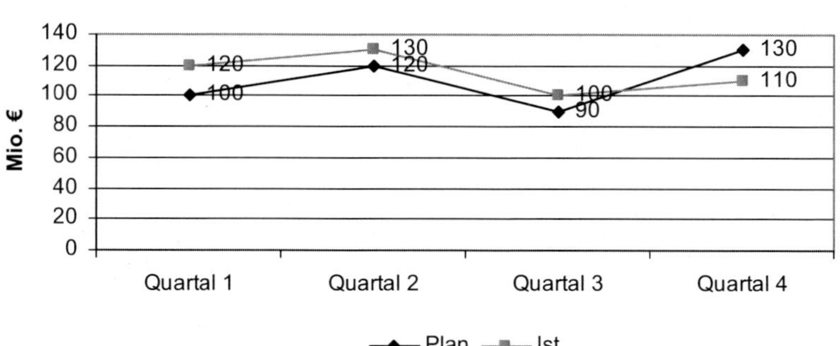

Abb. 3.39 Normales Kurven- bzw. Liniendiagramm

in Bezug zu Indexzahlen ist möglich. Beispielsweise wird der Planwert auf 100 % normiert und man erkennt wie weit der Zielerreichungsgrad des Istwertes im Vergleich zum Planwert ist.

[38] Quelle: Cubeware Bildergalerie (2011).

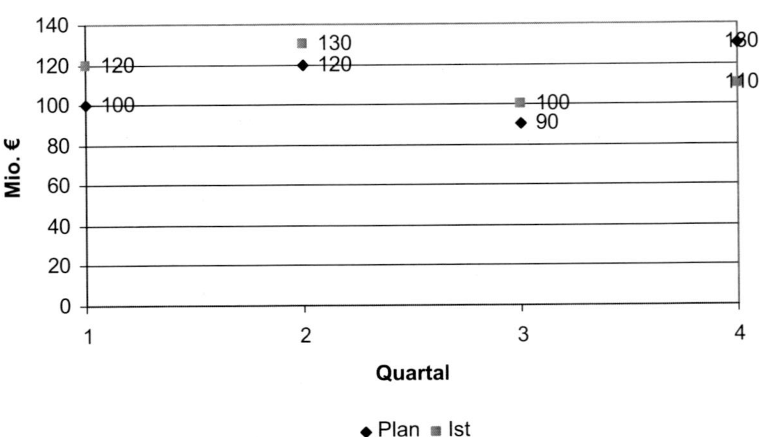

Abb. 3.40 Punktdiagramm

Vergleiche von Wertreihen lassen sich gut im selben Koordinatensystem darstellen, um besondere Unterschiede und Ähnlichkeiten bzw. parallele oder gegenläufige Entwicklungen festzustellen.

Wird die Anzahl der Linien in einem Diagramm zu hoch (z. B. mehr als 6 Linien) so werden die Kurvendiagramme immer unübersichtlicher. Damit die optische Wahrnehmung nicht getrübt wird, sind die Abstände des zeitlichen Verlaufes proportional darzustellen.

Wird eine Wertreihe als Basis festgelegt, so ist ein normiertes Kurven- bzw. Liniendiagramm darzustellen, das zu dieser Basiswertreihe die Veränderungen anderer Wertreihen anzeigt. Vorteil ist hier der leichtere Vergleich zur Basiswertreihe. Nachteil ist die schlechtere Transparenz der absoluten Wertentwicklung.

Eine weitere Alternative zum Liniendiagramm ist das Punktdiagramm (vgl. Abb. 3.40). Im Gegensatz zum Liniendiagramm hat es den Vorteil, dass die Werte nur punktmäßig dargestellt werden und somit die Verbindungslinie nicht einen linearen Wertverlauf suggeriert. Nachteilig ist jedoch die schlechtere Transparenz der Entwicklung der Werte, insbesondere die schneidenden Linien sind hier optische Hilfen um Veränderungen schneller zu erkennen.

Für die Darstellung der Beanspruchung von Ressourcen und Kapazitäten und ähnlichen Problemstellungen bieten sich Flächendiagramme an, die im Gegensatz zu den Liniendiagrammen, die darunter liegenden Flächen farbig markieren (vgl. Abb. 3.41).

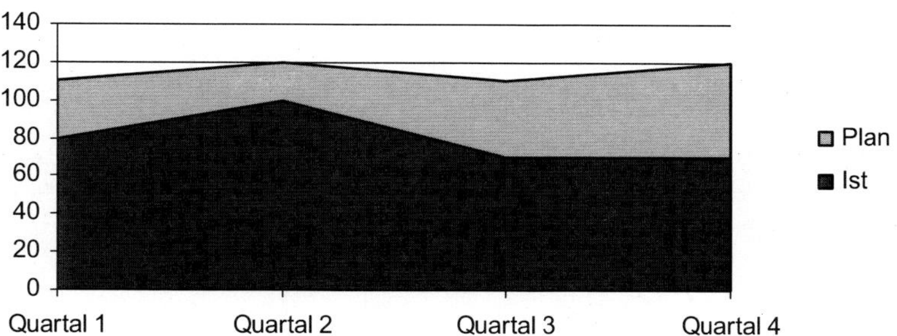

Abb. 3.41 Flächendiagramm

Ampelsignale

Ampelsignale bzw. Traffic ligths sollen dem Betrachter als bekanntes Warnsymbol aus dem Straßenverkehr in drei Kategorien zeigen, ob gute (grün), schlechte (rot) oder nur erste Warnungen (gelb) erreicht wurden, die über die entsprechende Farbe symbolisiert werden.

Die klassischen drei Kategorien lassen sich weiter differenzieren, in dem die Farbgebung z. B. weiter unterteilt wird in helle- bis dunkle Farben (z. B. hellgrün bis dunkelrot).

Die Ampelsignale können ganz unterschiedlich in Diagrammen eingesetzt werden (vgl. Abb. 3.42). Beispielsweise werden ausschließlich die Signalfarben gezeigt, ohne dass der Betrachter auf den ersten Blick die dazugehörigen Detailwerte kennt, oder sie können unterstützend zur Wertanzeige feldspezifisch als Flächen- oder Schriftfarbe genutzt werden. Eine einfache Ampelfunktion ist vielen Anwendern von Tabellenkalkulationsprogrammen durch die rote Darstellung von negativen Werten bekannt. Gerne werden für die Schwellwerte auch die Planwerte herangezogen, wobei eine festzulegende prozentuale Abweichung dann die Farbwechsel bestimmt. Auch bei der Geo-Visualisierung bietet sich das „Colour-Coding" unterschiedlicher Flächen bietet sich an.

Voraussetzung für die Definition von **Signalfarben** ist die vorherige Festlegung von Toleranz- bzw. Schwellwerten. Hierdurch erhält die Information eine bereits vorab definierte Steuerungsfunktion, die der Ersteller und/oder der Empfänger des Berichtes vorher festgelegt haben müssen.

Der Vorteil der Ampelsignale liegt in der schnelleren visuellen Aufnahme von beginnenden oder bereits vorhandenen positiven oder kritischen Zuständen. Zudem muss sich derjenige, der die Schwellenwerte festlegt hat, bereits im Vorfeld Gedanken zu den Steuerungsabsichten der Signalfarben machen, was wiederum zur Steuerungs- und Entscheidungsqualität im Unternehmen beiträgt. Nachteilig ist der höhere Aufwand, der hieran geknüpft ist, da die Schwellwerte im Zeitablauf geprüft und gepflegt werden müssen. Ein weiterer Nachteil besteht ggf. in der fehlenden Transparenz der „nicht" ausgewiesenen Detailinformationen. Diese sind zumeist erst durch einen Aufruf eines weiteren Berichtes möglich.

Marketing	Sales	Development
Prospects	BookAttain	Brio 8.0 FCS
Web Visitors	PipeCoverage	Brio 8 GA
Channel $	Forecast	BI 6.6.2 C.
Budget	Budget-Dir	MB 7.1
	Budget-SC	ER's
	Budget-ISG	Budget
	Budget-Chd	
	Budget-HQ	

Umsatz ABC- Analyse nach Regionen

Debitor Geographie	01.2009 bis 03.2009	Akkumulierte Summe	Prozent
– PLZ 32* +	201.604,33	201.604,33	20,99
PLZ 80* +	179.990,40	381.594,73	39,74
PLZ 60* +	123.958,71	505.553,44	52,64
PLZ 58* +	87.324,24	592.877,68	61,74
PLZ 73* +	71.971,09	664.848,77	69,23
PLZ 40* +	66.883,93	731.732,70	76,20
PLZ 48* +	60.444,02	792.176,72	82,49
PLZ 50* +	51.499,66	843.676,38	87,85
PLZ 33* +	42.888,09	886.564,47	92,32
PLZ 22* +	31.853,63	918.418,10	95,64
PLZ 44* +	27.296,54	945.714,64	98,48
PLZ 30* +	15.845,36	961.560,00	100,13
PLZ 81* +	-1.250,74	960.309,26	100,00

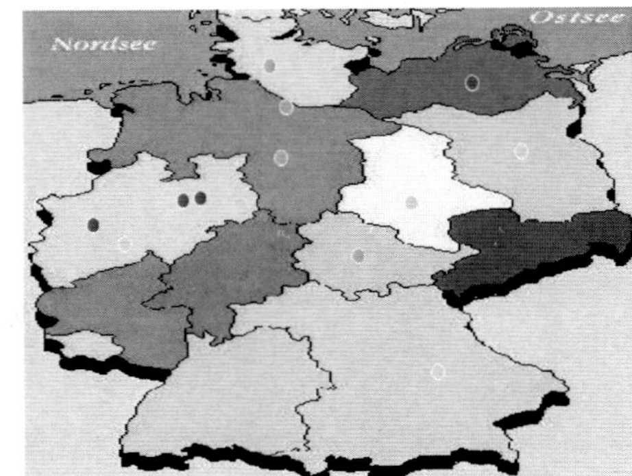

Abb. 3.42 Ampelsignale[39]

Zusammengefasst sind die Ampelsignale jedoch sehr positiv zu bewerten, da der Analyst sehr schnell auf diejenigen Bereiche gelenkt wird, in denen Handlungsbedarf besteht und in denen er nun nach weiteren Detailinformationen Ausschau halten kann.

Das Beispiel oben zeigt eine Auflistung von managementrelevanten Teilbereichen im Marketing, im Verkauf und in der Produktentwicklung. Die Ampelsignale zeigen an, in welchen Teilbereichen welche Signalzustände derzeit vorhanden sind. Somit kann der Analyst relativ schnell erkennen, in welchen Bereichen Steuerungsbedarf besteht.

Die Tabelle links zeigt eine ABC-Analyse mit Umsätzen nach Debitorenklassen, wobei die ABC-Analyse Klassen für A-, B- und C-Kunden (grün, gelb und rot) einteilt (vgl. hierzu Abschn. 3.7.6). Die Abbildung rechts zeigt auf einer Landkarte dargestellte regionale Umsatzwerte, wobei die Farben auf Problemregionen aufmerksam machen. Nachteilig ist hier, dass die Detailinformationen der Umsatzwerte bzw. Abweichungen nicht vorliegen. Diese sind aber in Detailanalysen weiterer Berichte recherchierbar.

Tachos und Thermometer

Eine weitere Möglichkeit den Informationsempfänger schnell über einen Zustand zu informieren und dabei auf mögliche Störsignale hinzuweisen, ist durch den Einsatz von skalenbezogenen Messinstrumenten wie Tachos bzw. Thermometer gegeben (vgl. Abb. 3.43).

[39] Berichtselemente entnommen aus Schön und Müller (2010, S. 123–165) und Schön (2004b, S. 328).

DB 1 Erreichungsgrad Ist/Plan

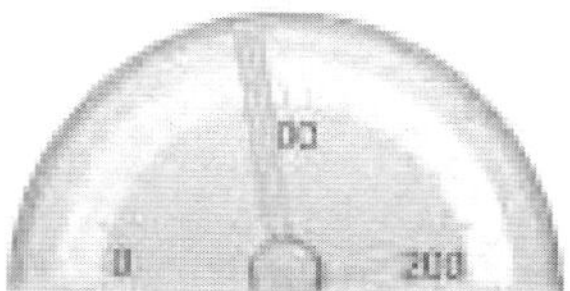

Zielabweichung

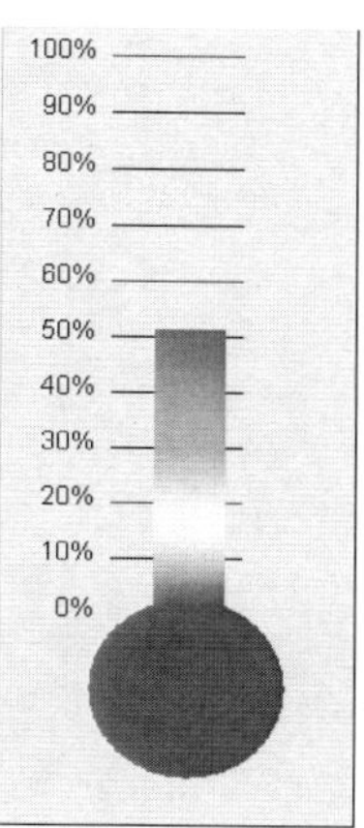

Abb. 3.43 Tacho und Thermometer

Wie für Ihren eigentlichen Einsatz gedacht, z. B. die Geschwindigkeit oder die Temperatur anzuzeigen, können diese Anzeigeformen dafür genutzt werden, den Zustand einzelner Kennzahlen zu visualisieren. Sie haben dabei den Vorteil, ähnlich wie bei den Ampelsignalen, Anzeigebereiche dafür zu nutzen und z. B. farblich oder durch eine Skala hervorzuheben, bei der die Kennzahl gute, mittlere oder schlechte Werte erreicht. Für die Einteilung der Skala sind dafür, wie bei den Ampelsignalen, im Vorfeld Schwellenwerte festzulegen. Im Gegensatz zur Ampel lässt sich somit sogar für den Betrachter erkennen, ob der Zustand der erreichten Kennzahl im oberen oder unteren Bereich zwischen den definierten Schwellengrenzen liegt. Die Anzeigeskala hat dabei meistens gleich große kardinal definierbare Messabstände, in der die Signalbereiche beliebig platziert werden können.

Nachteilig ist wie bei den Ampelsignalen, dass häufig die darunter liegenden Detailinformationen, z. B. die absoluten Werte und die zeitliche Entwicklung nicht zu erkennen sind. Durch die Signalfunktion bekommt aber gerade der Betrachter die Anregung sich bei schlechteren Werten die Detailanalyse anzuschauen. Somit kann er seine Analysezeit sinnvoll auf die Bereiche lenken, in denen Handlungsbedarf besteht.

Im Tachobeispiel wird die Kennzahl im Verhältnis zum Plan als Zielerreichungsgrad in Prozent gemessen. Die Farbe des Tachozeigers passt sich in diesem Fall zu der Farbe des festgelegten Schwellenwertbereiches an (hier gelb). Bei einem Erreichungsgrad von 100 % steht der Zeiger genau senkrecht. Bei allen Zuständen, die besser sind, neigt sich der Zeiger dann nach rechts bzw. bei Zuständen die schlechter sind nach links.

Beim Thermometer wird im Beispiel eine Abweichung vom Zielwert angezeigt. Je größer die Abweichung ist, desto mehr steigt der Wert im Thermometer an.

Sowohl beim Tacho als auch beim Thermometer können visuelle Irritationen entstehen, wenn die Kennzahlen in den Skalenwerten nicht von rechts nach links oder von oben nach unten in Analogie zur Geschwindigkeit oder Temperatur besser werden. Beispiele hierfür

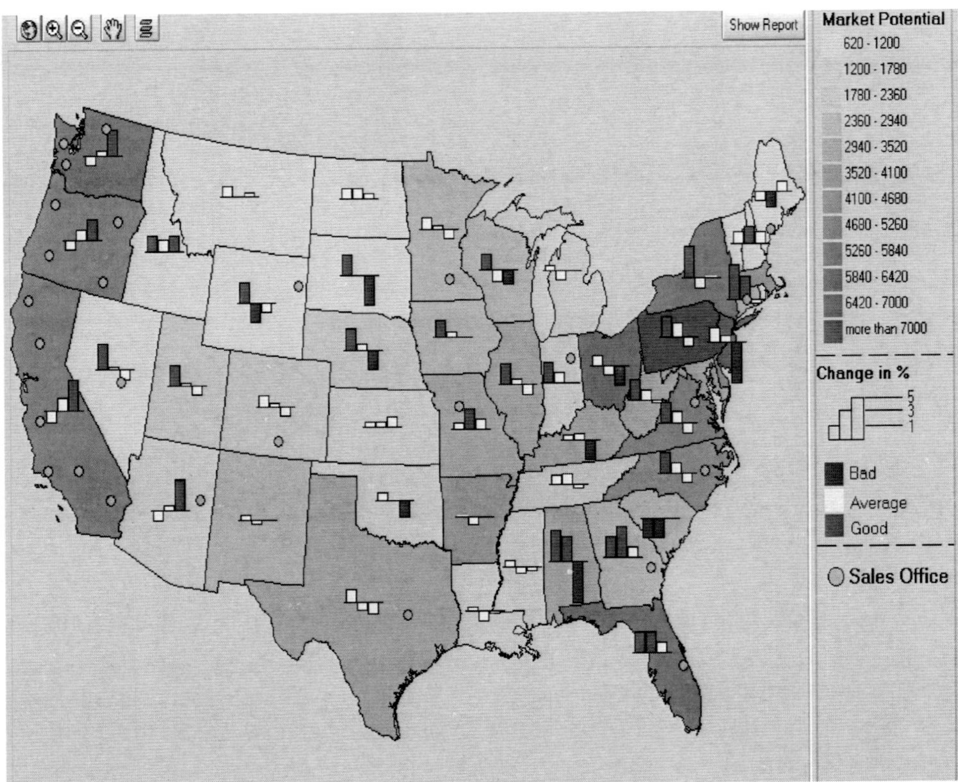

Abb. 3.44 Geo-Visualisierung[40]

sind die Kostenhöhe, die i. d. R. besser beurteilt wird, wenn sie gering ist. Deswegen bietet es sich bei den Darstellungen an, die Bewertungsbereiche mit der Ampelsignalfarbe oder ähnliches zu markieren.

Geo-Visualisierung

Unter dem Gesichtspunkt des Managementreporting in Unternehmen versteht man unter der Geo-Visualisierung bzw. Geo-Reporting die angepasste visuelle Darstellung von Managementinformationen (wie z. B. Umsatz- und Gewinnstatistiken), die in flachen Landkarten (vgl. Abb. 3.44) oder anderen räumlichen Darstellungen (z. B. eine Stadionauslastung, vgl. Abb. 3.22) eingebunden werden. Sie dienen dem Anwender zur schnelleren Analyse der ausgewählten regionalen Daten, um hieraus Steuerungsschlüsse und Handlungsempfehlungen abzuleiten.

Sie helfen vor allem bei der regionalen Ergebnissteuerung von Werken, Bezirken, Business-Units und strategischen Geschäftseinheiten, insbesondere wenn die regionale

[40] Quelle: SAP AG: BExMap, Beispiel Market Potential USA.

Ergebnissicht für das Unternehmen von größerer Bedeutung ist. Aufgrund der Internationalisierung der Wirtschaft in allen Wirtschaftszweigen, ist die regionale Sicht für die weltweite Unternehmenssteuerung nicht mehr wegzudenken.

In dem Beispiel sind dabei sogar mehrere Informationen verknüpft dargestellt worden. Die Flächen der einzelnen amerikanischen Bundesstaaten werden hier für die farblich unterschiedenen Marktpotenziale verwendet. Die Säulen zeigen je Region die Umsatzveränderung der letzten Quartale an. Mit Hilfe der Ampelsignale sind hier gute, durchschnittliche und schlechte Veränderungen zu erkennen. Zudem werden mit den gesetzten Punkten die jeweiligen Vertriebseinheiten angezeigt.

Das Potenzial und die betrieblichen Auswertungsmöglichkeiten von Geo-Daten steigen in den letzten Jahren rasant und es ist davon auszugehen, dass dieser Trend anhält. Beispiele aus der Wirtschaft sind vielfältig, z. B. das regionale Einkaufsverhalten der Kunden oder die instandhaltungsbedürftigen Netze eines Energieversorgers.

Spinnennetz- bzw. Netzdiagramme

Spinnennetz- bzw. Netzdiagramme helfen dabei für eine ausgewählte Zahl von Beurteilungskriterien Vergleiche durchzuführen, wobei die Skala zur Beurteilung möglichst normiert sein sollte (z. B. durch einheitliche Noten, Punktwerte oder Prozentangaben). Die Werte werden im Netzdiagramm mit Datenpunkten auf den Achsen, ausgehend von dem Mittelpunkt des Netzes, abgetragen. Je weiter ein Wert von der Achse entfernt ist, desto besser (z. B. Zielerreichung) oder schlechter (z. B. Risiken) wird er beurteilt. Wichtig ist, dass die Beurteilungskriterien in dieselbe Richtung ausschlagen und möglichst im Ausschlag normiert zu vergleichen sind, wie z. B. bei Schulnoten.

Häufig werden die Datenpunkte mit Linien von Achse zu Achse verbunden. Hierdurch entsteht eine Fläche im Netzdiagramm. Bei normierten Wertskalen bedeutet eine größere Fläche somit auch eine bessere oder schlechtere Gesamtbewertung über alle Kriterien hinweg, wobei die einzelnen Kriterien dann gleichgewichtet sein müssen.

Wird die Anzahl der Kriterien allerdings zu groß wird das Netzdiagramm leicht unübersichtlich. Auch das Abtragen mehrerer Kennzahlenwerte (z. B. zeitabhängig) führt eher zu visuellen Überfrachtung, wie die Abb. 3.45 für ein Radar angelehnt an eine Balanced Scorecard zeigt.

Basisjahr ist im Beispiel das Planjahr 2009, das die Zielwertvorgabe 100 % vorgibt. Hieran werden die Jahre 2010 und 2009 im Ist und die Planjahre 2010 und 2011 im Vergleich für alle Kennzahlen der Balanced Scorecard angezeigt. Durch die Normierung auf Prozentwerte ergibt sich allerdings der Verlust der absoluten Werte. Auch eine Gewichtung der Einzelwerte, die die Wichtigkeit einzelner Kriterien unterscheidet, ist hier nicht mehr zu erkennen.

Deswegen ist die Netzdiagramm-Darstellung nur zu empfehlen, wenn wenige Beurteilungskriterien, die normiert und gleichgewichtet sind, dargestellt werden können.

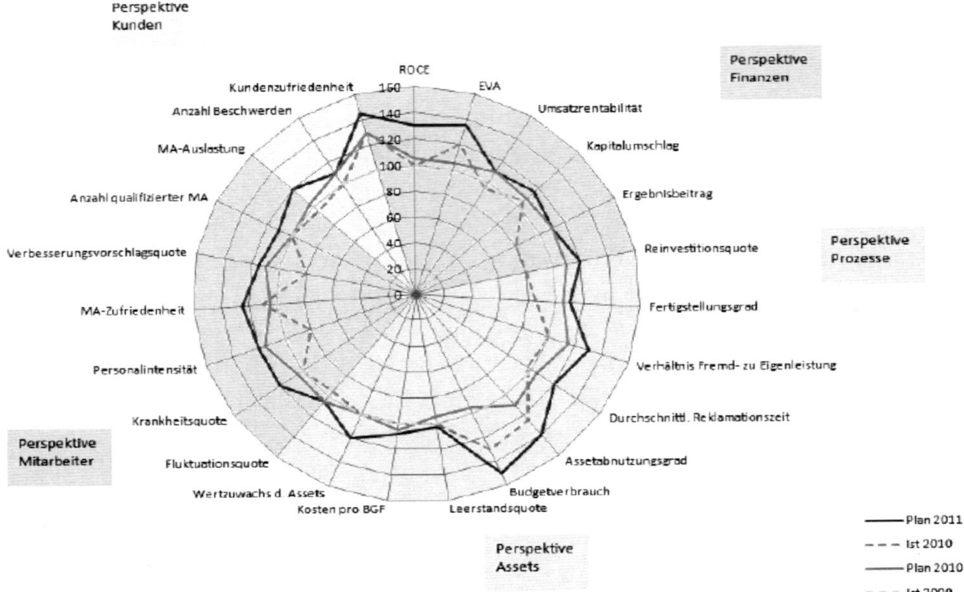

Abb. 3.45 (Spinnen-)Netzdiagramm[41]

Sparklines bzw. Microcharts

Unter Sparklines bzw. Microcharts versteht man Miniaturdiagramme, die Daten und Zahlenreihen in Tabellen und Textinformationen anschaulich ergänzen, ohne parallel größere Diagramme einbauen zu müssen. Die Sparklines sind dabei nur so groß, wie die Zellen der Tabellen oder die Textzeile, so dass Sie unmittelbar eingebaut werden können. Das Ursprungskonzept der Sparklines wurde von Edward Tufte entwickelt.[42] Vorteil der Sparklines ist es, Trends und Effekte umfangreicherer Daten durch kleine Miniaturdiagramme zeilenweise visuell anschaulicher darzustellen, was u. a. auch Vergleiche zwischen Datenzeilen einfacher macht. Zudem lassen sich durch den Einsatz von Sparklines, Daten um Ihre periodische Sicht anschaulich ergänzen. So können z. B. zum absoluten Jahreswert (Wertdarstellung) die Verteilung der Periodenwerte im Miniaturdiagramm dargestellt werden.

Als Diagrammtypen für die Sparklines kommen prinzipiell alle Diagrammtypen in Frage, die bereits oben genannt wurden. Am geeignetsten für die Sparklines sind zumeist jedoch die Diagramme, die sich am besten eignen, Trends im Zeitablauf darzustellen, wie Linien und Säulendiagramme (vgl. Abb. 3.46).

[41] Eigene Darstellung in Anlehnung an Gehringer und Michel (2000, S. 28).

[42] Vgl. hierzu die Informationen von Tufte (2011).

Cockpit: Produktionscontrolling (tägl. Aktualisierung)

Aufträge	Bestellte Stückzahl	Änderung zu Vortag
Produktfamilie 1	23.817	178%
Produktfamilie 2	24.526	14%
Produktfamilie 3	5.334	-53%

Materialverfügbarkeit	Lagermenge/ Mindermengen	Änderung zu Vortag
Produktfamilie 1	-10.813	183
Produktfamilie 2	18.524	474
Produktfamilie 3	5.330	-5.334

Produktion	Produktionsmenge (Stück)	Durchlaufzeit (Durchschn. in Std.)	Produktqualität (PPM)
Produktfamilie 1	13.004	5,30	100
Produktfamilie 2	24.526	3,24	156
Produktfamilie 3	5.334	4,55	40

Abb. 3.46 Sparkline-Beispiel[43]

Portfolio-/Blasendiagramme

Portfolio- bzw. Blasendiagramme ordnen ausgewählte Objekte, wie z. B. Produkte, Projekte, strategische Geschäftseinheiten, Fonds oder Wertpapiere nach bestimmten Ordnungskriterien im Portfolio bzw. im Portefeuille ein. Diese Ordnungskriterien werden auf der X- und Y-Achse eines Diagramms definiert, welches in der Regel als Matrix-Tabelle mit Quadranten (z. B. die Vier-Felder-Matrix oder die 9-Felder Matrix) dargestellt wird (vgl. Abb. 3.47). Für die gebildeten Felder lassen sich Klassifizierungen und Normstrategie festlegen, die z. B. zur Entwicklung des Produktprogramms oder des Portefeuille herangezogen werden können. Die zu analysierenden Werte der Objekte werden mit Hilfe der Größe der Blasen differenziert dargestellt, z. B. das Umsatzvolumen oder das Wertpapiervolumen. Weitere Erläuterungen und Beispiele für Portfolioanalysen wurden bereits im Abschn. 3.7.7 gegeben, auf das hier verwiesen wird.

Kurs-/Chartanalyse-Diagramme

Kursdiagramme bzw. Chartanalyse-Diagramme werden zur Darstellung von Aktienkursen oder ähnlichen Kursen für Wertpapiere, Rohstoffe etc. verwendet (vgl. Abb. 3.48). Sie können für beliebige Zeiträume (Tage, Wochen, Monate, Jahre etc.) herangezogen werden und die Schwankungen und Entwicklungen der Preise visualisieren. Typischerweise wer-

[43] Das Beispiel wurde entnommen von den Internetpräsentationsseiten von der Bissantz & Company GmbH (2011).

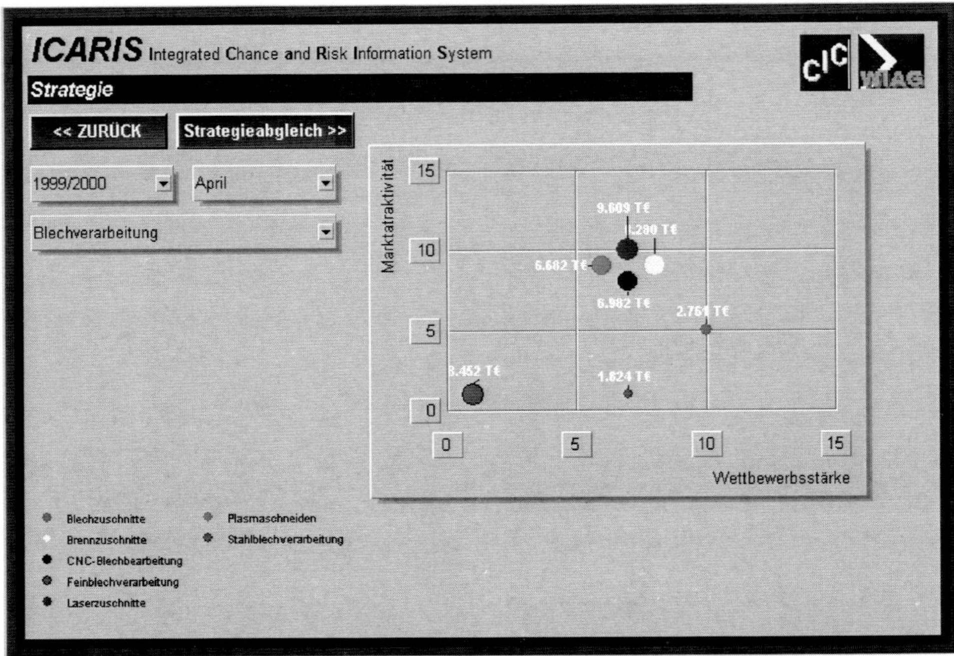

Abb. 3.47 Beispiel zu einem Portfolio-/Blasendiagramm[44]

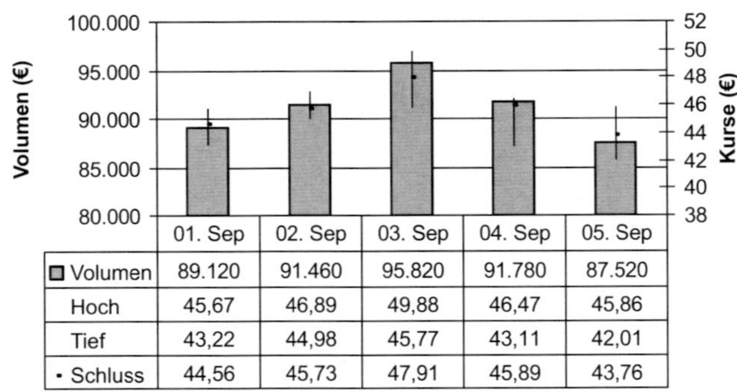

	01. Sep	02. Sep	03. Sep	04. Sep	05. Sep
Volumen	89.120	91.460	95.820	91.780	87.520
Hoch	45,67	46,89	49,88	46,47	45,86
Tief	43,22	44,98	45,77	43,11	42,01
• Schluss	44,56	45,73	47,91	45,89	43,76

Abb. 3.48 Beispiel Kursdiagramm

den Schlusskurse und Hoch- und Tiefstände der Preisentwicklung angezeigt. Zudem lässt sich das gehandelte Volumen abbilden.

Alternativ lassen sich auch Kursverläufe in Form von Liniendiagrammen darstellen, in denen zudem Trendlinien, Szenarien oder weitere Chartanalysehilfen eingebaut werden

[44] Bildauszug entnommen aus Schön et al. (2001, S. 386).

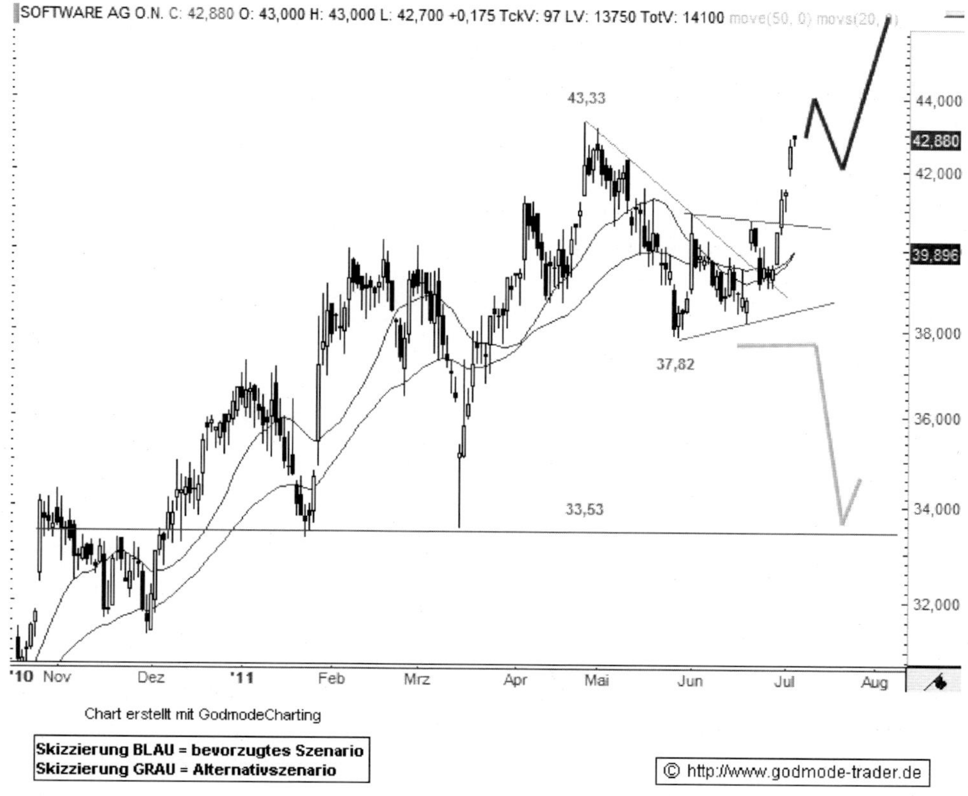

Abb. 3.49 Beispiel Chartanalysediagramm[45]

können. Die Banken, Börsen und andere Institutionen bieten zahlreiche Toolsets für die Chartanalyse an (vgl. Abb. 3.49).

Weitere Visualisierungshilfen und Animationen

Für die meisten der gezeigten Diagrammtypen gibt es die Möglichkeit diese auch in Kombination mit anderen Diagrammtypen zu nutzen. Beispielsweise kann das Kreisdiagramm für eine ausgewählte Sektorfläche (z. B. der größte) Teilausschnitt ergänzt werden, um ein Säulendiagramm, was die wichtigsten Anteile der größten Gruppenwerte enthält (vgl. Abb. 3.50).

Für Werte die progressiv abnehmen, wie z. B. bei potenziellen Kunden, Angeboten und Aufträgen im Vertrieb, bieten sich **Trichterdiagramme** als Visualisierungshilfe an. Die Größe eines Flächenabschnitts im Trichter wird durch den Wert als Prozentsatz der Summe aller Werte bestimmt und nimmt von oben nach unten wie beim Durchlass eines Trichters ab (ohne Abbildung).

[45] Entnommen von der Internetseite von godmode-trader (2011).

Hingegen ist die Nutzung von **3D-Effekten** in Grafiken vielleicht für das Auge ansprechend, jedoch ist die 3D-Darstellung für die Analyse von Daten eher hinderlich, da hierdurch Wertverhältnisse je nach Sicht auf das 3D-Objekt verzehrt dargestellt werden (vgl. Abb. 3.51). Es ist sogar möglich, dass durch die verzerrte Sicht Daten durch andere im Vordergrund befindliche 3D-Objekte verdeckt und somit gar nicht erkannt werden. Deshalb sollte man auf 3D-Effekte verzichten, es sei denn, die Anzahl der darzustellenden Kennzahlen ist sehr klein und die Verzerrung der Sicht spielt keine große Rolle für die Analyse.

Negativ in diesem Beispiel sind zudem die Wiederholungen in der Zeitdimension in der Legende und in einer Rubrikachse, sowie die senkrecht stehenden Objektbezeichnungen in der Rubrikachse zur regionalen Sicht. Außerdem werden Plan- und Ist-Werte nicht deutlich voneinander abgegrenzt.

Auch weitere Animationseffekte, wie z. B. **Flash-Effekte**, dienen meistens nicht der Analysefähigkeiten, sondern eher der Show der Präsentation. Beim Flash werden Teile oder auch ganze Diagramminhalte durch Aufruf des Berichts oder durch Auswahl bestimmter Funktionen erst erstellt. Hierbei sind fließende Einblendungen ganz unterschiedlicher Art einzustellen, z. B. von oben, von unten, von rechts oder links und zufällige Einblendungen. Sie sollten also nur dann verwendet werden, wenn eine besonders wichtige Information in einer Präsentation hervorgehoben werden soll.

Besser als 3D- und Flash-Effekte sind änderbare **dynamische Diagramme**, die durch Selektion gesteuert werden. Beispielsweise kann durch Auswahl einer Zeile in einer Tabelle das Diagramm seine Darstellung ändern und nur die selektierten Objekte, z. B. Kundengruppe oder Einzelkunde, anzeigen. Das Diagramm zeigt dann z. B. die Umsatz-, Deckungsbeitrags- und Kostenentwicklung nur für die selektierten Objekte an. Dies ist dann von Vorteil, wenn die Diagramme ansonsten durch viele Objekte zu unübersichtlich würden.

In der Abb. 3.52 (vorher) ist das gesamte Jahr ausgewählt worden. Durch die Auswahl nur eines Monats passen sich die Werte in den Tabellen und Grafiken an (Abb. 3.53 nachher).

Die Selektion kann dabei nicht nur per Auswahl der Selektionsfilter, sondern auch direkt in der Grafik erfolgen, wie Abb. 3.54 zeigt.

In der Grafik wird z. B. (hier oben links) durch die Markierung der Balken (Ergebnisobjekte „Meat bis Eggs“) die Selektion für die Neuaufbereitung der Berichtselemente angestoßen. Das Ergebnis zeigt die nachfolgende Abb. 3.55.

Beliebt bei den Softwareanwendungen ist auch die **Drag & Drop-Funktionalität**, bei der die ausgewählten Objekte markiert, mit der Maustaste festgehalten und in ein anderes Objekt verschoben werden. Hierdurch ändert sich z. B. eine Grafik oder Tabelle und wird auf die ausgewählten Objekte angepasst.

Bei den weiteren Visualisierungshilfen lassen sich vor allem folgende Objekte unterscheiden:

- Fotos
- Logos

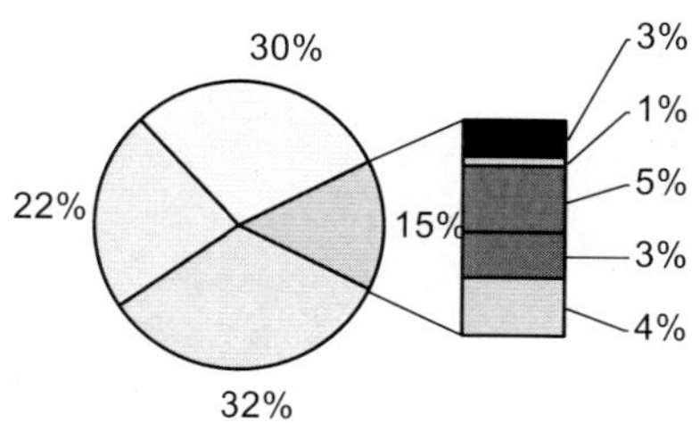

Abb. 3.50 Kombination Kreis-Säulen-Diagramm

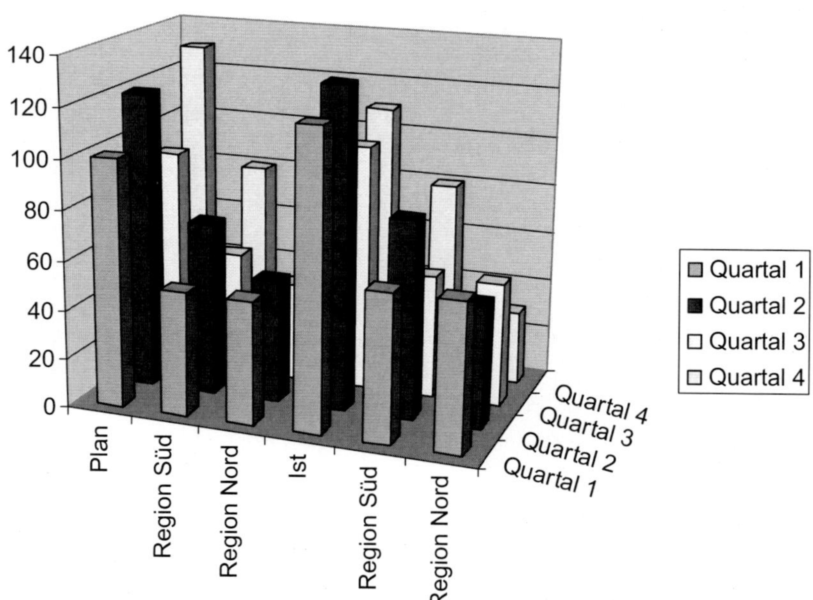

Abb. 3.51 Verzerrungen durch 3D-Effekte

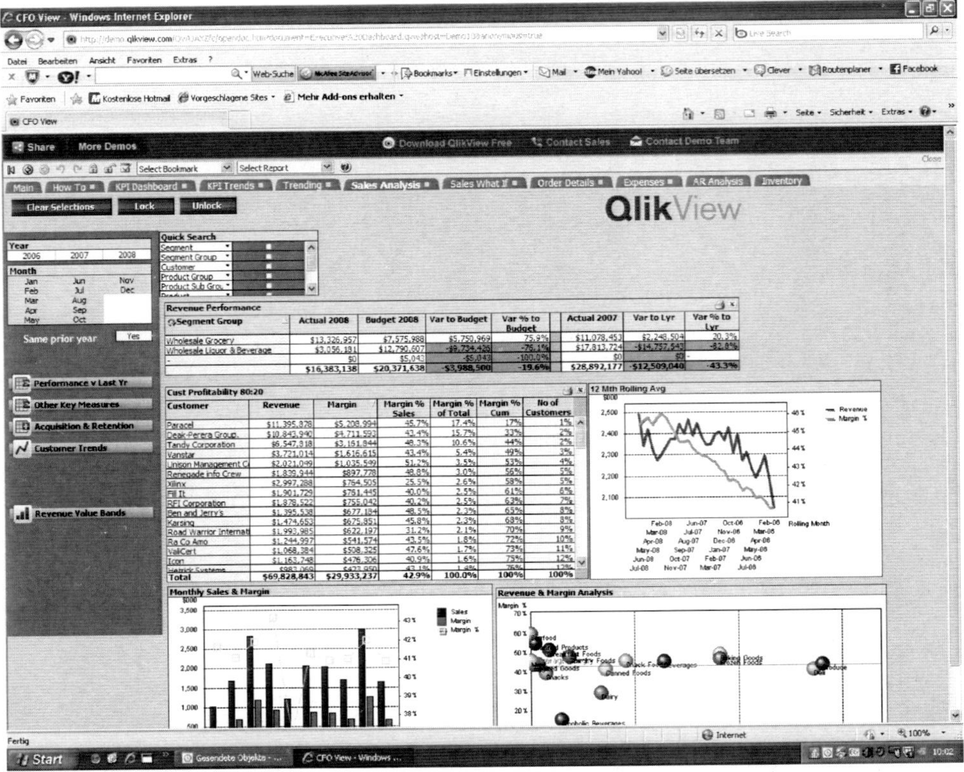

Abb. 3.52 Durch Selektion änderbare dynamische Diagramme – vorher (QlikView)[46]

- Symbole
- Audiodateien
- Filme/Videos

Für die Aufwertung von Berichten bietet es sich an, wichtige Informationen mit **Fotos** zu ergänzen (vgl. Abb. 3.56). Beispielsweise lassen sich zu den Produktergebnissen direkt die Fotos der Einzelprodukte oder zu den Umsatzstatistiken die Gesichter der Verkäufer zeigen. Bei Fotos und fremden Bildern ist das Urheber- und Persönlichkeitsrecht zu beachten.

Logos dienen vor allem zur Unterstützung des Corporate Identity des Unternehmens und sind häufig genereller Bestandteil einer Berichtsseite (oft als Kopf- oder Fußinformation). Daneben können Logos aber auch zur Unterscheidung im Beteiligungsreporting sinnvoll eingesetzt werden, um unterschiedliche Gesellschaften voneinander besser abzugrenzen.

[46] Quelle: QlikView-Demo Sales Analysis (2011).

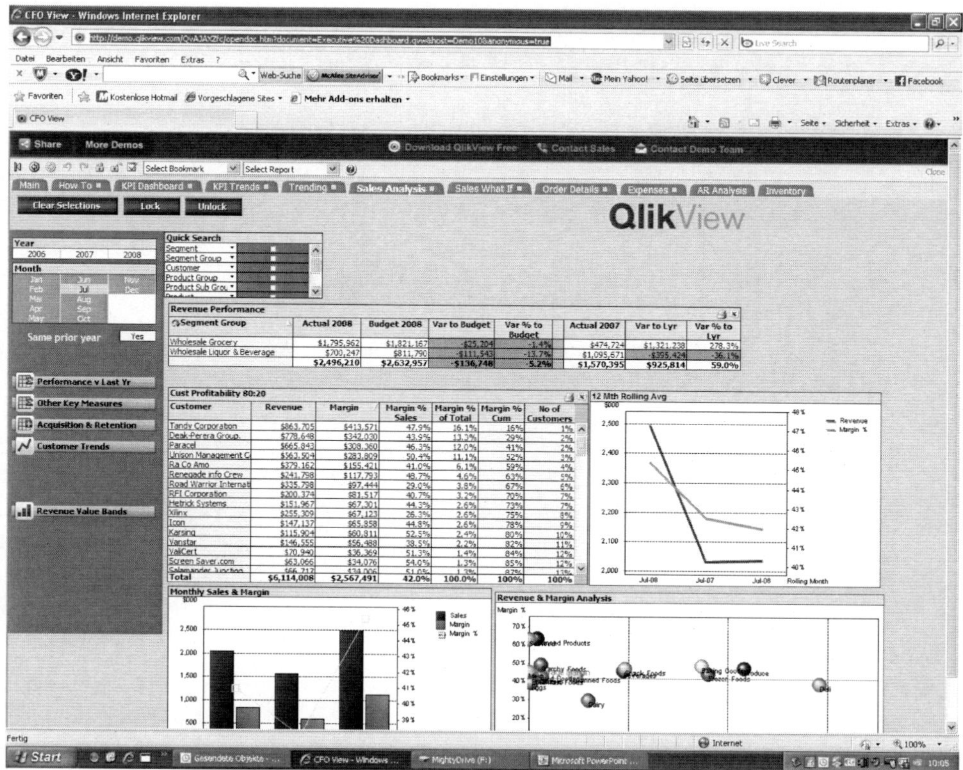

Abb. 3.53 Durch Selektion änderbare dynamische Diagramme – nachher (QlikView)[47]

Symbole wie Smilies (👍 👎 ☺ 😐 ☹) können sinnvoll verwendet werden, um Tendenzen oder Bewertungen in vorab definierten Klassen zu definieren. Ähnlich wie Sparklines haben sie den Vorteil, dass sie sich direkt in den Tabellen- oder in den Textzeilen des Berichtes integrieren lassen.

Für die digitale Berichterstattung bieten sich natürlich auch die Ergänzung anderer Medienformen an. Hierbei ist vor allem an **Audiodateien** und **Filme** bzw. **Videosequenzen** zu denken. Sie können als ergänzende Information zu den Berichten oder Teilinformationen beigefügt werden, beispielsweise Kurzkommentare zu besonders wichtigen Inhalten der Berichte oder generelle Unternehmensinformationen für Anteilseigner und potenzielle Kapitalgeber im Rahmen der externen Berichterstattung oder im Vertrieb bei Kundenpräsentationen.

[47] Quelle: QlikView-Demo Sales Analysis (2011).

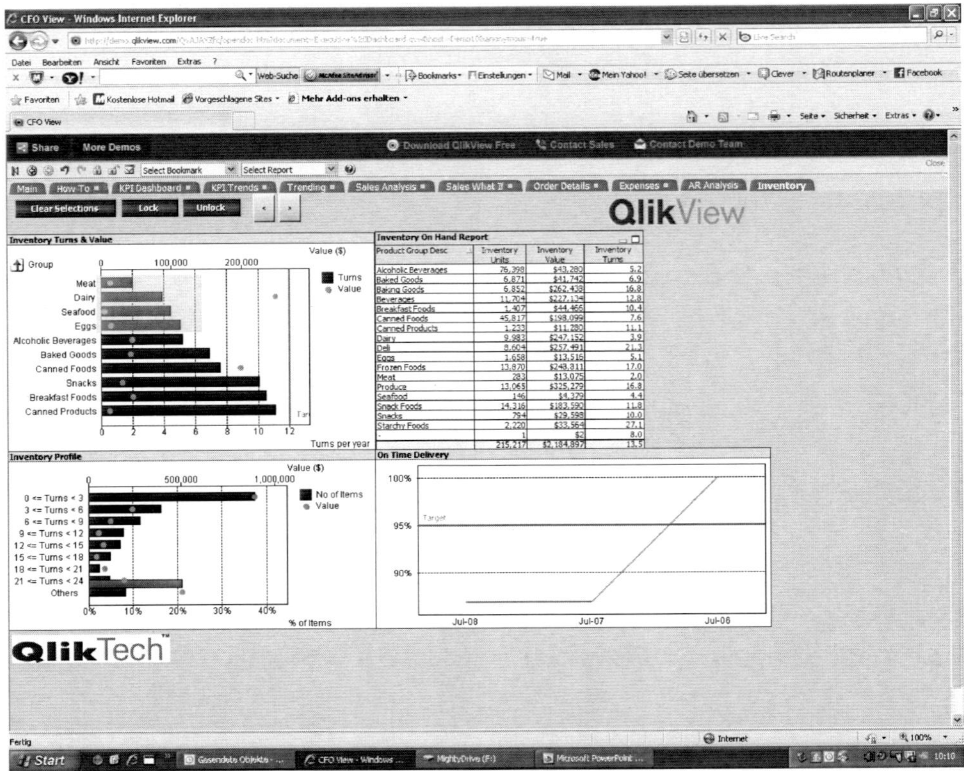

Abb. 3.54 Grafische Selektion in dynamischen Diagrammen – vorher (QlikView)[48]

3.8.2.5 Kommentierungen, Botschaften und Management Summary

Führungsberichte umfassen häufig viele detaillierte Informationen, so dass wichtigste Inhalte ggf. übersehen werden können. Hier können Kommentierungen und Kurztexte helfen, komprimiert die wichtigsten Sachverhalte und Erkenntnissen des Berichtes aufzunehmen.

Gute Kommentierungen erkennt man an folgendem Profil:

- Sie sind stichpunktartig und kurz verfasst.
- Wichtige Aussagen und Informationen (auch in den Tabellen und Grafiken) werden hervorgehoben.
- Sie beschreiben nicht die bereits gezeigten Inhalte, sondern heben analytische Ergebnisse hervor. (Nicht: Der Umsatz ist im 2. Quartal gefallen, sondern z. B. die Insolvenz des Hauptkunden XY führte zu dem starken Umsatzrückgang im 2. Quartal in Höhe

[48] Quelle: QlikView-Demo Sales Analysis (2011).

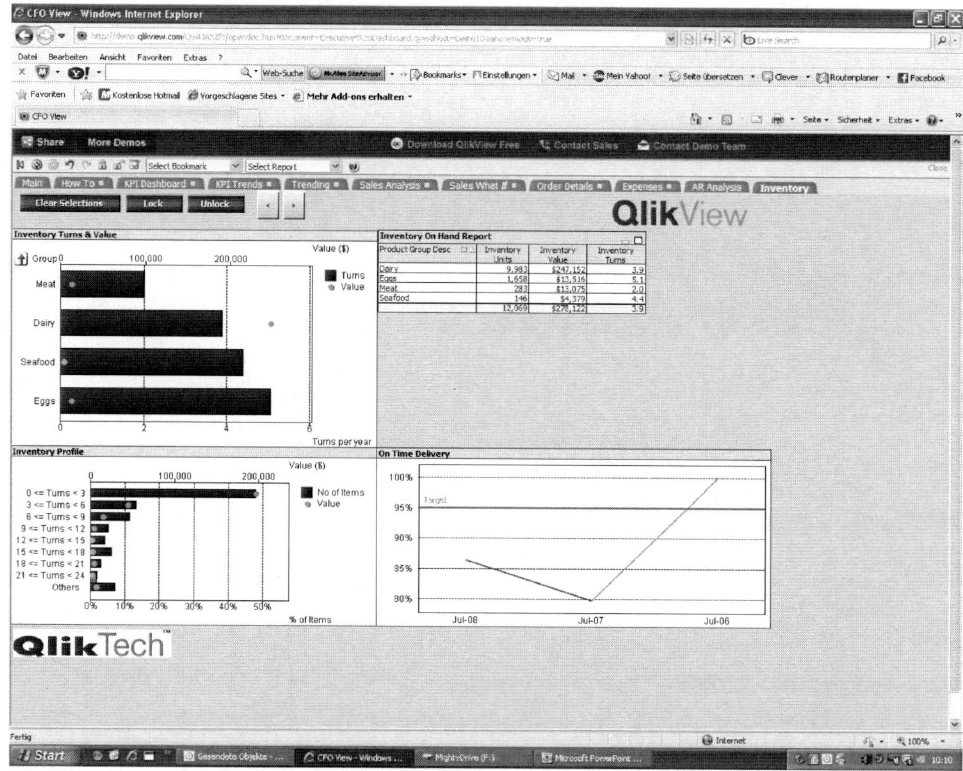

Abb. 3.55 Grafische Selektion in dynamischen Diagrammen – nachher (QlikView)[49]

von…) Es werden außergewöhnliche Entwicklungen und wichtige Sondereffekte sowie wirtschaftlich relevante Auswirkungen aufgezeigt.

- Im Idealfall werden bereits Handlungsempfehlungen und Maßnahmenvorschläge integriert, die nachgehalten werden können (z. B.: „Die Umsatzrückgänge sollen durch verstärkten Neukundenvertrieb aufgefangen werden. Hierzu wurde eine Marketingoffensive erarbeitet, die im folgenden Quartal umgesetzt wird.").
- Die Kommentierungen sollten strukturiert und nach Wichtigkeit sortiert werden.
- Kommentierungen sollten zu Beginn des Berichtes stehen oder zumindest auf den ersten Blick vom Empfänger aufgenommen werden können.

[49] Quelle: QlikView-Demo Sales Analysis (2011).

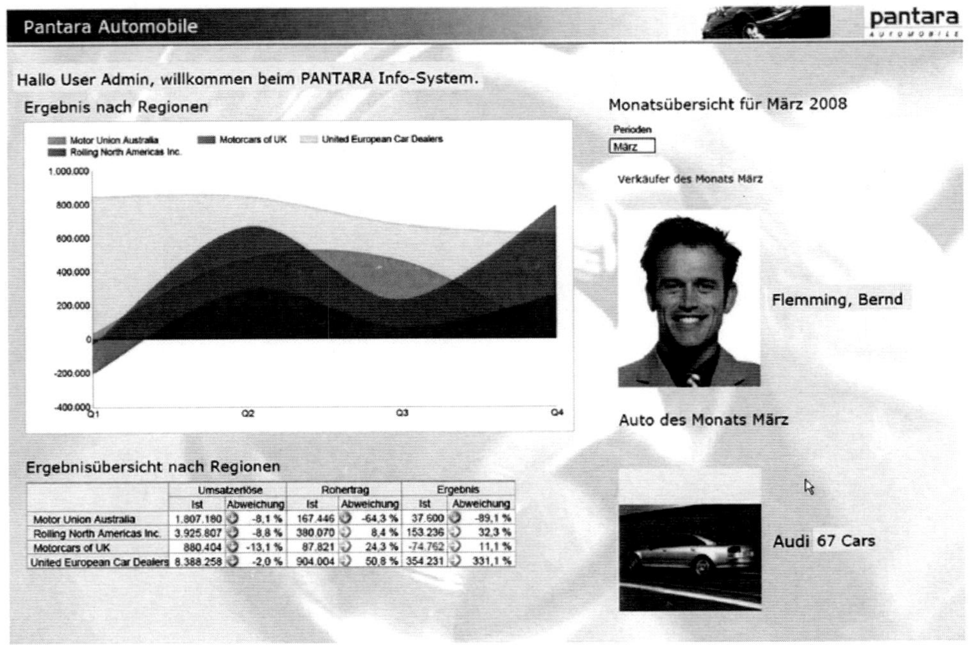

	Umsatzerlöse		Rohertrag		Ergebnis	
	Ist	Abweichung	Ist	Abweichung	Ist	Abweichung
Motor Union Australia	1.807.180	-8,1 %	167.446	-64,3 %	37.600	-89,1 %
Rolling North Americas Inc.	3.925.807	-8,8 %	380.070	8,4 %	153.236	32,3 %
Motorcars of UK	880.404	-13,1 %	87.821	24,3 %	-74.762	11,1 %
United European Car Dealers	8.388.258	-2,0 %	904.004	50,8 %	354.231	331,1 %

Abb. 3.56 Integrierte Fotos und Logos (Beispiel Cubeware)[50]

Folgende Kommentarfunktionen sind zu unterscheiden:

- Text-Kommentierungen
  - Zell-bezogene Kommentare (z. B. in Tabellen)
  - Freitext-Kommentierungen je Bericht oder Bericht-Objekt
  - Zusammengefasste Kommentarberichte
- Audiokommentierungen
- Videokommentierungen

Wünschenswert wäre es, Kommentierungen nach Stufen zu aggregieren. Hierbei wird definiert, ob eine Detailkommentierung auch auf höheren verdichteten Ebenen angezeigt wird. Solche Verdichtungsfunktionen für Kommentierungen sind jedoch selten zu finden.

Vor dem Gesamtbericht oder zum Abschluss bietet es sich an, Zusammenfassungen der wichtigsten Inhalte und Analyseergebnisse aufzustellen. Diese Zusammenfassungen werden gerne auch „Abstract" oder „Management Summary" genannt.

[50] Quelle: Cubeware Bildergalerie (2011).

Wichtige Inhalte und Botschaften sind in kurzen Sätzen darzustellen. Sie stehen im Mittelpunkt des Berichtes und zeigen Erklärungen, Handlungsempfehlungen und Maßnahmen auf, die sich aus den Planungs- und Analyseergebnissen ergeben.[51]

- Also nicht:
  Die Materialkosten steigen um 3 %. (**reine Feststellung**)
  Sondern:
  Aufgrund der steigenden Energiekosten steigen auch die Materialkosten um 3 %. (**Erklärung**)
  Durch die Substitution energieintensiverer Einsatzstoffe durch energieärmere Materialien in der Produktentwicklung soll diese Kostenabhängigkeit reduziert werden. (**Handlungsempfehlung**)
  Zudem werden bereits alternative kostengünstigere Einkaufsquellen im Projekt „Neue Lieferanten in der nächsten Dekade" vom Einkauf gesucht, ohne dass hierdurch signifikante Qualitätseinbußen entstehen. (**Maßnahme**)

Am Ende eines Gesamtberichtes sollte neben der Zusammenfassung und einem Fazit auch ein Ausblick beschrieben werden. Hinweise auf die nächsten Schritte oder die weitere Vorgehensweise runden den Bericht ab. Dies unterstreicht die Zielsetzung und Nachhaltigkeit des Reporting.

3.9 Planungsformulare und ihre Besonderheiten

In einem integrierten Planungs- und Steuerungsmodell sollten Planung und Reporting aufeinander abgestimmt sein. Das heißt, Planwerte sollten im Reporting auch hinsichtlich Ihrer Erreichung bzw. Verfehlung kontrolliert und analysiert werden können. Die Granularität der Plan- und Ist-Informationen sind aber i. d. R. unterschiedlich. Im Ist sind alle Geschäftsvorfälle des Unternehmens in unterschiedlichen Bereichen und Systemen belegmäßig zu erfassen und bis zum Reporting zu verdichten und weiterzuverarbeiten. Die Planung kann nicht auf dieser Detailebene beginnen, sondern erfolgt auf einem höheren Niveau. I. d. R. findet sie auf der Konten- bzw. Erlös- und Kostenartenebene manchmal aber auch erst auf der jeweiligen Gruppenebene der Konten bzw. Erlös- und Kostenarten des Unternehmens statt. Trotzdem ist es wichtig, dass sich die Planungsergebnisse im Reporting auf derselben Wertebene vergleichen lassen. Aus diesem Grunde bietet es sich an, auch die Planungsformulare in Anlehnung an die Berichte zu gestalten.

Genauso wie bei den Berichten sind in Planungsformularen Filter- und Selektionsfunktionen im Einsatz, durch die eine gezielte und transparentere Planeingabe möglich wird. Identisch zur Berichtsgestaltung ist auch die grundlegende Gestaltung von Berichtsköpfen, Tabellen und Diagrammen bis hin zu den Kommentierungen.

[51] Vgl. Hichert (2011, S. 1–29) und Hichert (2008, S. 1–17).

Im Gegensatz zu den Berichten im Reporting weisen Planungsformulare Besonderheiten auf, die bei der Gestaltung zu berücksichtigen sind:

- Einlesen von Vorgabewerten als Orientierungs- bzw. Übernahmegrößen zur Planung
  In der Planung dienen Vorgabewerte z. B. alte Planwerte, Vorjahreswerte etc. für den Planer als Orientierungsgrößen für die neue Planungsrunde und vereinfachen somit die Planung. Sie können durch den Planer in den neuen Plan eins zu eins, oder auch durch Umwertungsfunktionen oder manuelle Anpassung verändert, übernommen werden. Nachteilig ist bei der Übernahme von alten Planungsgrößen, dass sich der Planer ggf. keine Mühe macht zukünftige Planwerte zu antizipieren und eher darauf bedacht ist, Budgetsicherung aus der Vergangenheit zu betreiben oder Zielvorgaben einfach zu übernehmen.
- Direkte Eingabemöglichkeit von Planwerten und anderen Planungsgrößen (manuelle Planung)
  Der wichtigste Unterschied zu Berichten ist die Eingabemöglichkeit von Planwerten, also die Editierbarkeit von Mengen-, Preis- und Wertgerüsten. Neben der direkten Eingabemöglichkeit von Planwerten, ist in der Planung vor allem die Pflege von Planmengen und -preisen, aber auch von Prozentgrößen und andere Umwertungs- und Verteilungsgrößen für die Ermittlung der Planwerte notwendig.
  Um die Eingaben möglichst komfortabel und flexibel zu gestalten helfen folgende Funktionen:
  - Absolutwerteingabe oder Prozentwerteingabe
  - Kurzeingaben, z. B. für 7 Mio. = 7 m oder 3000 = 3k,
  - Undo-Funktion: Rückgängig machen der letzten Eingaben
  - Zeiteinstellungen per Zeitregler (Timeslider) als Alternative zur Selektion
  - Verteilungshilfen (z. B. Saisonverteilungskurven)
  - Dokumentationshilfen (Arbeitsanweisungen zu den Planungsformularen)
  - Kommentarfunktionen
- Einlesen bzw. Berechnung von Planwerten aus vorgelagerten Planungsgebieten
  Ähnlich wie bei den Vorgabewerten, werden in den Planungsformularen der nachgelagerten Planungsgebiete bereits ausgehende Planungsgrößen der vorgelagerten Planungsgebiete als Planergebnisgrößen eingestellt. Diese sind dort bereits fixiert worden und können hier nicht mehr geändert werden.
- Zugriffs- und Sperrfunktionen
  Wenn mehrere Benutzer gleichzeitig an Planungsinhalten arbeiten sind zudem Zugriffsregeln und Sperrfunktionen notwendig, da zu einem Zeitpunkt nur ein berechtigter Benutzer Planungsänderungen eingeben darf.
- Nutzung von Planungsfunktionen
  Während in den Berichten Daten nur eingelesen und ausgegeben werden, sind in Planungsformularen oder vorgelagerten Planungsbereichen Planungsfunktionen anzustoßen. Die am häufigsten verwendeten Planungsfunktionen (Verteilungen, Hochrech-

Top-Down

	Umsatz VJ Ist 2010	Umsatz Plan 2011
Unternehmen gesamt	1.000	**1.200**
Vertrieb Region Nord	250	
Vertrieb Region Süd	300	
Vertrieb Region West	200	
Vertrieb Region Ost	250	

	Umsatz VJ Ist 2010	Umsatz Plan 2011
Unternehmen gesamt	1.000	**1.200**
Vertrieb Region Nord	250	300
Vertrieb Region Süd	300	360
Vertrieb Region West	200	240
Vertrieb Region Ost	250	300

Bottum-up

	Umsatz VJ Ist 2010	Umsatz Plan 2011
Unternehmen gesamt	1.000	
Vertrieb Region Nord	250	**300**
Vertrieb Region Süd	300	**360**
Vertrieb Region West	200	**240**
Vertrieb Region Ost	250	**300**

	Umsatz VJ Ist 2010	Umsatz Plan 2011
Unternehmen gesamt	1.000	**1.200**
Vertrieb Region Nord	250	300
Vertrieb Region Süd	300	360
Vertrieb Region West	200	240
Vertrieb Region Ost	250	300

Gegenstrom (Top-down dann Bottom-up)

	Umsatz VJ Ist 2010	Umsatz Plan 2011
Unternehmen gesamt	1.000	**1.200**
Vertrieb Region Nord	250	
Vertrieb Region Süd	300	
Vertrieb Region West	200	
Vertrieb Region Ost	250	

	Umsatz VJ Ist 2010	Umsatz Plan 2011
Unternehmen gesamt	1.000	**1.200**
Vertrieb Region Nord	250	300
Vertrieb Region Süd	300	360
Vertrieb Region West	200	240
Vertrieb Region Ost	250	300

	Umsatz VJ Ist 2010	Umsatz Plan 2011
Unternehmen gesamt	1.000	1.140
Vertrieb Region Nord	250	**320**
Vertrieb Region Süd	300	**340**
Vertrieb Region West	200	**200**
Vertrieb Region Ost	250	**280**

Verteilung ohne fixierte Werte zu überschreiben

	Umsatz VJ Ist 2010	Umsatz Plan 2011	
Unternehmen gesamt	1000	**1200,00**	
Vertrieb Region Nord	250	306,25	
Vertrieb Region Süd	300	367,50	
Vertrieb Region West	200	**220,00**	fixiert (manuell geplant)
Vertrieb Region Ost	250	306,25	

Abb. 3.57 Verteilungs- und Verdichtungsfunktionen

nungen, Prognosen, Umwertungen, Verdichtungen, Planbewertungen und -berechnungen, Simulationen und Sensitivitätsanalysen) werden im Folgenden kurz erläutert.

- Verteilungen
  Verteilungen erfolgen von einem gesamten Ausgangswert auf eine Anzahl von Detailwerten, wie z. B. der Jahreswert auf die Monatswerte. Hierzu können verschiedenste Schlüssel (Prozentwerte, Absolutwerte) als Verteilungsschlüssel verwendet werden. Für viele Planungsgebiete wie z. B. der Absatzplanung ist es dabei nützlich, wenn bereits manuell geplante Werte durch einen Verteilungslauf nicht überschrieben werden, sondern nur diejenigen Detailwerte überschrieben werden, die bisher noch nicht manuell geplant wurden. Diese Verteilung nennt man u. a. Restwertverteilung. Verschiedene Top-Down-Verteilungs- und Bottom-Up-Verdichtungsfunktionen zeigt Abb. 3.57.
  Die Dateneingabe und das Verteilen von Werten auf darunterliegende Objekte wird in manchen Softwareanwendungen auch Splashing (Rumspritzen) genannt. Es hat den Charakter vom herunterbrechen von übergeordneten Werten mit Hilfe historischer Verteilungsparameter, z. B. den Istwerten der vergangenen Jahre.

- Hochrechnungen/Prognosen
  Automatisierte und schnelle Planwertermittlungen sollten durch vielfältige Hochrechnungsfunktionen aus Gründen der Wirtschaftlichkeit und der Planungsvereinfachung für einige Planpositionen genutzt werden können.[52] Der Benutzer sollte zwischen verschiedenen unterschiedlich geeigneten Hochrechnungsverfahren wählen können. Ausgangsbasis von Hochrechnungen bilden die Ist-Daten der bereits gelaufenen Perioden. Häufig werden die Ist-Daten auf das Jahresende bzw. Projektende hochgerechnet. Die zu planenden Restplanwerte der verbleibenden Perioden werden entweder aus dem ursprünglichen Plan übernommen oder neu geplant. Hierzu können z. B. statistisch-mathematische Formeln herangezogen werden, die auf den zurückliegenden Istwerten basieren.[53] Eine einfache Form der Hochrechnung ist die Trendberechnung aus den Istdaten der zurückliegenden Perioden. Prognosen werden heute auch Forecasting genannt. Prognose- bzw. Forecast-Werte können alternativ zum Jahresende auch für einen festgelegten zukünftigen Zeitraum (z. B. immer 12 Monate) durchgeführt werden. Dann handelt es sich um eine rollierende Planung.
- Umwertungen
  Preis- bzw. Tarifanpassungen oder die Veränderungen von Mengen- und Wertansätzen können innerhalb der Planung mit dem Instrument der Planungsumwertung berücksichtigt werden.
- Verdichtungen
  Bei Verdichtungen handelt es sich um die Aggregation von Detailplanwerten auf eine höhere Ebene, z. B. von einzelnen Planwerten je Kostenart zu einer Kostenartengruppe.
- Planbewertungen und -berechnungen
  Planbewertungen können sich aus verschiedensten Werten ergeben, z. B. ergibt die Planmenge multipliziert mit dem Planpreis den Planwert (z. B. Umsatz) oder der Rabatt ermittelt sich durch Prozentbewertung auf Basis des Umsatzes. Hierunter können aber auch Zinsberechnungen oder andere mathematische Formeln fallen. Zudem gehören auch komplexere Berechnungsfunktionen, wie die Stücklistenauflösung, die Planungsiteration in der innerbetrieblichen Leistungsverrechnung oder die Programmplanung hierzu. Komplexere Berechnungsfunktionen werden häufig nicht im Planungsformular, sondern im vorgelagerten ERP-System oder in anderen Systemen (z. B. im Data-Warehouse) durchgeführt.
- Simulationenen und Sensitivitätsanalysen (What-If- und How-to-Achieve-Simulation)
  Bei der What-If-Simulation wird die Auswirkung der Veränderung von einem oder mehreren Inputfaktoren auf eine oder mehrere Ergebnisgrößen untersucht. Beispiel-

[52] Vgl. Reichmann (2006, S. 130 f.).

[53] Vgl. Warnick (1992, S. 1301). Die Hochrechnung muss z. B. getrennt nach variablen und fixen Kosten erfolgen, da die Fixkosten leistungsunabhängig sind.

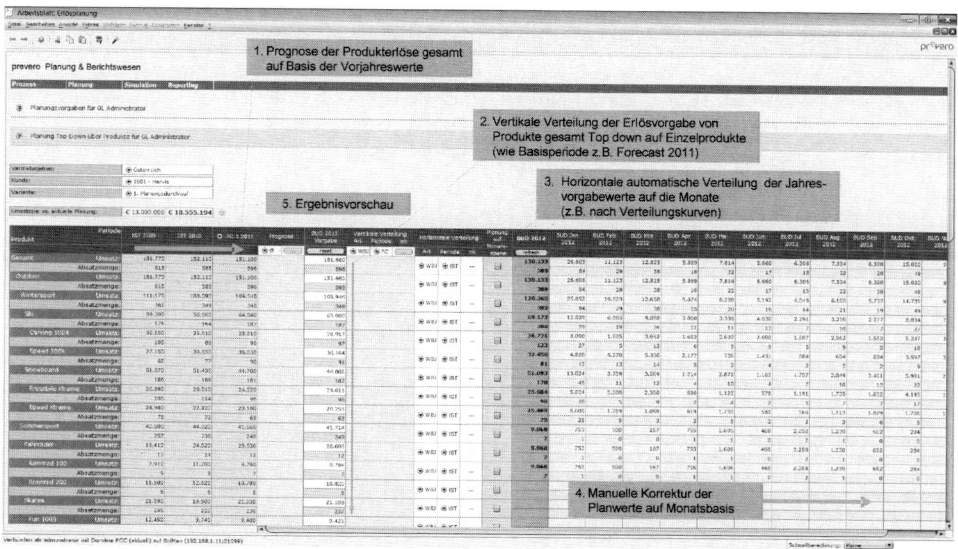

Abb. 3.58 Verschiedene Eingabe- und Planungsfunktionen am Beispiel der Erlösplanung mit prevero[54]

frage: Wie ändert sich der Gewinn, wenn die Absatzmenge um 2 % steigt und der Preis um 10 % sinkt?
Bei der Sensitivitätsanalyse (How-to-Achieve-Simulation) wird ausgehend von einer oder mehreren Ergebnisgröße untersucht, inwieweit diese sich durch den Einfluss von Inputfaktoren (einzeln oder gemeinsam) beeinflussen und erreichen lassen. Beispielfrage: Welche Preisänderung und Absatzmengenänderung ist notwendig, um einen Gewinn von 1 Mio. € zu erzielen.

Ein Beispiel für die Integration verschiedenster Eingabe- und Planungsfunktionen mit dem Softwareprodukt „prevero" zeigt Abb. 3.58.

3.10 Abstimmung der Planungs- und Reportinginhalte

Die Daten für das operative Geschäft spiegeln im Ist-Zustand die betriebswirtschaftliche Realität des Unternehmens wieder. Bis auf Einzelbelegebene können die Daten analysiert werden. Im Berichtswesen werden diese Einzelbeleginformationen bereits auf verdichteten Ebenen der Abrechnungssysteme auf Konten- bzw. Kosten- und Erlösartenebene verdich-

[54] Leicht geändert entnommen aus den Vortragsunterlagen von Hein (2011, S. 42).

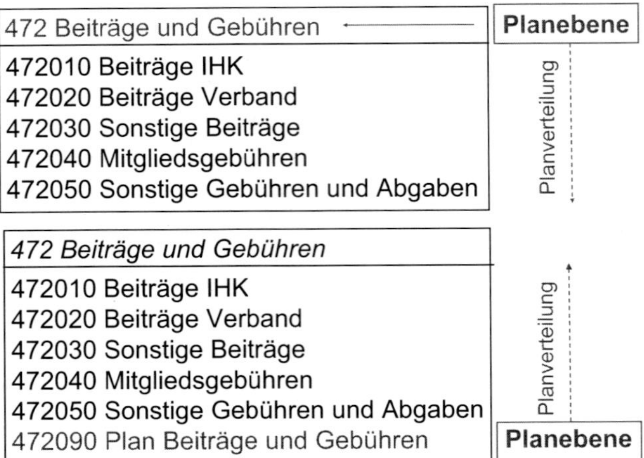

Abb. 3.59 Abstimmung von Planungs- und Reportinginhalten

tet. Dennoch besteht die Möglichkeit mit Drill-Down- bzw. Drill-Through-Funktionalität im Reporting bis auf die tiefste Belegebene zu navigieren.

Für die Planung ist die Detailtiefe bis auf die Belegebene nicht geeignet. Sie muss auf einer höheren Ebene stattfinden. In der Planung sollten die wertschöpfungstreibenden Faktoren bezüglich ihrer Auswirkung auf das Geschäftsergebnis im Vordergrund stehen.

Aus diesem Grunde erfolgt die Planung bei diesen wichtigen wertschöpfungsrelevanten Faktoren auf der Detailebene der Konten, Kosten- und Erlösarten. Für andere Positionen bietet es sich aus Wirtschaftlichkeitsgründen an, auf einer höheren Ebene, z. B. auf verdichteten Plankonten bzw. Plankosten- und -erlösarten zu planen. Häufig bieten sich hierfür die gebildeten Gruppen und Hierarchieebenen der Konten- bzw. Kosten- und Erlösartenhierarchie an, wie Abb. 3.59 am Beispiel von Beiträgen und Gebühren zeigt. Je nach Softwareprodukt lassen sich aber Konten- bzw. Gruppen nicht bebuchen. In diesem Fall ist die Einrichtung spezieller verdichteter Plankonten bzw. Plankosten- und -erlösarten notwendig. In der Praxis wird dann häufig auch eine Detailkostenart bzw. -konto für die Planung bestimmt. Aus Transparenzgründen ist jedoch die Einführung eines Planungsobjektes (Konto/Kosten-/Erlösart) zu empfehlen.

Sollte ein Vergleich auf diesen komprimierten Objekten nicht ausreichen, lassen sich die geplanten Werte auf die Detailobjekte z. B. nach stochastischen Regeln (z. B. wie in den Vorperioden) verteilen, so dass ein Plan-Ist-Vergleich auf den Detailobjekten stattfinden kann.

Ansonsten gelten für die Abstimmung der Planungs- und Reportinginhalte folgende Grundregeln:

- Strukturierung und Gliederung der Objekte sollte identisch sein.
- Selektions- und Filterkriterien sollten identisch sein.
- Gestaltung der Berichte und Planungsformulare sollten vom Layout her ähnlich sein.

3.11 Exemplarische Planungsgebiete

In den nachfolgenden Unterkapiteln werden für ausgewählte Planungsgebiete exemplarische Planungsformulare und -berichte gezeigt:

- Strategische Planung
- Absatz- und Umsatzplanung
- Ressourcenplanung
- Materialbewertungsplanung
- Personal-, Anlagen- und Kapazitätsplanung

3.11.1 Strategische Planung

Für die strategische Führung bietet sich inhaltlich die Balanced Scorecard an (vgl. Abschn. 2.2). Sie wird neben den klassischen Instrumenten der strategischen Planung, wie der SWOT-Analyse und der Portfolio-Technik, zur Strategiefindung und zum Strategieabgleich eingesetzt. Ergebnis der Strategiefindung ist die Festlegung der strategischen Ziele, der Risiken und die zur Erreichung notwendigen strategischen Projekte. Für die einzelnen Ziele werden Messgrößen und Vorgaben erfasst. Die Balanced Scorecards lassen sich dabei für die Geschäftsfelder und Regionalbereiche aufstellen, welche wiederum in den Produktbereichen bzw. in der Unternehmensgruppe zusammengeführt werden müssen. Für die Integration der strategischen und operativen/taktischen Planung werden für ausgewählte Spitzenkennzahlen Trends und grobe Vorgaben als Orientierungswerte für die operative Planung aufgestellt. Eine Balanced Scorecard, die mit der SAP-NetWeaver-Technologie dargestellt wurde, zeigt folgende Abb. 3.60. Hierbei werden die 4 Grundperspektiven der Balanced Scorecard mit ihren strategischen Zielen, Kennzahlen, Ist- und Vorgabewerten sowie Maßnahmen dargestellt.

3.11.2 Absatz- und Umsatzplanung

Die Absatzplanung der Außenumsätze ist die Basis für die Umsatzplanung. Sie werden in der Regel von den Key-Account-Mitarbeitern des Vertriebs für ihren zu verantwortenden Vertriebsbereich (z. B. nach Kunden- oder Produktgruppen oder Regionen) eingegeben.

Bei den vielen Produkten und unterschiedlichen Produktgruppen sind grundsätzlich bei der Planung sowohl bereits in Serie befindliche Produkte als auch Neuanläufe zu unterscheiden. Für neue Produkte werden sogenannte Referenzplanungen durchgeführt, die

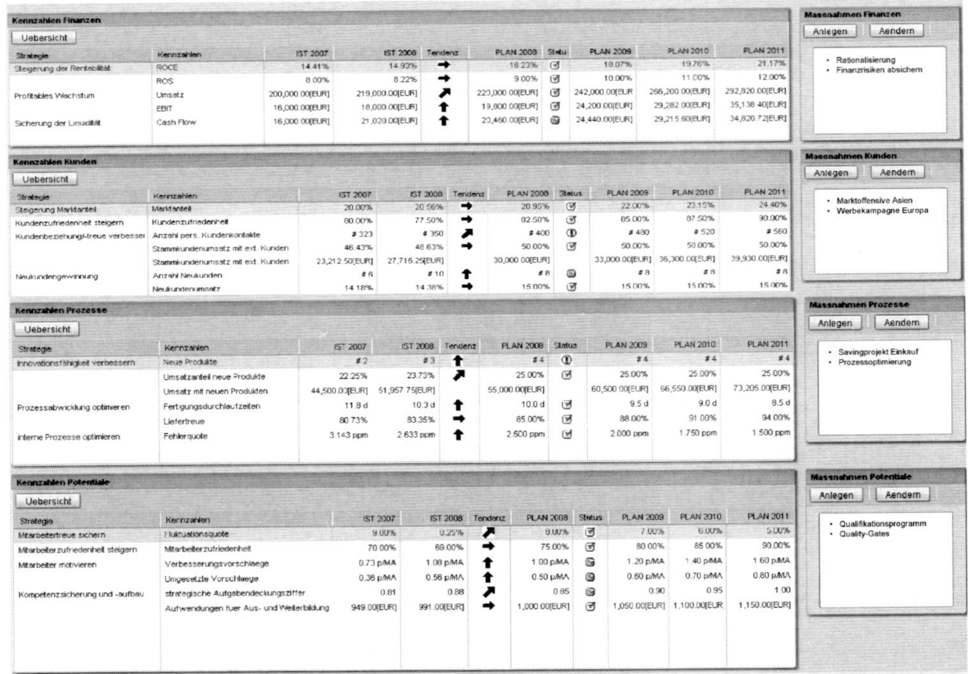

Abb. 3.60 Exemplarische Balanced Scorecard Planung mit SAP NetWeaver-Technologie[55]

in der Ressourcenplanung und Kostenstrukturermittlung herangezogen werden.[56] Für Referenzprodukte müssen demnach Mengen- und Zeitgerüste, z. B. in Form von Stücklisten und Arbeitsplänen oder Kalkulationsvorgaben angelegt werden.

Der Ablauf der Absatz- und Umsatzplanung erfolgt schrittweise, z. B. zuerst analytisch für die sicheren Auftragsbestände und Rahmenverträge, dann für die Angebote und sonstigen Verkaufschancen. In einem weiteren Schritt werden dann die restlichen laufenden Kundenbedarfe geplant. Hierfür nutzt man z. B. die Vorjahreswerte und verteilt stochastisch die restlichen Kundenbedarfe auf die Produkte bzw. Produktgruppen.

Für die verschiedenen Planungsschritte stehen sowohl einfache Fortschreibungs-, Umwertungs- und Aufteilungsfunktionen als auch Einzelplanungsmasken für die Planung zur Verfügung.

Über Produkt- und Kundengruppenhierarchien sowie weiteren Ergebnisobjektebenen, wie Werke, Verkaufsorganisationen und Buchungskreise, lassen sich Planungsfunktionen und Auswertungen sinnvoll selektieren. Dies erhöht die Performance und Akzeptanz der Planung und hilft Überschneidungen zu vermeiden.

[55] Entnommen aus Schön et al. (2010, S. 25).

[56] Vgl. hierzu Schön und Irmer (2010, S. 49–56).

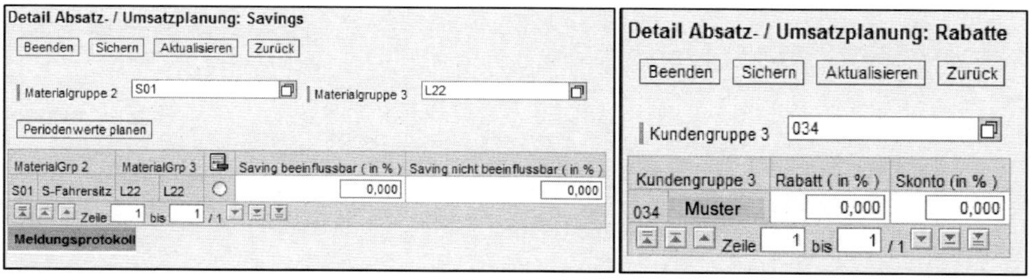

Abb. 3.61 Selektive Gruppenplanung von Preisveränderungen und Konditionen[57]

Nachdem die direkten Absatzmengen geplant wurden erfolgt die Umsatzplanung. Sie umfasst die Planung der Verkaufspreise und Vertriebsnebenerlöse (z. B. für Frachten, Verpackung und Amortisationserlöse). Damit die Umsatzplanung möglichst schnell und an den realen Bewertungsbedingungen gekoppelt ist, werden die einzelnen Preisbestandteile mit der gleichen Preisfindung bewertet, die auch im operativen ERP-System Anwendung findet. Somit ist bei ordentlicher Pflege der Stammdaten, die Bewertung automatisch und ohne großen Aufwand möglich. Der manuelle Pflegeaufwand in der Umsatzplanung beschränkt sich auf die Planung von erwarteten Preisveränderungen (z. B. Savings), Konditionen (Rabatte, Skonti etc.) sowie die Überplanung der automatisch ermittelten und vorgeschlagenen Konditionen (z. B. Brutto- bzw. Nettopreise, Ausgangsfrachten, Verpackung, Amortisationserlöse und die MwSt). Die Planung ist entweder global, selektiv nach ausgewählten Gruppen (vgl. Abb. 3.61) oder einzeln möglich (vgl. Abb. 3.62). Es kann jährlich, periodisch oder mit Verteilfunktionen in verschiedenen Planversionen geplant werden. Vorgabe- oder Ausgangswerte der Planung, wie z. B. Preise der ERP-Systeme, werden übernommen.

Für die spätere Integration der Finanzplanung, sind die von der Umsatzplanung abhängigen Forderungen und Umsatzsteuern zu ermitteln. Diese Plandaten werden nachfolgend für die Teilpläne Bilanz und Gewinn- und Verlustrechnung benötigt. Für die Integration in die Ergebnisplanung werden die Umsätze in den verfügbaren und angereicherten Ergebnismerkmalen (z. B. Materialgruppe, Kundengruppe, Business Unit, Profit Center, Verkaufsorganisation, Region) für die Ergebnisplanung zur Verfügung gestellt.

Die Intercompany-Umsätze (Innen-Umsätze) werden über die aufgelösten IC-Absatzmengen (aus der Ressourcenplanung) mit Hilfe einer iterativen Bewertung je Komponente automatisch ermittelt (vgl. Abschn. 3.11.3). Zur Identifizierung der IC-Preise ist es erforderlich, die Verbindung des sendenden und liefernden Werkes, sowie Konzernlieferanten- und -kundennummer zu identifizieren. Zur Bewertung sind zudem neben den automatisch ermittelten Herstellkosten, gemäß den im Konzern einheitlich geregelten Preisbildungsrichtlinien, IC-Zuschläge und Frachten zu berücksichtigen.

[57] Quelle: Schön und Irmer (2010, S. 52). Hierbei handelt es sich um eine Umsetzung mit dem BEx Web Application Designer von der SAP AG.

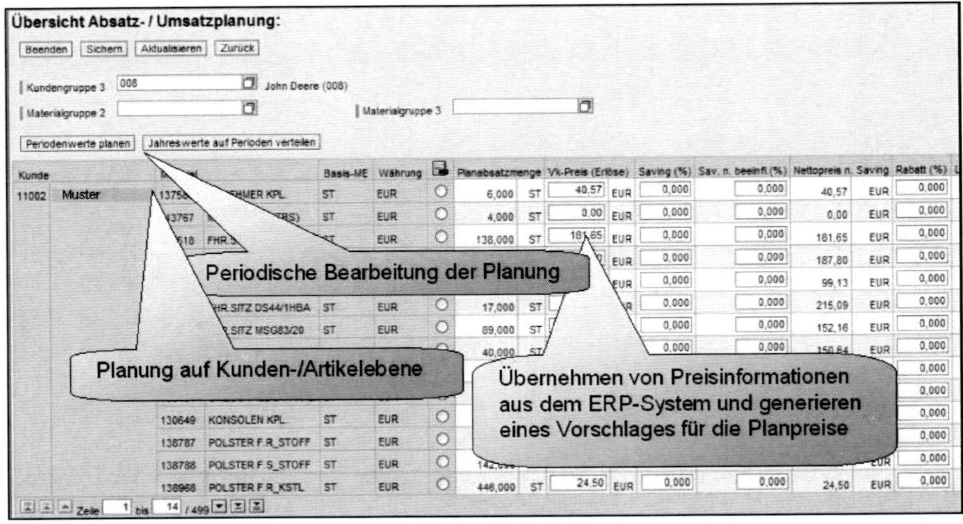

Abb. 3.62 Einzelbezogene Umsatzplanung auf Ebene Kunde/Artikel[58]

Um die Terminierung der Absatzmengen genauer zu bestimmen, werden sowohl die externen und die internen Absatzmengen unter Berücksichtigung der Routenplanung ermittelt.

3.11.3 Ressourcenplanung

Die Ressourcenplanung ist ein wichtiges Bindeglied für die nachgelagerten Planungsgebiete Einkaufspreis-, Personal- und Kapazitätsplanung. Die Ressourcenplanung umfasst die Planung der Rohstoff- und Komponentenmengen sowie die Planung der notwendigen Fertigungsleistungen der geplanten Absatz- bzw. Produktionsmengen. Dies sind zum einen die Materialbedarfsmengen für die Einkaufspreisplanung und zum anderen die Leistungsbedarfsmengen (Zeiten je Leistungsart) für den Kapazitätsbedarfsplan für fertigungsbezogenes Personal und für die eingesetzten Anlagen der Kostenstellen.[59]

Die Berechnung der Mengen- und Zeitgerüste der Absatzplanung erfolgt mit Hilfe der Strukturen zur Kalkulation (z. B. aus dem ERP-System), so dass auch hier eine Datenintegration und somit Planungssicherheit gewährleistet ist.[60] Für neue Produktplanungen werden Strukturen der Referenzkalkulationen herangezogen. Dabei müssen diese Kalkulationen dem inhaltlichen Aufbau einer Standardkalkulation entsprechen.

[58] Quelle: Schön und Irmer (2010, S. 52). Hierbei handelt es sich um eine Umsetzung mit dem BEx Web Application Designer von der SAP AG.

[59] Vgl. Schön und Irmer (2010, S. 49–56).

[60] Vgl. hierzu im Gegensatz den Ablauf in MRP-Systemen: Steven (2007, S. 235 ff.).

Im Gegensatz zu reinen Kostenstrukturplanungen erlaubt diese ressourcenbezogene Vorgehensweise einen transparenten Rückschluss auf Ressourcenbedarfe im Einkauf, beim Personal und den Anlagen (vgl. Abschn. 3.11.5). Dies ist ein entscheidender Wettbewerbsvorteil, da man viel schneller und präziser durch gezielte Ressourcenanpassung aufgrund sich ändernder Marktbedingungen reagieren kann. Das ist wichtig für die operative Planung, für den Forecast und für Simulationen und Szenarien.

Im Rahmen der Ressourcenplanung ist es notwendig, die Intercompany-Beziehung zu erkennen, um eine vollständige Sicht auf Umsätze und Kosten zu bekommen.

Sowohl die automatische Mengenermittlung (mehrstufige Auflösung) als auch die Preisermittlung der Intercompany-Teile (mehrstufige Aggregation) benötigt ein iteratives Vorgehen, für das eine leistungsfähige Funktionalität zur Verfügung gestellt werden muss.

Hinsichtlich der Kalkulationsbewertung sind verschiedene Simulationsschritte notwendig, die sukzessiv Planergebnisse zu unterschiedlichen Zeitpunkten ermöglichen. Durch das Laden aktuell verwendeter, also noch nicht geplanter, Einkaufskonditionen und Leistungstarife sind z. B. mengenbezogene Auswirkungen auf das Planergebnis sichtbar. Durch die Überleitung der Mengengerüste an die nachgelagerten Planungsgebiete „Materialbewertungsplanung und Leistungsbedarfsplanung" können weiterhin schrittweise die Preis- und Tarifstrukturen geplant und deren Auswirkung simuliert werden. Die Rückflüsse der Einkaufspreise aus der Materialbewertungsplanung und der neuen Tarife aus der Gemeinkostenplanung vervollständigen die Planpreisinformationen. Mit Hilfe der iterativen Kalkulationsermittlung und der Berücksichtigung der IC-Beziehungen sowie weiterer Kostenzuschläge, lassen sich die Herstellkosten für die Artikel sowie *für die IC-Komponenten* ermitteln.

Für diesen Planungsschritt wird kein Planungsformular benötigt, sondern es wird eine Planungsfunktion aus dem Planungsprozess angestoßen.[61]

3.11.4 Einkaufspreisplanung

Auf Basis der Ergebnisse aus der Ressourcenplanung erfolgt die Einkaufspreisplanung (Materialbewertungsplanung). Die Einkaufspreisplanung bewertet die aufgelösten Komponenten, Mengen und Rohstoffe der Ressourcenplanung mit Planpreisen, um so den geplanten Wareneinsatz zu ermitteln.[62]

Die Planung der Einkaufspreise erfolgt getrennt nach Rohstoffen und IC-Materialien. Der Prozess der IC-Preisplanung hat iterativ zu erfolgen, da Intercompany-Beziehungen stufenweise aufgelöst werden müssen, wie bereits im Rahmen der Ressourcenplanung beschrieben wurde (vgl. Abschn. 3.11.3). Für die Planung der Rohstoffe und zu beziehenden Teile können Planungsmasken genutzt werden, wobei ERP-Systempreise für diese Materialien als Vorschlagswerte im Planungsdialog übernommen und angezeigt werden.

[61] Vgl. hierzu Schön und Irmer (2010, Heft, S. 49–56).

[62] Vgl. Schön und Irmer (2010, S. 49–56).

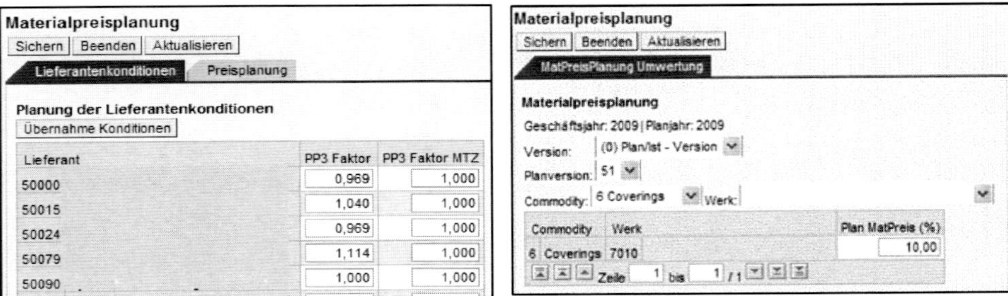

Abb. 3.63 Exemplarische Zuschläge in der Einkaufspreisplanung[63]

Hinsichtlich der Preisfindung im Einkauf sind verschiedene Wege einzuschlagen, wobei gilt, spezielle und aktuelle Preisinformationen werden vor allgemeinen Preisinformationen berücksichtigt. Die Preisinformationen können hierbei z. B. mit Hilfe der Materialstammsätze, der Orderbücher, den Einkaufsinformationssätzen, den Lieferplänen und den Rahmenverträgen des ERP-Systems abgeleitet werden.

Für die manuelle Materialpreisplanung sollte dem Planer eine geeignete Oberfläche (z. B. eine webfähige Planungsoberfläche) zur Verfügung gestellt werden. Über verschiedene Selektionsmöglichkeiten, wie Werk, Warengruppe, Commodity-Gruppe, Bewertungsklasse und Lieferant, kann der Planer seine Planungsobjekte einschränken. Für die darin eingeschlossenen Einzelmaterialien wird die Preisplanung durchgeführt. Der Planer bestimmt, ob der vorgeschlagene Preis in den Planpreis übernommen, oder ob er neu manuell gepflegt werden soll.

Für die Preisplanung bietet sich häufig ein gestuftes Vorgehen an (vgl. Abb. 3.63 und 3.64):

1. Zu-/Abschlag pauschal für einen Lieferanten, der auf Werk-Material-Preis-Kombinationen heruntergebrochen wird
2. Zu-/Abschlag pauschal für Warengruppe (Commodity) der auf Werk-Material-Preis-Kombinationen heruntergebrochen wird
3. Fester Planpreis für ein Material in allen Werken
4. Fester Planpreis für ein Material in einem Werk

Bei dem Planungsmodell und den Planungsmasken sind im Einkaufsbereich u. a. folgende Themen zu berücksichtigen: Eindeutige Ableitung der Preis- und Incoterm-Informationen, Nachbesserung der Preisfindungsfehler, Pflege der Stammdaten (Bewertungsklassen, Mengeneinheiten etc.), Währungsverwendung, Berechtigungskonzept, Handling in den Planungslayouts und die Behandlung von Staffelpreisen und Konditionen.

[63] Quelle: Schön und Irmer (2009, S. 296). Hierbei handelt es sich um eine Umsetzung mit dem BEx Web Application Designer von der SAP AG.

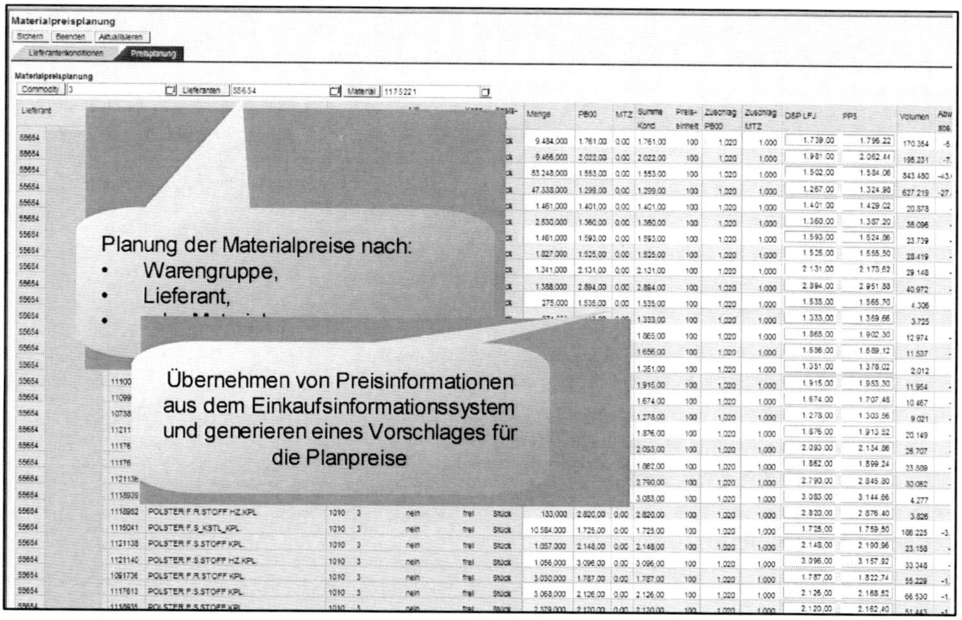

Planung der Materialpreise nach:
- Warengruppe,
- Lieferant,

Übernehmen von Preisinformationen aus dem Einkaufsinformationssystem und generieren eines Vorschlages für die Planpreise

Abb. 3.64 Detail-Planungsmaske für die Einkaufspreisplanung[64]

Hinsichtlich der Integration zu den Aktivitäten im ERP-Umfeld (Durchführung von Kalkulationen, Bewertungen, Preisverhandlungen), sind die im Rahmen der Materialpreisplanung ermittelten Materialpreise automatisch ins ERP-System zu retrahieren. Die Integration hinsichtlich abgestimmter Plan- und Steuerungsinformationen vermeidet damit in Zukunft zahlreiche kostspielige Fehlerquellen, wie z. B. falsche Kalkulationsgrundlagen für die Angebotspreisfindung.

Für die spätere Integration der Finanzplanung sind die von der Einkaufsplanung abhängigen Verbindlichkeiten und Vorsteuern zu ermitteln. Diese Plandaten werden in den nachfolgenden Teilplänen der Bilanz und der Gewinn- und Verlustrechnung benötigt.

3.11.5 Personal- und Anlagenplanung

Die Personalplanung kann mitarbeiterbezogen oder anonym auf Mitarbeiterkategorien erfolgen. Bei der mitarbeiterbezogenen Personalplanung basiert die Planung auf den Ist-Daten, die aus den Personalabrechnungssystemen auf Mitarbeiterebene extrahiert werden. Mit dem personenbezogenen Planungsmodell wird, im Gegensatz zu den auf Mitarbeiterkategorien basierenden Planungsansätzen, u. a. die Pflege von Tariftabellen vermieden.

[64] Quelle: Schön und Irmer (2010, S. 54). Hierbei handelt es sich um eine Umsetzung mit dem BEx Web Application Designer von der SAP AG.

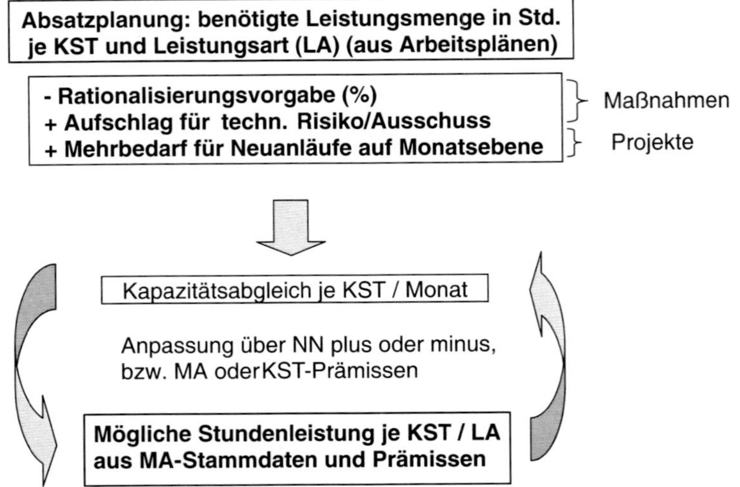

Abb. 3.65 Abstimmung der Personalplanung[66]

Über die zentrale Vorgabe von Planungsprämissen, wie z. B. Tariferhöhungen, Sozialbeiträge und Werkskalender, können diese Daten für jeden Buchungskreis bzw. Betriebsstätte für die Planperiode umgewertet werden. International tätige Unternehmen müssen die jeweils lokal geltenden Verhältnisse beachten. Rückstellungsrelevante Personalkostenbestandteile werden ebenso systemisch ermittelt, wie die Beiträge für den Arbeitgeberanteil. Alle Kosten werden auf den entsprechenden Konten verbucht. Über mitarbeiterbezogene Zuordnungen werden die richtigen Leistungsarten gefunden. Damit können später in der Kostenstellenrechnung die Plantarife ermittelt werden.[65]

Auf Basis der mitarbeiterbezogenen Personalplanung sind jetzt nur noch relevante Veränderungen zu planen, z. B. Umsetzungen, Befristungen, Einmalzahlungen und zusätzlicher Mitarbeiterbedarf. Abbildung 3.65 veranschaulicht die Funktionsweise der Personalplanung hinsichtlich der Abstimmung mit den Kapazitätsbedarfen, die in der Ressourcenplanung ermittelt wurden.

Auf der Ebene der einzelnen Mitarbeiter wird deren mögliche Leistung ermittelt und zum Leistungsangebot der Kostenstelle verdichtet. Der aus der Absatzplanung abgeleitete Mehr- oder Minderbedarf an Kapazität wird im Kapazitätsabgleich auf Ebene der Kostenstellen dargestellt. Die Anpassung der Kapazität erfolgt dann im Rahmen der Personalplanung anhand der Einstellung eines entsprechend bewerteten Mehr- oder Minderbedarfs an Mitarbeitern (ggf. anonym: NN = No Name). Weitere Alternativen zur Kapazitätsanpassung ergeben sich durch die Veränderung von mitarbeiter- oder kostenstellenbezogenen Prämissen, wie z. B. Leistungsgrade und Schichtmodelle. Exemplari-

[65] Vgl. Schön und Irmer (2007, S. 245–255; 2010, S. 49–56).

[66] Entnommen aus: Schön und Irmer (2009, S. 301).

Page1

Sichern | Beenden | Aktualisieren

Planjahr 2007 | Planversion 0 | Version Plan/Ist - Version (0)

Geschäftsjahr 2007 | Buchungskreis 6000 | Kostenstelle 6-1110

Prämissen | Zuordnung Planstellen | bearbeiten Planstellen | Abrechnungsdaten PLAST | Kostenstellenplanung | perio. Kostenstellenplanung | Reporting

Referenz-Planstelle 50032721

Planstelle generieren

IP Planstelle		Mitarbeiterkreis	IP Meisterbereich	IP Vertragsart		Zähler Köpfe	Entgeldgröße		IP von Datum	IP bis Datum
!	Team Speaker	10	I-LO	BCI	○	1,000	2.248,00	EUR	01.01.2007	30.06.2007
!	Team Speaker	10	I-LO	BCI	○	1,000	2.248,00	EUR	01.01.2007	31.12.2007
!	Team Speaker	10	I-LO	BCI	○	1,000	2.248,00	EUR	01.01.2007	31.12.2007
!	Team Speaker	10	I-LO	BCI	○	1,000	2.100,00	EUR	01.01.2007	31.12.2007
!	Order Picker	10	I-LO	BCI	○	1,000	2.100,00	EUR	01.01.2007	31.12.2007
!	Material handler	10	I-LO	BCI	○	1,000	2.200,00	EUR	01.01.2007	31.12.2007
!	Material handler	10	I-LO	BCI	○	1,000	2.100,00	EUR	01.01.2007	31.12.2007
!	Material handler	10	I-LO	BCI	○	1,000	2.120,00	EUR	01.01.2007	31.12.2007
!	Material handler	10	I-LO	BCI	○	1,000	2.120,00	EUR	01.01.2007	31.12.2007
!	Team Speaker	10	I-LO	BCI	○	5,000	2.500,00	EUR	01.07.2007	31.12.2007

Anzahl neue Zeilen: 1 | Hinzufügen

Abb. 3.66 Planungsformular Personalkostenplanung[67]

sche Planungsmasken bzw. Auswertungen der Personalkostenplanung zeigen die beiden Abb. 3.66 und 3.67.

In der Personalplanung sind sowohl die Kopfzahlen als auch die Personalkosten zu planen. Als Vorlage werden hierzu die Ist-Daten aus dem Personalabrechnungssystem auf Mitarbeiterebene extrahiert. Relevante Veränderungen, wie z. B. Umsetzungen, Befristungen, Einmalzahlungen, zusätzlichen Mitarbeiterbedarf und -freisetzungen können nun einfach ergänzt werden. Für die Personalkostenplanung und Tarifermittlung der Kostenstellen werden zudem generelle Informationen wie Tariferhöhungen und Sozialbeiträge zentral vorgegeben. Aus der Personalplanung lässt sich weiterhin das mögliche Leistungsangebot der Kostenstellen ermitteln, das im Kapazitätsabgleich zur Verfügung gestellt wird.

[67] Quelle Schön und Irmer (2007, S. 253). Hierbei handelt es sich um eine Umsetzung mit dem BEx Web Application Designer von der SAP AG.

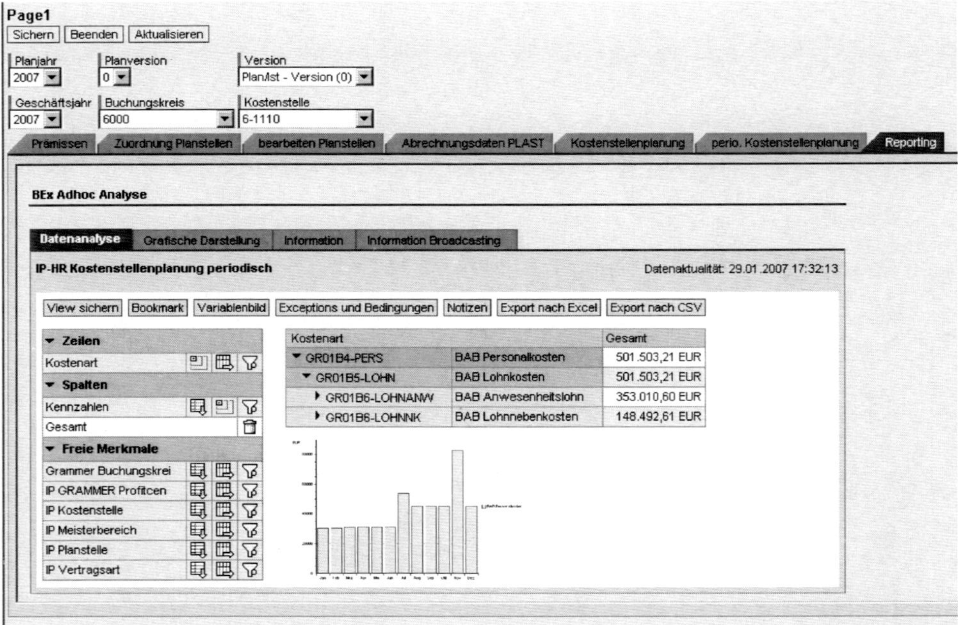

Abb. 3.67 Planungsauswertung Personalkostenplanung[68]

Im Rahmen der Datenintegration werden die Anlagen – Kapazitäten je Kostenstelle – aus dem ERP-System retrahiert. Die Darstellung der Kapazitäten erfolgt in Stunden je Leistungsart. Durch Multiplikation mit den Fertigungstagen wird hierbei gemäß Fabrikkalender pro Periode das Kapazitätsangebot je Kapazitätsart, z. B. Maschine, errechnet.

Die in der Ressourcenplanung ermittelten Kapazitätsbedarfe können z. B. durch manuelle Korrekturen und Mehrbedarfe angepasst werden (vgl. Abb. 3.68). Die Kapazitätsplanung gleicht schließlich das Kapazitätsangebot an Maschinenstunden mit den geplanten Bedarfen (Nachfrage) ab. Die Anpassung der Anlagenkapazität erfolgt, ähnlich wie bei der Personalplanung, entweder durch die Planung eines Mehr- oder Minderbedarfs an Anlagen oder durch die Veränderung der Kapazitäts- oder Kostenstellenprämissen (z. B. durch Veränderung der Schichtmodelle oder eine Leistungsgradanpassung). Zudem können Rationalisierungspotenziale und Mehrbedarfe für Neuanläufe geplant werden.

[68] Quelle: Schön und Irmer (2007, S. 254). Hierbei handelt es sich um eine Umsetzung mit dem BEx Web Application Designer von der SAP AG.

Kapazitätsplanung

Sichern | Beenden | Aktualisieren

KapaBedarf Anlagen | KapaBedarf Personal | KapaAngebot Anlagen

Planung Kapazitätsbedarf Anlagen

Werk 4010 Profit Center Kostenstelle 4-4651

Arbeitsplatz Leistungsart

Profit Center	Kostenstelle		Arbeitsplatz		Leistungsart	Buchungsperiode	Mengeneinheit	Kapa.-Bedarf	Kapa.-Bedarf Korr. %	Kapa.-Mehrbedarf	Kapa.Bedarf n.R.u.M.
#	4-4651	MOST Zuschneiden	51210	PKW STANZEN MOST	130	2	STD	130,458	0,00	0,000	130,458
						3	STD	143,512	0,00	0,000	143,512
						4	STD	127,217	0,00	0,000	127,217
						5	STD	120,858	0,00	0,000	120,858
						6	STD	127,217	0,00	0,000	127,217
						7	STD	146,297	0,00	0,000	146,297
						8	STD	38,172	0,00	0,000	38,172
						9	STD	139,944	0,00	0,000	139,944
						10	STD	139,944	0,00	0,000	139,944
						11	STD	133,563	0,00	0,000	133,563
						12	STD	76,341	0,00	0,000	76,341
Ergebnis	4-4651	MOST Zuschneiden						1.323,523	0,00	0,000	1.323,523

Abb. 3.68 Planungsformular Kapazitätsbedarf Anlagen[69]

Literatur und Quellen zum Kap. 3

Bauer, H.H. 1995. Marketing-Planung und -Kontrolle. In *Handwörterbuch des Marketing*, Hrsg. B. Tietz, R. Köhler, J. Zentes, 1653–1668. Stuttgart.

Bissantz & Company GmbH. http://www.bissantz.de/sparkmaker/beispiele.asp. Zugegriffen: am 12.05.2011.

Blumenschien, F., und R. Dick. 2004. Der integrierte Business Plan: Die Vernetzung von strategischer Zielplanung und operativer Erfolgs-, Finanz- und Ressourcenplanung. In *Handbuch Finanzmanagement in der Praxis*, Hrsg. R. Guserl, H. Pernsteiner, 659–678. Wiesbaden.

Cubeware Bildergalerie. http://www.cubeware.de/produkte/cubeware-portfolio/cubeware-cockpit-v6pro/galerie-cockpit-v6pro.html. Zugegriffen: am 20.07.11. http://www.cubeware.de/produkte/online-demo-cockpit-v6pro.html. Zugegriffen: am 20.07.11.

Denk, R., K. Merkelt-Exner, and R. Ruthner. 2008. *Corporate Risk Management*, 124. Wien.

Deyle, A. 2001. In *Soll-Ist-Vergleich, Erwartungsrechnung und Führungsstil*, 14. Aufl. Controller Praxis – Führung durch Ziele, Planung und Controlling, Bd. II, 31. Wörthersee-Etterschlag.

Egger, N., J.M. Fiechter, C. Rohlf, J. Rose, und S. Weber. 2005. *SAP BW Planung und Simulation*. Bonn.

Fischer, R. 2003. *Unternehmensplanung mit SAP SEM – Operative und strategische Planung mit SEM-BPS*. Bonn.

Frontline-Consulting: Tipps: Gestaltung von Präsentationsmedien. https://www.frontline-consulting.de/tipp-mediengestaltung.pdf. Zugegriffen: am 19.04.2011.

Gehringer, J., und W.J. Michel. 2000. *Frühwarnsystem Balanced Scorecard. Unternehmen zukunftsorientiert steuern; mehr Leistung, mehr Motivation, mehr Gewinn*, 28. Berlin.

[69] Quelle: Schön und Irmer (2010, S. 55). Hierbei handelt es sich um eine Umsetzung mit dem BEx Web Application Designer von der SAP AG.

Gleißner, W. 2000. Risikopolitik und Strategische Unternehmensführung. *Der Betrieb* 2000(33): 1625–1629.

Gleißner, W., und F. Romeike. 2005. *Risikomanagement*, 260. Planegg.

Godmode-trader. http://www.godmode-trader.de/nachricht/SOFTWARE-AG-wieder-im-Kaeufermarkt-Software, a2580092,b1.html. Zugegriffen: am 5.07.2011.

Göpfert, I. 2006. Berichtswesen. In *Wirtschaftslexikon*, Bd. 2, 692–702. Stuttgart.

Heigl, A. 1989. *Controlling – Interne Revision*, 2nd edn., 128. Stuttgart, New York.

Hein, A. 2011. prevero Unternehmen und Lösungen – Unternehmenssteuerung mit prevero, prevero Österreich GmbH Wien, Vortragsunterlagen, 38 ff. Wien.

Heuser, R., F. Günther, und O. Hatzfeld. 2003. *Integrierte Planung mit SAP – Konzeption, Methodik, Vorgehen*. Bonn.

Hichert, R. Hichert+Partner AG: Gestalten von Berichten und Präsentationen. 2008. http://www.hichert.com/de/_media/broschueren/broschuere_2008.pdf. Zugegriffen: am 15.07.2011, S. 1–17.

Hichert, R.; Hichert+Partner AG: Management Information Design – Damit Berichte etwas berichten. http://www.hichert.com/de/_media/broschueren/handout.pdf. Zugegriffen: am 15.07.2011, S. 1–29.

Horváth, P. 2008. *Controlling*, 11. Aufl., 229. München.

Kemper, H.G., H. Baars, und W. Mehanna. 2010. *Business Intelligence Grundlagen und Praktische Anwendungen*, 3. Aufl., 96. Wiesbaden.

Kilger, W. 1988. *Flexible Plankostenrechnung und Deckungsbeitragsrechnung*, 10. Aufl., 802. Wiesbaden. Überarbeitet von K. Vikas.

Köhler, R. 1993. *Beiträge zum Marketing-Management: Planung, Organisation, Controlling*, 3. Aufl., 21. Stuttgart.

Kommission der Europäischen Gemeinschaft (Hrsg.). 2001. *Grünbuch Europäische Rahmenbedingungen für die soziale Verantwortung der Unternehmen*, 7. Brüssel. KOM (2001) 366 endgültig.

Küpper, H.U. 2004. *Controlling – Konzeption, Aufgaben und Instrumente*, 4. Aufl., 171. Stuttgart.

Oehler, K. 2006. *Corporate Performance Management*, 27. München/Wien.

Poensgen, O.H. 1981. Break-Even-Analysis. In *HWR*, 2. Aufl., Hrsg. E. Kosiol, 303–313. Stuttgart.

QlikView-Demo Sales Analysis. http://demo.qlikview.com/QvAJAXZfc/opendoc.htm?document=Executive%20Dashboard.qvw&host=Demo10&anonymous=true. Zugegriffen: am 20.07.2011.

Reichmann, T. 2011. *Controlling mit Kennzahlen, Die systemgestützte Controlling-Konzeption mit Analyse- und Reportinginstrumente*, 8. Aufl., 550. München.

Reichmann, T. 2006. *Controlling mit Kennzahlen und Managementberichten*, 7. Aufl., 130. München.

SAP AG. BExMap, Beispiel Market Potential USA.

Schmidt-Volkmar, P. 2008. *Betriebswirtschaftliche Analyse auf Operationalen Daten*, 23. Wiesbaden.

Schön, D. 2003. Stichwortgruppe: Projekt-Controlling (ca. 100 Stichwörter). In *Vahlens Großes Controllinglexikon*, 2. Aufl., Hrsg. P. Horváth, T. Reichmann. München.

Schön, D. 2004a. Moderne EDV-gestützte Planning- und Reportingtools. In *19. Deutscher Controlling Congress, Tagungsband*, Hrsg. T. Reichmann, 287–337, Dortmund.

Schön, D. 2004b. Moderne Planungskonzepte und Reportingtools. In *19. Deutscher Controlling Congress, Tagungsband*, Hrsg. T. Reichmann, 287–337. Dortmund.

Schön, D., und R. Müller. Mittelstandscontrolling für Inhaber und Manager. In *25. Deutscher Controlling Congress, Tagungsband*, Hrsg. P. Horváth, T. Reichmann, 123–165. Dortmund.

Schön, D., J. Thünken, und A. Johanning. 2010. mit der Balanced Scorecard im SAP Visual Composer. In Controlling Magazin. *Strategische Planung* 35(5): 22–29.

Schön, D., V. Busch, und M. Diederichs. 2001. Chancen- und Risikomanagement in Unternehmen mit Projektgeschäft – Transparenz durch ein DV-gestütztes Frühwarninformationssystem. *Controlling* 13(7): 379–387.

Schön, D., und K.H. Irmer. 2010. Effiziente Steuerung mit Forecasting und Integrierter Unternehmensplanung bei der GRAMMER Gruppe. *Controlling* 22: 49–56.

Schön, D., und K.H. Irmer. 2007. Integrierte Unternehmensplanung bei der Grammer AG. *Controlling* 19(4): 245–255.

Schön, D., und Irmer, K.-H. 2009. Integriertes Planungssystem bei der Grammer AG. In *24. Deutscher Controlling Congress, Tagungsband*, Hrsg. T. Reichmann, 279–305. Dortmund.

Schön, D., M.J. Reinfelder, und M. Drozdzynski. 2011. Modernes Reporting im Mittelstand am Beispiel der Hemmelrath Lackfabrik GmbH. *ZfC* 5(4): 230–236.

Steven, M. 2007. *Handbuch Produktion*, 235. Stuttgart.

Tufte, E. http://www.edwardtufte.com/. Zugegriffen: am 12.05.2011.

Voß, S., und K. Gutenschwager. 2001. *Informationsmanagement*, 269. Berlin Heidelberg.

Warnick, B. 1992. Typische Funktionsumfänge der Standardsoftware zur Kosten- und Leistungsrechnung. In *Handbuch Kostenrechnung*, Hrsg. W. Männel, 1295–1307. Wiesbaden.

Organisation und Prozesse 4

Inhaltsverzeichnis

4.1 Organisatorische Einbindung

Für die Ausgestaltung der Planungs- und Reportinglösung ist die organisatorische Verankerung wichtig. Dies liegt vor allem an den unterschiedlichen Informationsbedarfen auf allen führungsverantwortlichen Ebenen des Unternehmens. Die Informationsanforderungen sind angefangen von den leistungserbringenden Stellen bis hin zum Top-Management sehr unterschiedlich. Bezüglich der organisatorischen Einbindung sind folgende Sachverhalte zu untersuchen:

- Unternehmensverbindungen
- Aufbauorganisation
- Adressaten (Empfänger)
- Ersteller (Sender)

4.1.1 Unternehmensverbindungen

Natürlich sind die Anforderungen von Konzernen eher für größere Unternehmen relevant. Aber auch viele größere mittelständische Unternehmen sind als Unternehmensgruppe or-

D. Schön, *Planung und Reporting im Mittelstand*, DOI 10.1007/978-3-8349-3604-2_4,

ganisiert und haben die gleichen Probleme bei der Abbildung der Verflechtungen in der Planung und im Reporting wie Konzernunternehmen (vgl. Abschn. 2.1).

Je nach Unternehmensverbindung ergeben sich spezielle Anforderungen an das Reporting und die Planung, die für die Unternehmensgruppe die Basis für die Konsolidierung aber auch für die Steuerung der Unternehmensgruppe sind.

Zu den Aufgaben der Konsolidierung gehören u. a.:[1]

- Die Kapitalkonsolidierung
- Die Konsolidierung von Forderungen und Verbindlichkeiten
- Die Konsolidierung von Erträgen und Aufwänden
- Korrektur- und Abschlussbuchungen

Zu den weiteren Aufgaben der Steuerung einer Unternehmensgruppe zählen u. a.:

- Cash-Pooling
- Beteiligungsreporting
- Unternehmensbewertung

Die Steuerung der Unternehmensgruppe ist bestimmt durch die Art der Holding. Sie entscheidet über die Detailtiefe der zu liefernden Informationen im Beteiligungsreporting und in der Beteiligungsplanung und greift mehr oder weniger stark in die strategische und operative Steuerung der Teilkonzerne, strategischen Geschäftseinheiten und Einzelgesellschaften ein. Als Konzerntypen werden hierbei die Finanz-Holding, die Strategische Holding und die Management-Holding unterschieden.

Die **Finanz-Holding** betrachtet die Beteiligungen größtenteils aus der Sicht einer Finanzinvestition und greift somit nicht direkt in die operative Steuerung der Beteiligungen ein, sondern führt eine wertorientierte Steuerung durch, bei dem die Zielerreichung monetärer Kennzahlen im Vordergrund steht. Kennzahlen zur Wertorientierten Unternehmensführung sind z. B. der Economic Value Added (EVA)[2] der Discounted Cash Flow (DCF) oder der Cash Flow Return On Investment (CFROI).[3] Planung und Reporting können in der Beziehung der Holding zu den Beteiligungen somit schlank gehalten werden und konzentrieren sich auf die wertorientierten Steuerungsgrößen.

Bei der **Strategischen Holding** wird der Einfluss des Konzerns auf die Beteiligungen größer. Neben der wertorientierten Steuerung bekommt besonders die strategische Steuerung im Konzernverbund einen hohen Stellenwert. Die strategische Zielausrichtung des Gesamtkonzerns wird über die Teilkonzerne bis hin zu den Einzelunternehmen herun-

[1] Vgl. Coenenberg (2000, S. 567 ff.).

[2] Der Economic Value Added (EVA) ist ein eingetragenes Warenzeichen der Stern Stewart & Co. Unternehmensberatung.

[3] Vgl. Stiefl und von Westerholt (2007), Hüllmann (2003), Coenenberg und Salfeld (2003), Rappaport (1986) oder Copeland et al. (2002).

Abb. 4.1 Einfluss der Holding-Art auf Planung und Reporting[4]

tergebrochen. Neben finanziellen Größen werden Kennzahlen anderer strategischer Zielbereiche, z. B. Vertrieb, Produktion, Prozesse und Ressourcen zur strategischen Steuerung herangezogen. Die Planung und das Reporting einer „Strategischen Holding" zu seinen Beteiligungen muss im Vergleich zur Finanzholding daher um die Verfolgung der strategischen Kenngrößen erweitert werden.

Die **Management-Holding** weitet die Steuerung bis auf die operative Ebene aus. Neben den strategischen Kennzahlen werden hier auch operative Kennzahlen bis zur Detailebene der Geschäftsfelder und Funktionsbereiche zur Steuerung herangezogen. Die Form der Management-Holding hat somit den größten Einfluss auf die Planung und das Reporting.

Abbildung 4.1 fasst die drei Grundformen der Holding und ihren Einfluss auf die Planung und das Reporting zusammen.

Um den Konsolidierungsanforderungen in der Planung und im Reporting gerecht werden zu können, müssen die Intercompany-Beziehungen und die strategischen Geschäftsfelder festgelegt werden. Ideal wäre, dass alle Plan- und Buchungssätze sich nach den Intercompany-Beziehungen, aber auch nach den Zuordnungen der strategischen Geschäftseinheiten (SGE), identifizieren lassen. Weiterhin müssen die Intercompany-Beziehungen und Geschäftsfelder auch auf höheren Verdichtungsebenen identifiziert und analysiert werden können. Häufig ist dies nicht so einfach, weil die Informationen über die Intercompany-Beziehung oder die Zuordnung zur strategischen Geschäftseinheit fehlt. Aus diesem Grunde müssen für diese Werte Intercompany-Regeln und Zuordnungsregeln angewendet werden, die sich aus einer Matrix der IC-Beziehungen und SGE-Zuordnungen ergibt. Wie schwierig dies bei Konzernen mit vielen Einzelgesellschaften sein kann, zeigt Abb. 4.2.

[4] Leicht abgeändert im Vgl. zu: Weber et al. (2008, S. 25).

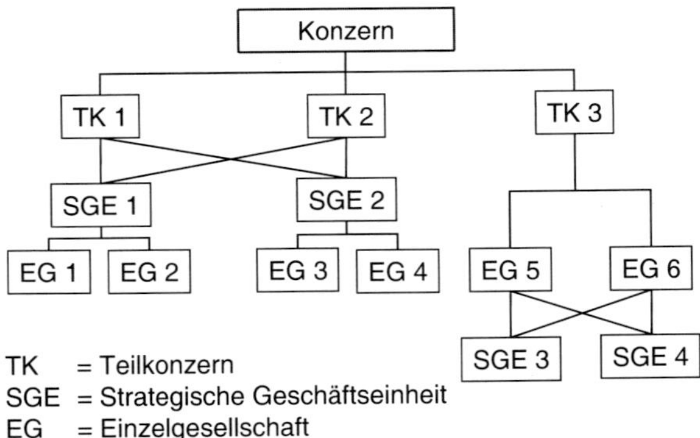

Abb. 4.2 Mögliche Konzernverflechtungen hinsichtlich SGE- und Gesellschaftsbeziehungen

In der Unternehmenspraxis gibt es alle denkbaren Konzernverflechtungen. Teilkonzerne umfassen z. B. mehrere Strategische Geschäftseinheiten. Nicht immer lassen sich Einzelgesellschaften den Strategischen Geschäftseinheiten eindeutig zuordnen. Bei den in der Praxis als „Zebra"-Gesellschaften bezeichneten Unternehmen ist dies am schwierigsten. Wie im gezeigten Beispiel umfassen die Gesellschaften 5 und 6 mehrere Strategische Geschäftseinheiten. Im Gegensatz zur reinen Intercompany-Beziehung müssen nun auch die SGE für die Konsolidierung identifiziert werden.

Eine weitere Grundvoraussetzung zur Planung und zum Reporting mit Intercompany-Beziehungen ist die Verwendung einheitlicher Strukturen vor allem der Stammdaten und Dimensionsausprägungen. Z.B. ist ein einheitlicher Konzernkontenplan, ein abgestimmter konzernumfassender Kostenstellen- und -trägerplan aber auch eine Vereinheitlichung der Artikel- und Materialstämme notwendig. Wie im Planungsgebiet der Absatz- und Umsatzplanung sowie der Ressourcenplanung bereits aufgezeigt wurde (vgl. Abschn. 3.11.2 f.), sind Innenumsätze, z. B. durch die Auslösung der Stücklisten bzw. Kalkulationsstrukturen, in der Gruppe zu identifizieren. Hier muss sichergestellt sein, dass die verwendeten Komponenten als IC-Teile identifiziert werden können. Zudem sind die Preise für IC-Verrechnungen zu kalkulieren und für die Bewertung heranzuziehen.

4.1.2 Aufbauorganisation

Die Grundformen der Aufbauorganisationen (funktional, divisional, regional, Matrix) haben einen wichtigen Einfluss auf die Gestaltung der Planung und des Reporting.

Bei einer **funktionalen Organisation** sind die Planung und das Reporting ausgehend vom Top-Management je Fachfunktion ausgerichtet (vgl. Abb. 4.3). Die großen Funktionsbereiche Vertrieb, Einkauf, Produktion und auch die kleineren Bereiche Logistik, Forschung und Entwicklung etc. benötigen dabei steuerungsrelevante Berichte und Kennzahlen zur Funktionsbereichssteuerung.

Abstimmende und koordinierende Berichte und Planungen hinsichtlich der funktionsbereichsübergreifenden Wertschöpfung fehlen häufig. Da z. B. ein Produktmanager, ein

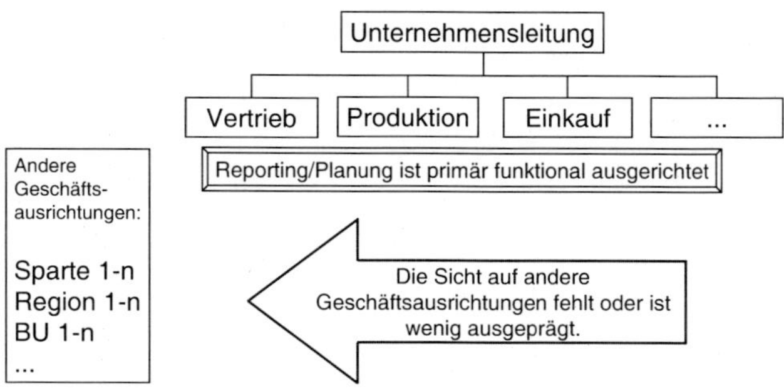

Abb. 4.3 Funktionale Organisation

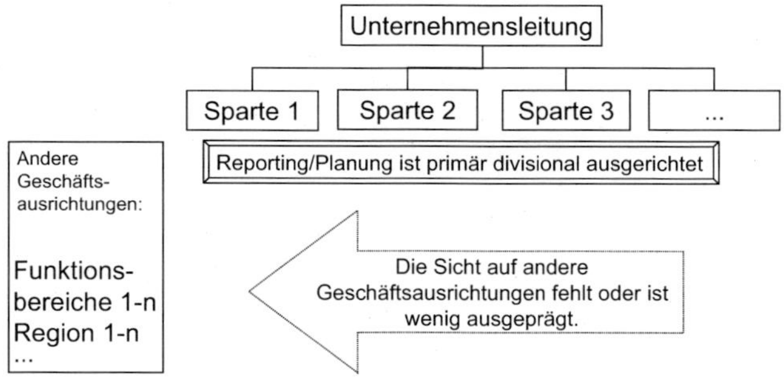

Abb. 4.4 Divisionale Organisation

Sparten- oder Business-Unit-Leiter fehlt, kommt hier das integrative, verzahnende Element zu kurz. Zudem fehlt die Sicht auf andere Geschäftsausrichtungen oder sie ist weniger stark ausgeprägt. Dies ist aber wichtig, da Veränderungen in den Geschäftsbereichen, Regionen etc. Auswirkungen auf die Funktionsbereiche nach sich ziehen, wenn z. B. Absatzmengen bestimmter Produkte sinken.

Bei einer **divisionalen Organisation** ist der Fokus der Planung und des Reporting vom TOP-Management auf die einzelnen Sparten, Geschäftsfelder oder Business-Units ausgerichtet (vgl. Abb. 4.4). Hier kommt die Verzahnung spartenübergreifender Funktions- und Zentralbereiche und die regionale Ausrichtung zu kurz. Die Steuerung der spartenübergreifend genutzten Ressourcen und Kapazitäten wird eher vernachlässigt.

Bei einer **regionalen Organisation** erfolgt die Ausrichtung der Planung und des Reporting auf die regionalen Einheiten, wie Niederlassungen und Geschäftsstellen. Ähnlich wie bei der spartenorientierten Organisation kommt die Verzahnung der übergreifenden Funktions- und Zentralbereiche zu kurz.

Ein wesentlicher Vorteil einer eindimensionalen Ausrichtung (primär funktional, regional oder divisional) besteht in dem niedrigen Abstimmungsaufwand. Bei einer vieldimensionalen Ausrichtung sind die Schnittstellen- und Abstimmungsanforderungen an das Reporting und die Planung deutlich höher. Nachteil einer eindimensionalen Ausrichtung

Abb. 4.5 Matrixorganisation

Matrix	*Divisional/Regional* Sparte 1	Sparte 2	...	Sparte n
	NL 1 ..n,	NL 1 ..n,	...	NL 1 ..n,
Funktional Vertrieb				
Einkauf				
...				

ist vor allem die fehlende oder reduzierte Berücksichtigung anderer Geschäftsausrichtungen, wie z. B. die Produktgruppen, die Kundengruppen oder die Regionen.[5]

Aufgrund der genannten Mängel der rein funktional, divisional oder regional ausgerichteten Unternehmen setzt sich in der Praxis mehr und mehr eine Matrixorganisation ggf. mit divisionaler/regionaler oder funktionaler Dominanz durch.[6]

Bei einer komplexen **Matrix-Organisation** wird eine entsprechende multidimensionale Ausrichtung des Reporting und der Planung für alle Sichten benötigt (vgl. Abb. 4.5). Produktmanager erhalten eine spartenbezogene Erfolgsrechnung. Der Vertriebsleiter benötigt die Gesamtsicht, um seine Ressourcen bestmöglichst spartenübergreifend lenken zu können.

Hierdurch bekommt das abstimmende und koordinierende Element sowohl in der Planung als auch im Reporting einen höheren Stellenwert.

Die Berichterstellung ist idealerweise zentral organisiert (z. B. übernimmt das Controlling die fachliche Verantwortung und die IT die technische Verantwortung) und sollte möglichst standardisiert und automatisiert erfolgen.

Die Berichtsanalyse und Kommentierung erfolgt vorbereitend mit der Unterstützung des hierfür zuständigen Controlling, je nach Organisationsform zentral oder dezentral zugeordnet. Das Controlling unterbreitet hier zudem auch Vorschläge für Maßnahmen und hilft bei der Entscheidungsfindung. Die Verantwortung der Analyse, Kommentierung und Steuerung trägt die verantwortliche Führungskraft in ihrer Fachfunktion aber selber.

Die Controlling-Organisation als maßgebliche fachliche Instanz für Planung und Reporting folgt i. d. R. der Führungsorganisation der Unternehmung.[7] Das Controlling ist häufig fachlich und weisungsgebunden der kaufmännischen Unternehmensleitung unterstellt. Während in größeren Unternehmen häufig zentrale und dezentrale Controlling-Abteilungen in der Unternehmensorganisation verzahnt eingebunden sind, ist in mittelständischen Betrieben häufig nur eine Stabsstelle eingerichtet, die als Servicebe-

[5] Vgl. Gleich und Temmel (2008, S. 84–87).

[6] Vgl. Freese (2005, S. 445).

[7] Vgl. Weber et al. (2001, S. 8).

reich die Reporting- und Planungsfunktionen der Unternehmung zentral unterstützt. Bei kleineren mittelständischen Unternehmen werden die kaufmännischen Servicebereiche Finanzen, Rechnungswesen und Controlling auch häufig unter einer Abteilung geführt, so dass z. B. das Controlling als Teilaufgabe des betrieblichen Rechnungswesens etabliert ist. Eine eigene Controlling-Abteilung existiert in diesen Fällen gar nicht im Organigramm. Aus diesem Grunde sind auch die Personalressourcen für Aufgaben des Controlling knapp. Es fehlt fachliches betriebswirtschaftliches Know-how und geeignete DV-Werkzeuge, wie Business Intelligence, sind selten etabliert. Aus diesem Grunde empfiehlt sich der punktuelle Einbezug von Experten-Know-how von außen.

Aufgrund der vielen kommunikativen und koordinativen Aufgaben beim Aufbau eines Planungs- und Steuerungssystems mit einem Data Warehouse und der Komplexität von Business-Intelligence-Projekten wird verstärkt von Seiten der Wirtschaftsinformatik empfohlen, ein BI Governance Committee als Lenkungs- und Entscheidungsgremium für Business Intelligence und einen separaten BI Competence Center (BICC) als separate BI-Organisation im Unternehmen zu verankern. Dass BICC soll dabei als Schnittstelle zwischen IT, Controlling, Fachbereichen und Management hinsichtlich Business Intelligence fungieren.[8] Dies ist m.E. eine idealtypische Vorstellung, da insbesondere im Mittelstand die Personalressourcen knapp und die Organisationsstrukturen schlank sind. Im Idealfall sollte im Sinne des **„simultaneous engineering"** ein BI-Team mit Vertretern aus den Bereichen Controlling, IT und den Fachbereichen diese Aufgaben übernehmen, ohne dass eine neue Institution in der Organisation verankert werden muss. Ein Vertreter des Controlling bietet sich für die Leitung eines solchen BI-Teams an, da die Controlling-Institution bereits die koordinativen und kommunikativen Aufgaben für das Planungs- und Steuerungssystem im Unternehmen übernimmt und die Fachbereiche und das Management hinsichtlich ihrer inhaltlichen Anforderungsprofile unterstützt. Die IT ist ein unerlässlicher Part in diesem Team, um vor allem die technischen Fragestellungen zu lösen.

4.1.3 Führungsstil

Im Rahmen der Mittelstandsdiskussion im Abschn. 2.1 wurde bereits aufgezeigt, dass inhaber- bzw. familiengeführte Unternehmen tendenzmäßig ein nicht so umfangreiches Reporting- und Planungssystem aufbauen wie managementgeführte Unternehmen. Dies liegt vor allem an den kürzeren Entscheidungswegen bei inhaber- und familiengeführten Unternehmen und an der Führungskonzentration auf wenige Personen. Bei managementgeführten Unternehmen hat das Reporting und die Planung einen höheren Stellenwert, da die Organisationsstrukturen und Entscheidungswege häufig komplexer sind und das Reporting u. a. auch zur Dokumentation und Absicherung der Zielerreichung über das erfolgreiche Handeln der Manager gegenüber den Eigentümern dient.

[8] Vgl. Kemper et al. (2010, S. 189 ff.).

Weiterhin sind sowohl bei inhaber- als auch bei managementgeführten Unternehmen unterschiedliche Führungsstile vorhanden, die ebenfalls einen Einfluss auf das Reporting und die Planung besitzen.

In den durch das IfM Bonn wissenschaftlich begleiteten MIND-Studien im Jahr 2004 wurden spezifische stilistische Führungstypen für den Mittelstand herausgearbeitet.[9] Hierbei wurde anhand von 1,6 Mio. Inhabern und geschäftsführenden Gesellschaftern die Persönlichkeit der Führungskräfte analysiert. Als Ergebnis der Studie wurden vier grundlegende Typen herausgearbeitet: der Stratege, der Macher, der Pragmatiker und der Patriarch.[10]

Der **Stratege** ist geprägt durch eine gute Ausbildung, durch professionelles Management und seinen Willen eigene Ideen umzusetzen, z. B. erfolgversprechende Marktnischen zu besetzen. Er ist häufiger in größeren mittelständischen Betrieben anzufinden, in denen mehrere Geschäftsfelder existieren und in denen er seine Innovationsideen umsetzen kann. Zur Analyse und Kontrolle seiner strategischen Maßnahmen benötigt er tendenziell ein ausgeprägtes Reporting und eine detaillierte Planung.

Der **Macher** zeichnet sich durch eine gute Ausbildung, zumeist in technischen Berufen oder in einem anderen Fachgebiet, aus. Er sieht seine Stärken in der direkten Umsetzung seiner Ideen, die tendenzmäßig eher nicht durch detaillierte Pläne und Berichte abgesichert werden.

Die **Pragmatiker** sind eher in kleinen Betrieben z. B. im Handwerk zu finden. Sie sind darauf aus, ihr bestehendes Geschäft solide abzuwickeln und weniger dadurch geprägt, neue Geschäftsideen umzusetzen. Reporting und Planungsaufgaben konzentrieren sich daher auch tendenzmäßig eher um die Abbildung der zentralen Inhalte des Geschäfts und sind nicht übermäßig ausgeprägt.

Der **Patriarch** ist häufig in inhaber- bzw. familiengeführten Unternehmen zu finden, wobei dieser klassische Unternehmer sich dadurch auszeichnet, dass er seine Entscheidungen im Wesentlichen alleine trifft. Er hat häufig den Betrieb selbst aufgebaut oder ihn von der vorherigen Generation übernommen, so dass er das Umfeld und die Geschäftsprozesse sehr gut kennt. Hierdurch ist er auch nicht auf ein ausgeprägtes Berichtswesen und eine detaillierte Planung angewiesen.

Eine weitere Unterscheidung des Führungsstils kann in Verbindung mit der Einbindung weiterer Führungskräfte in den Steuerungsprozess des Unternehmens getroffen werden. Hier sind der autoritäre und der kooperative Führungsstil zu unterscheiden.

Beim **autoritären Führungsstil** werden tendenziell Ziele und Vorgaben für die ausführenden Bereiche und verantwortlichen Personen gesetzt. Entscheidungen werden alleine getroffen und mitgeteilt. Die Zielerreichung wird regelmäßig kontrolliert und bei Nicht-Erreichen erfolgen Sanktionen. Die Planung erfolgt in diesem Fall Top-Down wobei die dezentralen Bereiche die Planvorgaben zu akzeptieren haben. Das Reporting ist stärker auf die Kontrollfunktion ausgerichtet.

---

[9] Die Abkürzung MIND steht für den Mittelstand in Deutschland.

[10] Vgl. IfM 2009, S. 58; Schweinsberg, (2006 S. 64).

Der **kooperative Führungsstil** zeichnet sich dadurch aus, dass dezentrale Bereiche und dezentral verantwortliche Personen mit in den Steuerungsprozess eingebunden werden. Die Planungen erfolgen im Gegenstromverfahren, so dass Top-Down-Vorgaben durch Bottom-Up-Planungen konkretisiert und ggf. abgeändert werden können. Das Berichtswesen dient sowohl der Analyse, Steuerung und Kontrolle der gemeinsam abgestimmten Ziele.

4.1.4 Beteiligte

Die Beteiligten in der Planung und im Reporting werden einerseits nach den Adressaten bzw. den Empfängern und den Sendern bzw. Erstellern und Koordinatoren unterschieden, deren unterschiedliche Position und deren Verbindung in den nächsten beiden Kapiteln im Vordergrund steht. In der DV sind für alle Beteiligten adäquate Berechtigungen bzw. Rollenprofile zu bilden und zuzuordnen (vgl. hierzu Abschn. 5.5.3).

4.1.4.1 Adressaten/Empfänger

Bei den Empfängern von Planergebnissen und Berichten lassen sich **externe Adressaten** (z. B. Shareholder, Kunden, Lieferanten, Gläubiger, Gesetzgeber, Börsenaufsicht) und **interne Adressaten** (z. B. Management, Controlling, Führungskräfte, Abteilungsleitung, Projektleiter) unterscheiden. Aufgrund der Akzeptanz und besseren Steuerungsmöglichkeit mit den Informationen sollten im Rahmen der Informationsbedarfsanalyse (vgl. Abschn. 4.2.1.2) konsequent alle Adressaten berücksichtigt werden. Neben der Informationsbedarfsanalyse in der Einführungsphase sind die Empfänger vor allem in folgenden Prozessen involviert: Test der DV-Lösungen in der Phase der DV-Implementierung (vgl. Abschn. 4.2.1.6), Informationsanalyse und Steuerung (vgl. Abschn. 4.2.3.4), die Planungsdurchführung und -genehmigung (vgl. Abschn. 4.2.2.3 und 4.2.2.4) und die Qualitätssicherung der Informationsbedarfe (vgl. Abschn. 4.2.4.1).

Die Adressaten stehen dabei nicht alleine und isoliert für sich, sondern es besteht eine **partnerschaftliche** (z. B. gleichberechtigte Abteilungsleiter) und häufig auch **hierarchische Beziehung** zwischen den Adressaten, in der Detail- und Gesamtverantwortlichkeit aufeinandertreffen. Vor allem bei den internen Adressaten reicht die hierarchische Beziehung von der Top-Managementebene bis zu den niedrigsten Führungsebenen im Unternehmen und deren Mitarbeiter. In der Abb. 4.6 ist dies am Beispiel von Niederlassungs- und Abteilungsleitungen dargestellt.

Es besteht eine Art Vertragsbeziehung wie zwischen Auftraggeber und Auftragnehmer, hier nur zwischen dem Sender (Verantwortliche und operierende Instanz) und dem Empfänger (Kontroll- und Steuerungsinstanz). In der Hierarchie der Führungsebenen werden dabei vereinbarte Inhalte im Rahmen der Planung und des Reporting erstellt und analysiert, um hieraus steuerungsrelevante Maßnahmen und Entscheidungen abzuleiten. Hierbei werden die Inhalte auf jeder höheren Führungsebene immer komprimierter dargestellt, um so eine steuerungsadäquate Transparenz zu gewährleisten. Dies bedeutet aber

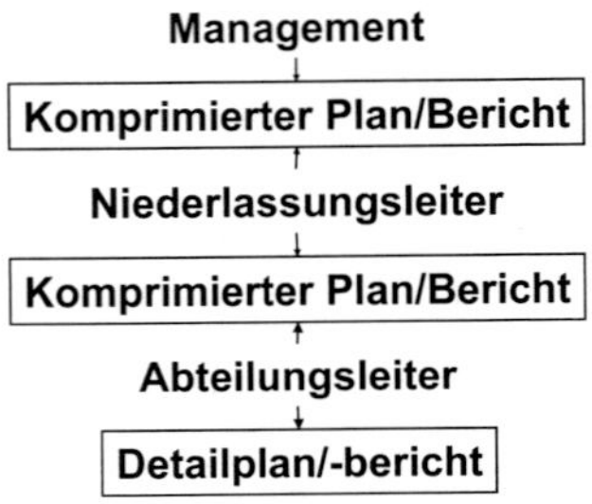

Abb. 4.6 Hierarchische Beziehung im Unternehmen

nicht, dass Detailinformationen verloren gehen oder nicht zugänglich sind. Bei Bedarf eine Top-Down-Analyse bis zur detailliertesten Information durchgeführt werden.

Die Divergenz der Verantwortung zwischen steuerungsrelevanten Ergebnisobjekten und den verantwortlichen Berichts- bzw. Planungsempfängern lässt sich in vier Fälle differenzieren:[11]

Volle Übereinstimmung: Das Steuerungsrelevante Ergebnisobjekt hat einen eindeutigen verantwortlichen Planungs- bzw. Berichtsempfänger. (Beispiel der Produktmanager verantwortet die zugeordneten Produktgruppen)

Teilweise Übereinstimmung: Nur ein Teil der steuerungsrelevanten Ergebnisobjekte hat einen eindeutigen verantwortlichen Planungs- bzw. Berichtsempfänger. (Beispiel: Der Produktmanager verantwortet die zugeordneten Produktgruppen, die in verschiedenen Regionen verkauft werden, aber die Regionen, in der die Produkte vertrieben werden, werden nicht von ihm und auch nicht von einem Regionalmanager verantwortet.) In diesem Fall ist entweder das nicht zugeordnete Ergebnisobjekt einem oder mehreren Verantwortlichen zuzuordnen. Im letzten Fall können die verschiedenen Produktmanager das Ergebnisobjekt Region über die Auswertungssicht Region steuern.

Keine Übereinstimmung: Es gibt keine Übereinstimmung zwischen dem steuerungsrelevanten Ergebnisobjekt und dem verantwortlichen Berichtsempfänger. (Beispiel: Der Materialbeschaffungsprozess hat keinen speziell zugeordneten Verantwortlichen. Aufgrund der funktionalen Organisationsausrichtung sind an dem Prozess der Einkauf, die Qualitätssicherung und die Warenannahme beteiligt.) Auch hier bietet es sich an, das nicht zugeordnete Ergebnisobjekt einem oder mehreren Verantwortlichen zuzuordnen.

Mehrfache Verantwortung: Das steuerungsrelevante Ergebnisobjekt hat mehrere verantwortliche Berichtsempfänger. (Beispiel: In einer Matrixorganisation haben Produkt- und Servicemanager das Ergebnisobjekt Produkt in der gemeinsamen Verantwortung. Hier bietet es sich an, das zugeordnete Ergebnisobjekt so abzugrenzen, dass die verantwortlichen Bereiche Verkaufs- und Produktergebnis sowie Ergebnis aus Service und Wartung) getrennt werden.

[11] Vgl. Gräf und Nase (2008, S. 47).

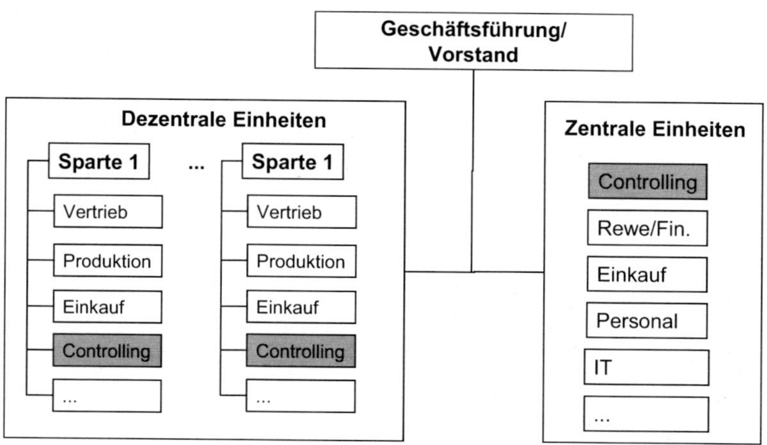

Abb. 4.7 Controlling in größeren (mittelständischen) Unternehmen

4.1.4.2 Sender/Ersteller und Koordinatoren

Ein unkoordiniertes Berichtswesen und eine unkoordinierte Planung zeichnen sich dadurch aus, dass sowohl die dezentralen und zentralen Einheiten ihre Berichte und Planungen unabhängig voneinander erstellen und an die vorgelagerten Führungsebenen, z. B. Spartenleitung, Funktionsbereichsleitung oder das Management weiterleiten. Diese Vorgehensweise ist nicht zu empfehlen, da die verteilten Erstellungsprozesse aufwändiger und fehleranfällig sind.

Aus diesem Grund empfiehlt es sich, als koordinative Institution für die Planung und das Reporting das Controlling zu nutzen. Es sollte hierbei alle Prozessschritte sowohl bei der Einführung, bei der kontinuierlichen Durchführung als auch bei der Pflege und Qualitätssicherung (vgl. Abschn. 4.2) begleiten. Bei einer größeren (mittelständischen) Unternehmung stimmen sich die dezentralen Bereiche mit ihrem dezentralen Controlling und der dezentralen Leitung ab. Weiterhin erfolgt eine Abstimmung der dezentralen Controlling-Bereiche mit dem Zentralcontrolling. Die zentralen Bereiche stimmen sich ebenfalls mit dem zentralen Controlling ab. Das Management bekommt hinsichtlich der Koordination und Abstimmung der Daten somit eine zentrale Institution als Ansprechpartner (vgl. Abb. 4.7).[12]

Das Controlling übernimmt aber nicht die Verantwortung der Plandaten bzw. der realisierten Berichtsergebnisse. Diese behalten die dezentralen und zentralen Führungskräfte in ihren jeweiligen Fachfunktionen. Das Controlling unterstützt die Führungskräfte bei der Planung, der Berichterstellung, der Berichtsanalyse und der Kommentierung und hilft somit als betriebswirtschaftlicher Sparringspartner und Berater bei der Entscheidungsunterstützung.[13]

[12] Vgl. Weber et al. (2008, S. 50).

[13] Vgl. Weber et al. (2006, S. 44).

Bei kleineren (mittelständischen) Unternehmen wird die Aufgabe des Controlling häufig nur durch eine Person oder einige wenige Personen übernommen (vgl. Abschn. 2.1), die z. B. dem Rechnungswesen zugeordnet ist. In diesem Fall erfolgt die Koordination durch die *Controlling*-ausführende Stelle.

Eine wichtige Rolle im Rahmen der technischen Versorgung der fachlichen Informationsanforderungen kommt der IT-Abteilung zu. Das Controlling koordiniert die inhaltlichen und fachlichen Anforderungen und kommuniziert diese an die IT, die für die technische Implementierung und Pflege zuständig ist. Technische Rückfragen, z. B. hinsichtlich der Datenquelle, Schnittstellenanbindung, gewünschter Reportingumsetzung, werden im Dialog zwischen IT, Controlling und Fachabteilung gelöst.

4.2 Prozesse

Aus prozessorientierter Sicht fallen für die Planung und für das Reporting verschiedenste Aufgaben an. Hierbei sind der Einführungsprozess, der zyklische Planungs- bzw. Reportingprozess und der Qualitätssicherungsprozess zu unterscheiden (vgl. Abb. 4.8).

Der **Einführungsprozess** wird beim erstmaligen Aufbau eines Planungs- und Reportingsystems in einem z. B. neu gegründeten Unternehmen benötigt oder kommt dann zum Einsatz, wenn eine Unternehmung beabsichtigt, die bisherige Planung und das bisherige Reporting aufgrund von größeren Mängeln komplett bzw. in größerem Umfang neu zu gestalten. Da sich der Einführungsprozess für Planungs- und Reportingsysteme durchaus ähnelt, werden in den folgenden Kapiteln nur an den Stellen Planungs- und Reportingaufgaben besonders hervorgehoben, wo es bedeutsame Unterschiede gibt.

Der **zyklische Durchführungsprozess** beinhaltet die eigentliche Ausführung der Planung sowie den regelmäßigen Reportingprozess im Unternehmen. Da der zyklische Prozess der Planung und des Reporting deutliche Unterschiede aufweist, erfolgt die Darstellung in getrennten Abschnitten.

Der **Qualitätssicherungsprozess** dient der kontinuierlichen Verbesserung und notwendigen Anpassung der inhaltlichen, organisatorischen, prozessbezogenen und DV-technischen Anforderungen in der Planung und im Reporting. Der Qualitätssicherungsprozess für Planungs- und Reportingsysteme ähnelt sich in vielen Teilen, so dass die Darstellung wieder zusammen erfolgt und nur dort Inhalte hervorgehoben werden, wo es bedeutsame Unterschiede gibt.

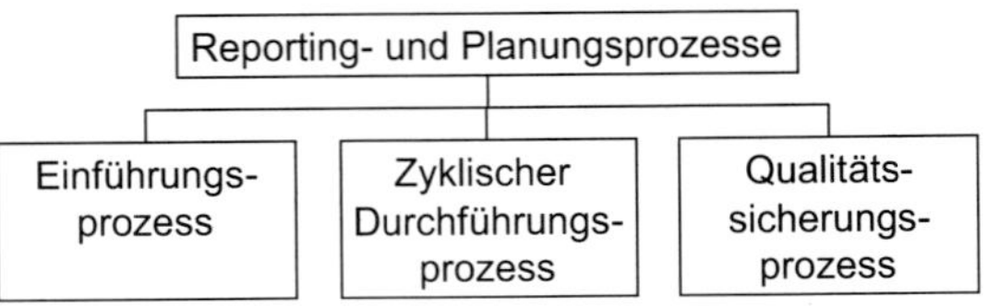

Abb. 4.8 Prozesse der Planung und des Reporting

- Festlegung der Rahmenbedingungen
- Informationsbedarfs- und Ist-Analyse
- Best-Practice-Abgleich
- Blueprint
- Soll- bzw. Fachkonzept
- DV-Auswahl
- DV-Konzept
- DV-Implementierung
- Coaching/Schulung

Abb. 4.9 Einführungsprozess für die Planung und das Reporting

4.2.1 Einführungsprozess

Der Einführungsprozess ist aufgrund seiner Komplexität in Form eines Projektes mit verschiedenen Phasen einzuteilen. Eine mögliche Phaseneinteilung zeigt Abb. 4.9.

4.2.1.1 Festlegung der Rahmenbedingungen

Wenn ein Unternehmen beabsichtigt ein neues Reporting- oder Planungssystem einzuführen, sollte man die Terminierung des Produktivstarts im Blick haben. Bei Reportingprojekten empfiehlt es sich, das neue Reportingsystem zum Wechsel eines Wirtschaftsjahres produktiv zu stellen und Altsysteme abzulösen. Dies ist vor allem deswegen vorteilhaft, da die Jahresabschlussbuchungen im alten System abgeschlossen und die Datenübergabe (z. B. Saldenüberträge) zum Start des neuen Wirtschaftsjahres erfolgen kann. Alle Buchungen des neuen Geschäftsjahres erfolgen dann im neuen System.

Bei Planungsprojekten sollte zum Starttermin der Budgetplanung (meistens Mitte/Ende des 3. Quartals des Wirtschaftsjahres) das Einführungsprojekt abgeschlossen sein, um mit dem neuen Planungssystem starten zu können. Für das Einführungsprojekt ist eine entsprechende Projektlaufzeit mit Pufferzeiten einzuplanen.

Zu Beginn des Projektes sollten im Rahmen der Projektvorbereitung folgende Rahmenparameter festgelegt werden.

- Projektleitung
  Idealtypisch sollte der Projektleiter jemand sein, der sich möglichst breit mit dem Thema Reporting und Planung auskennt und der starke kommunikative Kompetenzen besitzt, um die vielen Projektbeteiligten zu koordinieren. Ein Leitungsteam bietet sich bei größeren Projekten an, in dem spezielle Fachverantwortlichkeiten aufgeteilt werden (z. B. IT und Controlling). Im Leitungsteam ist ein Projektleiter (Sprecher) zu bestimmen.
- Lenkungsausschuss
  Der Lenkungsausschuss dient als Kontrollgremium für die Abnahme der im Projektplan definierten Ziele der einzelnen Projektschritte sowie des Gesamtergebnisses. Er wird häufig durch das Management geprägt, kann aber auch aus anderen Personen bestehen oder ergänzt werden. Ohne Lenkungsausschuss besteht die Gefahr der Zielverfehlung aber auch der unwirtschaftlichen Abwicklung des Projektes.

- Projektteam
  Zu dem Projektteam gehört neben dem Projektleiter bzw. der Projektleitung auf alle Fälle der Hauptverantwortliche für das Reporting bzw. die Planung. Diese Aufgabe fällt meistens dem Controlling zu. Weiterhin sind wichtige Berichts-/Planungsadressaten für das Projektteam zu gewinnen, weil sie maßgeblich für die Informationsbedarfsermittlung im Projektteam benötigt werden. Je größer die Anzahl der Berichtsadressaten ist, desto eher empfiehlt es sich, Berichtsadressaten in geeigneten Arbeitsgruppen zu bündeln, deren Sprecher dann Mitglied des Kernteams ist. Die Mitglieder der Arbeitsgruppe gehören dann zum erweiterten Projektteam und werden bedarfsweise im Projekt hinzugezogen.

Aufgrund des häufig fehlenden übergreifenden Know-hows über moderne Planungs- und Reportingsysteme und deren Ausgestaltung bietet es sich an, externe Beratungskräfte in den Prozess und im Projektteam einzubinden.

- Projektplan
  Im Projektplan sind folgende Unterpunkte zu definieren und ggf. im Projektverlauf anzupassen:
  - Arbeitspakete und Projektschritte (Vorgänge) mit Meilensteinen
  - Termine
  - Verantwortlichkeiten
  - Ressourcen
  - Finanzen

Weiterhin ist das Management als **Projektpromotor** zu gewinnen. Ohne die Promotor-Unterstützung durch das Management fehlt ggf. in schwierigen Projektphasen die Kraft, unbequeme Projektschritte, die vor allem Veränderungen mit sich bringen, durchzusetzen.

4.2.1.2 Informationsbedarfs- und Ist-Analyse

Im Mittelstand ist eine Akzeptanz von neuen Reporting- und Planungslösungen nur dann im Unternehmen zu erreichen, wenn man die betroffenen Mitarbeiter und Leitungskräfte in den Gestaltungsprozess mit einbindet und sie beim derzeitigen Ist-Zustand abholt. Hierfür bietet sich eine Ist-Analyse an, welche die Stärken und Schwächen des bisherigen Systems in allen bereits aufgeführten Facetten (Inhalte, Organisation, Prozesse und DV), untersucht.

Die Informationsbedarfsanalyse soll für die Anwender und Entscheidungsträger identifizieren, welche Informationen für die betriebliche Steuerung nützlich und entscheidungsrelevant sind. Ziel der Informationsbedarf- und Ist-Analyse ist es, ein Stärken- und Schwächenprofil für die Analysefelder zu erhalten, anhand derer Verbesserungsvorschläge und Handlungsempfehlungen für den Neuaufbau bzw. die Weiterentwicklung der Planung und des Reporting erarbeitet werden können. Insoweit Vergleichsmöglichkeiten zu Best-Practice-Lösungen vorhanden sind, ist es zu empfehlen, diese zur Analyse und Gestaltung heranzuziehen.

Nach dem Stärken- und Schwächenprofil und der Best-Practice-Analyse sind ein Blueprint für das zukünftige Planungs- und Reportingsystem und konkrete Umsetzungsvorschläge in Form von Projektschritten zu entwickeln.

Informationsbedarfsanalyse und inhaltliche Statusaufnahme

Der **erste Schritt** der inhaltlichen Statusaufnahme und der Informationsbedarfsanalyse befasst sich mit der Ausrichtung der Planungs- und Reportinginhalte an der **Strategie** und dem **Geschäftsmodell des Unternehmens** (vgl. Abschn. 3.1 und 3.2). Im Mittelstand liegt allerdings nicht immer eine ausformulierte Strategie vor, wie bereits einführend gezeigt wurde (vgl. Abschn. 2.1). Ist das der Fall, ist zu empfehlen, ausgehend von der Vision und den Leitbildern der Unternehmung, eine Strategieorientierung mit dem Management zu erarbeiten, die im Idealfall auch auf die einzelnen Geschäftsfelder und Funktionsbereiche hinuntergebrochen wird. Für die gebildeten strategischen Ziele sind entsprechende steuerungsrelevante Kenngrößen zu erarbeiten.

Es gibt in der Unternehmenspraxis leider auch Situationen, in denen ein solches vorgelagertes Strategiebildungsprojekt nicht möglich ist und somit keine Strategie als Basis für die Planung und das Reporting vorliegt. In diesem Fall sollte man sich Klarheit über das vorliegende Geschäftsmodell mit seinen wertschöpfungstreibenden Faktoren verschaffen und hieran die Planung und das Reporting ausrichten bzw. weiterentwickeln. Hierdurch werden zumindest die operativen Steuerungsgrößen des Unternehmens identifiziert.

Wurden die strategischen und operativen Informationsbedarfe aus der Strategie und dem Geschäftsmodell des Unternehmens abgeleitet (Deduktive Informationsbedarfsanalyse), sind nun die Planungs- und Informationsbedarfe der einzelnen Bereiche und Berichtsadressaten aufzunehmen und weiterzuentwickeln (Induktive Informationsbedarfsanalyse). Hierzu bietet es sich an, im **2. Schritt** die empfängerbezogene Informationsbedarfsanalyse durchzuführen. Zunächst werden dabei alle relevanten Planungs- und Reportinggebiete sowie die wichtigsten Beteiligten herausgearbeitet (vgl. hierzu Abschn. 4.1.4). Dies erfolgt in Verbindung mit der Analyse der Organisationsstruktur im Unternehmen, in der die wichtigsten Sender und Empfänger in der Planung und im Reporting bestimmt und für das Projektteam und ihre Workshops festgelegt werden.

Um die Workshops möglichst erfolgreich zu gestalten, bietet es sich im Vorfeld an, eine Analyse der vorhandenen Planungs- und Reportingdokumente im Rahmen einer Statusaufnahme durchzuführen. Checklisten und Fragebögen können helfen, strukturiert Planungsdefizite und Informationslücken zu erkennen sowie Planungs- und Informationsbedarfe zu ermitteln. Die Grundsätzlichen W-Fragen zum Reporting und zur Planung sollten beantwortet werden:

- Wozu wird geplant und berichtet? Planungs- und Reportingzweck
- Für wen wird geplant und berichtet? Planungs- und Reportingempfänger
- Wer plant und berichtet? Planungs- und Reportingersteller

- Was wird geplant und berichtet? Planungs- und Reportinginhalt
- Wie wird geplant und berichtet? Gestaltungsformen und Prozesse der Planung und des Reporting
- Wann wird geplant und berichtet und für welchen Zeitraum? Planungs- und Reportingtermine sowie Zeiträume der Planung und des Reporting
- Wo wird geplant und berichtet? Lokalisierung der Planung und des Reporting
- Womit wird geplant und berichtet? Systeme und technische Instrumente der Planung und des Reporting

Für die Statusanalyse sollten vorab übersichtliche Dokumente geschaffen werden, die grob aufzeigen, welche Berichte und Kerninformationen derzeit erstellt und von welcher Person bzw. Nutzergruppe verwendet werden. Zudem sind die beteiligten DV-Systeme und Datenquellen zu analysieren.[14] Mit dem Abgleich der Statusanalyse und der Informationsbedarfsanalyse können Überhänge und Lücken in der Informationsversorgung erkannt und behoben werden. Berichte und Informationen sind nach Ihrer Bedeutung zu priorisieren und schrittweise im inhaltlichen Soll- bzw. Fachkonzept zu konkretisieren und ggf. zu harmonisieren (vgl. Abschn. 4.2.1.3).

Experten, z. B. externe Berater, können mit Best-Practice-Vergleichen aus anderen Unternehmen und Projekten dazu beitragen, neue Ideen für die zukünftige Gestaltung der Planungs- und Reportinglösung zu gewinnen.

Neben klassischen wertorientierten Größen, wie Umsatz, Kosten oder Renditen sind auch wichtige qualitative Faktoren und Leistungsgrößen für die zentralen und dezentralen Leitungsfunktionen herauszuarbeiten. Alle Kenngrößen sind hinsichtlich ihrer **Planbarkeit** sowie ihres **Informationsgehalts** zu untersuchen. Weitere wichtige Prüfkriterien sind:

- Strategiebezug und Steuerungsrelevanz
- Umfang und Angemessenheit
- Erfassbarkeit und Beeinflussbarkeit
- Verständlichkeit und Darstellungsmöglichkeit
- Aktualität und zeitliche Verfügbarkeit
- Qualität und Wirtschaftlichkeit

Bei der Festlegung der Planungs- und Informationsbedarfe ist ein Bestreben nach immer mehr Informationswünschen zu verhindern. Es gilt hier die Aussage „Weniger ist häufig mehr“. Die Planung und die Datenerhebung sowie deren Nutzen müssen in einem angemessenen wirtschaftlichen Verhältnis zueinander stehen.

Die Ergebnisse der Informationsbedarfsanalyse sind als Basis für den Blueprint und das Sollkonzept zusammenzufassen.

[14] Vgl. Strauch und Winter (2002, S. 359–378).

Tab. 4.1 Beispiel für eine Berichts-Organisationsmatrix

Reportinggebiete	Berichte	Berichtsintervall	Führungskreis
Top-Management	Bilanz	Quartal	Geschäftsleitung
	GuV	Quartal	Geschäftsleitung
	Erfolgsrechnung	Monat	Geschäftsleitung
	Umsatzstatistik	Woche	Geschäftsleitung
	Produkterfolgsrechnung	Monat	Geschäftsleitung
	…		
Vertrieb	Umsatzstatistik	Woche	Vertriebsleitung
	Produkterfolgsrechnung	Monat	Vertriebsleitung
	Verkäuferstatistik	Woche	Vertriebsleitung
	…		
Produktion	Kapazitätsstatistik	Monat	Technikleitung
	Produkterfolgsrechnung	Monat	Technikleitung
	Stundenstatistik	Woche	Technikleitung
	Wartungsstatistik	Quartal	Technikleitung
…	…	…	…

Organisationsanalyse

Ziel der Organisationsanalyse ist es, zu ermitteln, welche Planungs- und Berichtsempfänger, welche Informationen für welche Führungsgebiete und -aufgaben benötigen. Planung und Reporting folgen hier der Aufbaustruktur des Unternehmens und bedienen hierbei alle Entscheidungsträger, angefangen von der Unternehmensleitung bis zu den unteren Leitungsebenen.

Neben den internen Adressaten sind auch die externen Adressaten (wie Banken, Privat-Equity-Gesellschaften, Muttergesellschaften etc.) zu berücksichtigen, die i. d. R. eingeschränkt an den Ergebnissen der Planung und des Reporting partizipieren.

Für das Reporting sollte mindestens eine Berichts-Organisationsmatrix aufgestellt werden, welche die Berichte der einzelnen Reportinggebiete den Empfängern wie z. B. den Führungskreisen bzw. Leitungsgremien zuordnet (vgl. Tab. 4.1). Weitere Informationen, wie die Berichtsintervalle, Termine, Orte, Personen bzw. Gruppen, lassen sich entsprechend ergänzen.

Für die Planung lassen sich die Planungsformulare, Planversionen nach Planungsgebieten zuordnen. Weiterhin ist festzulegen wer für die Planungsdurchführung und die Genehmigung verantwortlich ist (vgl. Tab. 4.2; Planungs-Organisationsmatrix).

Sollten hierbei Unstimmigkeiten und Mängel erkannt werden, sind diese bereits als Empfehlung für die Organisationsverbesserung im Blueprint festzuhalten, der als Basis für das Sollkonzept herangezogen wird.

Tab. 4.2 Beispiel für eine Planungs-Organisationsmatrix

Planungsgebiete	Planungsformulare	Planungs-versionen	Planungs-durchführung	Genehmi-gung
Strategische Planung	SWOT	Langfrist-planung	Geschäfts-leitung	Geschäfts-leitung
	Portfolio	Langfrist-planung	Geschäfts-leitung	Geschäfts-leitung
	BSC	Budget-, Mittelfrist-, Langfristpla-nung	Geschäfts-leitung	Geschäfts-leitung
	…			
Vertrieb	Absatzplanung	Budget-, Mittel-fristplanung	Vertriebsleitung	Geschäfts-leitung
	Umsatzplanung	Budget-, Mittel-fristplanung	Vertriebsleitung	Geschäfts-leitung
	Produktergebnis-planung	Budget-, Mittel-fristplanung		
	Kostenstellen-planung	Budget-, Mittel-fristplanung	Verkaufsstellen-leitung	Vertriebs-leitung
	…			
Produktion	Ressourcenplanung	Budget-, Mittel-fristplanung	Technikleitung	Geschäfts-leitung
	Personalplanung	Budget-, Mittel-fristplanung	Technikleitung	Geschäfts-leitung
	Anlagenplanung	Budget-, Mittel-fristplanung	Anlagenführer	Techniklei-tung
…	…	…	…	

Die Gliederung der Berichte nach Reportinggebieten und Berichtsempfängergruppen bzw. die Planungsgebiete und ihre Verantwortlichen helfen dabei, die Teams für die Arbeitskreise für die Informationsbedarfsanalyse und inhaltliche Statusaufnahme festzulegen und das spätere Soll- bzw. Fachkonzept zu entwickeln (vgl. Abschn. 4.2.1.3). Weiterhin bilden sie die Basis für die Entwicklung des Rollen- und Berechtigungskonzeptes.

Prozessanalyse

In der Prozessanalyse werden die zyklisch ablaufenden Planungs- und Reportingprozesse untersucht, wie sie im Abschn. 4.2.2 und 4.2.3 detailliert beschrieben werden. Zum zyklischen Reportingprozess gehören die Teilprozesse der Berichterstellung, Analysevorbereitung, Berichtsbereitstellung und Berichtsanalyse und -steuerung.

Die Planung umfasst die strategische Planung, die Mittelfristplanung und die Teilgebiete der Budgetplanung sowie das Forecasting (unterjährige und rollierende Prognosen). Die jeweiligen Planungen differenzieren sich in die Teilprozesse Planungsvorbereitung, -durchführung, -abstimmung und -genehmigung.

Die Prozessanalyse nimmt den Status der Prozesse auf und identifiziert Mängel und bespricht Verbesserungsmöglichkeiten.

DV-Analyse

Die Statusaufnahme der DV führt alle am Reportingprozess beteiligten DV-Komponenten wie Hardware und Software auf. Es werden dabei die Ebenen der Datenversorgung und -bereitstellung (Schnittstellen, ETL-Prozess), die Datenverarbeitung und Datenhaltung sowie die Datenanalysemöglichkeiten untersucht.

Wichtige Prüfungskriterien sind:

- Bedienungsfreundlichkeit (Erstellung und Analyse)
- Layout-Gestaltungsmöglichkeiten
- Inhaltliche/fachliche Ausgestaltungsmöglichkeiten
- Flexibilität (Erstellung und Analyse)
- Datenqualität
- Aufwand
- Geschwindigkeit/Performance
- Datenintegration vorgelagerter Informationssysteme
- Weiterverarbeitung der Informationen in nachgelagerte Systeme
- Planungs- und Analysefunktionalität
- Schulungen
- Supportunterstützung
- Firmenprofile (Bonität, Sicherheit, Unabhängigkeit)

Die DV-Analyse nimmt den Status der Datenverarbeitung auf, identifiziert Mängel und bespricht Verbesserungsmöglichkeiten. Für fehlende und mangelhafte DV-Komponenten, ist ein Auswahlprozess für die Beschaffung und Implementierung geeigneter neuer DV-Komponenten anzustoßen.

Stärken- und Schwächenprofil und Best-Practice-Analyse

Die Ergebnisse der Ist-Analyse werden in einem **Stärken- und Schwächenprofil** nach den Analysebereichen (Inhalt, Prozesse, Organisation und DV) zusammengefasst, so dass eine Entscheidungsgrundlage für die gezielte Verbesserung in der Planung und im Reporting möglich wird. Handlungsempfehlungen und Projektvorschläge setzen insbesondere an den größten Mängeln und Schwachstellen an.

Typische Schwächen, die im Rahmen einer Reporting-Analyse im Mittelstand aufgedeckt werden, sind:

- Es existiert ein historisch gewachsenes Reporting aus Einzelberichten verschiedenster Vorsysteme, die aufwändig mit Excel aufbereitet werden.
- Es fehlt eine Reporting-Konzeption.
- Daten aus der Warenwirtschaft und anderen vorgelagerten Systemen sind nicht mit den kaufmännischen Daten im Berichtswesen verbunden.
- Die Dateninhalte und -qualität muss in Teilbereichen deutlich verbessert und erweitert werden.
- Veränderungen von historisch gewachsenen Strukturen (z. B. Kostenträger-, Produkt-, Projekt- und Kostenstellenhierarchien), Inhalte (Berichtsinhalte und Kennzahlen) und Prozessen (Umstellung der Buchungslogik für bestimmte Bewegungsarten) werden notwendig.
- Fehlende Prozesskoordination und fehlende organisatorische Verankerung
- …

Typische Schwächen, die im Rahmen einer Planungs-Analyse im Mittelstand aufgedeckt werden, sind:

- Es fehlt ein Strategiebezug in der Planung.
- Die Planungseingaben in den Planungsformularen (z. B. in MS Excel) sind aufwendig und fehleranfällig.
- Es fehlt eine Planungskonzeption.
- Es fehlt eine Prozesskoordination und organisatorische Verankerung.
- Es fehlt eine Abstimmung der geplanten Werte zwischen den Planungsgebieten.
- Planungsinhalte sind unstrukturiert und Planungsformulare existieren in unterschiedlichsten Ausprägungen.
- Nachträgliche Änderungen können nur mühsam in der gesamten Planung durchgeführt werden.
- Die Integration der Plandaten aus anderen Vorsystemen erfolgt nur manuell oder ist nicht vorhanden.
- …

Hinzu kommen weitere generelle Problemfelder wie z. B.:

- Geringe Personal-Ressourcen in den beteiligten Funktionsbereichen mit konkurrierenden Tätigkeiten wie Monats- und Jahresabschlüssen (Rechnungswesen/Controlling) oder Hardware-, Software- und DV-Architektur-Änderungen (IT).
- Heterogene Softwarelandschaften
- …

Das Stärken und Schwächenprofil kann sehr gut mit Hilfe einer Scoring- bzw. Nutzwertanalyse veranschaulicht werden (vgl. Abschn. 3.7.10).

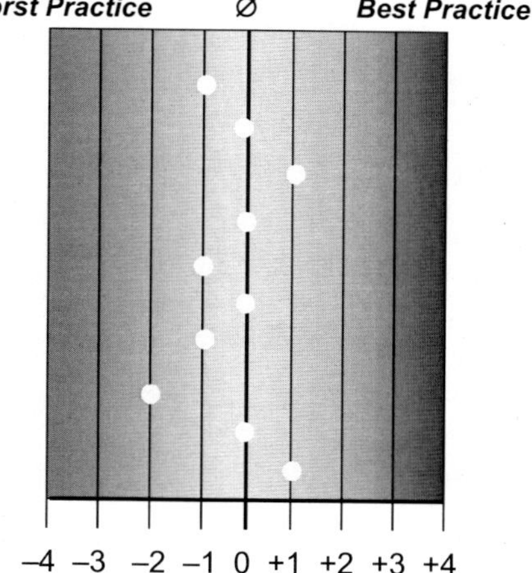

Abb. 4.10 Scoring-Analyse zur Planung

Die **Best-Practice-Analyse** ergänzt das Stärken- und Schwächenprofil hierbei sinnvoll. Hierzu müssen Implementierungs- und Nutzungserfahrungen aus anderen Unternehmen vorliegen, deren Anforderungen mit dem eigenen Planungs- und Reportingsystem vergleichbar sind und deren Lösungen als beste bzw. anzustrebende gelten. Durch den Abgleich mit den „Besten" erhalten die Entscheidungsträger weitere Ideen zur Verbesserung der eigenen Planungs- und Reportinglösung (vgl. Abb. 4.10).

Blueprint mit Projektvorschlägen

Als letzte Phase der Ist-Analyse wird ein Blueprint mit Projektvorschlägen erstellt, der zur Vorbereitung der Entscheidungsfindung für die Verbesserung der Planung und des Reporting herangezogen wird. Der Blueprint (Blaupause/Skizze) zeigt dabei aus der Vogelperspektive die wichtigsten Rahmenparameter und Gestaltungsfaktoren für die zukünftige Lösung auf, ohne wie beim Sollkonzept, bis in die Detailebene zu beschreiben. Die grobe Struktur und der Umfang sowie die wichtigsten Inhalte und grundsätzliche Gestaltungsvorschläge sind aufzuführen und dienen der nachgelagerten Sollkonzeption für die Detailausprägung.

Für den Blueprint bieten sich grafische Darstellungen an, die mit Kurzkommentaren versehen werden. Der Blueprint schließt mit konkreten Projektvorschlägen für die Konzeption und Umsetzung der neuen Planungs- und Reportinglösung. Im Idealfall sind mehrere Alternativen mit Ihren Vor- und Nachteilen aufzuführen. Bevorzugte Lösungswege und Empfehlungen sind auszusprechen.

Den Abschluss dieser Phase bildet die Entscheidung für die angestrebte Planungs- und Reporting-Lösung, deren nächste Phase das Sollkonzept bildet.

4.2.1.3 Soll- bzw. Fachkonzept

Auf Basis der Ergebnisse der Ist-Analyse werden im Soll- bzw. Fachkonzept nun die detaillierten Anforderungen an das zukünftige Planungs- und Reportingsystem entwickelt.

Für die Planung und das Reporting steht hierbei die inhaltliche und fachliche Gestaltung der Einzelberichte und Planungsformulare, deren Gliederung sowie die Ausgestaltung der Prozesse und die organisatorische Verankerung inklusive Berechtigungskonzept im Vordergrund. Der Bereich Datenverarbeitung wird hier ausgeklammert, da die Ergebnisse des Sollkonzeptes die Grundlage für das spätere DV-Konzept bilden (vgl. den folgenden Abschn. 4.2.1.4).

Als Werkzeug für das Sollkonzept bietet sich eine ausführliche Dokumentation an, die später auch als Metadokumentation im Softwareprogramm zur Weiterentwicklung und Pflege zur Verfügung stehen sollte.

Eine Übersicht zu den Berichten und Planungsgebieten sollte dabei folgende Informationen liefern:

- Bezeichnung des Berichtes/Planungsgebietes
- Zweck und Bedeutung des Berichtes/Planungsgebietes
- Nutzer bzw. Nutzergruppen des Berichtes/Planungsgebietes
- Beispiel/Entwurf zum Bericht/Planungsformular
- Hinweise zu den Datenquellen und Systemen für die Berichte bzw. Planungsgebiete, die im anschließenden DV-Konzept zu konkretisieren sind

Bei der Gestaltung der Einzelberichte und Planungsformulare sind u. a. folgende Kriterien in einer Dokumentation festzulegen (Vgl. zu den Gestaltungsmöglichkeiten und -empfehlungen detailliert Abschn. 3.8):

- Kopfinformationen (Überschriften, Verantwortlichkeiten, Logos etc.)
- Selektions- und Filterfunktionen
- Navigations- und Analysefunktionen
- Planungsfunktionen
- Dynamische Objektüberschriften und Texte, die sich nach Objektselektion verändern
- Tabellarische Elemente (Zeilen/Spalten) und
- Grafische Elemente (Diagramme, Ampeln etc.)
- Kennzahlen (Definition, Formel, Einheit, Wertearten, Zielgröße, Datenquelle, Anwendungsbereiche, Erhebungszyklus, Bedeutung) und ihre Objektzuordnung nach Dimensionen, Attributen und Hierarchien
- Wertearten (Ist, Plan, Forecast etc.)
- Weitere Anforderungen wie Kommentarfunktionen

Berichte, Planungsformulare und ihre Informationen sind dabei nach Ihrer Bedeutung zu priorisieren, inhaltlich abzustimmen und zu konkretisieren. Ein Beispiel für die Dokumentation von Kennzahlen in einem Kennzahlenblatt zeigt Tab. 4.3.

Tab. 4.3 Kennzahlenblatt[15]

Kennzahl: Anlagendeckung (%)
Definition: Die Anlagendeckung gibt darüber Auskunft, inwieweit das Anlagevermögen durch langfristiges Kapital (Eigenkapital + langfristiges Fremdkapital) gedeckt ist.
Formel: $\text{Anlagendeckung}(\%) = \frac{\text{Eigenkapital}+\text{langfristiges Fremdkapital}}{\text{Anlagevermögen}} \times 100$
Einheit: Prozentwert
Zielgröße: 110–150 %
Wertearten: Ist, Plan, Forecast
Basisdaten und Datenquelle: Bilanzkennzahlen: Eigenkapital, langfristiges Fremdkapital und Anlagevermögen (aus der Finanzbuchhaltung)
Objektzuordnungen: Gesellschaft
Anwendungsbereiche: Spitzenkennzahlen Bilanz-Controlling
Empfänger/Rollenzuordnung: Geschäftsführung, Führungsebene
Erhebungszyklus: Quartal, Jahr
Bedeutung: Im Rahmen der Beobachtung der langfristigen Finanzstruktur spielt die Kennzahl Anlagendeckung eine wichtige Rolle. Das dieser Kennzahl zugrunde liegende Prinzip ist die fristenkongruente Finanzierung des langfristig gebundenen Vermögens, das über die Anlagendeckung kontrolliert werden soll und die Funktion hat, langfristig strukturelle Ungleichgewichte aufzudecken. Langfristiges Vermögen soll auch langfristig finanziert sein (goldene Bilanzregel)! Deshalb sollte der Deckungsgrad II deutlich über 100 % liegen (Ziel z. B. 150 %). Je weiter der Deckungsgrad II über 100 % liegt, umso mehr ist neben dem Anlagevermögen auch das Umlaufvermögen durch langfristiges Kapital finanziert und damit eine höhere finanzielle Stabilität des Unternehmens gegeben. Ist das Anlagevermögen z. B. zum Teil kurzfristig finanziert, könnte das Unternehmen bei Fälligkeit kurzfristiger Verbindlichkeiten in Zahlungsschwierigkeiten geraten, da das Umlaufvermögen nicht ausreicht und das Anlagevermögen nicht so schnell liquidierbar ist.

Das inhaltliche Soll- bzw. Fachkonzept dient als Vorgabe für das anschließende DV-Konzept.

4.2.1.4 DV-Konzept

Das DV-Konzept setzt die inhaltlichen Vorgaben des Soll- bzw. Fachkonzeptes in technische Vorgaben für die Implementierung in einer vorhandenen bzw. neuen DV-Systemlandschaft um. Es kann auch für den Prozess einer DV-Auswahl als Anforderungsprofil genutzt werden.

Hierzu gehören folgende Aufgaben:

- Bestimmung der technischen Datenquellen
- Integration der vor- und nachgelagerten DV-Systeme

[15] Vgl. zur Ausgestaltung von Kennzahlenblättern z. B. im Bereich Personal-Controlling u. a. Schulte (2002, S. 170) und Eisele und Doyé (2010, S. 384).

- Datenmodellierung
- Datenversorgungskonzept inklusive ETL-Prozess (Extraktions-, Transformations- und Ladeprozesse) vgl. Abschn. 5.5.2
- Abfrage-, Funktions- und Berichtsgestaltung

Für ein unternehmensweites Reporting und eine integrierte Planung liegen die Quelldaten in verschiedenen Vorsystemen und müssen teilweise noch zusätzlich manuell erfasst werden. Die DV-Landschaft im Mittelstand besteht häufig aus mehreren heterogenen Systemen, bei dem z. B. die Daten der Personalwirtschaft, der Warenwirtschaft und des Rechnungswesens, aber auch von Fremdquellen, wie dem Internet, sinnvoll zusammengeführt werden müssen.

Zunächst sind die technischen Datenquellen in den jeweiligen Vorsystemen eindeutig und in allen Wertausprägungen (z. B. Ist, Plan und Forecast) vollständig zu bestimmen. Sollten hier Unstimmigkeiten auftreten (z. B. Wer ist der Kunde, der Rechnungs- oder der Warenempfänger?) oder fehlen Daten, so sind diese zu identifizieren und zu klären.

Im Rahmen des Datenversorgungskonzeptes sind die Informationsflüsse festzulegen. Hierbei sollten die Schnittstellen der vorgelagerten Systeme zum internen und externen Rechnungswesen genau betrachtet werden. Alle aus der Konzeption notwendigen Kontierungsobjekte (z. B. Kostenträger, Kostenstellen, Projekte) müssen z. B. bei den zu übergebenden Stamm- und Bewegungssätzen der Warenwirtschaft an die Kostenrechnung mit übergeben werden oder sich aus Ableitungsregeln ermitteln lassen (z. B. lässt sich die Branche als Attribut vom Kunden identifizieren). Schnittstellen sind häufig hierbei neu zu implementieren, anzupassen oder zu erweitern. Noch nicht abgestimmte Daten der Vorsysteme sind im Transformationsprozess zu harmonisieren.

Die Kostenrechnung stellt für das Managementreporting ein zentrales System dar, in dem der Wertefluss der Unternehmung u. a. für die kurzfristige Erfolgsrechnung abgebildet wird. Die Kostenrechnung ist hinsichtlich des Werteflusses, so zu konzipieren, dass die Kosten und Leistungen verursachungsgerecht den Ergebnisobjekten zugeordnet werden. Im Mittelstand sind hier häufig leider Mängel zu identifizieren, die im Vorfeld behoben werden sollten. Einige typische Problemfälle sind u. a.:

- Die Kostenträgerrechnung ist nicht vorhanden. Die Kalkulation ist nur im Warenwirtschaftssystem analysierbar.
- Es gibt nur eine kostenstellenbezogene Erfolgsrechnung ausgewählter Ergebnisobjekte. Es fehlen z. B. Auswertungen für differenzierte Kostenträger.
- Die Strukturen der Kostenrechnung sind für die Steuerung zu grob, es fehlen ggf. sogar Ergebnisobjektstrukturen.
- Es existiert keine Planung oder die Planung ist nur rudimentär vorhanden und nicht integriert.
- Es ist kein Kennzahlensystem etabliert.
- Die Gemeinkostenverrechnungen basieren auf historisch oder politisch ermittelten Werten und Annahmen.

- Materialeinkäufe werden direkt in den Aufwand gebucht, statt über die Lagerbestände und Materialverbräuche zu buchen.
- ...

Je nach ausgewähltem Planungs- und Reportingtool sind nun die Datengrundlagen zu definieren und das Datenmodell zu konzipieren. Im DV-Konzept sind weiterhin die Datenversorgungs- und Pflegeprozesse festzulegen. Bei einer Data-Warehouse-gestützten Reportinglösung mit einem Analyse-Cockpit sind z. B. im Rahmen des DV-Konzeptes die Datenversorgung des Data-Warehouse und die Datenmodellierung für die Analyseauswertungen zu definieren. Bei der Datenversorgung ist der ETL-Prozess ausgehend von der Extraktion der Daten aus den Quellsystemen über die Transformation bis zu den Ladeprozessen ins Data-Warehouse zu bestimmen (vgl. hierzu Abschn. 5.5.2). Eine wichtige Aufgabe hierbei ist die Harmonisierung der Daten und die Vergabe von Namensräumen der technisch zu verwendenden Objekte und Inhalte.

Die Datenmodellierung bereitet die Datenstrukturen und Inhalte für eine möglichst optimale und performante Analyseauswertung und Planung vor, in dem sogenannte Datenziele (z. B. ein „Multi-Cube" oder ein „Operational Data Store Object") definiert werden.

Im letzten Schritt des DV-Konzeptes sind auf der Basis des inhaltlichen Sollkonzeptes und des entwickelten Datenmodells die Abfragen für die Planungsformulare und Berichterstellung zu beschreiben. Weiterhin sind die Navigations-, Planungs- und andere Funktionen sowie die Layoutgestaltung der Berichte und Planungsformulare technisch zu dokumentieren. Zudem fallen übergreifende Aufgaben, wie die Erstellung des Berechtigungskonzeptes, an.

4.2.1.5 DV-Auswahl

Sollten in der DV-Analyse Mängel oder fehlende DV-Komponenten festgestellt werden, ist ein DV-Auswahlprozess durchzuführen, deren Schritte hier nur in einer Punktaufzählung aufgeführt werden:

- Lasten-/Pflichtenhefterstellung
- Anbieteranfrage
- Preselektion
- Präsentationen ausgewählter Anbieter
- Testmodellumsetzungen (Prototyping)
- Entscheidung
- Implementierung
- Schulung und Einführung
- Laufende Betreuung

Zentrale Studien über Planungs- und Reportingwerkzeuge, wie die Analysen der InfoSoft AG oder die BARC-Studien, geben einen recht guten Überblick über die Softwaremarktsituation und können in der Vorselektionsphase als Anregung genutzt werden.

Individuelle Kriterien des Unternehmens und insbesondere der Kontext der IT-Landschaft sowie die Anforderungen der Fachabteilungen machen eine eigene Betrachtung und Analyse der Softwarepakete in einer Auswahlentscheidung später aber unumgänglich. Softwareexperten wie Berater sind effektiv einzusetzen, um eine wirtschaftlich und technisch gute Lösung zu erzielen. Hierbei bestimmt der Inhalt immer noch die Technik. Technische Merkmale und Möglichkeiten geben lediglich den Rahmen vor.

Unabhängig davon, ob eine Kaufentscheidung bzw. die Selbstherstellung eines geeigneten DV-gestützten Planungssystems stattfindet, ist es zu empfehlen, ein Pflichtenheft anzulegen, welches alle oben genannten Anforderungen an ein Softwareprogramm bezüglich Planung und Reporting enthält. Es kann entweder als Checkliste für die Überprüfung der Leistungsfähigkeit verschiedener Softwareprogramme unterschiedlicher externer Hersteller oder als Programmiervorgabe für die eigene oder fremde Softwareherstellung genutzt werden. Dabei ist ein Pflichtenheft umso wertvoller, je konkreter die Anforderungen und deren Gewichtung (z. B. „Muss, Kann, Nice to have") formuliert werden. Neben den betriebswirtschaftlichen Anforderungen an das DV-System sind hierbei allgemeine Fragen zum Softwareprogramm (Produkteigenschaften, Installationszahlen, Bedienungsfreundlichkeit, Integrationsfähigkeit, Datenbank- und Hardwaretechnologie etc.) und Fragen an den Hersteller (Firmenmerkmale, Preisgestaltung, Referenzen, Hotline, Service, Schulung, Wartung etc.) aufzuführen.[16]

4.2.1.6 DV-Implementierung

Der letzte Schritt der Reporting-Einführung umfasst die DV-Implementierung. Die Ergebnisse des DV-Konzeptes bilden die Grundlage der DV-Implementierung. Die zumeist inhaltlichen Anforderungsprofile des DV-Konzeptes sind zudem um technische und organisatorische Rahmenparameter im Sinne eines Lasten- bzw. Pflichtenheftes zu ergänzen, welche die Basis für Softwareentwicklung darstellen.

Die zuständigen Entwicklungstätigkeiten übernehmen i. d. R. Mitarbeiter der IT, zugekaufte Fremdentwickler von Beratungs- und Softwareunternehmen oder Poweruser im Controlling.

Die einzelnen Arbeitsschritte sind:

- Sicherstellung der Datenversorgung aus den Quellsystemen
- Integration der vorgelagerten Systeme
  - Notwendige Anpassungen in den vorgelagerten Systemen
  - Schnittstellenerstellung bzw. Anpassung
- Aufbau und Pflege der Datenhaltung, z. B. des Data-Warehouse bis zu den Datenzielen
- Entwicklung der Analyseabfragen und Funktionen
- Erstellung der einzelnen Planungs- und Berichtslayouts
- Implementierung der übergreifenden Aufgaben

[16] Vgl. Schön und Krause (1997, S. 57 f.).

  - Gruppierungen
  - Portaleinbindung
  - Berechtigungssystem
  - Sizing/Performance
  - …
- Test und Abnahme der DV-Implementierung anhand der aufgestellten Anforderungsprofile im DV-Konzept (Qualitätssicherung der DV-Implementierung)

Da in der gesamten Phase der Einführung der Planung und des Reporting immer wieder neue Erkenntnisse zu Änderungsbedarfen führen, empfiehlt sich für die Einführung in der Praxis ein **Prototyping**. Hierbei sind die einzelnen Prozessschritte nicht bis ins letzte Detail, sondern bis zu einem weiterverarbeitungsfähigen Niveau der nächsten Stufe zu führen. Hierbei können schrittweise auch nur Teile des Planungsmodells oder des Reporting erstellt werden.

Nachteile des Prototypings sind u. a.:

- Durch spätere Konzeptänderungen sind Teile der Entwicklungsarbeiten in ausgeprägten Prototypen nicht mehr zu verwenden. Die verbrauchte Zeit und der Aufwand für die endgültige Entwicklung fallen nochmals an.
- Werden die Prototypen zu einfach ausgestaltet, so lassen sich Defizite und Potenziale der Systeme schlecht erkennen.

Vorteile des Prototypings sind u. a.:

- Die Anwender erhalten schneller Projektergebnisse und können Änderungsbedarfe besser erkennen.
- Bei den zukünftigen Anwendern und Betreuern der Systeme entstehen höhere Lerneffekte bezüglich der Möglichkeiten und Grenzen der verfügbaren Systeme, die zu einer besseren Ausgestaltung des Gesamtsystems führen.
- Änderungsanforderungen lassen sich in den jeweiligen Prozessschritten schnell aufnehmen.

Insbesondere der Vorteil, dass die Anwender frühzeitig durch das Prototyping in die Entwicklungsphase eingebunden werden und ihre Anforderungen durch die Konkretisierung des Prototypen besser initiieren können, spricht häufig für das Prototyping.

4.2.1.7 Coaching/Schulung/Qualitätssicherung

Um eine große Akzeptanz für die neue Planungs- und Reportinglösung zu erhalten, sollten neben der Informationsbedarfsermittlung und der Erstellung und Festlegung des Sollkonzeptes die Hauptbetreuer und die wichtigsten Anwender des Systems in den Einführungsprozess eingebunden sein.

Für die Betreuer (z. B. Controlling und IT) der Systeme ist ein Coachingansatz zu empfehlen. Der Coachingansatz sieht vor, dass die zukünftigen Betreuer des Planungs- und Reportingsystems in allen Schritten der Einführungsphase eingebunden sind, um inhaltliche aber auch technische Anforderungen und Umsetzungsschritte zu erlernen. Das Know-how der Experten fremder Beratungs- und Softwarefirmen wird so schrittweise auf die Betreuer im Unternehmen übertragen. Fachliche und technische Dokumentationen helfen zudem dabei, das Wissen für die Weiterentwicklung des Systems langfristig zu sichern.

Nach der DV-Implementierung sind die Planungs- und Berichtsadressaten bezüglich der Inhalte des Planungs- und Reportingsystems und seiner Nutzung zu schulen und zu trainieren. Dies kann z. B. in Form von Kernschulungen und erweiterten Schulungsrunden bis hin zu Einzelschulungen gestaltet werden. Die betroffenen Mitarbeiter sollten dabei das Wissen erlangen, wie das Berichtswesen im Unternehmen gehandhabt und genutzt wird.

Mit der Übergabe und Abnahme des Systems endet der Einführungsprozess. Es schließen sich die zyklischen Planungs- und Reportingprozesse an, die wiederkehrend im Laufe der Geschäftsjahre stattfinden (vgl. Abschn. 4.2.2 und 4.2.3).

Als Ergänzung von Tests und Abnahmen der DV-Implementierung als qualitätssichernde Maßnahme des Entwicklungsprozesses sollten kontinuierliche Qualitätssicherungsmaßnahmen für die Weiterentwicklung der Planungs- und Reportinglösung im Unternehmen etabliert werden. Die laufende Qualitätssicherung stellt einen eigenen Prozess dar, der in Abschn. 4.2.4 beschrieben wird.

4.2.2 Zyklischer Planungsprozess

Der Planungsprozess wird in der Unternehmenspraxis nach den Planungsgebieten gegliedert, die sukzessive durchschritten werden müssen um einen Gesamtplan zu erhalten. Aufgrund der komplexen Zusammenhänge ist eine Simultanplanung praktisch nicht durchführbar. Abbildung 4.11 zeigt einen möglichen Planungskalender, in dem die Planungsgebiete aufgeführt sind: [17]

Ausgangspunkt der Planung bildet, wie bereits im Abschn. 3.1.1 erläutert wurde, die Strategische Planung. Sie gibt die Planungsprämissen und die strategischen Planungseckpunkte vor, die z. B. auf die Bereiche für die Budgetplanung heruntergebrochen werden. Vergleiche hierzu den folgenden Abschn. 4.2.2.1.

Die operative Budgetplanung ist nach dem Engpassbereich des Unternehmens ausgerichtet, der in den meisten Fällen der Absatzbereich ist. Von dort ausgehend folgen die weiteren Teilgebiete nach den Abhängigkeiten in der Wertschöpfung, z. B. die Produktions- und Ressourcenplanung, und reichen dann bis zur Erfolgs-, Bilanz- und Finanzplanung.

Die Mittelfristplanung (Mehrjahresplanung, z. B. 1–3 Jahre) schließt sich in der Praxis häufig direkt an die strategische Planung an, was den Nachteil mit sich bringt, dass sie nicht

[17] Ein integrierter Reporting- und Planungskalender ist der Abb. 3.10 zu entnehmen. Eine einfache Prozessablaufbeschreibung ist z. B. bei Weber et al. (2009, S. 30) zu finden.

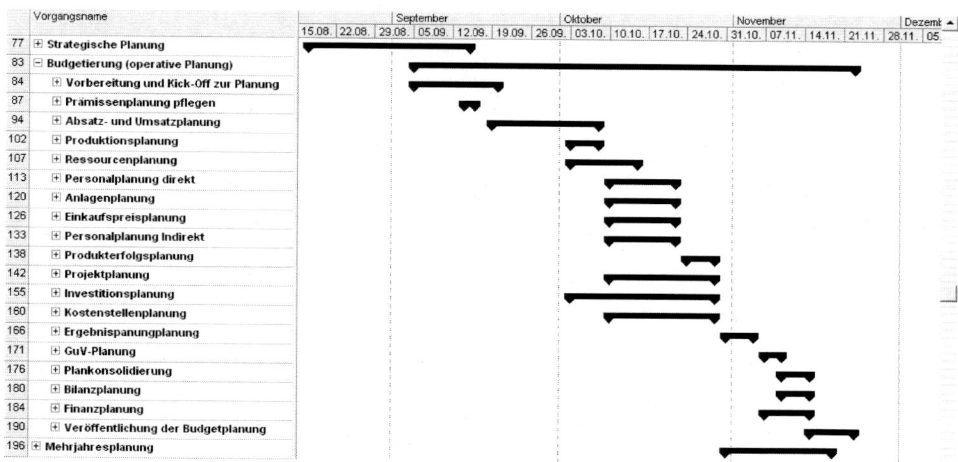

Abb. 4.11 Planungskalender[18]

so gut mit der Budgetplanung verzahnt ist. Folgt mit Abstand von einigen Monaten erst die Budgetplanung, in der das kommende Wirtschaftsjahr im Detail geplant wird, so wird das erste Jahr der Mittelfristplanung obsolet. Deshalb bietet es sich m.E. an, die Mittelfristplanung direkt im Anschluss zur Budgetplanung durchzuführen und abzustimmen. Das erste Jahr der Mittelfristplanung entspricht dann den Ergebnissen der Budgetplanung.

Bei der Planung handelt es sich um ein konvergentes Vorgehen, bei dem die Planungsergebnisse schrittweise verfeinert und abgestimmt werden.

Über die Szenarioplanung lassen sich weiterhin optimistische, pessimistische und realistische Planalternativen (best, worst, mittle case) erstellen, die alternative Zukunftsperspektiven aufzeigen und zur Orientierung und Festlegung einer finalen Planversion dienen.

Die Planungsgebiete werden aufgrund ihrer Abhängigkeiten primär sukzessiv bearbeitet (z. B. Absatz-, Produktions- und Ressourcenplanung). Wenn keine oder nur bedingte Abhängigkeiten zwischen den Planungsgebieten vorkommen, können Sie auch überlappend bzw. parallel durchgeführt werden (z. B. Personal- und Einkaufsplanung). Im Planungsprozess kommt es aber auch immer wieder zu Planungsschleifen, wobei ein Rücksprung zu einem vorgelagerten Planungsgebiet notwendig wird und die Nachbearbeitung dieses und der nachfolgenden Planungsgebiete erfolgen muss. Beispielsweise bricht ein wichtiger Kunde mit einem sehr hohen Umsatzanteil weg, so dass der Absatzplan überarbeitet werden muss. Dies wirkt sich auf viele nachgelagerte Planungsgebiete bis zur Ergebnis- und Finanzplanung aus.

Solche Planungsschleifen werden häufig initiiert durch:

- Neue Ereignisse und Erkenntnisse aus der Umwelt und dem Betrieb, die erst zu einem späteren Zeitpunkt bekannt wurden

[18] Der Planungskalender wurde mit MS Projekt erstellt.

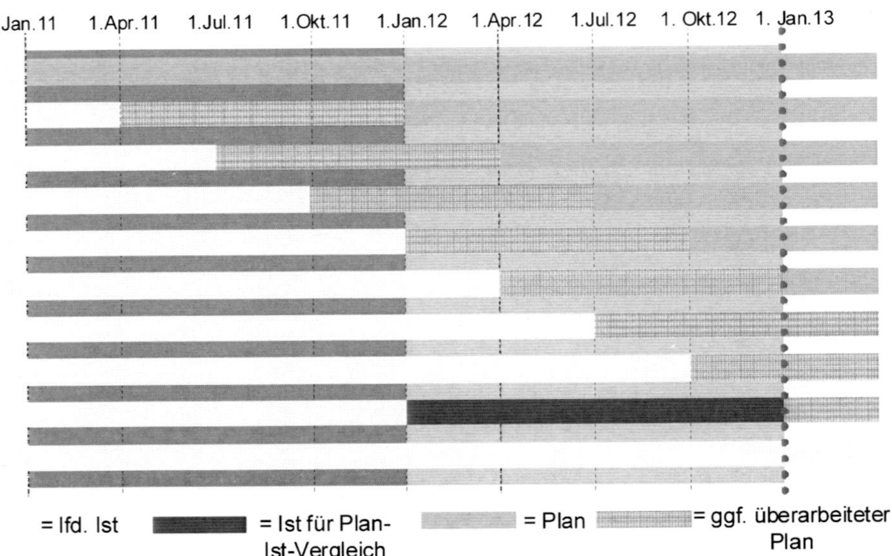

Abb. 4.12 Rollierende Planung

- Fehlerhafte Planungsergebnisse, die durch Prüfungen aufgedeckt wurden
- Abstimmungen zwischen den verantwortlichen Führungsbereichen, die im Genehmigungsprozess zur Nachbesserung der Planungsergebnisse führen

Während die operative Planung in der Regel im dritten Quartal des Wirtschaftsjahres durchgeführt wird, erfolgt die strategische Planung auch weit vorgelagert im ersten Quartal. Zur Ableitung der Top-Down-Vorgaben wäre es vorteilhafter, wenn die einzelnen Planungsbestandteile näher zusammenrücken bzw. im Sinne der rollierenden Planung kontinuierlich bearbeitet werden.

Weiterhin gehört zur Planung auch das Forecasting das entweder

- auf einen festen Zeitpunkt die Planungen neu prognostiziert und aktualisiert, i. d. R. zum Geschäftsjahresende, oder das
- rollierend für einen Zeitraum die Planung neu prognostiziert und aktualisiert, z. B. für 12 Monate im Voraus (vgl. Abb. 4.12).

Das Forecasting ist in der Abbildung zum Reportingkalender aufgeführt (vgl. Abb. 4.15), weil das Forecasting zeitlich gesehen im Wirtschaftsjahr mit den Quartals- bzw. Halbjahresabschlüssen oder anderen Intervallen des Reporting durchgeführt wird. Hierdurch wird das Berichtswesen um die aktualisierten Prognosen ergänzt. Aufgrund des hiermit verbundenen Aufwandes findet man in der Praxis monatliche Forecastingläufe eher selten.

Zyklischer Planungsprozess:

- Planungsvorbereitung
  - Terminplan
  - Systemeinstellungen
  - Beschaffung und Transformation der Vorgabe- und Orientierungswerte zur Planung
  - Bereitstellung der Planungsformulare und Planungsfunktionen
- Planungsdurchführung
  - Ausführen der automatischen Planungsfunktionen und der manuellen Planungseingaben
  - Plausibilisierung und Prüfung der Planungsergebnisse
  - Kommentierung zur Planung
- Abstimmung und Genehmigung der Planung
  - Präsentation, Diskussion und Abstimmung der Planungsinhalte
  - Pflege und Korrektur der Änderungen
  - Genehmigung der Planung
  - Fixierung der Planung

Abb. 4.13 Zyklischer Planungsprozess

Alle Planungsgebiete haben sicherlich ihre Spezialitäten und Planungsvorgehensweisen. Dennoch lassen sich für alle Planungsgebiete zyklische Planungsprozessschritte bestimmen, die der Abb. 4.13 zu entnehmen sind.

Bevor nun die einzelnen zyklischen Planungsschritte beschrieben werden, erfolgt zunächst die Erläuterung der generellen Grundausrichtung der Planung, wobei zwischen Top-Down- und Bottom-Up-Planung sowie dem Gegenstromverfahren unterschieden wird.

4.2.2.1 Grundausrichtung der Planung (Top-Down, Bottom-Up oder Gegenstromverfahren)

Bei der Entscheidung, wer mit der Planung beginnt und welche Abstimmungen erforderlich sind, lassen sich drei Grundausrichtungen unterscheiden (vgl. Abb. 4.14):[19]

- Top-Down
- Bottom-Up oder
- Wechselseitig (Gegenstromverfahren)

Beim reinen Top-Down-Ansatz werden die Planungsvorgaben von der Top-Management-Ebene auf die verantwortlichen Ergebnisbereiche heruntergebrochen. Die Vorgaben sind somit fixiert und werden nicht mehr durch die dezentralen Verantwortlichen geändert. Die Vorgaben dienen als Kontroll- und Steuerungsinstrument zur Einhaltung bzw. Verfehlung von gesetzten Zielen. Für den Ansatz der Top-Down-Planung sprechen die Strategieorientierung und die Ausrichtung an den Steuerungsbedürfnissen des Managements.[20] Vorteil des Top-Down-Ansatzes ist weiterhin die schnelle und wirtschaftlich güns-

[19] Vgl. Wahls (1993, S. 83 ff.) und Schlegel (1996, S. 66).

[20] Vgl. Weber et al. (2008, S. 22).

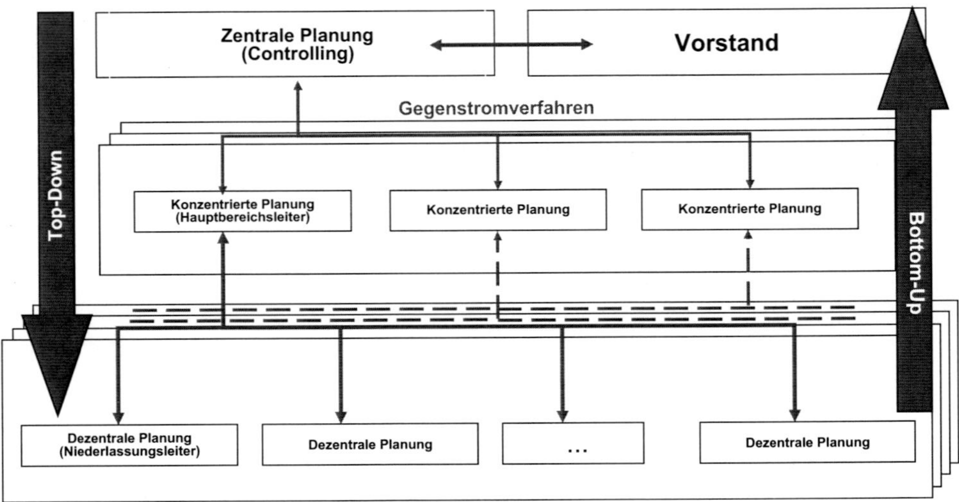

Abb. 4.14 Planungsgrundausrichtung

tige Durchführung. Nachteilig ist die Nicht-Einbeziehung der dezentralen Entscheidungsträger, durch die wichtige Detailinformationen der dezentralen Bereiche für die Planung und deren Abstimmung unberücksichtigt bleiben. Durch die fehlende Mitwirkung ist die Akzeptanz der Planung gering und die Steuerungsgrundlage sowie der Anreiz zur Zielerreichung fehlt.

Beim Bottom-Up-Verfahren erfolgt die Planung ausgehend von den dezentralen Verantwortlichen. Die Planergebnisse werden von den jeweiligen Unternehmensebenen von unten nach oben bis zum Gesamtunternehmen stufenweise aggregiert und abgestimmt. Sollten die Planergebnisse nicht den Ergebnisvorstellungen des Top-Managements entsprechen, ist eine Überarbeitung der Planung notwendig. Für den Bottom-Up-Ansatz spricht die Nähe zu der Datenentstehung und -lieferung und den operativen Geschäftsprozessen durch die Mitwirkung der dezentralen Entscheidungsträger. Nachteilig ist vor allem der lange Prozess und die aufwändigen Überarbeitungsprozesse, die i. d. R. erforderlich werden.

Das Gegenstromverfahren ist eine Kombination aus der Top-Down- und Bottom-Up-Planung. Ausgangspunkt ist die Einbindung der strategischen Ziele und der Managementanforderungen in Planungsvorgaben für die wichtigsten Kennzahlen und Ergebnisobjekte, die dann Top-Down auf die weiteren Ergebnisobjekte der tiefer liegenden Verantwortungsbereiche heruntergebrochen werden. Dies sollte mit den Verteilungsalgorithmen der verwendeten Softwarelösungen erfolgen, die ggf. manuell nachjustiert werden können. Diese Vorgehensweise ist schnell und wirtschaftlich. Im Gegenstromverfahren werden diese Top-Down-Vorgaben dann durch die Bottom-Up-Planung konkretisiert und ausgestaltet. Die Vorgabewerte der Top-Down-Planung werden als Orientierungs- und Abstimmungsgröße genutzt, was nicht heißt, dass die Vorgaben durchaus auch verworfen werden können.

Dies ist eine sukzessive Vorgehensweise, die durch einen kommunikativen Prozess zwischen den beteiligten Adressaten und Erstellern erfolgen sollte. Nur hierdurch lassen sich Fehlausrichtungen und Gestaltungsdefizite vermeiden. Die Überarbeitungsschritte lassen sich auf ein sinnvolles Niveau reduzieren.

Die Fixierung der Budgetplanung ist schließlich der letzte Schritt zu einer, zwischen den Führungsebenen abgestimmten Planung, der für die Steuerung des Unternehmens herangezogen wird.

Die wechselseitige Ausrichtung der Planung im Gegenstromverfahren mit heruntergebrochenen Top-Down-Vorgaben trägt somit zur besten Lösung bei.

4.2.2.2 Planungsvorbereitung

Die Planungsvorbereitung umfasst die Terminplanung, die Vorbereitung der Systemeinstellungen in der planungsrelevanten Software, die Beschaffung und Transformation der Vorgabe- und Orientierungswerte, die Bereitstellung der einzelnen Planungsformulare sowie zusätzlicher Planungsfunktionen für die Planenden.

In der Terminplanung sollten, ausgehend vom Kick-Off-Termin, alle Planungsvorgänge der einzelnen Teilgebiete mit Ihren Beginn- und Endterminen, den abhängigen Planungsschritten sowie den verantwortlichen Mitarbeitern aufgeführt sein. Zudem sind Termine für die Abstimmungsworkshops und andere Planungsrunden frühzeitig zu kommunizieren. Hierfür bietet es sich an, Kommunikationssoftware wie Office-Produkte (z. B. Lotus-Notes, MS Outlook) oder soziale Kommunikationsplattformen (Foren, Chat etc.) zu nutzen.

In den Softwareapplikationen zur Planung sind die Planversionen und andere zentrale Parameter zum Planjahr zu Beginn der Planungsrunde einzustellen.

Für die einzelnen Planungsgebiete ist sicherzustellen, dass ihre im Konzept vormodellierten Vorgabe- und Orientierungsgrößen in den bereitgestellten Planungsformularen bereitgestellt werden. Während einige Größen z. B. die alten Planwerte des Vorjahres aus den historischen Datenquellen entnommen werden können, sind einige Größen abhängig von vorgelagerten Planungsgebieten, wie z. B. der Prämissenplanung für die Personalkostenplanung oder die Absatzplanung für die Produktionsplanung. Ein Monitoring der Planungsstände der einzelnen Gebiete und deren Freigabe sollte dem Planenden des Planungsgebietes idealerweise anzeigen, ob alle Daten und Voraussetzungen zum Start des Planungsgebietes vorhanden sind.

Die Datenbereitstellung und Formularbereitstellung unterliegt ansonsten den gleichen oder ähnlichen Anforderungen wie sie auch im Reporting bei der Berichterstellung anfallen (vgl. hierzu Abschn. 4.2.3.1). Neben der Bereitstellung der Planungsformulare sind in der Planung auch Formularunabhängige Planungsfunktionen anzustoßen, wie z. B. die Umlagen, Verteilungen und Umwertungen, deren Ergebnisse in Planungsprotokollen und Planungsberichten angezeigt werden.

4.2.2.3 Planungsdurchführung

Stehen alle Systeme und Informationen zur Planung zur Verfügung, erfolgt die Durchführung der Planung. Hierbei werden entweder die Planungsfunktionen angestoßen oder die

Planwerte manuell in den Planungsformularen eingetragen. Wurden die Planungen abgeschlossen sind die Planergebnisse zu prüfen. Als Plausibilisierungshilfe können dabei auch Instrumente wie Abstimmungsberichte, Fehlerprotokolle etc. genutzt werden.

Schließlich sind die Planungen mit zielgerichteten Kommentierungen zu ergänzen, welche die Weiterverarbeitung in den nachfolgenden Planungsgebieten transparenter macht. Zudem helfen die Kommentare bei der Analyse, Abstimmung und Genehmigung der Planungsergebnisse in den jeweiligen Führungsgremien.

4.2.2.4 Abstimmung und Genehmigung der Planung

Die Planergebnisse der meisten Planungsgebiete erfordern eine Abstimmung und Genehmigung durch die Verantwortlichen der jeweiligen Führungsebenen und ggf. angrenzender Planungsgebiete.

Im Planungskalender sind diese Vorgänge als Meilensteine zu kennzeichnen.

In Workshops werden i. d. R. die Planergebnisse präsentiert, diskutiert und schließlich abgestimmt. Weichen die Vorstellungen der jeweiligen Führungsebenen und Planungsgebiete voneinander deutlich ab, werden i. d. R. Korrekturen und Änderungen in der Planung notwendig. Deswegen sollten die Ergebnisse dieser Workshops schriftlich fixiert werden und die Pflege und Korrektur der Änderungen sich anschließen. Sind einvernehmliche Planungsergebnisse erzielt worden, so erfolgt die Genehmigung der Planung. Der Planungsstand des Planungsgebietes wird eingefroren (fixiert) und für weitere Planungsschritte freigegeben. Sind alle Planungsgebiete durchlaufen steht der integrierte Gesamtunternehmensplan mit allen Teilplanungsgebieten fest. Die letztendliche Genehmigung erfolgt durch die Geschäftsführung bzw. den Vorstand und wird schließlich durch Gesellschafterversammlung bzw. Aufsichtsrat und Hauptversammlung beschlossen.

Die Planungen werden schließlich zur Veröffentlichung und fürs Reporting freigegeben.

4.2.3 Zyklischer Reportingprozess

Das kontinuierliche Reporting im Unternehmen ist geprägt durch die Monats-, Quartals- und Jahresabschlüsse im Wirtschaftsjahr. Sie bilden eine Hauptaufgabe für das Controlling bzw. den reportingverantwortlichen Bereich. Die Terminierung der Reportingintervalle ist dem folgenden Reportingkalender zu entnehmen (vgl. Abb. 4.15). Je nach Planungssystematik ist in dem Reportingprozess auch das Forecasting integriert (vgl. Abschn. 4.2.2). Thematisch gehört das Forecasting zur Planung, die wie in der Darstellung gezeigt, z. B. quartalsweise durchgeführt wird.

Die Prozesse lassen sich in weitere Detailschritte aufteilen. Ein Beispiel für den Monatsabschluss zeigt Abb. 4.16, wobei die Berichte nach 4 Tagen bereits versendet und nach 10 Tagen analysiert und für Entscheidungen herangezogen worden sind.

Der zyklische Reportingprozess (vgl. Abb. 4.17) umfasst die Prozessschritte, die in den nächsten Kapiteln detailliert behandelt werden.

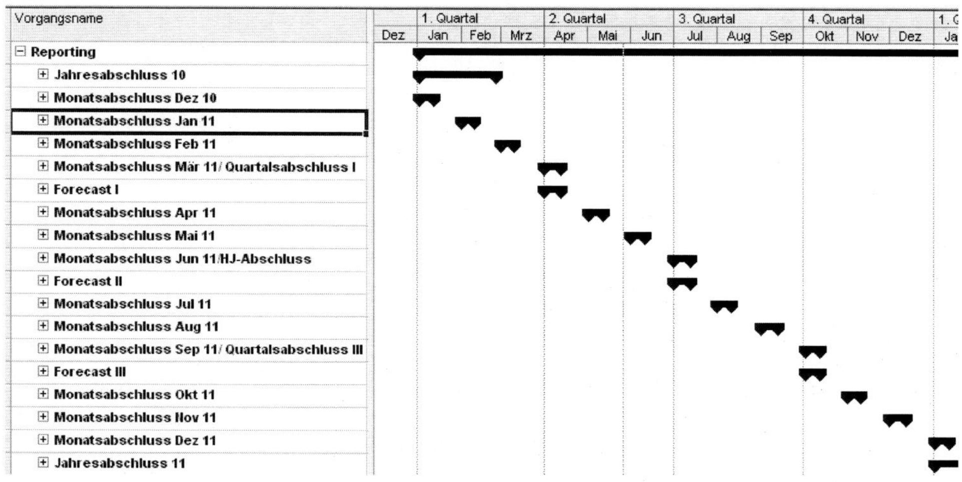

Abb. 4.15 Reportingkalender[21]

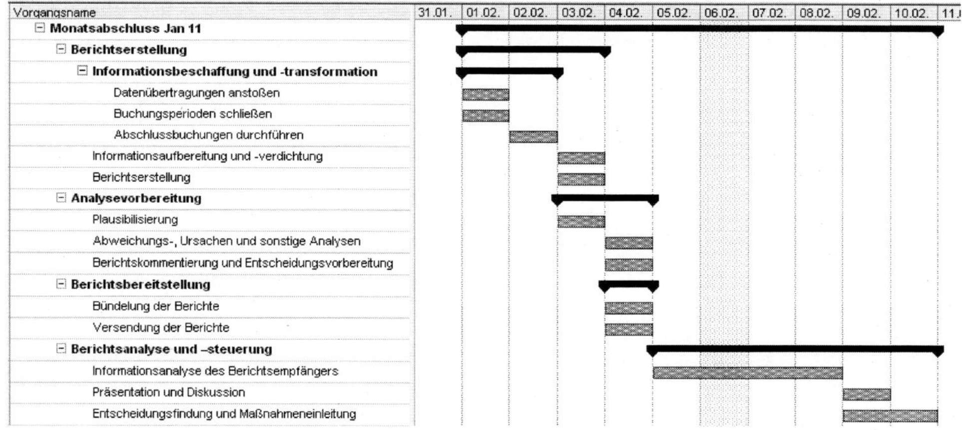

Abb. 4.16 Reportingkalender Monatsabschluss[22]

4.2.3.1 Berichterstellung

Der zyklische Reportingprozess beginnt mit der Berichterstellung. Er umfasst die Abläufe der Informationsbeschaffung, -aufbereitung und -verdichtung sowie die Berichterstellung im Speziellen.

Der Prozess der Berichterstellung basiert im Wesentlichen auf den Ergebnissen der Informationsbedarfsanalyse (vgl. Abschn. 4.2.1.2) und den Berichtsanforderungen der Berichtsadressaten, die bereits im Soll- und DV-Konzept (vgl. Abschn. 4.2.1.3 und 4.2.1.4)

[21] Der Reportingkalender wurde mit MS Projekt erstellt.

[22] Der Reportingkalender (Monatsabschluss) wurde mit MS Projekt erstellt.

Abb. 4.17 Zyklischer Reportingprozess

Zyklischer Reportingprozess

- Berichterstellung
  - Informationsbeschaffung und -transformation
  - Informationsaufbereitung und -verdichtung
  - Berichterstellung
- Analysevorbereitung
  - Plausibilisierung
  - Abweichungs-, Ursachen- und sonstige Analysen
  - Berichtskommentierung und Entscheidungsvorbereitung
- Berichtsbereitstellung
  - Bündelung der Berichte
  - Versendung der Berichte
- Informationsanalyse und -steuerung
  - Informationsanalyse des Berichtsempfängers
  - Präsentation und Diskussion
  - Entscheidungsfindung und Maßnahmeneinleitung

definiert und im Rahmen der DV-Implementierung (vgl. Abschn. 4.2.1.6) umgesetzt wurden. Der Prozess der zyklischen Berichterstellung weist einen hohen Standardisierungsgrad auf,[23] so dass es sich anbietet, diesen zentral zu unterstützen. Fachlich gesehen bietet sich hier das Controlling oder das Rechnungswesen als zentrale Institution an. Bei schwierigen technischen Fragestellungen und Aufgaben erfolgt eine Unterstützung durch die IT-Abteilung.

Informationsbeschaffung und -transformation

Für die zyklische Berichterstellung müssen zunächst die benötigten Daten gesammelt werden. Hierbei sind manuelle und automatische Datenerfassungen sowie der Ort der Datenerfassung zu unterscheiden. Die manuelle Datenerfassung kann sowohl in der berichterstellenden Einheit oder in anderen Unternehmensteilen in den Fachfunktionen erfolgen und zentral abgefragt werden. Bei der automatischen Datenerfassung werden die benötigten Daten über Schnittstellen oder andere Systemzugriffe aus den vorgelagerten Systemen direkt in die weiterverarbeitenden Systeme weitergeleitet. Dies kann ständig, in regelmäßigen Abständen oder per Anfrage erfolgen. Aufgrund der hohen Arbeitsintensität und Fehleranfälligkeit sollte auf manuelle Datenerfassung immer dort verzichtet werden, wenn Sie wirtschaftlich durch automatische Datenerfassung bzw. -weitergabe abgelöst werden kann. Die Quelleingabe von Daten muss jedoch auch heute noch irgendwo manuell, bestenfalls in DV-Systeme direkt, eingetragen werden. Technische Hilfsmittel, wie Barcode-Scanner, RFID- oder QR-Code-Reader, können allerdings bei der Erfassung helfen.[24]

[23] Vgl. Gleich und Temmel (2008, S. 78).

[24] RFID steht für radio-frequency identification. Hierbei können Objekte, die mit einem Transponder markiert sind, mit Hilfe von elektromagnetischen Wellen identifiziert werden. QR-Code steht für Quick-Response-Code. Es ist ein zweidimensionaler Code, der zur Identifizierung von Objekten und zugehörigen Informationen genutzt wird.

Da die Daten in den vorgelagerten Systemen nicht immer konsistent vorliegen, können sie bei der Datensammlung auch angepasst werden. Im Rahmen der Transformation können die Daten so angepasst werden, dass z. B. unterschiedliche Bezeichnungen vereinheitlicht (harmonisiert) oder fehlende Informationen wie Abkürzungen oder Langtextbezeichnungen anreichert werden.

Für die meisten Abrechnungssysteme (z. B. Personalabrechnung und Finanzbuchhaltung) werden für die Monats-, Quartals-, und Jahresabschlüsse Buchungsmonate gesperrt und abgeschlossen, so dass Änderungen der Ist-Buchungen nicht mehr möglich sind, es sei denn, die Buchungsmonate werden rückwirkend wieder geöffnet, was i. d. R. nicht der Fall sein sollte, aber in der Praxis häufig anzutreffen ist. Der Anstoß von Prüf- und Abstimmungstätigkeiten, die Durchführung von Abschlussbuchungen sowie die Belegarchivierung ergänzen diese routinemäßigen Abschlusstätigkeiten in den Abrechnungssystemen (z. B. im Rechnungswesen und in den ERP-Systemen).

Für die Versorgung eines Data Warehouse mit Daten werden z. B. Softwaretools für die Datensammlung und -transformation eingesetzt, die den sogenannten ETL-Prozess (Extraktions-, Transformations- und Ladeprozess) unterstützen (vgl. Abschn. 5.5.2). Hierbei verwenden die Hersteller i. d. R. leistungsfähige eigene oder fremde Applikationen, die ihre Datenbasis auffüllen. Diese sind gegenüber den individuell geschriebenen Schnittstellen flexibler, zumeist schneller und aufgrund der Standardisierung günstiger. Die Applikationen für eine Anwendungsintegration sind neben der Importfunktion auch für den ggf. notwendigen Export zuständig, wenn Daten ggf. wieder ins Vorsystem zurückgespielt werden müssen oder nachgelagerte Systeme Daten erhalten sollen.

Die Geschwindigkeit der Informationsbeschaffung und -transformation ist eins der wesentlichen Kriterien für die Anwender. Als Beispiel für die Daten- und Applikations-Integration soll hier das Beispiel Hyperion Applikation Link gezeigt werden (vgl. Abb. 4.18), mit dem eine hohe Datenintegration mit bestehenden Transaktionssystemen (z. B. ERP-Systeme wie SAP), vorhandener Datenbanken aber auch einfachen Excel-Tabellen mit einem Data Warehouse erreicht werden kann.

Informationsaufbereitung und -verdichtung

Da die Daten in der Phase der Datensammlung nicht immer vollständig, harmonisiert und in kompatibler Struktur und Güte vorliegen, müssen die Daten in einem weiteren Schritt für die Verdichtung aufbereitet werden. Hierbei kommt es darauf an, die Daten für die eigentliche Berichterstellung möglichst optimal zu strukturieren und abzulegen.

Je nach Einsatz der Reportingtechnologie kommt dieser Phase eine unterschiedliche Rolle zu. Werden die Berichte z. B. sehr einfach mit MS Excel aufbereitet, fallen hier viele zeitaufwendige (häufig manuelle) Aufgaben, wie prüfen, harmonisieren, verdichten und konsolidieren an. Wird ein Data Warehouse eingesetzt, so wird in der Datenadministration dafür gesorgt, dass die Datenaufbereitung in sogenannte Datenziele möglichst automatisch über Harmonisierungsregeln erfolgt. Die Datenziele sind z. B. multidimensionale Cubes oder flache Tabellen (Operational Data Store Objects), auf Basis derer, die Berichtsabfragen (Querys) und Berichtsgestaltung erfolgen (vgl. hierzu Abschn. 5.5).

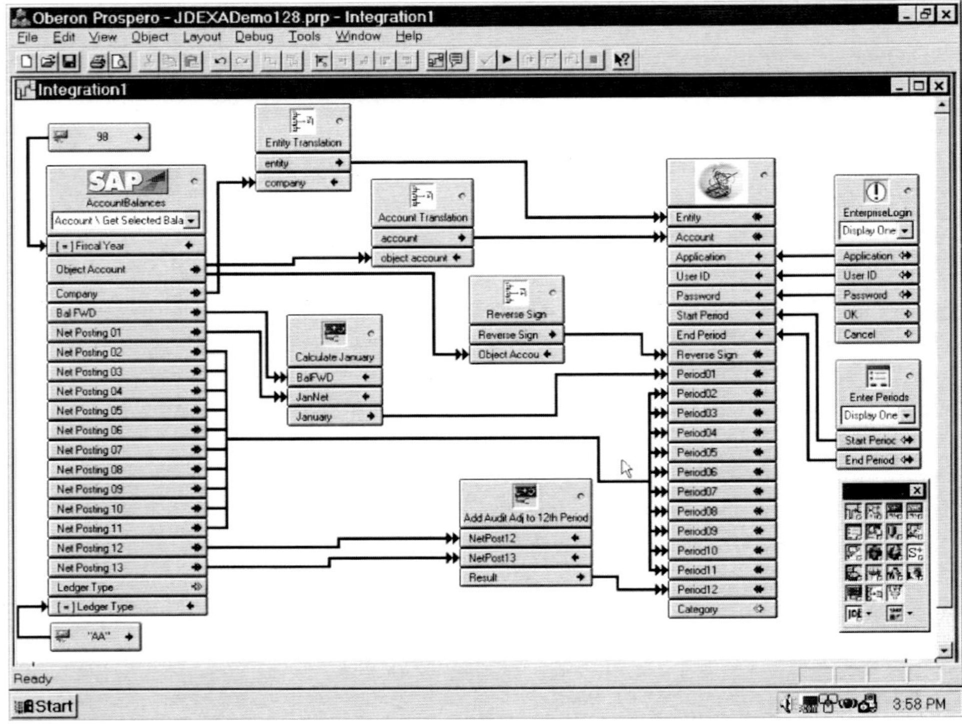

Abb. 4.18 Hyperion Application Link[25]

Berichterstellung/-gestaltung

Bei der Berichterstellung werden Standard-, Analyse-, Ad-hoc- sowie Exception-Reporting unterstützt. Die Phase der Berichterstellung kann unterschieden werden nach dem erstmaligen Aufbau, der Gestaltung und Generierung des Berichts und dem zyklischen Abruf von bereits generierten Berichten. Werden leistungsfähige Reportgeneratoren auf bestehende Datenbanken oder Data-Warehouse-Lösungen angewendet, so ist die erstmalige Berichterstellung zeitaufwändig. Der Abruf der Berichte per Knopfdruck benötigt dann später nur wenige Sekunden. Werden Berichte mit einfachen Tabellenkalkulationsprogrammen erstellt, dann ist die erstmalige Gestaltung zwar relativ einfach, muss aber bei regelmäßiger Neuanfrage immer wieder aufwändig befüllt und angepasst werden.

Aufgrund der hohen Standardisierungsmöglichkeiten bietet es sich an, leistungsfähige Reportgeneratoren zu nutzen. Moderne Frontend-Lösungen knüpfen direkt an das Data Warehouse an und ermöglichen multidimensionale Datenanalysen, die einfach erstellt und für Ad-hoc-Anfragen verändert werden können. Bei den Data-Warehouse-gestützten

[25] Entnommen aus Schön (2004, S. 323).

(IDES) Vertriebsmitarbeiter Quartalsvergleich

Verkaufsorganisation 1000
Geschäftsj./Periode Januar 1999..Dezember 1999

VertrBeauftragter
KalJahr/Quartal
Kennzahlen Absatzmenge; Erlös; Deckungsbeitrag I
Kunde
Branche
Warengruppe

VertrBeauftragter	Kunde	KalJahr/Quartal	19991	19992	19993	19994	Gesa
Anke Heininger	**COMPU Tech. AG**	**Absatzmenge**	2.716 ST	2.585 ST	3.608 ST	1.909 ST	
		Erlös	443.419 EUR	404.096 EUR	693.230 EUR	307.122 EUR	**1.8**
		Deckungsbeitrag I	375.274 EUR	191.657 EUR	241.494 EUR	63.061 EUR	**8**
	Computer Competence Center	**Absatzmenge**	10 ST				
		Erlös	10.402 EUR				
		Deckungsbeitrag I	4.823 EUR				
	N.I.C. High Tech	**Absatzmenge**	676 ST	882 ST	949 ST	377 ST	
		Erlös	654.374 EUR	798.725 EUR	887.838 EUR	375.353 EUR	**2.7**
		Deckungsbeitrag I	569.960 EUR	695.599 EUR	772.801 EUR	275.593 EUR	**2.3**
	Ergebnis	Absatzmenge	**3.402 ST**	**3.467 ST**	**4.557 ST**	**2.286 ST**	
		Erlös	**1.108.195 EUR**	**1.202.822 EUR**	**1.581.068 EUR**	**682.475 EUR**	**4.5**
		Deckungsbeitrag I	**950.057 EUR**	**887.256 EUR**	**1.014.295 EUR**	**338.654 EUR**	**3.1**
Armin Schwarzenberger	**Christal Clear**	**Absatzmenge**	4.240 KAR	2.493 KAR	3.156 KAR	1.084 KAR	
		Erlös	1.628.927 EUR	961.892 EUR	1.210.199 EUR	415.783 EUR	**4.2**
		Deckungsbeitrag I	740.507 EUR	410.254 EUR	404.657 EUR	80.766 EUR	**1.6**
	Elektromarkt Bamby	**Absatzmenge**	3.200 KAR	3.349 KAR	3.064 KAR	3.399 KAR	
		Erlös	1.243.086 EUR	1.290.095 EUR	1.186.169 EUR	1.314.065 EUR	**5.0**
		Deckungsbeitrag I	601.431 EUR	476.396 EUR	380.219 EUR	273.368 EUR	**1.7**
	Ergebnis	Absatzmenge	**7.440 KAR**	**5.842 KAR**	**6.220 KAR**	**4.483 KAR**	
		Erlös	**2.872.012 EUR**	**2.251.987 EUR**	**2.396.368 EUR**	**1.729.847 EUR**	**9.2**
		Deckungsbeitrag I	**1.341.939 EUR**	**886.650 EUR**	**784.875 EUR**	**354.133 EUR**	**3.3**
Claus Thomas	**C.A.S. Computer Application Systems**	**Absatzmenge**	2.380 ST	2.189 ST	2.698 ST	964 ST	
		Erlös	601.582 EUR	310.772 EUR	521.787 EUR	202.203 EUR	**1.6**
		Deckungsbeitrag I	511.024 EUR	139.999 EUR	212.800 EUR	50.297 EUR	**9**
	CBD Computer Based Design	**Absatzmenge**	2.758 ST	2.107 ST	1.662 ST	2.069 ST	
		Erlös	585.271 EUR	383.505 EUR	344.530 EUR	344.717 EUR	**1.6**
		Deckungsbeitrag I	450.777 EUR	176.609 EUR	135.206 EUR	71.467 EUR	**8**
	HTG Komponente GmbH	**Absatzmenge**	993 ST	275 ST	933 ST	623 ST	
		Erlös	882.428 EUR	254.362 EUR	856.620 EUR	557.574 EUR	**2.5**

Abb. 4.19 SAP BW-Bericht mit dem Bex-Analyser (MS Excel-Integration)[26]

Frontend-Lösungen kristallisieren sich am Markt drei Richtungen heraus, die im Abschn. 5.5.5.2 detaillierter analysiert werden:

- Excel-integrierte Reportinglösung
- Spezielle proprietäre Reportgeneratoren mit grafischen Benutzeroberflächen
- Web-basierte Reportinglösungen

Bei den Excel-integrierten Reportinglösungen, wird Excel als Add-in-Lösung genutzt, wobei die Zusatzfunktionen vor allem die Datenselektion und -bereitstellung aus dem Data-Warehouse unterstützen, die Gestaltungsfunktionen aber von Excel genutzt werden können (vgl. Abb. 4.19).

Bei den Softwareanbietern fällt auf, dass zum Teil unterschiedliche Strategien für die unterschiedlichen Berichtsformen (Standard-, Analyse-, Ad-hoc- sowie Exception-Reporting) angeboten werden. Während eine Gruppe von Anbietern für verschiedene

[26] Quelle: SAP BW-Bericht mit dem Bex-Analyser (MS Excel-Integration) basierend auf Daten eines SAP-IDES-Systems. Entnommen aus Schön (2004, S. 331).

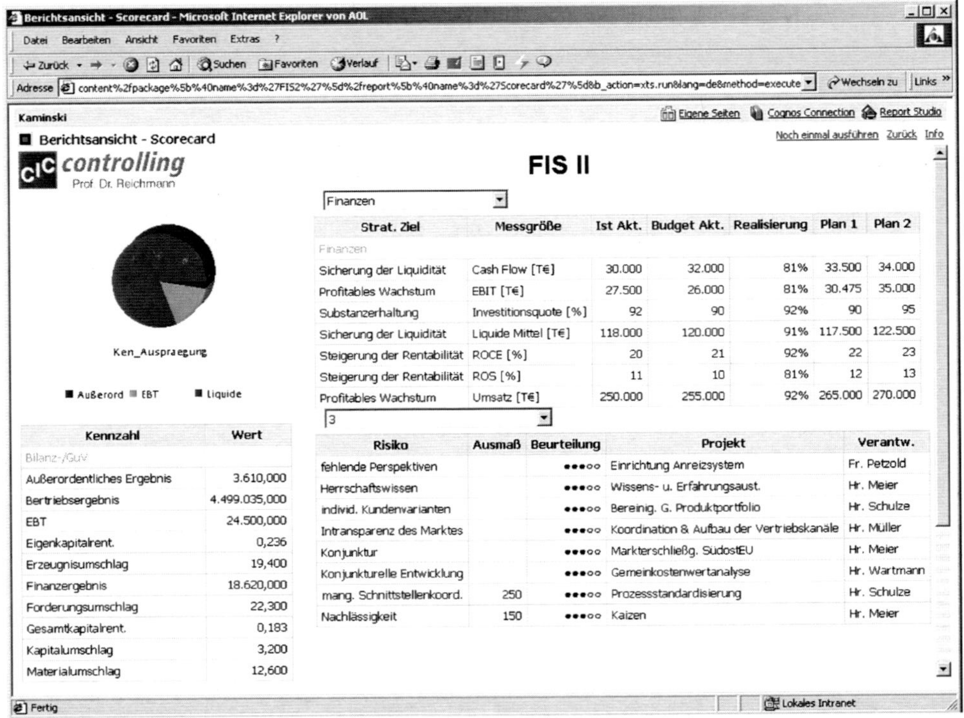

Abb. 4.20 Web-Bericht-Beispiel mit Cognos ReportNet[27]

Reportformen unterschiedliche Tools auf der gleichen Datenbasis einsetzt, gibt es andere Hersteller, die hierfür nur eine Applikation einsetzen.

Z. B. werden für das Standardreporting höhere Anforderungen an eine Druckversion gestellt, die besser durch spezielle Reportgeneratoren mit einer pixelgenauen grafischen Benutzeroberfläche erfüllt werden können als durch Web-Lösungen.

Ein großer Vorteil des Web-Reporting liegt vor allem darin, dass keine Clientsoftware mehr auf dem Desktop installiert werden muss. Ein herkömmlicher Browser reicht für die Reportdarstellung aus und kann von jedem Ort der Welt angesteuert werden, an dem eine Internetverbindung möglich ist (vgl. Abb. 4.20).

Bei der Berichterstellung müssen nicht zwingender Weise Verständnis für Datenbankstrukturen und Kenntnisse in Programmiersprachen vorhanden sein. Die Berichte können mit modernen Reportgeneratoren auch ohne die IT-Abteilung und ohne IT-Spezialisten und Berater erstellt werden.

Die Anbieter unterscheiden beim Reporting zwischen der Reportentwicklungsebene und der Reportanalyseebene. Wichtig bei der Reportentwicklung ist die Gestaltungsfreiheit

[27] Entnommen aus Schön (2004, S. 324).

bei der Darstellung der Berichtsinhalte. Berichtsvorlagen, sogenannte Templates, helfen bei der Gestaltung der Berichte. Sie enthalten Informationen über den Aufbau und die Struktur der verfügbaren Informationen und nutzbaren Berichtsobjekte. Über Frames (Berichtsabschnitte) können dabei in einem Bericht (z. B. auf einer Seite) Dateninhalte voneinander getrennt werden. Mit der Drag & Drop-Funktionalität werden sogenannte Berichtsobjekte (z. B. Tabellen, Selektionsfilter, Grafiken, Menü- und Schaltfelder) individuell positioniert, formatiert und können flexibel geändert werden. Selektions- und Filterkriterien sind für die Gestaltung der Berichtsobjekte auszuwählen. Ein Metadatenmodell hilft bei der Mehrsprachigkeit und Übersetzung der Berichte in andere Sprachen.

Beliebige Kommentare und Corporate Identity-Merkmale wie Logos und andere Firmenlayouts oder auch Produktbilder sind individuell einfügbar. Als Hilfestellung bei der Berichtsentwicklung können sogenannte „**Wizards**" (Berichterstellungsassistenten) eingesetzt werden, die den Anwender Schritt für Schritt bei der Erstellung seiner Berichte führen. Mit Hilfe eines Vorschaubildes (**Thumbnails**) kann der mit Hilfe des Wizard erstellte Bericht vorab gesichtet werden.

Zu den Möglichkeiten der Reportentwicklung vergleiche auch die Ausführungen im Abschn. 5.5.5.2 und hier speziell die unterschiedlichen Anwendungsoberflächen.

4.2.3.2 Analysevorbereitung

Nach der Berichterstellung erfolgt die Phase der Analysevorbereitung. Sie reicht von der Plausibilisierung der erstellten Berichte über die Abweichungs- und Ursachenanalyse bis zu der Kommentierung der Berichte.

Diese Phase erfolgt i. d. R. zentral durch die Controlling-Institution. Die Analysen und Kommentierungsaufgaben bedingen jedoch auch die Kommunikation zu den Fachverantwortlichen bzw. den Führungs- und Leitungskräften.

Plausibilisierung

Je nach Systemeinsatz, angefangen von Excel bis hin zu Data-Warehouse-Lösungen, bekommt diese Phase ein unterschiedliches Gewicht. Durch die verstärkte Automatisierung der Datenübertragung lassen sich tendenziell Plausibilisierungsprozesse optimieren. Im Falle sehr vieler manueller Übertragungswege ist dieser Prozessschritt i. d. R. sehr zeitaufwändig.

Ziel der Plausibilisierung ist es, Unstimmigkeiten, Fehler und Qualitätsmängel der Daten in den erstellten Berichten aufzudecken und zu beheben. Datenqualität ist schließlich das am meisten genannte Problemfeld von Umfragen zum Reporting und ihren Systemen, z. B. aktuell mit Business Intelligence.[28]

Die Datenqualität fängt schon bei den **Stammdaten** und den **Kontierungsvorgaben** an, die zunächst einmal standardisiert und strukturiert für das gesamte Unternehmen aufzubauen sind. Zudem bietet es sich an, regelmäßig **Validierungen** durchzuführen sowie

[28] Vgl. z. B. Friedrich (2007/2008, S. 10–11), Finucane und Mack (2010/2011, S. 8–11) und Schön (2011, S. 1–47).

standardisierte Anlage- und Pflegeprozesse von Stammdaten zu etablieren und über bestimmte Analyseverfahren (z. B. **Syntaxanalyse, Vollständigkeitsanalyse**) und **Synchronisierungsfunktionen** zu unterstützen.[29]

Datenverluste zwischen den Systemen lassen sich beispielsweise durch Kontrollsummen prüfen. **Fehlerprotokolle** der Schnittstellen zeigen z. B. fehlerhafte Datenübertragungen oder die Unvollständigkeit der Datensätze an. **Abstimmberichte und Überleitungsrechnungen** helfen dabei, die Datenvollständigkeit zu prüfen. Nicht zugeordnete Kennzahlen lassen auf fehlende Informationsanreicherung schließen. Nicht zuletzt ist die **Erfahrung** im Controlling und in anderen Bereichen wichtig, um mögliche fehlerhafte Stellen in den Auswertungen zu finden.

All die gefundenen Fehlerquellen müssen bestenfalls an Ihrer Quelle behoben werden. Nachträgliche Korrekturen im Informationsprozess, z. B. über Korrekturzeilen, sind später kaum noch nachzuvollziehen.

In der Praxis zeigt sich, dass durch eine kontinuierliche Qualitätssicherung im Reporting eine Verbesserung der Datenqualität mit degressiv fallenden Fehlerquoten erreicht werden kann.

Abweichungs-, Ursachen- und andere Analysen

Eine Hauptaufgabe des Controllers ist die Funktion der Beratung und Entscheidungsvorbereitung. Er nimmt hierbei die Stellung eines „Beraters" bzw. „Sparringpartners" für das Management ein. In der Phase der Abweichungs- und Ursachenanalyse werden hierfür wichtige Grundlagen geschaffen.

Die Abweichungsanalyse zeigt hierbei den Erreichungsgrad bezüglich der gesteckten Ziele an, indem die tatsächlichen Istwerte bzw. Forecastwerte mit den Planwerten verglichen werden.

Best-Practice-Benchmarks zeigen den Analysten Verbesserungspotenziale bei unterschiedlichen Ergebnisobjekten (Abteilungen, Prozesse etc.) an. Die Bedeutung der Ergebnisobjekte in Relation zur Gesamtheit der Ergebnisobjekte lässt sich u. a. mit der ABC-Analyse durchführen.

Zeitreihenanalysen zeigen Trends und besondere Einbrüche oder Spitzen der betrachteten Werte je Ergebnisobjekt an.

Details zu den vorgenannten und weiteren Berichts- und Analyseformen sind dem Abschn. 3.7 zu entnehmen.

Dem Controller kommt die Herausarbeitung der wichtigsten Erkenntnisse aus dieser „kreativen" Analysearbeit zu. Bestmöglich sind hierbei die Ursachen- und Wirkungszusammenhänge sowie Regelmäßigkeiten und Sondereffekte zu identifizieren.

[29] Es werden bereits spezielle Softwarelösungen für die Datenqualitätsprüfung eingesetzt (Vgl. z. B. Atacama 2011).

Berichtskommentierung und Entscheidungsvorbereitung

In der Phase der Berichtskommentierung werden die gewonnenen Erkenntnisse der vorbereitenden Analysephase dokumentiert. Dies sollte in komprimierter Form, z. B. in Stichpunkten und kurzen Sätzen, erfolgen. Bei den Kommentierungen lassen sich dabei zentral zusammengefasste Ergebnisse und Einzelkommentierungen an einzelnen Berichtsobjekten und Einzelwerten unterscheiden (Zur Gestaltung von Kommentierungen vgl. Abschn. 3.8.2.5). Zudem helfen Lesezeichen (Bookmarks) bei der Suche wichtiger Inhalte.

Hierauf aufbauend sollten Entscheidungsbedarfe der Führungs- und Leitungskräfte sowie Vorschläge für Maßnahmen und zur Steuerung herausgearbeitet werden. Diese beiden letzten Schritte sind in der Praxis häufig beschnitten, wenn sich das Management die Hoheit über die Interpretation und die Entscheidung allein vorbehält oder die Interpretationsmöglichkeit im Controlling aufgrund des spezifischen Know-hows der Fachabteilung nicht oder nur beschränkt möglich ist.

Besteht eine gute Informations- und Kommunikationskultur im Unternehmen, sollten idealerweise am Ende dieser Phase die ursprünglichen Ergebnisberichte um entsprechende Kommentierungen und Entscheidungsbedarfe und -vorschläge ergänzt werden.

4.2.3.3 Berichtsbereitstellung

Nach der Phase der Analysevorbereitung erfolgt die Berichtsbereitstellung. Die Berichtsbereitstellung umfasst die Themen Ausgabeformat, Berichtsbündelung und die Art der Versendung der Berichte.

Die Berichtsbereitstellungsbedarfe sind mit den Berichtsadressaten in der Reportingeinführungs- bzw. Reporting-Qualitätssicherungsphase zu bestimmen. Die Durchführung der Berichtsbereitstellung erfolgt zentral gesteuert durch die Controlling-Institution, die sich hier der technischen Möglichkeiten der IT bedient (Job-Läufe, Monitoring etc.).

Beispielhafte Ausgabeformate sind u. a.:

- Druckberichte (Papier, pdf.)
- Grafische Ausgabe in einem Präsentationsprogramm (z. B. Powerpoint,.ppt)
- Grafische Ausgabe in einem Tabellenkalkulationsprogramm (z. B. Excel,.xls)
- Grafische Ausgabe in einem speziellen Reportingprogramm
- Grafische Ausgabe in einem Web-Browser (html.)

Zu den differenzierten Ausgabeformaten und -medien vergleiche Abschn. 5.5.5.5.

Bündelung der Berichte

Für die Bündelung der Berichte bieten sich nach Ausgabeformat unterschiedliche Bündelungsformen an, die im Abschn. 3.3 detaillierter erläutert wurden:

- Ordner, Inhaltsverzeichnisse, Register
- Spezielle Dateiverzeichnisstrukturen und Dokumentenordner, die nur für zugewiesene Berichtsadressaten zugänglich sind

- Gliederungsmöglichkeiten und Navigationsberichte der Reportingprogramme
- Gliederungsmöglichkeiten und Zugriffsmöglichkeiten von Portal-Lösungen, die über das Internet/Intranet erreicht werden können

Versendung und Bereitstellung der Berichte

Hinsichtlich der Versendung, Übertragung (**Broadcasting**) bzw. Bereitstellung der Berichte sind folgende Wege gängig:

- Manueller Versand und Zustellung
- Elektronische Zustellung
  - per Mail
  - per Zugang zu einem Dokumentenverzeichnis
  - per Programmzugang
  - per Online-Link
  - per Web-Zugang, z. B. über eine intranetgestützte Portallösung
  - auf mobile Endgeräte wie Smartphones

Der Form halber sei hier erwähnt, dass natürlich Informationen auch auf dem mündlichen Weg überbracht werden können. Dies bietet sich bei sehr wichtigen und aktuellen Informationen auch an. Für das Reporting und die Planung an sich erfolgt die Bereitstellung jedoch in papiermäßiger oder elektronischer Form.

Die Adressaten der Berichte sind vorab zu bestimmen und idealerweise in den Systemen inklusive ihrer Berechtigungen zu hinterlegen (vgl. hierzu Abschn. 4.1.4.1 und 5.5.3).[30]

Zu den DV-technischen Verteilungsmöglichkeiten von Berichten und Planungsformularen vergleiche auch Abschn. 5.5.5.5.

Bei der Versendungsart lassen sich folgende Wege unterscheiden:

- Manueller Anstoß der Berichtsversendung
- Zyklischer Anstoß der Berichtsversendung
- Exemption-Reporting löst die Berichtsversendung bei Erreichung von Toleranzgrößen aus.

Die moderne Berichtsübertragung und -bereitstellung erfolgt entweder auf individuellen anbieterspezifischen grafischen Oberflächen oder auf Standard-Web-Browser-Oberflächen (vgl. Abb. 4.21). Insbesondere das Web-basierte Reporting hat hier Vorteile bezüglich der Verteilung der Berichte, da auch Anwender ohne installierte Spezialapplikation auf dem lokalen Rechner in den Berichten analysieren und navigieren können.

Die Verteilungsfunktion von Berichten wird durch die Berechtigungskonzepte und Zugriffsrechte der User gesteuert. Zur übersichtlichen Verwaltung der zum Teil unterschied-

[30] Vgl. Knöll et al. (2006, S. 200).

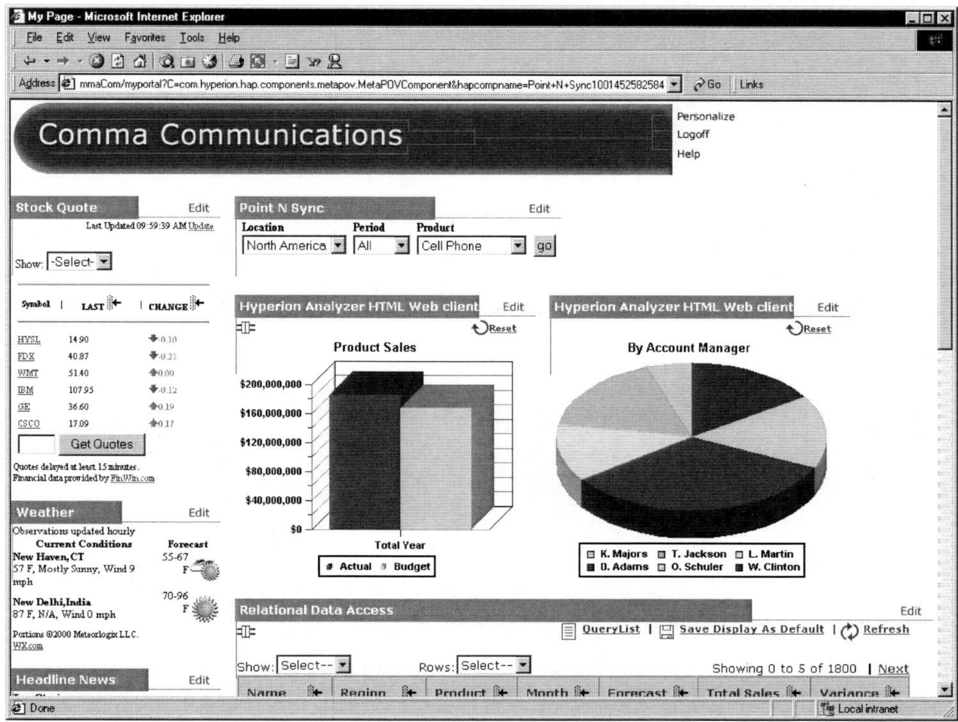

Abb. 4.21 Web-basierte zentrale Portal-Applikationen (Hyperion Central)[31]

lichen Berichtsempfänger bietet es sich an, sogenannte Berichtsmappen zu erstellen, die Usergruppen oder einzelnen Personen zugeordnet werden.

Zu unterscheiden ist weiterhin das Push- und Pull-Berichtswesen. Beim **Push-Berichtswesen** werden die Berichte den Empfängern nach vorgegebenen Kriterien (z. B. periodisch) zur Verfügung gestellt, was zu einem Informations-Overload führen kann. Beim **Pull-Berichtswesen** fordert der Empfänger individuell seine Berichte an, wobei er u. a. die Hilfe von speziellen Suchmechanismen nutzen kann. Reines Pull-Berichtswesen birgt allerdings die Gefahr, dass Anwender wichtige Informationen nicht erhalten. Aus diesen Gründen ist eine Kombination von Push- und Pull-Berichtswesen zu favorisieren, bei dem z. B. ein potenzieller Berichtsempfänger per E-Mail auf neue Reports mit einer kurzen Inhaltsbeschreibung (Meta-Daten des Reports) hingewiesen wird. Er kann nun selbst entscheiden, ob er den Bericht selektieren möchte oder nicht.

Weiterhin besteht der Bedarf die Berichtsinhalte in anderen nachgelagerten Systemen zu nutzen. Hierfür stellen die Reportingwerkzeuge Exportfunktionen zur Verfügung, die zahlreiche Datenformate (z. B. „csv" für Tabellenkalkulationsprogramme) bedienen.

[31] Entnommen aus Schön (2004, S. 330).

4.2.3.4 Informationsanalyse und -steuerung

Die wichtigste Phase des Reportingprozesses ist die Phase der Informationsanalyse und -steuerung. Sie umfasst die Informationsanalyse des Berichtsempfängers, die Berichtspräsentation und -diskussion der jeweiligen Führungskreise sowie die hier erzielte Entscheidungsfindung und Maßnahmenableitung.

Die Informationsanalyse und Steuerung erfolgt durch die Führungs- und Leitungskräfte der jeweiligen Führungsebene und wird durch das Controlling unterstützt. Der Kommunikation zwischen den Führungsebenen und dem Controlling kommt hier eine hohe Bedeutung zu. Sie dient der Wissensmehrung und Schaffung von Transparenz bei allen Beteiligten.

Informationsanalyse des Berichtsempfängers

Nach Erhalt der zur Verfügung gestellten Berichtsinformationen hat sich der Berichtsempfänger vorab zunächst selbst ein Bild über die Lage seines Verantwortungsbereiches zu erarbeiten. Die verschiedenen Analyseformen (vgl. Abschn. 3.7), wie z. B. die Abweichungsanalysen, Trendanalysen oder ABC-Analysen helfen dabei Stärken und Schwächen bzw. Erfolgs- und Verlustquellen der Ergebnisobjekte aufzudecken. Sie sensibilisieren für Entwicklungen und lassen ggf. Chancen und Risiken erkennen. Sie regen an, weitere Ursachen und Wirkungszusammenhänge aufzudecken und für die Steuerung zu nutzen. Als Ansprechpartner für Fragen, Beratungs- und Entscheidungshilfen steht der Controller zur Verfügung.

Während die Informationsversorgung zumeist Bottom-Up erfolgt, also von unverdichteten Basisdaten bis hin zu Informationen höchster Verdichtungsstufe, sind die Analysewege Top-Down zu gestalten. Bei einem Analyseweg handelt es sich um eine individuelle oder standardisierte Suche nach Ursachen, die für eine Auswirkung verantwortlich gemacht werden können. Die Lokalisierung der problemrelevanten Einzelinformationen erfolgt zumeist auf einer nachgelagerten Ebene.

Die Informationsaufnahme wird in der Praxis im besten Fall im Dialog mit den gezeigten Business-Anwendungen direkt oder wie bisher per Papierausdruck durchgeführt. Es handelt sich um einen Prozess zwischen Mensch und Computer- bzw. Druck-Report.

Die wichtigsten Analysefunktionen der Software-Anwendung sind dabei die Drill-Down- und Roll-Up-Funktion, Drill-Through, Slice- und Dice-Funktion, das Pivoting und Drill-Across. Mit der Drill-Down- und Roll-Up-Funktionalität lassen sich die Berichtsinhalte vom verdichteten Zustand bis hin zur Datenquellinformation auflösen und umgekehrt verdichten. Mit dem Drill-Through erhält man die Möglichkeit bis zur Datenquelle im vorgelagerten System zu verzweigen. Bei der OLAP-spezifischen Slice- und Dice-Funktionalität lassen sich in hoher Geschwindigkeit selektierte Dimensionssichten (Scheiben und Würfel) aus dem multidimensionalen Data Warehouse bzw. Data Mart anzeigen. Beim Pivoting und dem Drill-Across lassen sich die selektierten Dimensionen (wie Kunden- und Produktsicht oder die Zeit) flexibel austauschen (vgl. hierzu den Abschnitt über Pivottabellen im Abschn. 3.8.2.3). Hierdurch sind multidimensionale Datenanalysen (vgl. Abb. 4.22) mit akzeptablen Antwortzeiten möglich.

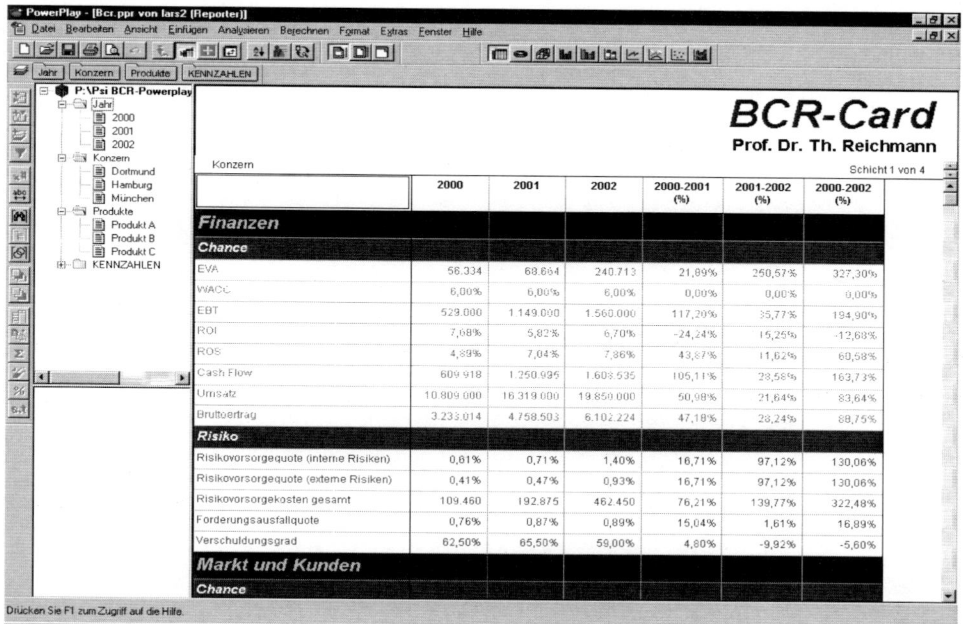

	2000	2001	2002	2000-2001 (%)	2001-2002 (%)	2000-2002 (%)
Finanzen						
Chance						
EVA	56.334	68.664	240.713	21,89%	250,57%	327,30%
WACC	6,00%	6,00%	6,00%	0,00%	0,00%	0,00%
EBT	529.000	1.149.000	1.560.000	117,20%	35,77%	194,90%
ROI	7,68%	5,82%	6,70%	-24,24%	15,25%	-12,68%
ROS	4,89%	7,04%	7,86%	43,87%	11,62%	60,58%
Cash Flow	609.918	1.250.995	1.608.535	105,11%	28,58%	163,73%
Umsatz	10.809.000	16.319.000	19.850.000	50,98%	21,64%	83,64%
Bruttoertrag	3.233.014	4.758.503	6.102.224	47,18%	28,24%	88,75%
Risiko						
Risikovorsorgequote (interne Risiken)	0,61%	0,71%	1,40%	16,71%	97,12%	130,06%
Risikovorsorgequote (externe Risiken)	0,41%	0,47%	0,93%	16,71%	97,12%	130,06%
Risikovorsorgekosten gesamt	109.460	192.875	462.450	76,21%	139,77%	322,48%
Forderungsausfallquote	0,76%	0,87%	0,89%	15,04%	1,61%	16,89%
Verschuldungsgrad	62,50%	65,50%	59,00%	4,80%	-9,92%	-5,60%
Markt und Kunden						
Chance						

Abb. 4.22 Multidimensionale Analysen mit Powerplay von Cognos[32]

Über interaktive Navigationspunkte kann zudem auf weitere Berichtsquellen und Dokumente oder Internetseiten (über Web-Link-Verknüpfung) verzweigt werden.

Die vom Controlling erstellten Kommentare, Entscheidungsbedarfe und -vorschläge helfen dem Analysten schneller, wichtige (voranalysierte) Erkenntnisse aufzunehmen und Rücksprachen zu halten, um so die Berichte ggf. mit eigenen Anpassungen, Kommentaren etc. zu versehen bzw. abzuändern. Für die Suche wichtiger Inhalte sind Lesezeichen (Bookmarks) nützlich.

Berichtspräsentation und -diskussion

Ein weiterer wichtiger Schritt der Berichtssteuerung ist die Besprechung der Berichtsinhalte im dafür vorgesehenen organisatorisch festgelegten Führungskreis.

Eine intensive Aufnahme, gemeinsame Analyse, Diskussion und Nutzung der Berichte für die Steuerung kann im Vorfeld durch eine gut ansprechende Präsentation der Berichte erreicht werden.

Gute Präsentationen und Diskussionsmöglichkeiten zur Informationsanalyse zeichnen sich durch folgende Punkte aus:

---

[32] Entnommen aus Schön (2004, S. 332).

- Zusammenfassung der wichtigsten Ergebnisse
- Kommentierung wichtiger Erkenntnisse
- Vorgezeichnete Analysewege, ausgehend von verdichteten Informationen bis zu den wichtigen Detailinformationen
- Auf Bedarf Bereitstellung weiterer Informationsquellen bis auf die Detailebene der vorgelagerten Systeme (Back office)
- Entscheidungsbedarfe und -vorschläge sind zu formulieren
- Ergebnisse und ggf. Entscheidungen der Besprechungen sind zu dokumentieren

Für die Besprechung und Diskussion von Berichtsinhalten in Führungsgremien eignen sich klassische Präsentationstechniken, wie Beamerpräsentationen und ausgedruckte Berichtsvorlagen oder moderne Collaboration- und Groupware-Funktionen zum Terminieren und Einladen für Meetings, zum Einrichten von Chat Rooms, Videokonferenzen und anderen Diskussionsforen. Hierbei können Mitarbeiter in virtuellen Teams auch über Zeitzonen und geografische Gegebenheiten hinweg weltweit in sogenannte Collaboration Rooms zusammengeführt werden.[33] Immer mehr Unternehmen setzen diese virtuellen Kommunikationsmöglichkeiten ein. Unabhängig vom BI-Softwaremarkt haben sich hier spezielle Softwareanbieter etabliert.

Entscheidungsfindung und Maßnahmeneinleitung

Die Entscheidungsfindung und Maßnahmeneinleitung kann, wie oben aufgeführt, Ergebnis der Führungsgremien im Rahmen der Berichtspräsentation und -diskussion sein, sie kann aber auch in zeitlich versetzten Führungsrunden getroffen werden, insbesondere wenn Entscheidungen überdacht werden müssen. Häufig sind mehrere Entscheidungsrunden nötig, um geeignete fördernde Maßnahmen oder Gegenmaßnahmen und Eskalationsmaßnahmen zu bestimmen.

Getroffene Maßnahmen und initiierte Projekte sollten hinsichtlich folgender Punkte konkretisiert und gesteuert werden:

- Zielsetzung festlegen (z. B. über Leistungs- und Erfolgsgrößen)
- Verantwortungszuordnung
- Ressourcenzuordnung
- Zeitliche Terminierung
- Finanzielle Ausstattung
- Ggf. Risikoabschätzung

[33] Vgl. Knöll et al. (2006, S. 201).

Abb. 4.23 Qualitätssicherungsprozess

Qualitätssicherungsprozess:

- Informationsbedarfsanalyse und -änderungen
- Prozessqualitätsprüfung und -änderungen
- Organisatorische Qualitätsprüfung und -änderungen
- Systemqualitätsprüfung und -änderungen

4.2.4 Qualitätssicherungsprozess

Der Qualitätssicherungsprozess umfasst die inhaltlichen, organisatorischen, prozessmäßigen und DV-technischen Anforderungen an die gesamte Planung und das gesamte Reporting. Die Teilaufgaben des Qualitätssicherungsprozesses sind der Abb. 4.23 zu entnehmen.

4.2.4.1 Informationsbedarfsanalyse und -änderungen

Änderungen der Umwelt und Änderungen der strategischen Ausrichtung eines Unternehmens machen die Überprüfung der Informationsbedarfe in gewissen Abständen erforderlich. Einmal im Jahr oder in größeren Zeitabständen sind daher auch die Informationsbedarfe und Planungsinhalte zu prüfen (vgl. hierzu Abschn. 4.2.1.2). Hierzu bietet sich das Controlling als zentrale koordinierende und ausführende Stelle im Zusammenhang mit den Führungsebenen und Fachabteilungen an. Um neue Impulse zu erhalten ist auch die Hinzuziehung externer Beratungskräfte nützlich.

Ist der neue bzw. abgeänderte Planungs- und Informationsbedarf aufgenommen, sind hieraus die notwendigen Änderungen vorzunehmen und in den Systemen zu pflegen. Zudem sind Überleitungsregeln zu erstellen.

Für die Verwaltung der Berichte ist die Pflege von Metadaten zu empfehlen, anhand derer die Empfänger und Sender von Berichten den Überblick über den Reportingvorrat, deren Inhalte, Bedeutung und Aussagekraft (möglichst in elektronischer Form) erhalten können.

Als Medium bieten sich (DV-gestützte) Reporting-Handbücher und -Richtlinien an, in denen Berichte und Kennzahlen, detailliert beschrieben werden. Ideal wären zusätzlich Dokumentationen, die Änderungen in den Systemen automatisch generieren.

Weiterhin sollte auch die technische Dokumentation (vgl. Abschn. 4.2.1.4, DV-Konzept), ausgehend vom inhaltlichen Soll- bzw. Fachkonzept (vgl. Abschn. 4.2.1.3), stetig weitergepflegt werden, um so die Aktualität über die Datenquellen, die Datenmodellierung und die Datenversorgung aufrechtzuerhalten.

4.2.4.2 Prozessqualitätsprüfung und -änderungen

Im Rahmen der Prozessqualitätsprüfung steht die Analyse des Planungs- und Reportingprozesses hinsichtlich Qualität, Schnelligkeit und Wirtschaftlichkeit an.

Bei den Planungs- und Reportingprozessen ist zu berücksichtigen, dass der Weg von der Erstellung bis zur Abstimmung, Analyse und Steuerung mit einem „time lag" verbunden ist, welcher sich aus der Zeitspanne, z. B. zwischen der Sichtung einer Abweichung im Führungsinformationssystem und der Erfassung der Quelldaten in vorgelagerten Systemen, ergibt. Diesen „time lag" zu verkürzen und die Geschwindigkeit der Informationsversorgung bzw. der Planung zu erhöhen ist eine der größten Herausforderungen hinsichtlich der Prozessoptimierung.

Zur Analyse und Dokumentation der Planungs- und Reportingprozesse bieten sich folgende Werkzeuge an:

- Grafische Workflows
- Ablaufbeschreibungen
- Arbeitsanweisungen

Sollten sich hier im Zeitablauf Verbesserungsmöglichkeiten ergeben, sind diese zu verändern, z. B. automatische statt manuelle Datenübertragungen oder die Einführung von Abstimmungsberichten zur Prüfung der Datenqualität.

Bei den Reportingprozessen kommt der Forderung, einen Abschluss schnell zu liefern (**fast close**), eine hohe Bedeutung zu. In der Unternehmenspraxis werden Abschlüsse leider erst mehrere Wochen oder sogar Monate später geliefert, so dass die Aktualität der Informationen und die hierdurch gegebene Steuerungsmöglichkeit zu spät kommt und ggf. schon wieder hinfällig ist. Ziel ist es, den Abschluss möglichst zeitnah nach dem Abschluss der Periode zu liefern, also z. B. beim Monatsreport spätestens bis zum 10. Arbeitstag nach Monatswechsel, besser noch früher z. B. nach dem 3. oder 4. Arbeitstag.

Generell zu überprüfen und festzulegen ist die Terminierung und der Zyklus der standardmäßigen Analyseberichte. Hierbei lassen sich folgende Berichtsintervalle unterscheiden:

- Tagesberichte
- Wochenberichte
- Monatsberichte
- Quartalsberichte
- Halbjahresberichte
- Jahresberichte
- Mehrjahresberichte

Die Berichtsintervalle müssen mit den Führungsgremien und Analysemöglichkeiten der Berichtsempfänger abgestimmt werden. Wichtige Kennzahlen des Unternehmens, wie Auftragseingänge, Umsatz, Zahlungseingänge, Kontenstände, Produktionszahlen sind kurzfristig (wöchentlich bis täglich) zu berichten. Das Kern-Managementreporting wird monatlich erfolgen, da viele Ergebnisgrößen und Kosten, wie z. B. die Personalkosten, erst nach Buchungsschluss im Monatstakt zur Verfügung stehen. Größen, die sich kurzfristig nicht nennenswert verändern, wie z. B. die Mitarbeiterstatistik können in längeren Zyklen betrachtet werden. Bei der Terminierung mit zu berücksichtigen sind natürlich die gesetzlich verpflichtenden Berichte wie z. B. Quartalsberichte und der Jahresabschlussbericht.

Für die zyklische Berichtsgenerierung werden sogenannte Scheduler- und Monitoring-Funktionen angeboten, mit deren Hilfe ein periodisches Standardberichtswesen elektronisch terminiert und überwacht werden kann.

Auch Planungsprozesse sind häufig in der Unternehmenspraxis ausufernd lang und können in der Budgetplanung z. B. 6 Monate und mehr erreichen. In dieser Zeit haben sich die Rahmenbedingungen bereits wieder so geändert, dass zeitintensive Korrekturplanungen notwendig sind. Deswegen gilt auch hier die Zielsetzung, die Planungsprozesse schlanker zu machen (z. B. auf unter 3 Monate bei der Budgetplanung und wenige Wochen beim Forecast) und besser aufeinander abzustimmen, damit weniger Korrekturen und Nachpflegeprozesse entstehen.

4.2.4.3 Organisatorische Qualitätsprüfung und -änderungen

Zentral für die organisatorische Qualitätsprüfung ist die Zuordnung der verantwortlichen Berichtsempfänger, die nach Maßgabe von Organisationsänderungen bzw. bei Personaländerungen zu aktualisieren sind. Hierbei helfen das Berechtigungskonzept und die Organisationsmatrix zur Planung und zum Reporting sowie ihre technische Umsetzung, die flankierend zu den vorhandenen Organisations- und Zuständigkeitsregelungen genutzt werden sollten (vgl. Tab. 4.1 im Abschn. 4.2.1.2).

Das Berechtigungskonzept (siehe hierzu Abschn. 5.5.3) richtet unterschiedlichen Personen und Gruppen spezielle Rechte und Pflichten für das Reporting und die Planung ein (Lesen, Selektieren, Schreiben, Verändern, Löschen etc.). Vom Anwender her lassen sich einfache **Benutzer** (User) mit Leserechten bis hin zu Powerusern mit Entwicklungsrechten unterscheiden.

Auf der Grundlage des Berichtszuordnungskonzeptes werden einzelne Berichte oder Berichtsmappen (Briefing Books) den Berichtsempfängern einzeln oder rollenbezogen zugeordnet.

4.2.4.4 Informationssystem-Qualitätsprüfung und -änderungen

Von Seiten des Softwareherstellers sollte im Rahmen der **Support- und Wartungsverträge** eine regelmäßige Qualitätssicherung über Updates und Releasewechsel erfolgen, die eine ständige Weiterentwicklung der Programme an den neusten technischen Stand und den neusten inhaltlichen Fortschritten garantiert. Die Phase der neuen Implementierung schließt wiederum mit Tests und Abnahmen der jeweiligen Neuerungen als qualitätssichernde Maßnahme ab (vgl. hierzu Abschn. 4.2.1.6). Gerade durch die Implementierung von neuen Inhalten und Funktionen, zeigt die Erfahrung aus der Unternehmenspraxis immer wieder, dass altbewährte Funktionen auf einmal nicht mehr laufen. Deswegen sollten die Tests und Abnahmen sich auch nicht nur auf die „neuen" Inhalte und Funktionen konzentrieren, sondern auch auf die Nutzbarkeit „alter" Funktionalitäten achten.

Über die Hotline und andere Kommunikationswege sollten Fehler schnell behoben und neue Anforderungen im Produktmanagement aufgenommen und nachgehalten werden können.

Auf der Seite der Unternehmung sollten kontinuierlich Mängel durch die Anwender abgefragt, berichtet und durch die zentrale koordinierende Stelle im Controlling aufgenommen werden. Aufgrund vieler technischer Anfragen ist hier insbesondere die IT-Abteilung angesprochen.

In größeren Abständen, z. B. einmal im Jahr, sollte eine Überprüfung der eingesetzten DV-Systeme hinsichtlich ihrer Qualität erfolgen. Hierbei sind Verbesserungsmöglichkeiten, z. B. durch die Integration der Systeme durch Mängelbeseitigungen oder durch Ausbaumöglichkeiten neuer Module aufzuzeigen. Kurzfristige und operative Maßnahmen sind mit der IT-Abteilung festzulegen und in den Projektplan der IT oder im Controlling aufzunehmen.

Um neue Impulse und Fortschritte der Softwarehersteller aufzunehmen und für die Eignung des Einsatzes im Unternehmen zu prüfen, sind regelmäßig Informationen hierüber einzuholen. Als Quelle kommen Fachtagungen, Kongresse, Messen (z. B. die Cebit), Internetrecherchen, Informationsveranstaltungen der Softwarehersteller, Fachzeitschriften aber auch der Austausch mit anderen Unternehmen, Verbänden und sozialen Netzwerken in Betracht.

Sollte die vorhandene DV-Landschaft nicht mehr den inhaltlichen Ansprüchen genügen, ist ein Wechsel in der gesamten IT-Strategie zu überlegen, bei dem z. B. komplette ERP-Systeme bis zu den Auswertungstools in Frage gestellt werden. Der Zyklus einer IT-Strategie mit der Auswechselung zentraler Software- und Hardwarekomponenten umfasst einen größeren Zeitraum von z. B. 5–10 Jahre.

Sollten einzelne Soft- und Hardwarekomponenten oder auch gesamte IT-Landschaften ausgewechselt werden, schließt sich hier ein DV-Auswahlprozess an (vgl. Abschn. 4.2.1.5).

Literatur und Quellen zum Kap. 4

Atacama. http://www.ataccama.de/produkte/dq-analyzer/dqa-uberblick.html. Zugegriffen: am 22.07.2011.

Coenenberg, A.G., und R. Salfeld. 2003. *Wertorientierte Unternehmensführung*. Stuttgart.

Coenenberg, A.G. 2000. *Jahresabschluss- und Jahresabschlussanalyse*, 17. Aufl., 567.

Copeland, T., T. Koller, und J. Murrin. 2002. *Unternehmenswert – Methoden und Strategien für eine wertorientierte Unternehmensführung*, 3. Aufl. Frankfurt a. M.

Eisele, D., und T. Doyé. 2010. *Praxisorientierte Personalwirtschaftslehre. Wertschöpfungskette Personal*, 7. Aufl., 384. Stuttgart.

Finucane, B., und M. Mack. 2010/2011. Business-Intelligence-Software boomt in Deutschland. In *is report, Informationsplattform für Business Applications, BARC-Guide Business Intelligence*, 8–11.

Freese, E. 2005. *Grundlagen der Organisation*, 9. Aufl., 445. Wiesbaden.

Friedrich, D. 2007/2008. Business Intelligence etabliert sich im Mittelstand, BARC-Guide Business Intelligence, S. 10–11. http://www.barc.de/fileadmin/Fachartikel/10-11_FB_BI-Guide.pdf. Zugegriffen: am 19.02.2011, S. 10.

Gleich, R., und P. Temmel. 2008. Die Rolle der Organisation des Controllings im Management Reporting. In *Management-Reporting – Grundlagen, Praxis und Perspektiven*, Hrsg. P. Horváth, R. Gleich, U. Michel, 63–91. München.

Gräf, J., und D. Nase. 2008. Objekte des Management Reportings im Überblick. In *Management-Reporting – Grundlagen, Praxis und Perspektiven*, Hrsg. P. Horváth, R. Gleich, U. Michel, 43–61. München.

Hüllmann, U. 2003. *Wertorientiertes Controlling für eine Management-Holding*. Dortmund.

IfM (Hrsg.). Der Mittelstand in Deutschland: Das Rückrad der Wirtschaft – Kleine Unternehmen und Dienstleister prägen den Mittelstand – Mittelständler blicken optimistisch in die Zukunft. Online im Internet. http://www.impulse.de/unternehmen/:Zahlen-und-Fakten--MIND-Downloads/265749.html. Zugegriffen am 5.11.2009.

Kemper, H.G., H. Baars, und W. Mehanna. 2010. *Business Intelligence – Grundlagen und praktische Anwendungen*, 3. Aufl., 189. Wiesbaden.

Knöll, H.D. et al. 2006. *Unternehmensführung mit SAP BI*, 200. Wiesbaden.

Rappaport, A. 1986. *Creating Shareholder Value – The New Standard for Business Performance*. New York.

Schlegel, H.B. 1996. *Computergestützte Unternehmensplanung und -kontrolle*. München.

Schön, D. 2011. Ergebnisse zur empirischen Untersuchung – Business Intelligence für Reporting und Planung im Mittelstand, 1–47. http://www.fh-dortmund.de/de/studi/fb/9/personen/lehr/schdie/103020100000206873.php. Zugegriffen: am 01.06.2011.

Schön, D., und H. Krause. 1997. DV-gestütztes Krankenhaus-Controlling mit Hilfe von Standard-Software. DV-gestützte und controllinggerechte Kosten- und Leistungsrechnung mit Hilfe von Standard-Software. In *Controlling im Krankenhaus. Ein Handbuch für alle Führungskräfte im Krankenhaus*, Hrsg. E. Hauke, 1–70. Wien. Erg.-Lfg. 3, Abschn. 9.

Schön, D. 2004. Moderne Planungskonzepte und Reportingtools. In *19. Deutscher Controlling Congress, Tagungsband*, Hrsg. T. Reichmann, 287–337. Dortmund.

Schulte, C. 2002. *Personal-Controlling mit Kennzahlen*, 2. Aufl., 170. München.

Schweinsberg, K. et al. 2006. Persönlichkeiten – Was macht den Mittelständler aus? In *Praxishandbuch des Mittelstands – Leitfaden für das Management Mittelständischer Unternehmen*, Hrsg. W. Krüger, 63–70. Wiesbaden.

Stiefl, J., und K. von Westerholt. 2007. *Wertorientiertes Management*. München.

Strauch, B., und R. Winter. 2002. Vorgehensmodell für die Informationsbedarfsanalyse im Data Warehousing. In *Vom Data Warehouse zum Corporate Knowledge Center*, Hrsg. E. Maur, R. Winter, 359–378. Heidelberg.

Wahls, J. 1993. *Unternehmensplanung mit Excel*, 83. München.

Weber, J., R. Malz, und T. Lührmann. 2008. Excellence im Management-Reporting. In *Schriftenreihe Advanced Controlling*, Hrsg. J. Weber, Bd. 62, 22, 25, 50. Weinheim.

Weber, J., B. Hirsch, R. Rambusch, H. Schlüter, F. Sill, und A. Spatz. 2006. *Controlling 2006 – Stand und Perspektiven*, 44. Valendar.

Weber, J., C. Hunold, C. Prenzler, und S. Thust. 2001. Controllerorganisation in deutschen Unternehmen. *Schriftenreihe Advanced Controlling*, Bd. 18, 8. Vallendar.

Weber, J., P. Nevries, und D. Breiter et al. 2009. Operative Planung. *Schriftenreihe Advanced Controlling*, Hrsg. J. Weber, Bd. 71, 30. Vallendar.

DV-Unterstützung

5

Inhaltsverzeichnis

D. Schön, *Planung und Reporting im Mittelstand*, DOI 10.1007/978-3-8349-3604-2_5,

5.1 Betriebliche DV-Systeme

Zur Unternehmensführung, und hier speziell für die Planung und das Reporting, wird eine effektive Informationsversorgung angestrebt, d. h. eine adäquate Bereitstellung und wirtschaftliche Ausnutzung vorhandener und noch zu generierender Informationen. Von besonderem Interesse sind daher die EDV-Systeme, welche für die vielfältigen Auswertungen und Planungen in Frage kommen können.

Wegen der großen Mengen der zu verarbeitenden Daten in der Planung und im Reporting, sowie der Komplexität der Analyse und Planungsprozesse ist es sinnvoll, die Planung und das Reporting mit Hilfe von Informations- bzw. Datenverarbeitungssystemen abzubilden.

Bei der DV-gestützten Umsetzung der Planung und des Reporting handelt es sich um ein Mensch-Maschine-System, bei dem die Fähigkeiten des Analysten bzw. Planenden und die rechentechnischen Möglichkeiten des Computers im Online-Dialog zu einem integrierten Bestandteil des Analyse- bzw. Planungsprozesses werden.[1] Der Computer zeichnet sich vor allem durch seine hohe Verarbeitungsgeschwindigkeit und seine Speicherkapazität von großen Datenmengen aus, während die menschlichen Fähigkeiten eher kreativer und analytischer Art sind.

In Anlehnung an die mehrdimensionale Controlling-Konzeption von Reichmann ist die Ebene für die Planung und das Reporting oberhalb der Erfassungs-, Dispositions- und Abrechnungssysteme platziert.[2] Die wichtigste interne Informationsbasis für das Controlling stellt das betriebliche interne und externe Rechnungswesen dar. Für eine umfassende Planung und ein ganzheitliches Reporting werden darüber hinaus noch viele weitere Quellen der Erfassungs-, Dispositions- und Abrechnungssystemebenen, wie z. B. die Personalabrechnung für die Personalkostenplanung oder die Warenwirtschaft für die Planung der Logistik- und Produktionskapazitäten, benötigt (vgl. Abb. 5.1). Neben diesen internen Quellen werden verstärkt externe Informationsquellen genutzt, um aktuelle Informationen, wie z. B. Währungskurse und Preisindizes für Materialien, zu bekommen.

Während für die klassischen Berichts- und Planungsfunktionen der ERP-Systeme oder für die speziellen Berichts- und Planungssysteme zumeist relationale und unterschiedliche Datenbanksysteme verwendet werden, wird für ein Business-Intelligence-gestütztes System eine einheitliche Datenbasis in Form eines Data Warehouse als redundante Datenquelle eingeführt.

Da eine Untersuchung einzelner Lösungen für die Planung und das Reporting aufgrund ihrer Vielfalt nicht möglich ist, sollen hier nur potenzielle Grundausrichtungen für die Untersuchung herangezogen werden.

[1] Vgl. Mertens und Griese (1988, S. 5).
[2] Vgl. Reichmann (2011, S. 18).

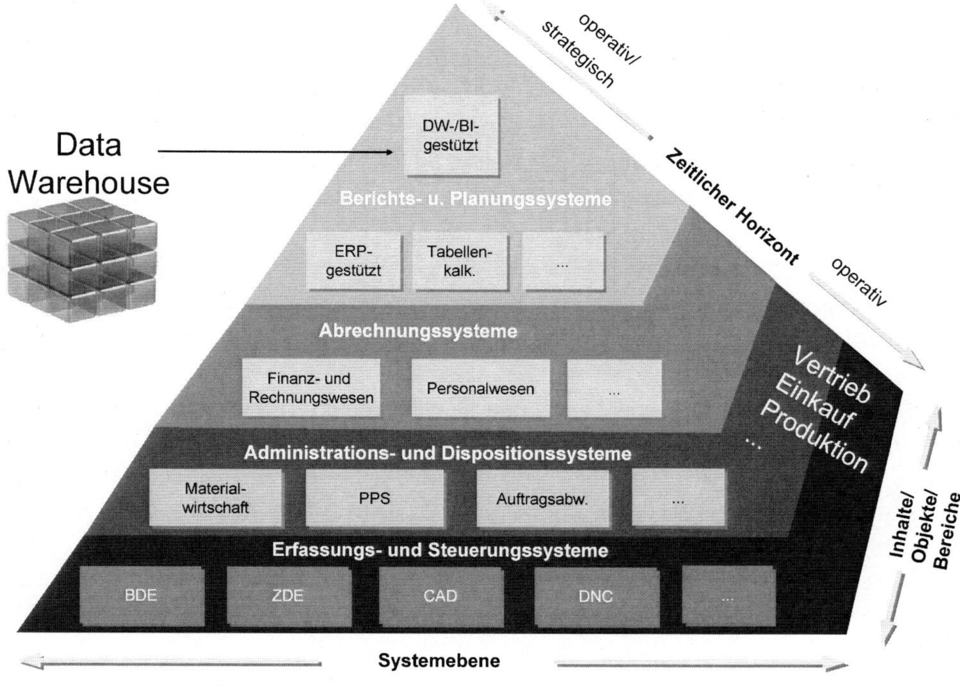

Abb. 5.1 Dimensionsebenen von betrieblichen DV-Systemen

Für die jeweiligen Aufgaben der Planung und des Reporting können grundsätzlich entweder Individual- oder Standardsoftwarelösungen genutzt werden.[3] Individuallösungen zeichnen sich durch ihre individuelle (eigene oder fremde) Programmierung aus, so dass vor allem gesonderte Spezialanforderungen der Unternehmen berücksichtigt werden können. Als Standardsoftware bezeichnet man eine Anwendungssoftware, die für einen anonymen Markt zur Lösung von z. B. betriebswirtschaftlichen Problemen von Softwareherstellern angeboten wird. Standardsoftware wird dabei klassifiziert in Spezialsysteme, Anwendungssprachen und Standardsoftwarefamilien.[4]

Spezialsysteme werden eigens für ein abgegrenztes Aufgabengebiet geschrieben.[5] Sie zeichnen sich durch ein hohes funktionelles und DV-technisches Know-how aus.

Die sprachenorientierten Systeme sind universal einsetzbare Programme, die dem Anwender einen „Baukasten" von Funktionen und Werkzeugen zur Verfügung stellen, mit dem er ein System zur Lösung seines speziellen Problems selbst entwickeln kann. Die hierdurch erreichbare höhere Flexibilität gegenüber anderen Softwarelösungen erfordert allerdings zum Teil detaillierte und komplexe programmiertechnische Kenntnisse des Anwen-

[3] Vgl. Reichmann (2006, S. 662).
[4] Vgl. Scheer (1990, S. 139).
[5] Siehe Weber und Strüngmann (1997, S. 30–36).

ders. Zur sprachenorientierten Standardsoftware zählen auf der einen Seite problemorientierte höhere Programmiersprachen und auf der anderen Seite tabellenorientierte Planungssprachen, wie z. B. Spreadsheet- bzw. Tabellenkalkulationsprogramme.

Unter Standardsoftwarefamilien versteht man im Allgemeinen umfassende integrierte Softwarelösungen im Sinne von Anwendungsfamilien, die für ein größeres z. B. betriebswirtschaftliches Anwendungsgebiet eingesetzt werden können. Durch die Zusammenfassung mehrerer Funktionsmodule, z. B. Vertrieb, Materialwirtschaft, Produktion und Finanzwesen, entsteht eine Standardsoftwarefamilie. Viele ERP-Systeme sind aufgrund ihrer Zusammenfassung mehrerer Funktionsmodule hier einzuordnen (vgl. hierzu Abschn. 5.4.2). Der modulare Aufbau erlaubt die Zusammenstellung von zahlreichen spezifischen Systemen, die den Vorteil besitzen, dass sie auf einer einheitlichen Datenbank beruhen, so dass bereichsübergreifende Funktionen besser und einfacher koordiniert und abgestimmt werden können.[6] Da viele Unternehmen aber besondere Anforderungen an die Abbildung ihrer Geschäftsprozesse besitzen, muss die Standardsoftware an diese angepasst werden. Diese Anpassung erfolgt in den Standardsoftwareprogrammen in speziell dafür vorgesehenen Funktionsbereichen, die vor Produktivstart erstmalig eingerichtet werden müssen. Dieser Anpassungsprozess wird auch Parametrisieren oder Customizing genannt.[7]

Tabelle 5.1 führt die Vor- und Nachteile der Individual- und Standardsoftware auf.

Heutzutage überwiegen oftmals die Vorteile von Standard-Softwaresystemen, speziell wenn es sich um komplexere Aufgabenstellungen der Abbildung der Geschäftsprozesse handelt. Das Problem ist hier schon eher, aus der Vielzahl der angebotenen Programme, das für das eigene Unternehmen optimale Programm oder die optimale Programmkombination herauszufinden. Zudem sollten Standardprogramme als offene Systeme gestaltet sein, so dass Anpassungen an unternehmensspezifische Bedürfnisse mit Hilfe der zur Verfügung gestellten Werkzeuge abbildbar sind und in das vorhandene bzw. auszuwählende Standardsystem integriert werden können. Individuallösungen kommen nur dann in Frage, wenn besondere branchen- oder unternehmensspezifische Anforderungen durch die Standardanwendungen nicht erfüllt werden.

Bis auf einige wohlstrukturierte Berichte, wie die gesetzlich vorgeschriebene Bilanz oder die Gewinn- und Verlustrechnung, sind bei anderen Berichten häufig bezüglich der Kreativität und Gestaltung keine Grenzen gesetzt. Deswegen bieten sowohl ERP- als auch spezielle Reporting- und Planungssoftwareanbieter in ihren Systemen Werkzeuge an, die zur flexiblen Gestaltung der Berichte und Planungsformulare individuell genutzt werden können. Zur Orientierung stellen die Hersteller häufig ausgewählte standardisierte Vorlagen für das Berichts- und Planungswesen zur Verfügung, die z. B. als Kopiervorlage genutzt werden können.

Bevor die einzelnen Grundausrichtungen von potenziellen Softwarelösungen untersucht werden, soll vorab eine kurze Schilderung über die historische Entwicklung von

[6] Vgl. Scheer (1990, S. 37, 142 u. 153).

[7] Vgl. Hesseler und Görtz (2007, S. 7 f. und 15 ff.).

Tab. 5.1 Vor- und Nachteile individuell entwickelter und standardisierter Softwaresysteme

	Nachteile	Vorteile
Individual-software	Personal- und kapitalintensiv (oft fehlen eigene Programmierkapazitäten) Keine erfolgsversprechende Entwicklungsgarantie Integrationsfähigkeit zu nach- und vorgelagerten Systemen muss selbst gewährleistet werden Komplexität der Anforderungen zumeist alleine nicht mehr umsetz- und pflegbar Abhängigkeit von einzelnen Programmierern bzw. vom Programmierwissen	Flexible Weiterentwicklung möglich (falls entsprechende Programmier-Ressourcen vorhanden sind) Unabhängigkeit vom Softwarehersteller Individuelle Spezialanforderungen können berücksichtigt werden
Standard-software	Abhängigkeit vom Softwarehersteller Individuelle Spezialanforderungen, die über das Customizing hinaus gehen, können nur bei offenen Systemen berücksichtigt werden	Jahrelange Erfahrungen verschiedenster Branchenanforderungen können genutzt werden. Bestimmte Unternehmensanforderungen können durch das Customizing für den vorgedachten Standard abgedeckt werden. Integrationsflexibilität zu anderen Systemen Weniger personal- und kapitalaufwendig Weiterentwicklung zumeist durch den Softwarehersteller gewährleistet

Planungs- und Berichtssystemen und in einem weiteren Kapitel eine kurze Übersicht über notwendige Hardwarekomponenten für die Planung und das Reporting gegeben werden.

5.2 Historie

DV-gestütztes betriebliches Berichts- und Planungswesen gibt es ebenso lange, wie es Computer gibt. In den Anfängen der Datenverarbeitung stand für die betriebliche Nutzung vor allem das operative Reporting in Form von Berichten und Listen im Vordergrund. Da sich bereits in der Literatur[8] viele Informationen zu der historischen Entwicklung von DV-

[8] Vgl. zu historischen Entwicklung von Reporting- und Planungslösungen u. a. Laudon und Laudon (1988), Gluchowski et al. (2008, S. 55 ff.), Oppelt (1995), Schinzer (1998), Mertens und Griese (2002), Oehler (2006) und Chamoni und Gluchowski (2004, S. 5 ff.).

gestützten Reporting- und Planungslösungen finden, soll hier nur ein kurzer Abriss der Historie gezeigt werden.

Anwendungssysteme, welche die Aufgabe haben Fach- und Führungsverantwortliche durch Informations- und Kommunikationssysteme zu unterstützen, werden unter dem Oberbegriff Management Support Systeme (MSS) zusammengefasst.

Unter dem Begriff Management Information Systeme (MIS) wurden die ersten MSS bereits in den 60er Jahren entwickelt und schafften die Möglichkeit, Informationsgewinnung durch einfache Reports aus den operativen Daten zu erstellen.

In den 70ern entstand der Begriff Decision Support System (DSS) bzw. Entscheidungsunterstützungssystem (EUS) (vgl. hierzu Abschn. 5.5.5.3). Im Gegensatz zu MIS stand bei DSS und EUS nicht mehr die reine Datenversorgung der Fach- und Führungskräfte im Vordergrund, sondern die effektive Unterstützung im Planungs- und Entscheidungsprozess.

Hiernach entstand Mitte der 80er Jahre der Begriff Executive Information System (EIS) in den USA. In Deutschland wurde alternativ der Begriff Führungsinformationssystem (FIS), Chefinformationssystem (CIS) oder Vorstandsinformationssystem (VIS) verwendet. Durch den Technologiefortschritt wurde es möglich neue Präsentationsformen und Informationszugriffe zu erhalten. Diese Führungsinformationssysteme hatten zumeist eine anwendungsfreundliche Oberfläche und waren bereits ohne große DV-Kenntnisse zu bedienen. Sie gaben den Anwendern erstmalig komfortable Auswertungsmöglichkeiten bezüglich wichtiger betrieblicher Informationen.

Da die unterschiedlichen Begriffe der MSS in der Praxis häufig beliebig angewendet werden, ist eine genaue Abgrenzung schwer. Die MSS-Ansätze scheiterten alle in der Vergangenheit u. a. aufgrund folgender fehlender Voraussetzungen:

- leistungsfähige und kostengünstige Prozessoren
- schnelle, kostengünstige und ausreichende Datenspeicher
- grafische Benutzeroberflächen
- große Datenbasen durch integrierte operative Systeme
- schnelle und flächendeckende Kommunikationstechnologien.

Mit dem technologischen Fortschritt begann schließlich in den 90er Jahren die Verbreitung der dritten Generation von entscheidungsorientierten Informationssystemen, die auf den Konzepten des Data Warehouse und On-Line Analytical Processing (OLAP) beruht (vgl. hierzu das Abschn. 5.5), während die Vorsysteme wie z. B. die ERP-Systeme auf On-Line Transaction Processing (OLTP) basieren.

5.3 Hardware und Netzwerk

Reporting- und Planungssysteme benötigen wie andere Softwareprogramme abgestimmte Hardware-Bedingungen zur optimalen Programmnutzung. Aus diesem Grunde bietet es sich an, die von den Herstellern empfohlenen Hardwarekomponenten, Betriebssysteme und Datenbanksysteme zu implementieren. I.d.R. werden bei der Auswahl der Hardwarekomponenten, Betriebssysteme und Datenbanksysteme mehrere Optionen angeboten, die für die Anwendung zur Verfügung stehen. Da die Empfehlungen von Softwareanwendung zu Softwareanwendung sehr unterschiedlich sind, wird hier auf eine Aufführung verzichtet.

Die Leistung der Server, auf denen die Anwendungsapplikation und Datenbankanwendung läuft, sollte über ein sogenanntes „**Sizing**" des Herstellers berechnet und ausreichend groß ausgelegt werden, so dass Erweiterungen im Reporting und in der Planung ohne aufwändiges Nachrüsten möglich sind und das Zeitverhalten der Software (die sogenannte „**Performance**") akzeptabel ist. Für das Sizing werden verschiedene Nutzungsparameter, wie die Anzahl der Benutzer und die erwarteten Datensätze, als Berechnungsgrundlage herangezogen. Die Vorgehensweise ist wiederum von Hersteller zu Hersteller sehr unterschiedlich.

Reporting- und Planungssysteme sollten wie andere Programme auch im Netzwerk (z. B. Local Area Network oder Wide Area Network) des Unternehmens und darüber hinaus verfügbar sein. Hierbei sind verteilte Rechnerkonzeptionen wie beim Client-Server-Modell möglich, bei denen Anwendungs- und Datenbankmanagement auf verschiedenen Servern liegen und die Nutzungsebene (Client) z. B. auf dem Personal Computer liegt. Bei Web-gestützten Anwendungen kommuniziert der Client über sogenannte Webservices mit den Anwendungen, die auf einem oder verteilt auf mehreren Web-Servern liegen können, was einer serviceorientierten Architektur entspricht. Ein wirtschaftlicher Vorteil der Web-basierten Systeme liegt darin, dass keine zusätzliche Client-Software auf den Desktop installiert werden muss und somit weniger Lizenzkosten anfallen. Das World Wide Web ist zudem in weiten Teilen der Welt verfügbar.

Aufgrund der Überlastung der zentralen Server bezüglich gleichzeitig aufgerufener Berichte mit vielen Abfragen wird unter dem Stichwort „**Managed Query Environment**" (MQE) ein neuer Ansatz verfolgt. Bei den MQE wird zwischen der Datenbank- und der Client-Anwendungsebene ein eigener Reporting-Server in 3-Tier-Architektur eingesetzt. Seine Aufgaben bestehen darin, die Rohdaten aus der Datenbank für die Berichte aufzubereiten und anzureichern sowie die Vorformatierung für die Berichte durchzuführen. Die Berichte werden als Kopien im Reporting-Server gespeichert und verwaltet (Inhaltsbeschreibungen, Ausgabeformate etc.) und vom Endanwender abgerufen und ausgewertet. Ziel von MQE ist die Entlastung der Datenbank- und Anwendungsserver.[9]

[9] Vgl. zum MQE u. a. Manhart, K.: Grundlagenserie Business Intelligence (Teil 1) Berichtssysteme: Grundtypen und Techniken, URL: http://www.tecchannel.de/server/sql/1751728/berichtssysteme_teil_1_grundtypen_und_techniken/index6.html [Zugriff am 28.06.2011].

Durch die Vorberechnung der Berichte werden auch die Frontend-Rechner von aufwändigen Berechnungen beim Berichtsaufbau befreit. Nachteilig ist hier allerdings, dass die Aktualität der Werte, dann abhängig von der Lade- und Aufbereitungszeit des Reporting-Servers ist. Aus diesem Grund werden komplexe Berechnungsläufe für die Berichterstellung im Reporting-Server, die ressourcen- und zeitaufwändig sind, auf belastungsarme Rechner-Zeiten verschoben. Hierbei helfen Scheduling- und Monitoringfunktionen.

Vorteile ergeben sich zudem durch die deutlich geringere Netzwerkbelastung, da ein vorformatierter Bericht wesentlich weniger Datenvolumen beinhaltet als der Rohdatenbestand, auf dem der Bericht basiert.

Als Endgeräte für die Reporting- und Planungsanwendungen kommen Personal Computer, Laptops/Notebooks und mobile Endgeräte in unterschiedlichen Größen (Tablet-PC, Smartphones, ebook reader) in Frage (vgl. hierzu Abschn. 5.5.5.6 und 5.7). Von der Eingabe her können diese Geräte entweder mit Tastatur und Maus oder über einen Touch Screen bedient werden.

Wichtige Peripheriegeräte für das Reporting und die Planung sind die Bildschirme der PCs und andere Ausgabegeräte wie Beamer, Fernseher und interaktive Whiteboards für Meetings, Chats und Konferenzen sowie Drucker für Papierberichte.

Neben zahlreichen internen Datenquellen und Anwendungen lassen sich durch die Vernetzung verschiedenster Server untereinander zahlreiche Informationsquellen externer Server nutzen. Hierdurch entsteht eine firmenübergreifende Integration zum Teil weltweit vorhandener heterogener Datenquellen und Anwendungen, die i. d. R. über das Internet (WWW) bzw. Intranet des Unternehmens abgerufen werden können. Bezüglich der Speicherung und Nutzung der Daten über das Internet ist zudem die Cloud-Technologie zu beobachten. Gelingt es ihr die Versorgung der Daten sicher und stabil zu gewährleisten, dann ist dies für die Verfügbarkeit der Daten insbesondere für das mobile Reporting und die mobile Planung eine interessante Option.

5.4 Softwarelösungen für Reporting und Planung

Für die Unternehmen ergeben sich derzeit vier potenzielle Grundausrichtungen für die EDV-gestützte Abbildung der Planung und des Reporting, die im Folgenden im Analyseschwerpunkt stehen:

- Planungs- und Reportingfunktionen der ERP-Systeme
- Tabellenkalkulationsprogramme
- Spezielle Planungs- und Reportingsysteme, die auf relationaler Datenbanktechnik basieren
- Data-Warehouse- und BI-gestützte Systeme

Die Untersuchung der unterschiedlichen Grundausrichtungen der Planungs- und Reportingsysteme soll anhand von verschiedenen Anforderungskriterien erfolgen, die im folgenden Kapitel aufgestellt werden.

Im Gegensatz zu der in der Praxis häufig getrennten Darstellung von Planungs- und Reportinglösungen, soll hier im Weiteren die Verzahnung von Reporting und Planung im Vordergrund stehen. Häufig treffen die Aussagen wegen vieler Gemeinsamkeiten auf beide Aufgabengebiete zu, weswegen eine integrierte Betrachtung sinnvoll ist. Besonderheiten des jeweiligen Aufgabengebietes der Planung und des Reporting werden allerdings hervorgehoben (vgl. hierzu auch Abschn. 3.9).

5.4.1 Anforderungskriterien

Die Anzahl der Anforderungskriterien an moderne und leistungsfähige Reporting- und Planungslösungen sind vielfältig.[10] Einige Anforderungen sind bezüglich der aufgeführten Grundrichtungen für Reporting- und Planungssysteme nur schwer zu vergleichen, daher sollen diese nicht im Fokus der weiteren Betrachtung stehen. Hierzu gehören Anforderungsgebiete wie:

- Internationalität
- Währungsfähigkeit
- Berechtigungssysteme
- Sicherheit
- Übertragbarkeit in eine andere technische Umgebung
- Schulungen
- Wartung/Service
- Multiuser-Fähigkeit
- …

Ebenfalls ausgeklammert werden anbieterbezogene Kriterien, wie z. B. Kosten, Support, Verfügbarkeit, Beratung, Reputation, Bonität und Netzwerk.[11]

Für einen richtungsweisenden Vergleich der aufgeführten Grundrichtungen für Reporting- und Planungssysteme sollen daher die folgenden, inhaltlich und datentechnisch geprägten Anforderungskriterien genutzt werden, um später hieran die Vor- und Nachteile

---

[10] Vgl. Wild (1981, S. 36 ff.) oder Dahnken et al. (2003, S. 52 ff.).

[11] Vgl. zu weiteren Softwareauswahlkriterien z. B. Becker, J.; Richter, O.; Winkelmann, A.: Analyse von Plattformen und Marktübersichten für die Auswahl von ERP und Warenwirtschaftssystemen – Arbeitsbericht 121: Westfälische Wilhelms-Universität Münster: URL: http://www.wi.uni-muenster.de/institut/arbeitsberichte/ab121.pdf [Zugriff am 17.08.201], S. 16.

von Data-Warehouse- und BI-gestützten Systemen gegenüber ERP-Systemen und Tabellenkalkulationsprogrammen zu analysieren:[12]

Datenanbindung zu vor- und nachgelagerten Systemen

Die Integration von Datenquellen aus verschieden vorgelagerten und nachgelagerten Systemen für das Reporting- und das Planungssystem muss gewährleistet sein. Weiterhin erfordern die unterschiedlichen internen und externen Datenquellen eines Unternehmens komfortable Import- und Exportschnittstellen.

Datenmodellierung, -harmonisierung und -qualität

Durch die Integration von verschiedenen Datenquellen für das Reporting- und das Planungssystem müssen die Daten harmonisiert werden, da sie in den verschiedenen Vorsystemen ggf. in unterschiedlicher Form und Beschreibung vorliegen. Wenn kein explizites Datenmodell genutzt wird, an welche die Daten angepasst werden müssen, ist weiterhin eine eigene Datenmodellierung notwendig. Zudem müssen bei der Planung ggf. auch neue Stamm- und Bewegungsdaten angelegt werden. Die Datenqualität ist ein, wenn nicht sogar das wichtigste Kriterium für die Akzeptanz eines Planungs- und Reportingsystems. Durch die Integration verschiedener Datenquellen und die Anreicherung des Datenbestandes kommt es hier immer wieder zu Inkonsistenzen, die zu vermeiden sind.

Geschwindigkeit

Die Berichterstellung und -anzeige sowie der Prozess der Planung mit der Eingabe und Ermittlung der Planungsergebnisse sollten einfach und schnell DV-technisch durchgeführt werden können. Hierbei ist insbesondere auf die Rechengeschwindigkeit und das Laufzeitverhalten (Performance) zu achten. Das System muss dem Benutzer jederzeit zur Verfügung stehen und vom (ggf. flexiblen) Arbeitsplatz unmittelbar und ohne zeitliche Verzögerung nutzbar sein.

Wirtschaftlichkeit

Der Nutzen von Reporting und Planung (vor allem die Analyse-, Gestaltungs- und Steuerungsfunktion) müssen in einem wirtschaftlichen Verhältnis zu den dafür entstandenen Kosten (u. a. Softwareanschaffung, Implementierung, Durchführungskosten) stehen.

Bedienungsfreundlichkeit

Unabhängig von der Funktionalität eines DV-Programms hängt die Systemakzeptanz und somit die Akzeptanz eines Reporting- und Planungssystems in hohem Maße von der Benutzerfreundlichkeit, der Ergonomie und dem Bedienungskomfort ab. Aus Sicht des An-

[12] Die aufgeführten Anforderungskriterien ergänzen die Qualitätsmerkmale nach IS0 9126 (Fassung bis 2005) und der Nachfolge-Norm ISO/IEC 25000. Sie sind im Gegensatz zu den ISO-/IEC-Normen jedoch nicht aus technischer Sicht (z. B. Sicherheit und Übertragbarkeit) oder Herstellersicht (z. B. Wartung und Service) definiert worden. Sie dienen vielmehr der Analyse und Vergleichbarkeit von unterschiedlichen Softwarerichtungen für Planungs- und Reportinglösungen.

wenders sind übersichtliche, klar und einheitlich strukturierte grafische Bildschirmoberflächen sowie leicht handhabbare Eingabemöglichkeiten unabdingbar für das Arbeiten.

Zur Eingabe lassen sich neben der Tastatur und der Funktionstastensteuerung heute grafische Elemente wie Buttons, Auswahlboxen, Reiter-(Register) bzw. Menüleisten per Mausklick dazu verwenden, bestimmte Befehle und Funktionen auszuführen bzw. Berichte und Planungsformulare anzusteuern.

Bei der Gestaltung der Bildschirmoberfläche hat sich der strukturierte Bildschirmaufbau durchgesetzt, bei dem bestimmte Bildschirmbereiche für Symbolleisten, Funktionsleisten, Dialogeingaben, Meldungen und Nachrichten sowie andere Werkzeuge freigehalten werden. Standardisierte und individuell einzustellende Hilfesysteme unterstützen den Anwender bei der Lösung unterschiedlichster Aufgaben, z. B. beim Auffinden bestimmter Objekte, oder geben DV-technische Hintergrundinformationen zu der gerade aufgerufenen Funktion. Zudem setzen sich immer mehr systemgeführte Interaktionstechniken durch, wobei der Anwender Hinweise und Ablaufhilfestellungen für die ausgeübte Funktion erhält; er wird quasi schrittweise durch das Programm geführt.

Aussagekräftige, leicht verständliche Dokumentationen und Online-Hilfesysteme runden die benutzerfreundlichen Systeme ab.

Analyse- und Planungsfunktionalität

Die Anwender benötigen für das Reporting und die Planung betriebswirtschaftliches Modell- und Methoden-Know-how. Z.B. benötigt der Vertriebsmitarbeiter Regressions- und Korrelationsanalysen bezüglich der Umsatzentwicklung, während in der Kostenrechnung z. B. die genutzte Kostenrechnungssystematik (z. B. Grenzplankostenrechnung) abgebildet werden muss. In der strategischen Planung werden Portfolio-Analysen, im Einkauf ABC-Analysen eingesetzt. Während im Reporting standardisierte Kennzahlen- und Berichtssysteme zur Verfügung gestellt werden, sind für die Abbildung differenzierter Planungsstrukturen flexibel einsetzbare mathematische und statistische Rechenoperationen, z. B. in Form eines Formelgenerators, nützlich. Die Vielfalt der Reporting- und Planungsfunktionen (z. B. Drill-Down, Aggregationen, Hochrechnungen, Konsolidierung, Szenariorechnungen, Simulationen), welche die Systeme zur Verfügung stellen sollten, kann hier nur angedeutet werden (vgl. hierzu insbesondere Abschn. 3.8).

Da verschiedene Branchen sich vor allem durch ihr Leistungsprogramm, den Leistungserstellungsprozess und die eingesetzten Produktionsfaktoren differenzieren, sind ggf. individuelle Analyse- und Planungsfunktionen für die Branchen abzubilden.

Flexibilität und Gestaltungsmöglichkeiten (Strukturen, Objekte, Funktionen, Auswertungen und Planungsformulare)

Die Reporting- und Planungsstrukturen sowie die dazugehörigen Objekte (z. B. Bereiche, Produkte, Märkte, Gesellschaften und SGE's) müssen im Zeitablauf ständig aktualisiert und an die geänderten Situationen angepasst werden können.

Die Auswahl und Erstellung von Modell- und Methodenbanken sowie die Datenstrukturierung sind möglichst flexibel zu gestalten. Die Datenbasis muss leicht handhabbar und anpassungsfähig nach unterschiedlichen Kriterien aggregierbar sein. Für die Berichte und die Planungsformulare sind individuelle Layouts zu entwickeln.

Die differenzierte Analyse bzw. Planung unterschiedlicher Reporting- und Planungsobjekte (Mengen, Preise, Kostenarten, Kostenstellen, Kostenträger, Produkte, Kunden, SGE´s, Projekte etc.) sollte nach ihrer wirtschaftlichen Bedeutung für die Unternehmung flexibel berücksichtigt werden können.

Dokumentationsunterstützung

Aufgrund der oftmals komplexen Reporting- und Planungsergebnisse ist eine differenzierte, teils objektbezogene Dokumentationsunterstützung (Kommentierungen, Texte, Bilder etc.) für eine bessere Transparenz innerhalb des Planungs- und Steuerungsprozesses sinnvoll. Die Dokumentationsunterstützung sollte dabei unterschiedlichste Aspekte unterstützen, wie z. B. die Dokumentation spezieller Rahmenparameter und -vorgaben oder die Kommentierung wichtiger Erkenntnisse.

Organisation und Prozessunterstützung

Der Ablauf und die Organisation für das Reporting und die Planung sollten durch das System unterstützt werden. Hierbei stehen koordinative Aufgaben wie Zeitplanung, Verteilung der Daten, zentrale und dezentrale Koordinierung der Funktionen sowie andere Hilfestellungen im Vordergrund.

Nicht alle aufgeführten Anforderungskriterien müssen für ein Planungs- und Reportingsystem umfänglich relevant sein. Dennoch stellt die Mehrheit der aufgestellten Anforderungskriterien eine Notwendigkeit oder zumindest eine wünschenswerte Eigenschaft für ein modernes und leistungsfähiges Reporting- und Planungssystem dar.

Die Effizienz eines Planungs- und Analysesystems hängt zudem stark von der Akzeptanz und dem Vertrauen der betroffenen Mitarbeiter ab. Ein „gutes" Planungs- und Analysesystem kann aber nur ein System sein, das auf die Bedürfnisse der Anwender zugeschnitten ist. Reporting und Planung sind Vertrauenssache aller beteiligten Personen. Intensität und Qualität müssen deshalb in einem ausgewogenen Verhältnis zueinander stehen. Zu detaillierte und differenzierte Reporting- und Planungssysteme hemmen den Arbeitsfluss, demotivieren und führen zu Flexibilitätsverlusten. Da ggf. Vorbehalte gegen computergestützte Systeme vorhanden sind und zum Teil Rechenvorgänge und Funktionen nur schwerlich nachvollzogen werden können, muss insbesondere für DV-gestützte Reporting- und Planungssysteme ein „Systemvertrauen" aufgebaut werden. Je komplexer die Systeme im Aufbau und in ihrer Funktionalität sind, desto mehr Vertrauen muss dem System entgegengebracht werden. Der Output eines DV-gestützten Systems erscheint dem Anwender aufgrund der undurchschaubaren Informationsprozesse oftmals wie ein Ergebnis aus einer „Blackbox". Hier besteht die Gefahr einer Systemgläubigkeit, dass z. B. DV-gestützte Planungsfunktionen einfach genutzt und errechnete Planergebnisse unreflektiert übernommen werden. Die DV-Bausteine und Funktionen stellen allerdings nur Instrumente bzw. Werkzeuge dar und dienen demnach als Hilfsmittel der Planwertermittlung bzw. der Berichterstattung.

Zudem kann eine sinnvolle Unterstützung von Reporting und Planung durch die EDV nur dann gewährleistet werden, wenn entsprechend ausgebildetes Personal vorhanden ist, das mit den vorhandenen EDV-Werkzeugen vertraut ist. Oft können die Möglichkeiten der vorhandenen Systeme nicht optimal für die Unternehmung ausgeschöpft werden, da das Know-how der Mitarbeiter nicht entsprechend ausgebaut ist, so dass nicht die EDV, sondern die jeweiligen Mitarbeiter den Engpass bei der eigentlichen Planungsaufstellung und Informationsauswertung bilden.

Deshalb sollten die Systeme benutzerfreundlich sein und die Anwender im Umgang mit dem System hinreichend geschult werden. Online-Hilfen, integrierte Anwendungsbeispiele, komfortable Bildschirmoberflächen und andere Funktionen helfen den Benutzern, die Systeme schneller kennenzulernen sowie besser und effektiver zu nutzen.

Zusammengefasst werden Reporting- und Planungssysteme gefordert, die Informationstransparenz und Systemvertrauen stiften und den Reporting- und Planungsprozess sinnvoll und effizient unterstützen.

5.4.2 Reporting- und Planungsfunktionen der ERP-Systeme

Eine Definition für ERP-Systeme ist schwer zu finden, zu erstellen bzw. abzugrenzen. ERP steht für „Enterprise Resource Planning". Es ist ein Begriff der Wirtschaftsinformatik, der in der Praxis von vielen Softwareherstellern betrieblicher Standard-Anwendungen verwendet wird, um ihr Software-Produktportfolio für Unternehmenssoftware zu beschreiben oder einzuordnen. Da ERP-Systeme Softwarebausteine für unterschiedliche Funktionsbereiche eines Unternehmens umfassen können, ist die Bandbreite von Softwarelösungen hier sehr groß.[13] Sie reicht von sehr mächtigen ERP-Systemen, wie z. B. von SAP, Oracle und Infor, die ein großes Spektrum der logistischen, kaufmännischen und sonstigen abrechnungstechnischen Funktionen abdecken, bis hin zu kleineren mittelständischen Lösungen, die sich z. B. nur auf Teile der logistischen oder kaufmännischen Aufgaben beschränken. Häufig werden diese Produkte auch modular entwickelt und verkauft, so dass durch Implementierung von Zusatzmodulen und ggf. Add-on-Produkten der Funktionsumfang schrittweise ausgebaut werden kann. Auch spezielle Branchenausrichtungen, z. B. für das Baugewerbe, den Handel und andere Wirtschaftszweige sind zu finden.[14]

Das wohl weltweit im betriebswirtschaftlichen Umfeld eingesetzte ERP-System ist das früher „SAP R/3" genannte System der SAP AG, das mittlerweile unter der Bezeichnung „SAP ERP Central Components" geführt wird. Nicht gemeint sind an dieser Stelle z. B. BI-Module der erweiterten SAP NetWeaver-Technologie und andere übernommene BI-Komponenten von SAP, wie z. B. SAP BusinessObjects.

[13] Vgl. Hesseler und Görtz (2007, S. 2 f.).

[14] Vgl. Hesseler und Görtz (2007, S. 17 f. und 24).

Theoretisches Ziel von umfassenden ERP-Systemen ist es, (weitgehend) alle Geschäftsprozesse und Ressourcen in einem durchgehend integrierten System abzubilden, die bestmöglich über einen gemeinsamen Datenbestand miteinander verbunden sind.

Häufig anzufindende Funktionsbereiche einer ERP-Standardsoftware sind die logistischen Aufgaben (Verkaufssteuerung, Produktions-, Planungs- und Steuerungssysteme, die Warenwirtschaft, Forschung und Entwicklung etc.) sowie die kaufmännischen- und abrechnungstechnischen Aufgaben (Personalwirtschaft, Finanz- und Rechnungswesen, Anlagenwirtschaft, Konsolidierung etc.)

Erweitert man den Einsatz der Planung und Steuerung über die Unternehmensgrenzen hinaus, so können ERP-Systeme heute vor allem durch die rasante Verbreitung der Internettechnologie durch Systeme für Supply Chain Management (SCM-Systeme), Costumer Relationship Management (CRM) bzw. Advanced Planning and Scheduling (APS-Systeme) unterstützt werden, die aber hier nicht weitergehend betrachtet werden.

Im Folgenden sollen nun wichtige Aspekte bezüglich der oben aufgeführten Anforderungskriterien für die Planung und das Reporting mit ERP-Systemen im Hinblick auf die modernen Data-Warehouse- und BI-gestützten Systeme aufgeführt werden.

Datenanbindung zu vor- und nachgelagerten Systemen

Während die Planungs- und Reportingsysteme der ERP-Systeme i. d. R. direkt auf den vorhandenen Datenbanken der integrierten ERP-System-Komponenten zugreifen, sind die anderen Systemformen häufig auf die Datenbereitstellung der vorgelagerten Systeme per Schnittstelle angewiesen. Dies ist ein klarer Vorteil von ERP-Systemen. Die Integration zwischen den Teilkomponenten hat jedoch auch seine Grenzen. So können vereinzelnd z. B. Personalkosten aus dem Personalwesen oder die kalkulatorischen Kosten aus der Anlagenbuchhaltung für die Kostenrechnung zur Verfügung gestellt werden. Dennoch ist eine integrierte Gesamtunternehmensplanung über alle Teilkomponenten hinweg sehr schwierig darstellbar. Wie die Planung, so ist auch das Reporting in ERP-Systemen tendenziell auf die Teilkomponenten (Personalwesen, Warenwirtschaft, Rechnungswesen etc.) ausgelegt. Eine Integration von Reportinginhalten bzw. Planungsinhalten verschiedener Teilkomponenten wird nicht mit dem ERP-System, sondern eher mit nachgelagerten Data-Warehouse- bzw. BI-gestützten Systemen durchgeführt. Wird nur eine partielle Teilnutzung, z. B. bei der Mengen- und Preisplanung genutzt, nutzt man gerne auch die BI-direktionale Excel-Integration, wobei die Vorgabewerte für Excel aus dem ERP-System bereitgestellt werden und die in Excel geplanten Werte ins ERP-System zurückgeladen werden.

Datenmodellierung, -harmonisierung und -qualität

ERP-Systeme besitzen ein sehr komplexes relationales Datenmodell im Standard, was bedingt durch den Anwender oder den Softwarehersteller erweitert werden kann, mit dem Nachteil, ggf. aus der Update- und Releasefähigkeit für diese Weiterentwicklungen herauszufallen. Sollten zusätzliche Informationen für die Planung und das Reporting aus anderen Quellen benötigt werden oder sind Fremddaten zu harmonisieren, kann es sehr kompliziert und aufwändig sein, diese Änderungen umzusetzen. Die Datenqualität ist für die integrierten ERP-Systeme, bezogen auf die internen Daten, ein großer Vorteil. Kommen Fremddaten hinzu, entstehen die gleichen Probleme der Datenqualität, die sich auch bei den anderen speziellen relationalen oder multidimensionalen datenbankgestützten Systemen ergeben.

Geschwindigkeit

Der Vorteil von ERP-Systemen liegt in der Verarbeitung von Massendaten in Form von einfach strukturierten Belegsätzen. Bezüglich des Reporting kommt es bei sehr komplexen Abfragen im relationalen Datenbestand zu sehr langen Laufzeiten, wenn z. B. die Spartenergebnisrechnung für das Gesamtunternehmen angestoßen wird. Hier haben OLAP-gestützte Data-Warehouse-Anwendungen einen erheblichen Geschwindigkeitsvorteil.

Im Rahmen der Planung trifft dies auch für die Verdichtung der Planergebnisse zu. Allerdings sind rechenintensive Planungsfunktionen wie z. B. die Stücklistenauflösung, die Umlage oder die Plantarifermittlung bereits im ERP-System vorhanden. Deswegen ist durchaus ein Wechsel bei der Ausführung der Planungsaufgabe zwischen ERP-Systemen und Data-Warehouse-Systemen bei geeigneten Funktionen sinnvoll.

Wirtschaftlichkeit

ERP-Systeme werden primär zur Planung und Abbildung der verschiedenen Geschäftsprozesse und Ressourcen im Unternehmen angeschafft. Sie sind daher von den Softwareausgaben eher als größere Position anzusehen, was für diese operative Aufgabe durchaus gerechtfertigt ist. Betrachtet man nur die Planungs- und Reportingaufgaben, so ist die Wirtschaftlichkeit nur dann gegeben, wenn das Unternehmen mit den Standardfunktionen auskommt. Aufgrund der größeren Anforderungen eines ganzheitlichen Reporting und einer integrierten Unternehmensplanung reichen diese Standardfunktionen häufig nicht aus und eine Weiterentwicklung ist meistens zu teuer.

Bedienungsfreundlichkeit

Bezüglich der Bedienungsfreundlichkeit für Planungs- und Reportingaufgaben besitzen ERP-Systeme häufig Nachteile gegenüber Data-Warehouse- und BI-gestützten Systemen. Die Oberflächen entsprechen zumeist nicht den aktuellen technischen Möglichkeiten. Ein Wechsel zwischen verschiedenen Ansichten ist teils nur durch kompliziertes Navigieren im System möglich. Hilfesysteme sind teils sehr kompliziert, kryptisch oder lückenhaft.

Analyse- und Planungsfunktionalität

Die Methoden und Modelle sowie die sich hieraus ergebenden Analyse- und Planungsfunktionen und -techniken der ERP-Module erfüllen häufig in großem Umfang die betriebswirtschaftlichen Anforderungen der Unternehmen. Dies reicht von der konsistenten Datenhaltung über die Abbildung der Reportinginhalte bis zum flexiblen Einsatz von Planungsdialogen (z. B. Verteilungen, Planvarianten, Planpreisiterationen und Planungssimulationen).

Die Reporting- und Planungsfunktionen der ERP-Systeme sind allerdings auch geprägt durch eine gewisse Komplexität und somit Intransparenz hinsichtlich der durchzuführenden Dialoge. Nur einem Spezialisten und systemvertrauten Mitarbeiter wird es möglich sein, alle für ihn sinnvollen Funktionen auszuschöpfen. Diese Komplexität könnte zum einen dadurch verkleinert werden, indem die vorhandenen Feldbeschreibungen und Dialogmasken auf zum Teil hieroglyphische und nicht nachvollziehbare Kürzel verzichten und dem Anwender erlauben, ohne große Programmier- und Customizing-Kenntnisse seinen Bericht oder seine Planungsmaske an seine Bedürfnisse anzupassen. Nicht benötigte Planungsfunktionen sollten aufgrund der großen Unübersichtlichkeit des Gesamtsystems ausgeblendet und bei Bedarf später wieder aktiviert werden können.

Die gelieferten und teils zu parametrisierenden Standardfunktionen reichen aber nicht immer aus, alle gewünschten unternehmensindividuellen Anforderungen abzubilden. Sollten solche Defizite vorliegen, sind diese nur über aufwändige Zusatzentwicklungen oder Modifikationen zu beheben.[15] Hier bieten sich offene Systeme an, die von vornherein die Weiterentwicklungsmöglichkeit vorsehen.

Für die Integration individueller Branchenspezifikationen und Unternehmensanforderungen sowie die Einbindung von Spezialprogrammen im Gesamtsystem bietet z. B. das System „SAP ERP Central Components" die Möglichkeit an, nicht abgedeckte Funktionalitäten mit Hilfe der ABAP/4 (Advanced Business Application Language) Development Workbench zu verändern bzw. hinzuzufügen. Es ist zudem als offenes System konzipiert, das die Zusammenwirkung und die Portierbarkeit von Anwendungen, Daten und Bedienungsoberflächen durch Berücksichtigung internationaler Standards für Schnittstellen, Dienste und Datenformate ermöglicht (z. B. durch TCP/IP – Transmission Control Protocol/Internet Protocol; SQL – Structured Query Language; ODBC Open Database Connection; OLE Objekt Linking and Embedding).[16]

Bei Reporting- und Planungsaufgaben zeigt der Trend aber einen Weggang von ERP-gestützten hin zu Data-Warehouse-gestützten bzw. BI-gestützten Reporting- und Planungssystemen an.

Flexibilität und Gestaltungsmöglichkeiten

Hinsichtlich der Anlage der Strukturen und Stammdaten sind die ERP-Systeme sehr leistungsfähig und können flexibel geändert werden. Bezüglich der Berichtsgestaltung und Planungsfunktionen sind die ERP-Systeme eher als starr zu bezeichnen. Zeilen- und Spalteninformationen sind z. B. nur mit gewissem Aufwand zu ändern. Wechselnde Sichten nach Ergebnisobjekten, Zeitdimensionen etc. sind schwerfällig bei der Analyse zu nutzen (vgl. Abb. 5.2 und 5.3). Planungsformulare sind relativ starr vorgegeben und haben wenig Gestaltungspotenzial (vgl. Abb. 5.4).

[15] Vgl. hierzu Hesseler (2009, S. 52).

[16] Vgl. Buck-Emden (1995, S. 29).

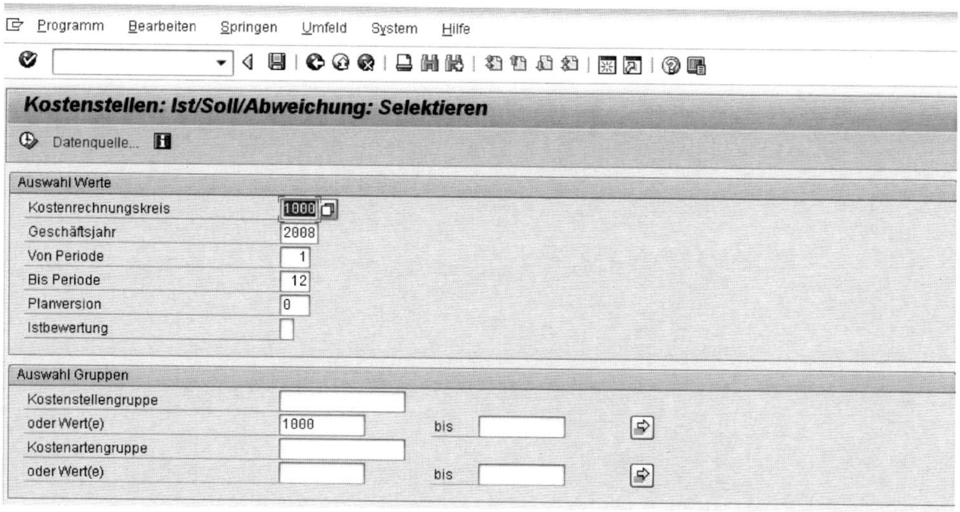

Abb. 5.2 Standardbericht SAP ERP CC (Selektionsmaske)[17]

Dokumentationsunterstützung

ERP-Systeme bieten im Rahmen Ihrer Planungs- und Reportingfunktionen häufig nur geringe Dokumentationsunterstützung für Kommentierungen und anderes Hintergrundmaterial (Bilder, Texte, Zeichnungen etc.) an. Kommentare müssen meist sehr individuell in den jeweiligen Teilanwendungen hinterlegt werden. Eine Aggregierung und ebenenbezogene Kommentierung ist i. d. R. nicht möglich.

Organisations- und Prozessunterstützung

Eine weitergehende Organisations- und Prozessunterstützung beim Reporting und der Planung ist in ERP-Systemen nicht bzw. nicht praktikabel vorhanden. Die Bündelung von Berichten z. B. in einem Cockpit oder die Abbildung der Planungs- und Reportingprozesse als Steuerungsfunktion im System findet man häufig nur bei Data-Warehouse-gestützten bzw. BI-gestützten Systemen. Sollten für das Reporting und die Planung organisations- und prozessunterstützende Funktionen geschaffen werden, sind dies meist aufwändige Erweiterungen und Zusatzentwicklungen.

Zusammengefasst eignen sich die Reporting- und Planungslösungen der ERP-Systeme nur dann, wenn man sich auf die jeweiligen Teilgebiete beschränken kann. Sollen ganzheitliche und integrierte Reporting- und Planungslösungen angestrebt werden, sind die Data-Warehouse- und BI-gestützten Systemen zu favorisieren. Die meisten ERP-Anbieter ergänzen Ihre Produktpalette in diese Richtung, so dass die ERP-Datenbereitstellung in diese Systeme bereits vorkonfiguriert ist.

[17] Quelle: SAP ERP CC System – Standardbericht, Selektionsmaske.

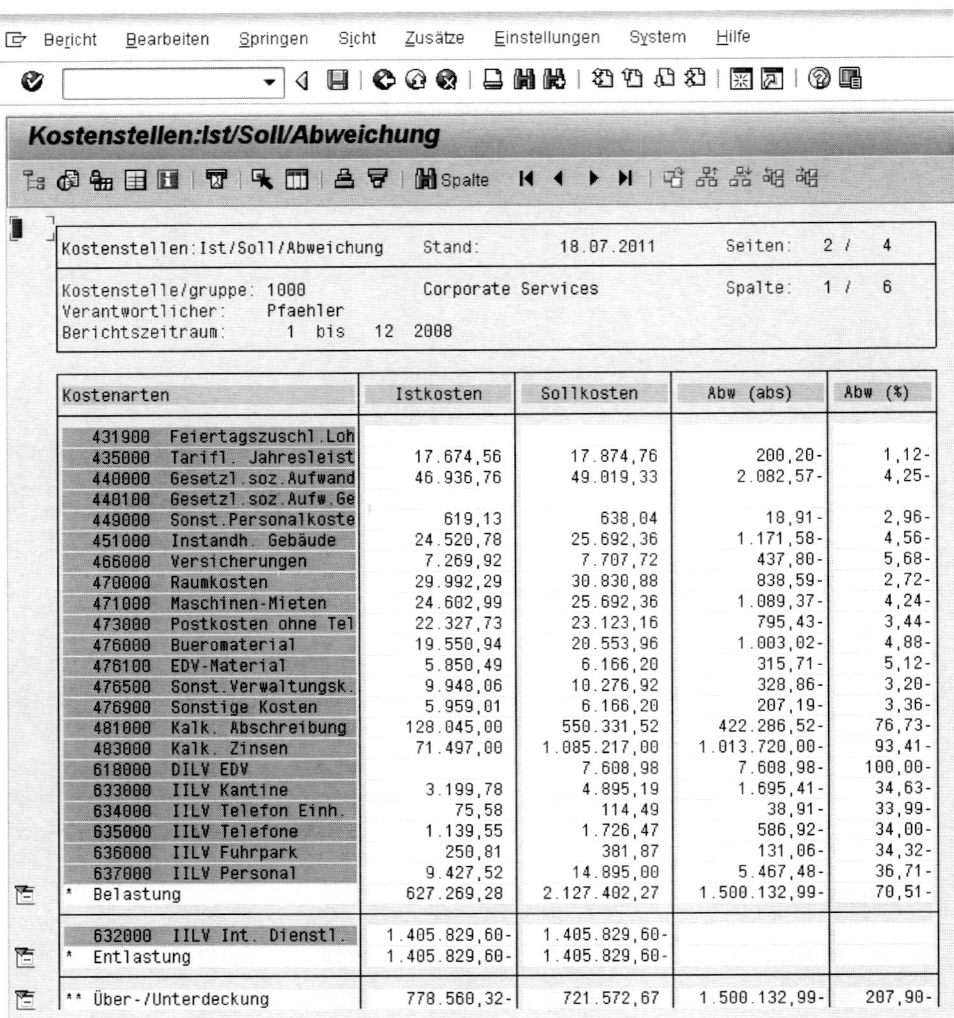

Bericht Bearbeiten Springen Sicht Zusätze Einstellungen System Hilfe

Kostenstellen:Ist/Soll/Abweichung

Kostenstellen:Ist/Soll/Abweichung Stand: 18.07.2011 Seiten: 2 / 4

Kostenstelle/gruppe: 1000 Corporate Services Spalte: 1 / 6
Verantwortlicher: Pfaehler
Berichtszeitraum: 1 bis 12 2008

Kostenarten	Istkosten	Sollkosten	Abw (abs)	Abw (%)
431900 Feiertagszuschl.Loh				
435000 Tarifl. Jahresleist	17.674,56	17.874,76	200,20-	1,12-
440000 Gesetzl.soz.Aufwand	46.936,76	49.019,33	2.082,57-	4,25-
440100 Gesetzl.soz.Aufw.Ge				
449000 Sonst.Personalkoste	619,13	638,04	18,91-	2,96-
451000 Instandh. Gebäude	24.520,78	25.692,36	1.171,58-	4,56-
466000 Versicherungen	7.269,92	7.707,72	437,80-	5,68-
470000 Raumkosten	29.992,29	30.830,88	838,59-	2,72-
471000 Maschinen-Mieten	24.602,99	25.692,36	1.089,37-	4,24-
473000 Postkosten ohne Tel	22.327,73	23.123,16	795,43-	3,44-
476000 Bueromaterial	19.550,94	20.553,96	1.003,02-	4,88-
476100 EDV-Material	5.850,49	6.166,20	315,71-	5,12-
476500 Sonst.Verwaltungsk.	9.948,06	10.276,92	328,86-	3,20-
476900 Sonstige Kosten	5.959,01	6.166,20	207,19-	3,36-
481000 Kalk. Abschreibung	128.045,00	550.331,52	422.286,52-	76,73-
483000 Kalk. Zinsen	71.497,00	1.085.217,00	1.013.720,00-	93,41-
618000 DILV EDV		7.608,98	7.608,98-	100,00-
633000 IILV Kantine	3.199,78	4.895,19	1.695,41-	34,63-
634000 IILV Telefon Einh.	75,58	114,49	38,91-	33,99-
635000 IILV Telefone	1.139,55	1.726,47	586,92-	34,00-
636000 IILV Fuhrpark	250,81	381,87	131,06-	34,32-
637000 IILV Personal	9.427,52	14.895,00	5.467,48-	36,71-
* Belastung	627.269,28	2.127.402,27	1.500.132,99-	70,51-
632000 IILV Int. Dienstl.	1.405.829,60-	1.405.829,60-		
* Entlastung	1.405.829,60-	1.405.829,60-		
** Über-/Unterdeckung	778.560,32-	721.572,67	1.500.132,99-	207,90-

Abb. 5.3 Standardbericht SAP ERP CC (Detailbild)[18]

Für größere betriebswirtschaftliche Analyse- und Planungsrechnungen, wie z. B. die innerbetriebliche Leistungsverrechnung und die Auflösung der Stücklisten und Arbeitspläne lohnt sich die Nachbildung dieser komplexeren Planungsfunktionen häufig nicht. Hier ist ein Zusammenspiel mit dem ERP-System zu empfehlen.

[18] Quelle: SAP ERP CC System – Standardbericht aus einem IDES-System.

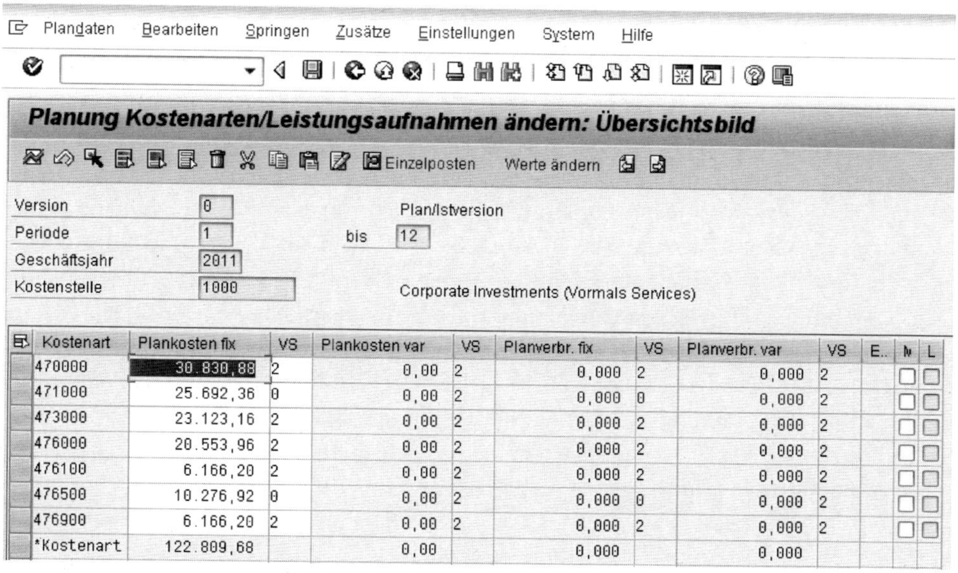

Plandaten Bearbeiten Springen Zusätze Einstellungen System Hilfe

Planung Kostenarten/Leistungsaufnahmen ändern: Übersichtsbild

Einzelposten Werte ändern

Version	0		Plan/Istversion
Periode	1	bis 12	
Geschäftsjahr	2011		
Kostenstelle	1000		Corporate Investments (Vormals Services)

Kostenart	Plankosten fix	VS	Plankosten var	VS	Planverbr. fix	VS	Planverbr. var	VS	E..	M	L
470000	30.830,88	2	0,00	2	0,000	2	0,000	2		☐	☐
471000	25.692,36	0	0,00	2	0,000	0	0,000	2		☐	☐
473000	23.123,16	2	0,00	2	0,000	2	0,000	2		☐	☐
476000	20.553,96	2	0,00	2	0,000	2	0,000	2		☐	☐
476100	6.166,20	2	0,00	2	0,000	2	0,000	2		☐	☐
476500	10.276,92	0	0,00	2	0,000	0	0,000	2		☐	☐
476900	6.166,20	2	0,00	2	0,000	2	0,000	2		☐	☐
*Kostenart	122.809,68		0,00		0,000		0,000				

Abb. 5.4 Planungsformular SAP ERP CC[19]

5.4.3 Tabellenkalkulationsprogramme

Im Bereich des Reporting und der Planung haben Tabellenkalkulationsprogramme, wie z. B. Lotus 1-2-3, Framework und vor allem MS Excel eine große Bedeutung. Sie werden auch Spreadsheet-Programme genannt.

Tabellenkalkulationsprogramme können als flexible DV-technische, tabellengesteuerte Instrumentenkästen bezeichnet werden, die auch leicht von Nicht-DV-Spezialisten schnell und komfortabel für individuelle Problemlösungen eingesetzt werden können. Der Einsatzschwerpunkt dieser PC-gestützten Tabellenkalkulationsprogramme liegt in der Bearbeitung von Planungs-, Simulations-, Optimierungs- und Analyseaufgaben oder sonstigen Anwendungsgebieten, die sich i. d. R. auf einen begrenzten Datenumfang beschränken und relativ gut strukturierte und geschlossene Entscheidungsprobleme lösen.

Vor allem die layout-technische Ausgestaltung des Berichtswesens und die Abbildung der Planung, wie die Aufstellung von Gemeinkostenplänen, Absatz- und Umsatzplänen sowie Erfolgs- und Finanzplänen, werden in der Unternehmenspraxis häufig mit Tabellenkalkulationsprogrammen durchgeführt, obwohl dies datenintensive und komplexe Anwendungsgebiete sind. Das liegt häufig daran, dass in Unternehmen für diese Aufgabengebiete keine leistungsfähigen Systeme (wie z. B. Data-Warehouse- bzw. BI-gestützte Reporting- und Planungssysteme) existieren und die vorhandenen ERP-Systeme keine oder nur teilweise leistungsfähige Lösungen für die Planung bzw. das Reporting anbieten.

[19] Quelle: SAP ERP CC System – Planungsformular in einem IDES-System.

Datenanbindung zu vor- und nachgelagerten Systemen

Ein großer Nachteil der Tabellenkalkulationsprogramme ist sicherlich die häufig fehlende Anbindung zu vor- und nachgelagerten Quellen. Zwar können die meisten Vorsysteme Daten im Tabellenkalkulationsformat übergeben und mit Hilfe der ODBC-Treiber eingelesen werden, die Zusammenführung und Prüfung der Daten muss jedoch häufig aufwändig manuell im Tabellenkalkulationsprogramm erfolgen. In der Praxis findet man vielfach sogar häufig noch die komplette manuelle Übertragung von Daten aus Vorsystemen, bei denen Übertragungsfehler keine Seltenheit sind.

In Verbindung mit ERP-Systemen und Data-Warehouse- bzw. BI-gestützten Systemen lässt sich allerdings ein Trend erkennen, dass diese Systeme verstärkt BI-direktionale Schnittstellen zu MS Excel anbieten, so dass Daten relativ komfortabel aus der relationalen oder OLAP-basierten multidimensionalen Datenhaltung geladen und zurückgespeichert werden können. MS Excel wird bei solchen Systemen als (alternative) Add-in-Anwendung für die Planungs- bzw. Reportingoberfläche verwendet.

Datenmodellierung, -harmonisierung und -qualität

Tabellenkalkulationsprogramme haben keine datenbankgestützte Datenspeicherung, wie z. B. relationale oder OLAP-basierte multidimensionale Datenbanksysteme. Die Daten werden direkt in die zur Verfügung gestellten Zellen eingetragen, wobei der Entwickler vollkommene Freiheiten bei der Datenanlage hat. Eine Datenharmonisierung in Form von Abgleich und Anpassung von Daten aus unterschiedlichen Datenquellen ist standardmäßig nicht vorgesehen und wird häufig manuell durchgeführt. Durch die schwache Datenintegration kommt es somit häufig zu Datenredundanzen und somit Fehlern, wenn gleiche Werte z. B. an unterschiedlichen Stellen der Tabellen unterschiedlich gepflegt sind.

Sollte keine Übersicht bei der Datenanlage z. B. im Sinne des EVA-Prinzips (Eingabe, Verarbeitung und Ausgabe) erfolgen, verliert man schnell die Übersicht in den Tabellen und es schleichen sich Fehler und Dateninkonsistenzen ein.

Nachteilig ist auch die eingeschränkte Datenhaltungsmöglichkeit in einzelnen Tabellen, die bei großen Datenmengen an ihre Grenzen stößt.

Bezüglich der Datenqualität schneiden Tabellenkalkulationsprogramme aufgrund der bereits aufgeführten Probleme hinsichtlich Dateninkonsistenz und -redundanz am schlechtesten ab.

Geschwindigkeit

Bei kleineren Reporting- und Planungsanwendungen, bei der die Datenhaltung direkt in Excel erfolgt, reicht die Performance nur für kleinere Planungs- und Reportinganwendungen. Diese fällt bei immer größer werdenden Anwendungen deutlich hinter den anderen Systemen (ERP-Systeme, relationale Datenbank-gestützte Systeme, Data-Warehouse- bzw. BI-gestützte Systeme) ab.

Wirtschaftlichkeit

Die Anschaffungskosten und Einarbeitungskosten für Tabellenkalkulationsprogramme sind gegenüber den anderen Systemen mit Abstand am geringsten. Allerdings kann sich dieser Vorteil schnell ins Gegenteil umschlagen, da die Planungs- und Berichterstellung mit zunehmender Komplexität mehr personellen Aufwand erfordert, was vor allem an den Übertragungs-, Abstimmungs-, Pflege- und Prüfungsarbeiten liegt.

Bedienungsfreundlichkeit

Aufgrund des hohen Bekanntheitsgrades und der einfachen Bedienung gelten Tabellenkalkulationsprogramme als sehr benutzerfreundlich. Dies ist auch ein zentraler Grund dafür, dass andere Planungs- und Berichtssysteme teilweise MS Excel als Oberfläche in ihr Programm als Add-in integriert haben. Hinsichtlich der Datenadministration und -pflege hingegen gilt diese Benutzerfreundlichkeit nicht.

Analyse- und Planungsfunktionalität

Tabellenkalkulationsprogramme stellen dem Benutzer zu Beginn ein leeres, elektronisches Arbeitsblatt (Spreadsheet) zur Verfügung, das wie eine Matrix aufgebaut und in Zeilen und Spalten unterteilt ist. In die einzelnen Felder (Zellen) können Texte, Zahlen oder Rechenanweisungen eingegeben werden. Durch die Verbindung der Rechenfelder durch Formeln eignet sich dieses Tabellenkalkulationsprogramm gut zur Programmierung von einfachen Berechnungen. Man trägt die geänderten Ausgangsdaten ein und sieht sofort die Ergebnisse der aktuellen Berechnung am Bildschirm. Für die Rechenoperationen einzelner Tabellenfelder und -bereiche stehen zudem zahlreiche mathematische und statistische Formelsammlungen zur Verfügung. Mit Hilfe von zusätzlichen Makroprogrammierungen (z. B. mit Visual Basic für Applications) lassen sich für Reporting und Planung zusätzliche Funktionen schaffen. Hierzu bedarf es allerdings der entsprechenden VBA-Programmierkenntnisse.

Neben den Grundfunktionen einer Tabellenkalkulation (Zellenformatierung, Formelsteuerung etc.) verfügen die Programme über leistungsfähige, flexibel einsetzbare Funktionen wie z. B.

- Grafikoptionen (3-D-Grafiken, Diagramm Manager etc.), die sich automatisch bei Änderungen der Ausgangswerte anpassen,
- Funktionen zur iterativen Zielwertberechnung bei Vorgabe von Schwellenwerten und Nebenbedingungen,
- Szenario- und Simulationsfunktionen sowie Optionen für die Zielwert- und Schwellenwertberechnungen,
- Möglichkeiten zur komfortablen Programmierung mit Hilfe von leistungsfähigen, applikationsübergreifenden Programmiersprachen sowie einfacher Makroprogrammierungen, die auch ohne Programmierkenntnisse leicht vom Anwender umsetzbar sind,

- automatischer Datenaustausch mit verschiedensten Datenbanken sowie direkter Datenbankzugriff per ODBC-Schnittstelle, datenbankähnliche Funktionen zur Datenverwaltung sowie mehrdimensionale Datenbankauswertungen mit Hilfe von Pivottabellen *und*
- zahlreiche Vereinfachungsfunktionen wie automatische Sortiervorgänge, Konsolidierungs- und Abfragerechnungen wie z. B. die Erstellung von Teilergebnissen.

Vorgefertigte betriebswirtschaftliche Planungsfunktionen wie Verteilungen, Verdichtungen etc. gibt es nicht im Standard und müssen aufwendig erstellt werden. Bei komplexen Berichts- und Planungssystemen verlieren die Anwender und die Entwickler solcher Tabellenkalkulationsprogramme leider die Übersicht über die angelegten Formeln und Berechnungsschritte, so dass die Datenqualität und Datenkonsistenz nicht mehr zu gewährleisten ist.

Flexibilität und Gestaltungsmöglichkeiten

Zur Berichtsgestaltung stehen neben den Tabellenfunktionen zahlreiche Diagrammfunktionen und Formatierungsmöglichkeiten zur Verfügung, weshalb Tabellenkalkulationsprogramme auch gerne für die layout-technische Aufbereitung des Berichtswesens herangezogen werden. Für die individuelle Gestaltung der Planungsformulare werden ebenfalls gerne Tabellenkalkulationsprogramme herangezogen. Hier steht die individuelle Nutzung der Tabellen und Formeln im Vordergrund, mit denen sich schnell einfache Hochrechnungen, Verteilungen, Planeingaben, Simulationen und Szenariorechnungen durchführen lassen. Mit Leichtigkeit lassen sich präsentationsfähige Tabellen sowie Grafiken erstellen, die relativ einfach in PC-gestützte Textverarbeitungssysteme sowie Präsentations- und Grafikprogramme übernommen werden können.

Ein Beispiel für eine Kosten- und Leistungsplanung eines Projektfertigers ist der Abb. 5.5 zu entnehmen.

Dokumentationsunterstützung

In den Tabellenkalkulationsprogrammen lassen sich zellbezogene Kommentare hinterlegen, die durch Markierungen angezeigt werden. Werden zu viele Zellkommentare abgelegt, wird die Kommentierung häufig unübersichtlich und wichtige Einträge lassen sich nur schwer von unwichtigen abgrenzen.

Neben den Zellkommentierungen lassen sich beliebige Textinformationen bei der Seitengestaltung hinzufügen. Eine Integration von weiteren Objekten wie Bilder, Links, Zeichnungen, Texte ist ebenfalls möglich. Eine Aggregationsfunktion und Staffelung von Kommentierungen hingegen existiert nicht.

Organisations- und Prozessunterstützung

Eine vorinstallierte standardisierte Organisations- und Prozessunterstützung existiert nicht. Allerdings lassen sich geeignete Objekte, wie Arbeitsanweisungen und Ablaufbe-

OK ✕ Qrt.

TTM_TBS = 'Uni Klinik Halle

	A B C D	E	F	G	H	I	J	K	L	M	N	O	P	Q	S
2	NL Erfurt: Projektplanung														2003/04
4–7		bei lt. Projektliste bis zum 31.03.03	Prognose lt. Projektliste für das Gesamtprojekt	Prognose nach Chancen zu EK		neue Prognose für das Gesamtprojekt	verbleibender Restbetrag Folgezeitraum	davon Progn. 2002/03 vom 01.04.03 bis 30.06.03	verbleibender Restbetrag Planjahr + Folgejahr	davon Progn. 03/04 Gesamtjahr	2003/04 Quartal 1 30.09.	Quartal 2 31.12.	Quartal 3 31.03.	Quartal 4 30.06.	verbleibender Restbetrag Folgejahre
11	Projektnummer	1992		- sonst. direkte Kosten				15.000							
12	Projektbezeichnung	Uni Klinik Halle		- Subunternehmerleistung				30.000			Deckungsbedarf		40%		
13		Plan	Prognose	- Leasingkosten				0			in % der Eigenleistung				
14	Projektbeginn	Mrz 1999	Mrz 1999	- prod. Lohn / Gehalt				0			Quartalsverteilung				Summe
15	Fertigstellung	Sep 2000	Sep 2000	- Montagenebenkosten				0		Umsatz	25,00%	25,00%	25,00%	25,00%	100,00%
16				Summe				195.000		Kosten	18,75%	31,25%	25,00%	25,00%	100,00%
17	Planung fremdbezogener Leistungen					alle übernehmen									
18	Material	0	2.321.162	2.171.162	→	2.171.162	2.171.162	10.000	2.161.162	1.736.930	325.674	542.791	434.232	434.232	424.232
19	sonst. direkte Kosten	53	291.250	276.250	→	291.250	291.197	2.000	289.197	232.958	43.680	72.799	58.239	58.239	56.239
20	Subunternehmerleistung	0	410.000	380.000	→	380.000	380.000	3.000	377.000	304.000	57.000	95.000	76.000	76.000	73.000
21	= Summe fremdbez. Leistungen	53	3.022.412	2.827.412		2.842.412	2.842.359	15.000	2.827.359	2.273.888	426.354	710.590	568.472	568.472	553.472
38	Personalkostenplanung					Übernahme Leasing, Lohn/Gehalt									
39	Leasingkosten	0	0	0	→	4.000	4.000	4.000	0	0	0	0	0	0	0
40	prod. Lohn/Gehalt	2.081	475.000	475.000	→	172.555	170.474	19.373	151.101	151.101	38.323	37.228	36.408	39.142	0
41	Zuschlag Sozial- u. Pers.-nebenko.	1.457	332.500	379.792		137.836	136.380	15.498	120.881	120.881	30.658	29.782	29.127	31.314	0
42	Montagenebenkosten	213	0	0	→	36.950	36.737	4.175	32.562	32.562	8.259	8.023	7.846	8.435	0
43	Zuschl. Montagenebenk. a. prod. L/G						21,55%								
44	= Personalkosten	3.750	807.500	854.792		351.342	347.591	43.046	304.545	304.545	77.239	75.033	73.381	78.892	0
46	Fertigstellungsgradplanung	*Fertigstellungsgrad - kum. Kosten für den betrachteten Zeitabschnitt/Prognosekosten gesamt								*Bestandsnachweis Ermittlungsmethode - Gesamtleistung (kum.) - Umsatz (kum.)					
47	Einzelkosten der Periode	3.803	3.829.912	3.682.204		3.193.754	3.189.951	58.046	3.131.904	2.578.433	503.593	785.623	641.853	647.364	553.472
49	*Fertigstellungsgrad**	0,12%						1,94%		82,67%	17,70%	42,30%	62,40%	82,67%	100,00%
50	*Gesamtleistung der Periode*	3.671	3.083.189	3.083.189	→	3.083.189	3.079.518	56.037	3.023.481	2.489.170	486.159	758.426	619.632	624.953	534.311
52	Umsatz der Periode	0					3.083.189	100.000	2.983.189	10.000	2.500	2.500	2.500	2.500	2.973.189
54	Bestandsveränderung der Periode	3.671						-43.963		2.479.170	483.659	755.926	617.132	622.453	-2.438.878
55	Bestand* am Ende der Periode	3.671						-10.292		2.438.878	443.367	1.199.293	1.816.425	2.438.878	0
57	MOR-Schema														
58	Umsatz	0						100.000		10.000	2.500	2.500	2.500	2.500	2.973.189
59	+ Bestandsv. lt. Fertigstellungsgrad	3.671						-43.963		2.479.170	483.659	755.926	617.132	622.453	-2.438.878
60	= Gesamtleistung	3.671	3.083.189	3.083.189		3.083.189		56.037		2.489.170	486.159	758.426	619.632	624.953	534.311
61	- Material	0	2.321.162	2.171.162		2.171.162		10.000		1.736.930	325.674	542.791	434.232	434.232	424.232
62	- sonstige direkte Kosten	53	291.250	276.250		291.250		2.000		232.958	43.680	72.799	58.239	58.239	56.239
63	- Subunternehmerleistung	0	410.000	380.000		380.000		3.000		304.000	57.000	95.000	76.000	76.000	73.000
64	= Eigenleistung	3.619	60.777	255.777		240.777		41.037		215.282	59.805	47.836	51.161	56.481	-19.161
65	- Leasingkosten	0	0	0		4.000		4.000		0	0	0	0	0	0

Abb. 5.5 Planung eines Projektfertigers mit MS Excel[20]

schreibungen, in den Tabellen integrieren. Über zusätzliche Makroanweisungen lassen sich auch einfache Navigationshilfen für das Reporting oder die Planung gestalten.

Trotz der großen Flexibilität eignen sich Tabellenkalkulationsprogramme weniger beim Einsatz komplexer Problemstellungen und Aufgaben. Dies liegt vor allem an der funktionellen und datentechnischen Beschränkung, die dazu führt, dass rechenintensive Funktionen, wie z. B. die innerbetriebliche Leistungsverrechnung und das Massendatengeschäft bei Abrechnungsläufen, nur schwerlich umzusetzen sind. Weiterhin erweist sich die anfängliche große Flexibilität und Bedienungsfreundlichkeit der Programme beim Aufbau komplexerer Aufgabenstellungen als programmiertechnische Falle. Werden z. B. Konsolidierungen aufgebaut, so ist bei der Verdichtung der Daten darauf zu achten, dass spätere Änderungen der Auswertungen und Berichtsschemata im Zeilen- und Spaltenschema umständlich Tabelle für Tabelle nachzupflegen sind. Formelmäßige Verknüpfungen von Zellbezügen und implementierte Rechenalgorithmen zwischen mehreren Dateien bzw. Tabellenblättern werden dabei schnell unübersichtlich und lassen sich bei Anpassungen nur mühsam anpassen. Inkonsistente Datenhaltung ist die Folge, wobei entstandene Fehler nur schwer zu lokalisieren sind. Es zeigt sich, dass komplexere, selbst programmierte Tabellenkalkulationsprogramme nur schwerlich durch Dritte nachvollzogen werden können.

Wichtige Nachteile von Tabellenkalkulationsprogrammen sind im Folgenden zusammengefasst:

[20] Entnommen aus Schön (2004, S. 572).

- Hoher Wartungsaufwand
- Instabilität und Fehleranfälligkeit
- Hohe Manipulationsmöglichkeit
- Kaum zentralisierte Kontrolle
- Modellabhängigkeit vom Know-how des Erstellers
- Geringes Konsolidierungstempo
- Schwache Datenintegration,
- Dateninkonsistenz und Datenredundanz
- Fehlende Datenbankunterstützung
- Begrenzte Datenhaltungsmöglichkeit.

Zusammenfassend kann über Tabellenkalkulationsprogramme gesagt werden, dass sie für begrenzte Aufgabenstellungen und einen überschaubaren Datenumfang gut geeignet sind, betriebswirtschaftliche Problemstellungen zu lösen. Speziell für den Bereich des Reporting und der Planung können Spreadsheet-Programme sinnvoll eingesetzt werden, wie zahlreiche Anwendungsbeispiele aus der Unternehmenspraxis zeigen. Dies liegt vor allem daran, dass in kleineren und mittleren Unternehmen nur begrenzte Ressourcen an Sach- und Personalmitteln zur Verfügung stehen, so dass sie keine standardisierten Softwareprogramme, sondern nur einfache, zumeist selbst entworfene Spreadsheets für Planungsrechnungen, Berichte und Kommentierungen einsetzen können.

Bei größeren integrierten Planungsmodellen und anspruchsvolleren Reportinglösungen kommen Tabellenkalkulationsprogramme aber an ihre Grenzen und sollten besser durch Data-Warehouse- bzw. BI-gestützte Reporting- und Planungssysteme abgelöst werden. Wenn gewünscht, kann die Oberfläche von MS Excel dann sogar als Add-in für die Analyse- und Eingabeoberfläche beibehalten werden.

5.4.4 Spezielle Software (basierend auf relationaler Datenbanktechnik)

Aufgrund der Mängel der Reporting- und Planungslösung der ERP-Systeme und Tabellenkalkulationsprogramme haben sich einige Unternehmen dafür entschieden Systemlösungen auf Basis der relationalen Datenbanktechnik zu nutzen. Das Spektrum reicht hier von MS Access als relationales Datenbank-Management-System (RDBMS) mit einfacheren Planungs- und Berichtsfunktionen bis hin zu speziellen Lösungen, wie das weltweit verbreitete Analyse- und Reporting-System QlikView des amerikanischen Herstellers QlikTech, welches vorwiegend relationale Datenquellen einliest. Von der Analyseseite her würde man QlikView aber eher den BI-Systemen zuordnen.

Von daher soll hier die Bewertung der aufgestellten Anforderungskriterien eher auf denjenigen RDBM-Systemen liegen, die nicht als BI-Systemlösung, sondern als traditionelle Reporting- bzw. Planungslösung genutzt werden. Häufig gilt dies auch für Individualprogrammierungen der Unternehmen, die auf der Technik der relationalen Datenbanken aufgesetzt haben.

Datenanbindung zu vor- und nachgelagerten Systemen

Im Gegensatz zu den ERP-Systemen sind spezielle Reporting- und Planungs-Systeme, die auf relationaler Datenbanktechnik basieren, auf die Datenintegration der vorgelagerten Systeme angewiesen. Über Schnittstellen werden die Quelldaten z. B. mit Hilfe der ODBC-Treiber oder anderer Standards eingelesen. Die Zusammenführung und Prüfung der Daten muss jedoch häufig in der Schnittstelle durchgeführt werden. Fehlerhafte Datenübertragungen und Dateninkonsistenzen sind nicht immer auszuschließen.

Datenmodellierung, -harmonisierung und -qualität

Gegenüber den Tabellenkalkulationsprogrammen haben die RDBMS-gestützten Programme den Vorteil einer systematischen Datenspeicherung. Vorteilhaft gegenüber den ERP-Systemen, die in der Regel auch auf relationalen Datenbanken aufbauen, ist die leichte Änderungsmöglichkeit der Datenstrukturen für die Planung und das Reporting, da hier in der Regel keine Abhängigkeiten zu anderen Programmfunktionen bestehen und die Komplexität geringer ist. Bei Individualentwicklungen, die zumeist neben dem Reporting und der Planung auch für operative Aufgaben entwickelt wurden, besteht der gleiche Nachteil wie bei den ERP-Systemen. Bei der Datenintegration vieler unterschiedlicher Quellen sind der Aufwand der Prüfung und Datenharmonisierung sowie die Fehleranfälligkeit nicht zu unterschätzen.

Bezüglich der Datenqualität kommen bei RDBM-Systemen wegen der Integration der Daten aus vorgelagerten Systemen, dieselben Probleme vor, die sich auch bei um Fremddaten erweiterte ERP-Systeme und multidimensionale Data-Warehouse- bzw. BI-gestützte Systeme durch die diversen Schnittstellen bzw. ETL-Prozesse ergeben.

Geschwindigkeit

Das Zeitverhalten (Performance) von speziellen RDBMS-gestützten Programmen ist bezüglich des Reporting und der Planung deutlich vor den Tabellenkalkulationssystemen einzuordnen. Aufgrund ihrer Spezialisierung liegen sie auch vor den ERP-Systemen. Im Gegensatz zu Data-Warehouse-gestützten OLAP-basierten Systemen fällt die Performance deutlich schlechter aus. Die Gründe hierfür liegen in den unterschiedlichen Datenspeicherungen und Abfragemöglichkeiten, die sich hieraus ergeben, wie in Abschn. 5.5.4.1 noch detailliert gezeigt wird.

Wirtschaftlichkeit

Spezielle RDBMS-gestützte Reporting- und Planungsprogramme sind hinsichtlich ihrer Anschaffungskosten und Einführungskosten im Gegensatz zu den Standardfunktionen des ERP-Systems, das ja primär zur Abwicklung der operativen Geschäftsprozesse angeschafft wird, als zusätzlich zu sehen. Sie liegen i. d. R. über den Kosten von Tabellenkalkulationsprogrammen, da die Spezial- bzw. häufig auch Individualentwicklungen deutlich aufwändiger sind. Selbst gegenüber den modernen Data Warehouse und BI-gestützten Systemen sind hier keine Vorteile, sondern ggf. eher wirtschaftliche Nachteile in der Entwicklung, Einrichtung und Pflege zu sehen.

Bedienungsfreundlichkeit

Grundsätzlich hängt die Bedienungsfreundlichkeit von der Nutzung der technischen Möglichkeiten ab und kann daher bei RDBM-Systemen aufgrund ihres Alters sehr unterschiedlich sein. Aufgrund ihrer Spezialisierung sollten RDBM-Systeme für das Reporting und die Planung gegenüber den ERP-Systemen Vorteile besitzen. Bei manchen Individualentwicklungen ist dies aber nicht immer der Fall, da hier meistens der Inhalt und die Funktionalität und nicht die Oberfläche oder die Hilfesysteme im Vordergrund stehen. Hier lässt die Bedienungsfreundlichkeit dann oft zu wünschen übrig.

Vergleicht man z. B. MS Access mit MS Excel, dann sind hier vom Hersteller Microsoft Oberflächen, Hilfefunktionen technologisch und ergonomisch auf der gleichen Basis. Vom Anwender her gesehen ist MS Excel jedoch vertrauter, was auch an der hohen Durchdringung von MS Excel gegenüber MS Access liegt.

Analyse- und Planungsfunktionalität

Hinsichtlich der Analyse- und Planungsfunktionalität muss zwischen Standard- und Individuallösungen bei RDBM-Systemen unterschieden werden.

Bei Individuallösungen, z. B. auch mit MS Access, müssen Reporting- und Planungsfunktionen, wie auch bei den Tabellenkalkulationsprogrammen, komplett aufgebaut werden. Wie auch bei den Tabellenkalkulationsprogrammen stehen hierfür mathematische Formeln, die Makro-Programmierung mit VBA etc., als Werkzeuge zur Verfügung. Vorgefertigte betriebswirtschaftliche Planungsfunktionen wie Verteilungen, Umwertungen etc. existieren aber nicht im Standard, sondern müssen entwickelt werden. Für die Berichte steht ein Berichtsgenerator zur Verfügung. Auch hier müssen die Berichtsvorlagen erst aufgebaut werden. Insgesamt ist die Analyse- und Planungsfunktionalität dieser Lösungen meist eingeschränkt (vgl. Abb. 5.6).

Bei speziellen RDBMS-Standardlösungen von Softwareherstellern für das Reporting und die Planung ist die Lieferung zahlreicher betriebswirtschaftlicher Analyse- und Planungsfunktionen sowie Vorlagen im Paket enthalten. Hier ist der Funktionsumfang deutlich größer und muss lediglich hinsichtlich der Abdeckung der Unternehmensanforderungen geprüft werden. Tendenzmäßig ist aber aufgrund der technischen Entwicklung davon auszugehen, dass die modernen Data-Warehouse- und BI-gestützten Systeme hier die RDBM-Systeme übertreffen, was sowohl die Werkzeuge als auch die Standardvorlagen betrifft.

Flexibilität und Gestaltungsmöglichkeiten

Die Anlage und Pflege der Strukturen und Stammdaten ist in den meisten RDBMS-Systemen flexibel möglich. Zu differenzieren sind wiederum die Individuallösungen und Standardlösungen. Bei den Individuallösungen müssen die Berichte und Planungsfunktionen zunächst gestaltet werden, was relativ flexibel und je nach verfügbarem Werkzeug in den Formular- und Berichtsgeneratoren möglich ist. Der Komfort und die Ergebnisse liegen hier meist deutlich unter den speziellen standardisierten RDBM-Systemen, die hier mehr Features und Möglichkeiten liefern. Individuelle Vorteile hat man hier bei der

Auftragsstatistik

06. Sep. 11

Auftragsnummer	Artikelnummer	Menge	Bezeichnung	Preis	Betrag
0001					
	1111	22,00	Aufkleber	9,00 €	198,00 €
	2011	4,00	Druck-Papier	56,00 €	224,00 €
	4711	4,00	Disketten	12,00 €	48,00 €
	6060	8,00	Handbuch	190,00 €	520,00 €
	Summe der Auftragspositionen:				1.990,00 €
0002					
	2011	5,00	Druck-Papier	56,00 €	280,00 €
	3333	4,00	Reinigungsdiskett	22,00 €	88,00 €
	4711	5,00	Disketten	12,00 €	60,00 €
	Summe der Auftragspositionen:				428,00 €

Abb. 5.6 Reporting mit MS Access[21]

Gestaltung gegenüber den ERP-Systemen bezüglich der dort verfügbaren Planungs- bzw. Reportgeneratoren. Nach der ersten Entwicklung sind Veränderungen zwar möglich, aber die einmal angelegten Planungs- und Berichtsstrukturen sowie deren Funktionen werden häufig nicht mehr so stark verändert, da die Anpassungen wieder mit Entwicklungsaufwand verbunden sind. Ein Vorteil der speziellen RDBM-Systeme ist die Nutzung von Planungs- und Berichtsvorlagen sowie standardisierten Funktionen, so dass hier ein Teil der Neuentwicklung entfällt.

Die Gestaltungsmöglichkeiten im Reporting und in der Planung werden bei speziellen standardisierten Reporting- und Planungssystemen tendenzmäßig denen, der modernen Data-Warehouse- und BI-gestützten Systeme nahe kommen. Eingeschränkt bleiben hier allerdings die mehrdimensionalen Auswertungsmöglichkeiten aufgrund der schlechteren Performance und der hierfür erforderlichen aufwändigeren relationalen Datenmodellierung und Abfrage.

Dokumentationsunterstützung

Die Dokumentationsunterstützung hängt ebenfalls sehr stark von dem jeweiligen RDBM-System ab. MS Access liefert im Vergleich zu MS Excel keine separate (zellbezogene) Kom-

[21] Selbsterstellter Bericht mit MS Access.

mentarfunktion. Kommentare sind hier im Datenmodell und in den Berichten und Formularen mit zu entwickeln. Objekte, wie Bilder und Zeichnungen aus anderen Anwendungen können z. B. über OLE/DDE-Verknüpfung ebenfalls angebunden und aktualisiert werden. Eine Aggregationsfunktion und Staffelung von Kommentierungen hingegen existiert ebenfalls nicht. Andere RDBMS-Anwendungen bieten für die Dokumentationsunterstützung hier teils mehr (typisch für Standardentwicklungen) bzw. teils weniger (typisch für Individualentwicklung) Funktionen an.

Organisations- und Prozessunterstützung

Auch die Organisations- und Prozessunterstützung hängt ebenfalls sehr stark von dem jeweiligen RDBM-System ab.

MS Access besitzt wie MS Excel keine vorinstallierte standardisierte Organisations- und Prozessunterstützung. Allerdings lassen sich einfache Arbeitsanweisungen und Ablaufbeschreibungen in den Berichten und Formularen integrieren. Über zusätzliche Makroanweisungen lassen sich ebenfalls Navigationshilfen für das Reporting oder die Planung gestalten. Bei den Individualentwicklungen und speziellen Reporting- und Planungssystemen hängt es davon ab, ob der Hersteller hierfür geeignete Funktionen bereitgestellt hat.

Die speziell für Reporting und Planung entwickelten Softwareprogramme zeichnen sich in erster Linie dadurch aus, dass sie gegenüber den Tabellenkalkulationsprogrammen und ERP-Systemen Planungs- und Berichtsvorlagen sowie Reporting- und Planungsfunktionen methodisch in einem strukturierten Rahmen zur Verfügung stellen. Komplexe Planungszusammenhänge, wie z. B. die Planergebnisverdichtungen sowie Planungshochrechnungen und -simulationen, lassen sich trotz ständig wechselnder Unternehmens- und Kostenstrukturen schnell und komfortabel datenbankgestützt abbilden.

Die Grenzen dieser speziell entwickelten Softwaresysteme liegen aber auch in den programmierten und somit vorstrukturierten Reporting- und Planungsmöglichkeiten. Zwar sind diese relativ groß, jedoch gibt es kein standardisiertes Reporting- und Planungstool, das alle denkbaren Modellanforderungen abdeckt. Dies liegt vor allem an der Vielfältigkeit des Leistungsspektrums und der Struktur der Unternehmen, betrachtet man z. B. unterschiedliche Branchen. Diese Aussagen gelten auch für die modernen Data-Warehouse- und BI-gestützten Systeme insoweit diese Standardvorlagen mitliefern.

Werden Neuinvestitionen in Reporting- und Planungssysteme getätigt, wird aufgrund der schlechteren Abfragegeschwindigkeit (Performance) tendenzmäßig nicht auf RDBMS gesetzt, sondern eher auf die modernen Systeme mit Data-Warehouse- bzw. OLAP-Technologie. Zusammengefasst sind RDBM-Systeme daher als Auslaufmodelle für das Reporting und die Planung zu bezeichnen.

5.4.5 Data-Warehouse- und BI-gestützte Systeme

Data Warehouse- und Business-Intelligence-gestützte Planungs- und Reportingsysteme zeichnen sich kurz gesagt dadurch aus, dass sie eine andere technologische Basis besitzen, was sich zum einen in der multidimensionalen Datenspeicherung und -auswertung (OLAP-Technologie) sowie häufig der Web-Technologie als Anwendungsoberfläche zeigt. Eine umfassendere Aufbereitung der Grundlagen zum Data Warehousing und zur Business Intelligence wird in den beiden anschließenden Abschn. 5.5 und 5.6 gelegt. Da sich diese modernen Data-Warehouse- bzw. BI-gestützten Systeme für das Reporting und die Planung etablieren, soll in den folgenden Kapiteln tiefer auf diese neuen Lösungen eingegangen werden, als auf die bisher dargestellten Systeme.

Die Leistungsfähigkeit der Data-Warehouse- und BI-gestützten Reporting- und Planungssysteme hat in den letzten Jahren erheblich zugenommen. BI-Anbieter, wie z. B. SAP (BW/SAP BusinessObjects), Oracle (Oracle Hyperion), IBM (IBM Cognos), Corporate Planning (CP-Suite), Microsoft (Microsoft Analysis Services), SAS, Infor (MIS), Micro Strategy (MicroStrategy Business Intelligence), Cubeware (Cubeware Cockpit V6pro), prevero (prevero Planung und Berichtswesen), um nur einige zu nennen, haben Lösungen entwickelt, die benutzerfreundlich sind und vielfältige Planungs- und Auswertungsfunktionen beinhalten. Neben den proprietären Softwareanbietern lassen sich zudem OpenSource-Produkte wie z. B. Jaspersoft und Jedox Palo als technische Alternative auf dem BI-Markt finden.

Um den unmittelbaren Vergleich der Data-Warehouse- und BI-gestützte Planungs- und Reportingsysteme mit den Anforderungskriterien zu den anderen Systemgrundrichtungen (ERP-Systeme, Tabellenkalkulationsprogramme, spezielle RDBM-Systeme) durchzuführen, sollen diese nun vorab aufgeführt werden.

Datenanbindung zu vor- und nachgelagerten Systemen

Die Integration der Data-Warehouse- bzw. BI-gestützten Systeme zu anderen Vorsystemen erfolgt über leistungsfähige Applikationen, die beliebige Daten und Vergleichswerte aus ERP- und Transaktionssystemen, Tabellenkalkulationsprogrammen sowie anderen Datenbanken bereitstellen. Im sogenannten ETL-Prozess werden die Daten aus den relevanten Quellsystemen extrahiert (**E**xtraktion), ggf. umgewandelt und angereichert (**T**ransformation) und in das Data Warehouse geladen (**L**adung) (vgl. hierzu auch Abschn. 5.5.2). Dies bedeutet zwar eine redundante Datenhaltung, die mit Aufwand verbunden ist, aber ohne sie ist eine Analyse und Planung komplexer Daten aus vielen Systemen schwer möglich.

Datenmodellierung, -harmonisierung und -qualität

Herzstück einer Data-Warehouse- bzw. BI-gestützten Reporting- und Planungslösung ist das multidimensionale OLAP-Datenmodell, das für die performante Planung und Auswertung der Datenbestände verantwortlich ist (vgl. hierzu Abschn. 5.5.4.1). Dieses muss i. d. R., wenn es keine vorgefertigten Modelle gibt, zu Beginn eines BI-Einführungsprojektes aus

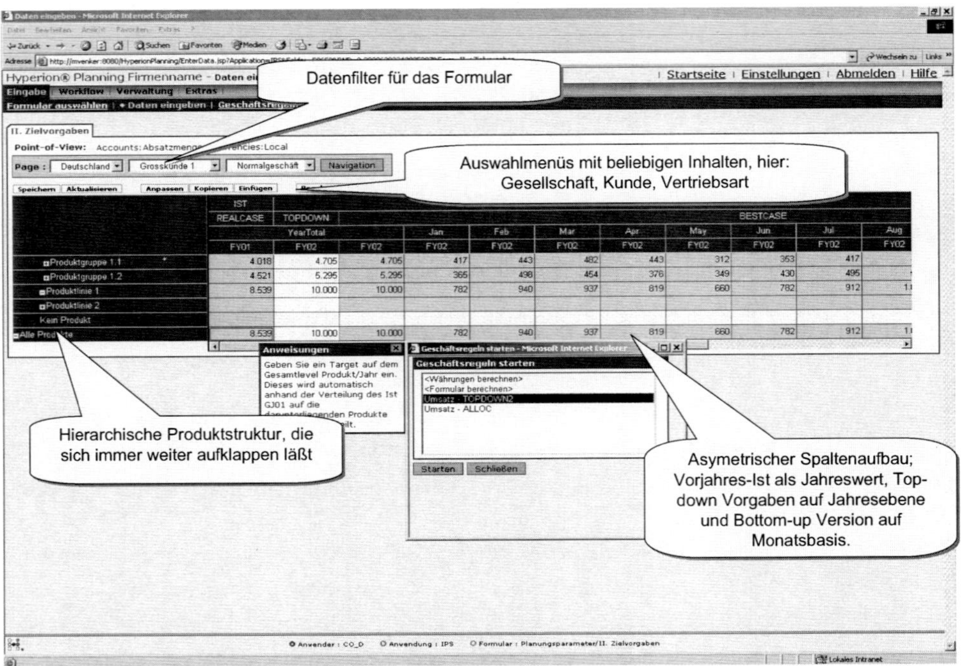

Abb. 5.7 Hyperion Planning: Mehrdimensionale Planungsformulare[22]

den Anforderungsprofilen der Anwender entwickelt werden. Die Datenharmonisierung erfolgt im ETL-Prozess. Die Datenqualität ist stark abhängig vom ETL-Prozess und der Datenmodellierung der jeweiligen Anwendung. Abgesehen von Inkonsistenzen bei Quelldaten, liegen Probleme bei den Ladeprozessen (z. B. Abbruch der Übertragungen) und den Transformationsprozessen (z. B. Umwandlungsfehler). Diese können wie bei Schnittstellen Fehlerquellen beinhalten, die es zu vermeiden gilt.

Geschwindigkeit

Aufgrund der für umfangreiche, multidimensionale und komplexe Datenauswertung ausgelegten OLAP-basierten Datenspeicherung haben BI-Systeme einen sehr großen Vorteil bei der Geschwindigkeit der Analysen und Planungen, wobei der Anwender auch beim Filtern und Wechseln der Dimensionen im Gegensatz zur relationalen Datenbanktechnik zeitnahe Antwortzeiten erhält (vgl. Abschn. 5.5.4.1).

Ein Beispiel für ein multidimensionales Planungsformular zeigt Abb. 5.7.

[22] Entnommen aus Schön (2004, S. 310).

Wirtschaftlichkeit

Die Kosten- und Nutzenrelation für die Einführung von BI-Systemen wird in der Praxis kritisch in beide Richtungen diskutiert. Eine eindeutige Aussage ist auch durch Umfragen bisher nicht zu erhalten.

In der Business-Intelligence-Studie 2010 durch die TU Chemnitz wurde als Ergebnis herausgestellt, dass die BI-Einführung für die Unternehmen Vorteile bringt, aber die Wirtschaftlichkeit nicht messbar ist.[23]

Auf der einen Seite stehen die hohen Einführungskosten, die weniger mit den Anschaffungskosten der Software, sondern vielmehr an die damit verbundenen Einführungsprojekte gebunden sind, da diese eigene und fremde Kräfte verstärkt und über längere Zeiträume binden. Als Kostentreiber werden hier oft fehlende und wechselnde Anforderungen an das Datenmodell und den Auswertungen sowie zu überdimensioniert angelegte Data-Warehouse-Modellierungen genannt, die nur schwer abzustimmen sind. Auf der anderen Seite stehen die nicht zu unterschätzenden Informationsvorteile für die Steuerung der Unternehmung, die bei richtigen Entscheidungen schnell die Amortisation der Investition rechtfertigen.

Aufgrund der Etablierung und technischen Weiterentwicklung der BI-Software ist davon auszugehen, dass die Kostenseite sinken und die Nutzenseite sich verbessern wird.

Bedienungsfreundlichkeit

Data-Warehouse- und BI-gestützte Reporting- und Planungssysteme verfügen tendenzmäßig über komfortable Benutzeroberflächen auf dem modernsten technischen Stand. Ihre Navigations-, Filter-, Selektions- und Sortierfunktionen sind intuitiv zu bedienen, Hilfesysteme können online hinzugezogen werden, so dass von einer hohen Benutzerfreundlichkeit ausgegangen werden kann. Die Einarbeitung in die Systeme gelingt i. d. R. schnell.

Analyse- und Planungsfunktionalität

Bei den Data-Warehouse- bzw. BI-gestützten Systemen für Planung und Reporting lassen sich zwei Ausrichtungen bezüglich der Analyse- und Planungsfunktionalität erkennen.

Einige Anbieter liefern den Anwendern in den Unternehmen nur grundsätzliche Werkzeuge mit Modellen und Methoden an (wie z. B. mathematische Funktionen, Verteilungsalternativen, unterschiedliche Diagrammtypen, Gestaltungsmerkmale für die Berichtsformatierung etc.), die für die Entwicklung eines individuellen Planungs- und Reportingsystems genutzt werden können (vgl. Abb. 5.8). Auf Basis dieser grundlegenden Werkzeuge und Referenzprojekte liefern die Anbieter zwar meistens auch Templates und Vorlagen für ein Planungs- und Reportingsystem aus, die aber i. d. R. nur zur Orientierung und als Kopiervorlagen genutzt werden.

[23] Vgl. hierzu Pütter, C.: Keine Hilfe für BI-Projekte, URL: http://www.cio.de/2239428 [Zugriff am 12.03.2011]. Die Studie wurde am Lehrstuhl Wirtschaftsinformatik II von Prof. Dr. Peter Gluchowski in Zusammenarbeit mit dem Beratungshaus *Conunit* (Frankfurt a.M.) durchgeführt.

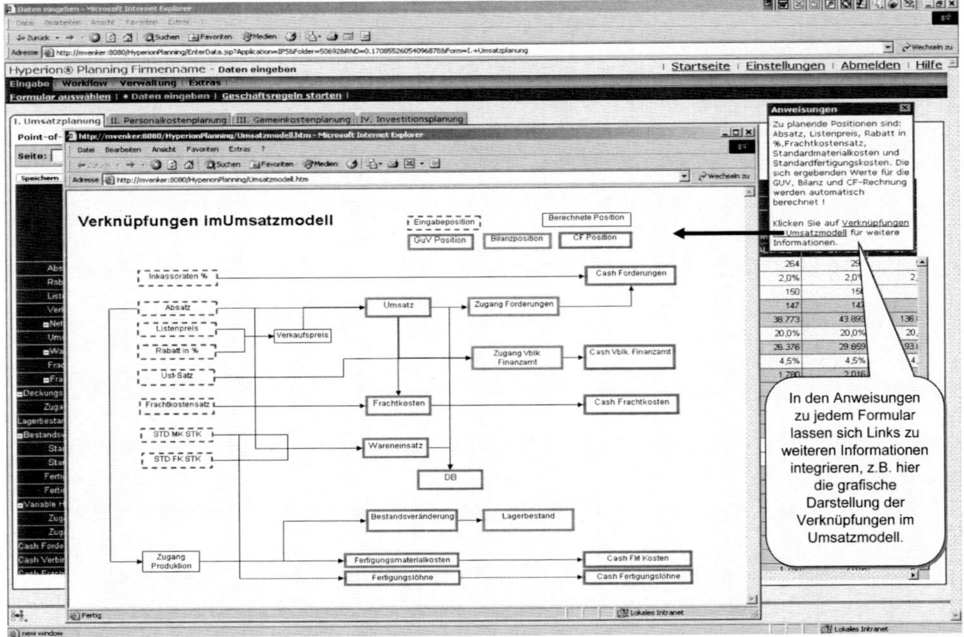

Abb. 5.8 Hyperion Planning: Individuelle Planungsmodelle (Business Rules)[24]

Ein anderer Teil der Anbieter liefert hingegen wichtige betriebswirtschaftlich durchdachte Planungs- und Reportingsysteme für Teilaufgaben der gesamten Planung und Steuerung eines Unternehmens. Wichtige Aufgabengebiete sind hierbei:

- Die Konsolidierung
- Die Erfolgs-, Bilanz- und Finanzplanung
- Balanced Scorecard
- Risikomanagement
- Kennzahlensysteme (z. B. Wertorientiertes Management).

In diesen Fällen sind die Standardisierungen meistens sehr weit fortgeschritten, so dass besondere individuelle Änderungen nicht oder nur schwer zu berücksichtigen sind (vgl. Abschn. 5.5.7).

Die Modellbildung der Data-Warehouse- bzw. BI-gestützten Reporting- und Planungstools ist dabei nicht unbegrenzt. Nimmt man z. B. rechen- und datenintensive Auswertungs- und Planungsprozesse wie die innerbetriebliche Leistungsverrechnung, die Variantenkonfiguration oder die Stücklistenauflösung, so ist bei diesen Aufgaben zu prüfen, ob diese nicht besser im bereits bestehenden ERP-System zu lösen sind. Hier kann

[24] Entnommen aus Schön (2004, S. 574).

eine Kombination zwischen dem ERP- und dem speziellen BI-gestützten System sinnvoll sein, die wechselseitig notwendige Daten austauschen.

Flexibilität und Gestaltungsmöglichkeiten

Individuelle Berichte und Planungsformulare können mit Hilfe von leistungsfähigen Werkzeugen einfach gestaltet werden. Noch einfacher ist eine sogenannte Wizard-Funktionalität, bei der die Erstellung durch eine Menüführung unterstützt wird. Eingabefelder, Berechnungsfelder und andere Inhalte der Planungsformulare können dabei beliebig farblich getrennt und gegen unberechtigten Zugriff geschützt werden. Die Planung kann je nach Wunsch auf der Verdichtungsebene oder auf der Detailebene ansetzen. Berichte lassen sich mit dynamischen Diagrammtypen und Colourcoding optimieren, um nur einige Features zu nennen.

Einer der größten Vorteile der Data-Warehouse- bzw. Bi-gestützten Reporting- und Planungstools liegt in der enormen Flexibilität, Strukturen zu verwalten und zu ändern. Dies gilt für alle relevanten Dimensionen wie z. B. die Zeitdimensionen oder die Objektdimensionen für Kunden, Produkte etc. Die Planungen und Auswertungen können je nach Unternehmensausrichtung Bottom-Up verdichtet bzw. Drill-down-technisch genutzt werden. Dynamische Hochrechnung auf Verdichtungsebenen lassen sich im Gegensatz zu Hochrechnung auf Anforderung (on demand) sekundenschnell analysieren.

Auswertung und Planergebnisse lassen sich in beliebigen Formaten und Layouts wiedergeben. Neben den systemeigenen Formaten sind hier Formate wie pdf, xls oder html beliebt. Abbildung 5.9 zeigt eine Auswertung mit einem Web-Frontend.

Der Trend der BI-Applikationen geht technologisch in Richtung Internettechnologie, so dass mit einfachen Browsern Berichte und Planungen angewendet werden können, wofür früher noch eigene Anwendungen für die grafische Benutzeroberfläche auf dem Client erforderlich waren.

Dokumentationsunterstützung

Data-Warehouse- und BI-gestützte Systeme unterstützen das Reporting und die Planung durch zahlreiche Kommentierungs- und Dokumentationsfunktionen. Kommentare können nicht nur Objektbezogen, sondern auch für übergeordnete Ebenen angelegt und gestaffelt verwaltet werden (vgl. Abb. 5.10). Es können zudem Dokumente unterschiedlichster Ausprägung (Bilder, Diagramme etc.) in den Systemen verwaltet und in den Berichts- und Planungsoberflächen eingebaut werden.

Organisations- und Prozessunterstützung

Auch für die Verwaltung, Koordination und prozessunterstützende Reporting- und Planungsarbeiten bieten viele BI-Systeme Unterstützung an. Beispielsweise kann man mit Hyperion Planning den Planungsablauf mit Hilfe eines Workflows gestalten und Planinformationen an Planungsabteilungen systemgestützt weiterleiten (vgl. Abb. 5.11). Hier erfolgt zumeist eine Integration mit typischen Office-Anwendungen mit Email, Chats, Kalenderverwaltung, Raumreservierungen und anderen Kommunikationsmöglichkeiten.

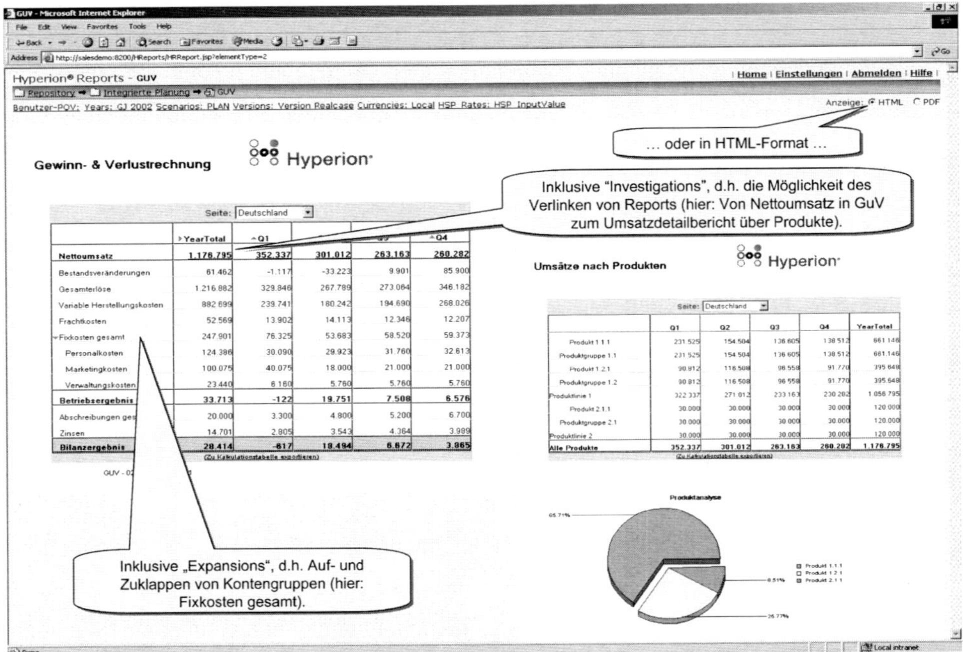

Abb. 5.9 Hyperion Planning: Auswertungen[25]

Zusammengefasst lässt sich feststellen, dass sich mittel- bis langfristig für umfangreichere Planungs- und Reportinglösungen Data-Warehouse- und BI-gestützte Systeme durchsetzen werden. Die Nutzenvorteile der flexiblen Auswertungen und deren zeitnahe Verfügbarkeit geben den Unternehmen wichtige Entscheidungsgrundlagen, die Wettbewerbsvorteile gegenüber den Unternehmen darstellen, die über solche Informationen nicht verfügen. Lediglich für kleinere Modelle ist das Ausweichen auf Tabellenkalkulationsprogramme oder einfache RDBM-Systeme vernünftig.

[25] Entnommen aus Schön (2004, S. 576).

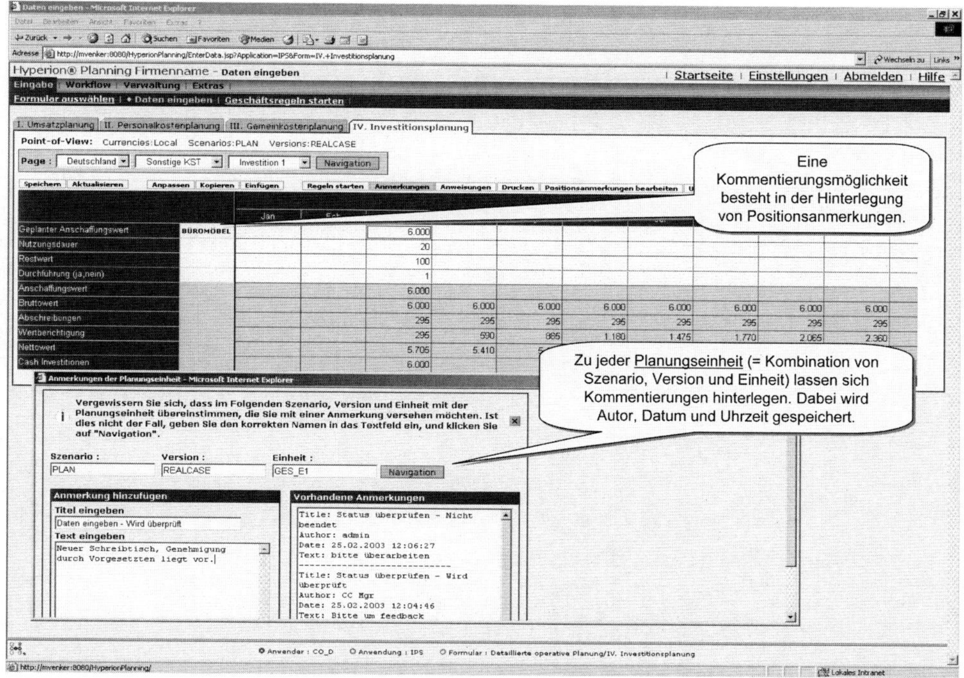

Abb. 5.10 Hyperion Planning: Kommentarfunktion[26]

5.5 Data Warehouse

5.5.1 Data-Warehouse-Definition

Aufgrund der Verbindung zwischen der DV-technischen Datenhaltung und der unternehmerischen Nutzung von Informationen kann der Begriff „Data Warehouse" dem Teilgebiet des Informationsmanagements der Wirtschaftsinformatik zugeordnet werden. Die bisherigen Definitionen des Begriffes Data Warehouse sind nicht einheitlich und unterschiedlich weit gefasst. Zumeist fehlt die Abgrenzung zu anderen Formen der Datenhaltung, auf welche die meisten Definitionen von Datenbanken auch zutreffen würden.

[26] Entnommen aus Schön (2004, S. 308).

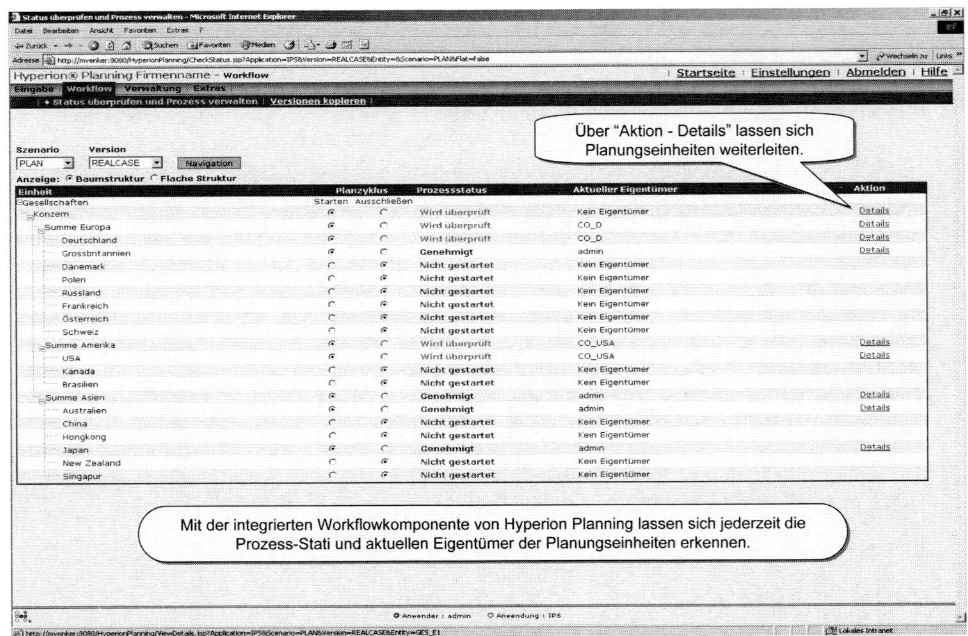

Abb. 5.11 Hyperion Planning: Workflowkomponente[27]

1988 wurde der Begriff Data Warehouse zum ersten Mal von Devlin/Murphy verwendet. Die Idee wurde bereits Ende der 70er Jahre von der *IBM* unter dem Begriff Information Warehouse benutzt.[28]

Als Vater des Data Warehousing wird häufig W.H. Bill Inmon bezeichnet, der folgende Definition geprägt hat: „A data warehouse is a subject-oriented, integrated, nonvolatile, time-variant collection of data in support of management's decision".[29]

Die vier Hauptmerkmale sind erläuterungsbedürftig und werden nachfolgend diskutiert:

1. **subject-oriented**: Eine Fach- bzw. Themenausrichtung für bestimmte Sachverhalte des Unternehmens zeichnet ein Data Warehouse, aber auch andere Datenbankgestützte Informationssysteme, aus. Versteht man hierunter eher die **Separation** von entscheidungsrelevanten Daten aus den vielfältigen zur Verfügung stehenden operativen, eher geschäftsprozessorientierten und sonstigen Daten eines Unternehmens für die Pla-

[27] Entnommen aus Schön (2004, S. 575).

[28] Vgl. Goecken (2006, S. 11 und 15 f.), Gluchowski et al. (2008, S. 55–88), Chamoni und Gluchowski (Hrsg.) (2006, S. 6ff.) und Bauer und Günzel (Hrsg.) (2001, S. 11).

[29] Vgl. Behme (1996, S. 31) und Inmon, B.: Definition of a data warehouse. URL: www.billinmon.com [Zugriff am 31.07.2002].

nung, Analyse und Steuerung der Führungsebenen in einem dafür vorbereiteten neuen Datenbestand, dann ist dies charakterisierend für die Data-Warehouse-Definition (Separation von dispositiven Daten aus den vorgelagerten operativen Quellsystemen).

2. **integrated**: Ein Data Warehouse zeichnet sich insbesondere durch die Integration vielfältiger Daten aus unterschiedlichen Vorsystemen aus. Dies kann zwar auch bei anderen **datenbankgestützten Informationssystemen als** physische Zentralisierung der Daten in einem einzigen Datenpool **der Fall sein, aber gerade** Vereinheitlichung und **Integration** externer und interner Daten und ihre logische Verbindung zeichnen ein Data Warehouse besonders aus. Die Integration ist geprägt durch konsistente Datenhaltung, durch einheitliche Formate, Strukturen und Semantik.[30]
3. **nonvolatile**: In den operativen Systemen, welche die Abwicklung der Wertschöpfungsprozesse im Unternehmen übernehmen, sind die Daten durch ständige Veränderung geprägt, z. B. in Form von neuen Belegsätzen. Aufgrund der großen Datenmengen wird die Historie dieser Daten nur für einen gewissen Zeitraum vorgehalten und dann archiviert. Das Data Warehouse zeichnet sich dadurch aus, die Daten über einen längeren Zeitraum zu dispositiven Steuerungszwecken zu nutzen. Die Anforderung, einmal eingelesene und aufbereitete Daten im Data Warehouse im Zeitablauf ihrer Nutzung nicht zu ändern und als **dauerhafte Sammlung** zu betrachten, kann aber nur für einen längeren Zeitraum als bei den operativen Systemen gemeint sein, da auch in Data-Warehouse-Systemen irgendwann die Überlegung ansteht, Daten zu archivieren. Ein Teil der Daten, z. B. die Plandaten, verändern sich sogar im Zeitablauf und werden durch neue Prognosen aktualisiert.
4. **time-variant**: Data-Warehouse-Lösungen betrachten im Gegensatz zu operativen OLTP-Systemen (online transaction processing)[31] eher zeitraumbezogene Daten mit einer längerfristigen Entwicklung als zeitpunktaktuelle Daten. Neue Anforderungen des Activ Data Warehousing bzw. Real Time Data Warehouse benötigen aufgrund ihres Geschäftsmodells (z. B. Handelskontrakte mit ständig variierenden Börsenkursen) allerdings auch aktuelle sich ändernde Daten, so dass hier keine eindeutige Abgrenzung mehr möglich ist.

Andere Autoren wie Bauer und Günzel wählen eine sehr breit angelegte Definition, die zu einer Abgrenzung jedoch wenig beiträgt, z. B. „Ein Data Warehouse ist eine physische Datenbank, die eine integrierte Sicht auf beliebige Daten ermöglicht." Sie stellen hierbei speziell den Analysezweck einer umfassenden Datenbank heraus.[32] Die Planung wird hierbei nicht in den Vordergrund gestellt.

Von einigen Autoren wird die Data-Warehouse-Definition im engeren Sinne (die reine Datensammlung und ihre Verwaltung) um Aspekte wie Ladeprozesse, Extraktion und

[30] Vgl. Mucksch und Behme (2000, S. 11f.) und Hahne (2005, S. 8).

[31] Vgl. zu den Begriffen OLAP und OLTP die Ausführungen im Abschn. 5.5.4.

[32] Vgl. Bauer und Günzel (2001, S. 6). Kapp und Kusterer beziehen die Datensammlung im Data Warehouse nur auf strategisch relevante Informationen (Knapp und Kusterer 1996, S. 219 ff.).

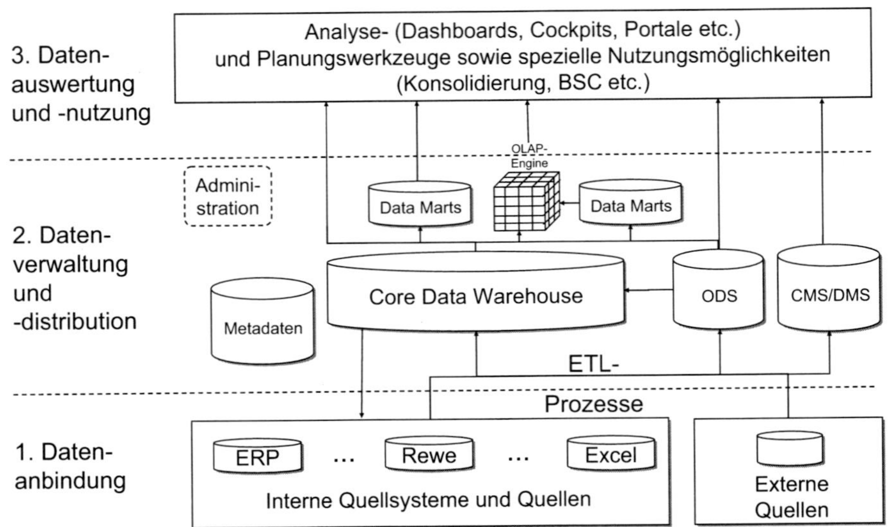

Abb. 5.12 Drei Ebenen der Data-Warehouse-Architektur

Transformation von externen Daten sowie der Analyse und Präsentation mit Hilfe entsprechender Werkzeuge ergänzt.[33] Abbildung 5.12 veranschaulicht die drei am häufigsten genannten Ebenen der Data Warehouse-Architektur:[34]

Die drei Ebenen lassen sich wie folgt beschreiben.

In der **ersten Ebene** erfolgt die **Datenanbindung**, in der die Daten der internen und externen Quellen beschafft und mit den ersten Schritten des sogenannten ETL-Prozesses weiterverarbeitet werden. Die Abkürzung ETL-Prozesse steht für Extraktions-, Transformations- und Ladeprozesse, die im folgenden Abschn. 5.5.2 detailliert beschrieben wird. Als mögliche Quellen stehen vor allem interne Quellen (z. B. die ERP-Systeme, das Rechnungswesen und die Personalwirtschaft) aber auch externe Quellen (z. B. Informationen aus dem Internet oder von Verbänden) zur Verfügung. Die Bandbreite der zu verarbeitenden Datenquellen reicht von Standardsoftware-Lösungen über Individualentwicklungen mit unterschiedlichsten Datenbanken bis hin zu einzelnen Dateien in verschiedensten Formaten. Beliebt ist vor allem das csv-Format (Comma-Seperated-Values), mit dem Excel-Dateien konvertiert werden. Der ETL-Prozess beginnt streng genommen in der Ebene der Datenanbindung und mündet in den Datenzielen der 2. Ebe-

[33] Vgl. Schinzer et al. (2000, S. 15).

[34] Alternativ findet man auch 5-Stufige Darstellungen der Architektur von Data-Warehouse-Systemen, welche die Datenquellen, den ETL-Prozess, die Datenverwaltung, die Datenbereitstellung für die Auswertungen über den OLAP-Server bzw. die OLAP-Engine und die Präsentationsebene separat darstellen. Vgl. Goecken (2006, S. 27). Da jedoch die Datenquellen an sich nicht zum Data Warehouse gehören, sondern nur die Datenanbindung, und die OLAP-Engine ein technischer Systembaustein der Datendistribution darstellt, wird hier die Darstellung mit 3 Ebenen bevorzugt.

ne der Datenverwaltung und -distribution (z. B. im Core Data Warehouse oder in den Data Marts).

In der **zweiten Ebene** der Data-Warehouse-Architektur wird dafür gesorgt, dass alle Daten im System gespeichert und verwaltet werden. Durch die Transformation, und hier speziell durch die Datenharmonisierung, Aggregation und Anreicherung der Daten, wurden bereits zentrale Aufgaben der Datenverwaltung übernommen. Weiterhin erfolgt in dieser Ebene die weitere Distribution der Daten in verschiedene Datenziele. Häufig werden aus einem **Kern-Data-Warehouse** (**Core Data Warehouse**) kleinere **Data Marts** für spezielle Aufgaben angesteuert. Bei dieser Datenseparation werden die Kern-Datenbestände getrennt und für unterschiedliche Aufgabenbereiche sinnvoll verteilt und aufbereitet.

Das Core Data Warehouse ist die Kernkomponente dieser Data-Warehouse-Architektur. Sie stellt die zentrale Datensammlung innerhalb des Data Warehouse dar, die aus den verschiedenen internen und externen Quellen über den ETL-Prozess gefüllt wird.[35] Das Core Data Warehouse basiert meist auf einer relationalen Datenbank und kann Datenbankgrößen von mehreren Terabyte bis Petabyte umfassen.

Nach weiteren Transformationsprozessen stellt das Core Data Warehouse (redundant gehaltene) Daten für unterschiedliche Auswertungszwecke in sogenannten Data Marts für unterschiedliche Nutzergruppen bereit. Unter dem Begriff „Data Mart" werden fachlich begrenzte Data-Warehouse-Systeme oder aufgabenbezogene Untermengen eines existierenden Data Warehouse verstanden.[36] Ein Grund für die Errichtung eines oder mehrerer Data Marts liegt darin, dass die Performance eines Data Warehouse durch seine Größe beschränkt ist, wodurch sich ein Ausschnitt eines Data Warehouse als performanter für die Datenauswertung und -nutzung erweist.

Das Core Data Warehouse und die Data Marts sowie alle weiteren Objekte werden mit Hilfe der **Administration** und deren Funktionen verwaltet. Zu den Funktionen gehören u. a. die Datenmodellierung und Pflege, die Steuerung der Lese- und Schreibzugriffe (Scheduling) und die Überwachung (Monitoring) der Datenflüsse.

Metadaten helfen bei der Beschreibung der Bedeutung und der Eigenschaften aller Objekte und Funktionen, die im Informationssystem, hier also speziell im Data Warehouse, genutzt werden. Sie dienen der Transparenz bezüglich der Analyse, Entwicklung, Pflege, Verwaltung, Qualitätssicherung und Nutzung aller Objekte und Funktionen des Informationssystems.[37] Beispielsweise werden die ETL-Prozesse von den Datenquellen bis ins Datenziel grafisch visualisiert und ihre Besonderheiten beschrieben. Es können aber auch Erläuterungen zu betriebswirtschaftlichen Kennzahlen oder zu verwendeten technischen Mapping-Tabellen gepflegt werden. Da i. d. R. in den Datenmodellen auch viele Stammda-

[35] Vgl. Manhart, K.: Business Intelligence, URL: http://www.tecchannel.de/server/sql/1739205/business_intelligence_teil_2_datensammlung_und_data_warehouses/index8.html Zugriff am 19.02.2011].

[36] Vgl. Martin und von Maur (1997, S. 105).

[37] Vgl. Vaduva und Vetterli (2001, S. 273).

ten und Objekte in neuen Namensräumen angelegt werden, bietet es sich an, diese gut zu strukturieren und die Dokumentation im Bereich der Metadaten abzulegen.

Die Einbindung des Core Data Warehouse und der Data Marts in Verbindung mit der Administration und den dazugehörigen Metadaten sowie ggf. weiterer Objekte (z. B. ODS) erfolgt in einem speziellen Datenbank Management System, das auf einem OLAP-Server installiert wird.

Es lassen sich zwei Grundrichtungen von OLAP-Servern unterscheiden, die sich nach der Art und Weise der mehrdimensionalen Datenhaltung differenzieren. Bei der physischen mehrdimensionalen Datenhaltung werden die Daten multidimensional in einem MDDBMS (Multidimensionales Datenbank-Management-System) gespeichert. Bei der virtuellen mehrdimensionalen Datenhaltung wird die Verbindung einer speziellen Modellierungstechnik im Rahmen eines RDBMS (Relationales Datenbank Management System) mit einer OLAP-Engine genutzt. Man spricht im ersten Fall auch von Multidimensionalem OLAP (=MOLAP) und im zweiten Fall von relationalem OLAP (ROLAP). Weiterhin sind Mischformen möglich, die man als Hybrides OLAP (=HOLAP) bezeichnet. Vgl. hierzu auch die Ausführungen im Abschn. 5.5.4 (OLAP).

Neben dem Kern-Data-Warehouse (Core-Data-Warehouse) und den Data Marts werden die Daten auch in Operational Data Stores (ODS) und Content Management Systemen (CMS) bzw. Dokumenten-Management-Systemen verwaltet und zur Analysezwecken bereitgestellt.[38]

Die Einbindung des **Operational Data Store (ODS)** in ein Data Warehouse wird dann zusätzlich genutzt, wenn operative Daten der transaktionalen Systeme für die Analyse bereitgestellt werden sollen. Hierbei geht es z. B. um Daten die Einzelbelegcharakter haben, wie sie bereits in den ERP-Systemen oder anderen OLTP-Systemen vorliegen.[39] Im Gegensatz zu der multidimensionalen Datenhaltung im Data Warehouse werden die Daten im ODS in flachen Tabellen, wie bei den relationalen Datenbanksystemen gespeichert.

Die ODS-Objekte werden weiterhin auch als Erweiterung oder Vorstufe des Data Warehouse genutzt, um das Core Data Warehouse oder die Data Marts mit geeignetem ETL-Prozess zu befüllen. Die aus den operativen Quellsystemen stammenden Daten werden hierbei zunächst temporär im ODS in höchst detaillierter Form gespeichert, um sie anschließend zu transformieren und zu bereinigen und schließlich in die dafür vorgesehenen Datenziele zu laden.[40]

Im Gegensatz zum Data Warehouse enthält ein ODS somit keine historischen, aggregiert und flexibel auswertbaren Daten, sondern stellt eine transaktionsnahe Datenhaltung dar, die detaillierte Daten auf Belegniveau, zeitpunktbezogen für bestimmte operative Sachverhalte vorhält und regelmäßig aktualisiert. Die Daten werden dabei nicht für einen län-

[38] Vgl. Kemper et al. (2010, S. 43).
[39] Vgl. zu den Begriffen OLAP und OLTP die Ausführungen im Abschn. 5.5.4.
[40] Vgl. Navrade (2008, S. 20).

geren Zeitraum gespeichert, sondern werden in gewissen Zeitabständen gelöscht oder archiviert.[41]

Die **Content bzw. Document Management Systeme (CMS/DMS)** stellen wie die ODS-Objekte eine Erweiterung der Datenhaltung dar.[42] CMS und DMS werden dort eingesetzt, wo viele unstrukturierte und nicht numerische Daten für die Analyse, Planung und Steuerung zusätzlich benötigt werden, wie z. B. Bilder, Skizzen, Fotos, individuelle Textdokumente, Video- oder Audiosequenzen. Sie dienen der Erfassung, Pflege, Versionierung, Zusammenfassung, Qualitätssicherung, Workflow- und Zugriffssteuerung, Selektion, Informationsbeschaffung und Bereitstellung dieser ansonsten im Unternehmen sehr unstrukturiert vorliegenden digitalisierten Dokumente in unterschiedlichsten Medienformaten.

In DMS werden unstrukturierte (z. B. eingescannte) Dokumente elektronisch gespeichert, wohingegen in CMS sämtliche Dateiformate (z. B. Daten, Texte, Bilder, Audios und Videos) abgelegt werden. In CMS ist eine strikte und konsistente Trennung der Daten nach Inhalt, Struktur und Layout von besonderer Bedeutung.

Im Zusammenhang mit dem Core Data Warehouse bzw. den Data Marts dienen CMS und DMS genauso wie ODS-Objekte als Quellsystem, wenn z. B. für die Planung und das Reporting ein Bild des Produktes zur Verfügung gestellt werden soll. Weiterhin können auch die Beschreibungen und Metadaten für das Data Warehouse selber, z. B. Datenflussskizzen und -beschreibungen als Grafik- oder Textdokument im CMS bzw. DMS abgelegt und genutzt werden.

In der **dritten Ebene** der Data-Warehouse-Architektur kann auf die bereitgestellten Daten mit Hilfe unterschiedlicher Analyse-, Präsentationstools aber auch mit Planungsanwendungen zugegriffen werden, die in den Abschn. 5.5.5–5.5.7 vorgestellt werden.[43] Hierzu gehören:

- Analysewerkzeuge
  - Freie Datenrecherche
  - OLAP-basierte Berichtsgeneratoren
    - Proprietäre Reportgeneratoren mit herstellereigenen grafischen Benutzeroberflächen
    - Internetgestützte Reportgeneratoren mit Web-Oberflächen
    - Tabellenkalkulationsgestützte Berichtssysteme mit Excel-Add-in als Oberfläche
  - Modellgestützte Analysesysteme
    - EUS/DSS
    - EXP

[41] Für die Abbildung der Anforderungen eines Real-time Data Warehouse und eines Active-Data Warehouse (siehe weiter unten) werden gerne Operational Data Stores (ODS) eingesetzt, da hier operative und ständig zu aktualisierende Daten für die Geschäftsprozesssteuerung genutzt werden.
[42] Vgl. Kemper et al. (2010, S. 12 und 141 ff.).
[43] Vgl. Goecken (2006, S. 26 ff.).

    - Data Mining, Text Mining und Web Mining
    - Portale
- Planungswerkzeuge
- Weitere Nutzungsmöglichkeiten
  - Konsolidierung
  - Balanced Scorecard
  - Risikomanagement
  - Kennzahlensysteme (z. B. zur wertorientierten Unternehmenssteuerung)
  - etc.

Zusammenfassend soll der Begriff Data Warehouse wie folgt definiert werden:

> Unter einem Data Warehouse versteht man eine integrierte zentrale Datensammlung aus unterschiedlichen Datenquellen, die für verschiedene, zumeist dispositive Führungsaufgaben im Unternehmen u. a. für Datenanalysen und Management-Entscheidungen, aber auch für Planungsaufgaben bereitgestellt wird. Die Architektur eines Data Warehouse umfasst verschiedene Ebenen: die Datenanbindung, die Datenverwaltung und Datendistribution mit den hierfür erforderlichen ETL-Prozessen sowie die Datenauswertung und -nutzung.[44]

Bei den Implementierungen eines Data Warehouse lassen sich verschiedene Data-Warehouse-Typen unterscheiden:[45]

- Klassisches Data Warehouse
  Das klassische Data Warehouse zeichnet sich dadurch aus, dass mit Hilfe des ETL-Prozesses in zyklischen Abständen, wie z. B. täglich, wöchentlich oder monatlich die Daten ins Data Warehouse geladen und dort weiterverarbeitet werden. Analyse- und Planungsprozesse setzen schließlich auf dem verfügbaren Datenbestand auf. Eine Rückwärtsintegration der Daten in die operativen Systeme ist nicht vorgesehen.
- Closed-loop Data Warehouse
  Bei einem Closed-loop Data Warehouse ist neben den Eigenschaften eines klassischen Data Warehouse auch die Rückwärtsintegration der Daten in die operativen Systeme vorgesehen. Dies hat den Vorteil, dass Daten und Ergebnisse, die im Data Warehouse entstanden sind, z. B. Plandaten und aggregierte Werte, auch den operativen Systemen zur Analyse und Weiterbearbeitung zur Verfügung stehen. Beispielsweise werden für die Planung der innerbetrieblichen Leistungen die Primärkosten und Leistungen der Data-Warehouse-gestützten Planung an das operative Kostenrechnungssystem zurückgespielt, um hier die Planung der innerbetrieblichen Leistungen vorzunehmen und

[44] Erweiterte Data-Warehouse-Definition des Autors in Anlehnung an Mucksch und Behme (2000, S. 6) und Gabriel et al. (2000, S. 76).
[45] Vgl. Kemper et al. (2010, S. 92–96).

die Ergebnisse wieder ans Data Warehouse weiterzugeben. Ein anderes Beispiel für die Rückwärtsintegration von Daten ist die Nutzung von Vertriebsdaten eines CRM-Data-Warehouse im operativen Vertriebssystem zur Unterstützung der Kundenbearbeitung oder die Rückspielung der im Data Warehouse geplanten Absatzmengen zur Stücklistenauflösung (MRP-Läufe) im Rahmen der operativen Ressourcenplanung.

- Real-time Data Warehouse
  Das Real-time Data Warehouse unterscheidet sich vom klassischen Data Warehouse durch die ständige Befüllung des Data Warehouse über die Ladeprozesse in Echtzeit. Beispielsweise werden im Wertpapierhandel die aktuellen Kurse der Wertpapiere benötigt.
- Active Data Warehouse
  Beim Active Data Warehouse werden die Daten des Data Warehouse für operative Geschäftsprozesse genutzt. Hierüber erfolgt z. B. bei Fluggesellschaften die Koordination von Flugverbindungen und deren Einflüsse bei Änderungen (Flugverbote, Ausfälle etc.).

Planungs- und Reportingprozesse benötigen im Wesentlichen klassische Data-Warehouse-Typen. Bedingt können aber für Teilbereiche, wie z. B. für die innerbetriebliche Leistungsverrechnung oder den Wertpapierhandel, auch andere Data-Warehouse-Typen, vor allem das Closed-loop- und das Real-time Data Warehouse zum Einsatz kommen.

Konzentriert man sich auf die Anforderungen, die an das Reporting und die Planung gestellt werden, so sind folgende Aufgaben vom Data Warehouse zu erfüllen, die nicht oder nicht zeitadäquat und wirtschaftlich mit den operativen transaktionsgesteuerten Systemen erledigt werden können:

- Bereitstellung und Zusammenführung verdichteter Informationen unterschiedlicher Datenquellen zu einer historisch umfassenden Datenbasis
- Möglichkeit zur flexiblen Informationszusammenstellung bezüglich mehrdimensionaler Auswertungen und Planungen
- Zeitnahe Verfügbarkeit der benötigten komplexen Informationsanfragen für die Analyse und Planung

Entscheidungsträger, Planungsverantwortliche und Führungskräfte benötigen zusammengefasst für das Reporting und die Planung einen Informationsspeicher, der

- die operativen Systeme entlastet,
- von den operativen Systemen zeitlich entkoppelt ist,
- neben den detaillierten Daten auch verdichtete Daten vorhält,
- Daten und Funktionen für Analyse- und Planungszwecke optimiert vorhält,
- die Daten verschiedener Vorsysteme vereinheitlicht,
- die Qualitätssicherung der Daten der Vorsysteme ermöglicht,

- Informationen dauerhaft vorhält und nicht überschreibt *und*
- Informationen anwendergerecht aufbereitet.

5.5.2 ETL-Prozess

Der **ETL-Prozess** wird für die Umsetzung der Datenlieferung im Data Warehouse im Datenversorgungskonzept festgelegt und erfolgt in drei Schritten:

Beim **ersten ETL-Prozess-Schritt**, der **Extraktion**, werden die relevanten Datenformate und -strukturen der Quellsysteme identifiziert und in einem Arbeitsbereich des Data-Warehouse-Systems als Extrakt abgelegt.[46]

Die externen und internen Datenquellen, die dem Data Warehouse zur Verfügung gestellt werden besitzen Daten, die zusammengeführt werden müssen. Für diese Integrationsaufgaben steht die **Transformation**, der **zweite ETL-Prozess-Schritt** zur Verfügung. Die sich im Arbeitsbereich befindlichen Datenformate und -strukturen werden den Strukturen und Formaten der Zieldatenbank im Data-Warehouse-System angepasst und entsprechend umgewandelt. Dies kann teilweise automatisch bzw. teilautomatisiert erfolgen. Einige Anpassungen bzw. Korrekturen sind allerdings nur manuell zu identifizieren und durchzuführen.

Im Transformationsprozess können die Aufgaben wie folgt zusammengefasst werden:[47]

- Filterung, Eliminierung, Harmonisierung und Ergänzung der Daten
- Anreicherung um fehlende Hierarchien, Dimensionsausprägungen und Kennzahlen

Zum ersten Transformationsprozessschritt der Filterung, Eliminierung, Harmonisierung und Ergänzung zählen folgende Aufgaben:[48]

- Bereinigung nicht relevanter Daten, z. B. Duplikate und unwichtige, nicht benötigte Zusatzfelder
- Bereinigung syntaktischer Mängel, z. B. unterschiedliche Formate und unterschiedliche Datenlängen
- Vereinheitlichung unterschiedlich verwendeter Schlüssel, Dimensionen, Nummern, Gruppierungen etc.
- Anpassung ggf. Verdichtung von Datenwerten (z. B. wird nicht jeder Beleg, sondern nur die Kontensumme pro Monat übernommen)
- Umrechnung von Maßeinheiten (z. B. Miles in Kilometer)

[46] Es gibt alternativ hierzu auch virtuelle Datenverbindungen ohne Zwischenspeicherungen, die direkt auf die Daten der Quellsysteme zugreifen. Diese Vorgehensweise ist jedoch in der Praxis selten und dann nur für einfache Datenabfragen anzutreffen.

[47] Vgl. Kemper et al. (2010, S. 26–38).

[48] Vgl. Oehler (2000, S. 21 f.).

- Semantische Vereinheitlichungen (z. B. Homonyme sind zu trennen und Synonyme zusammenzuführen)
- Hinzufügung fehlender Zusatzdaten (z. B. fehlt die Firmennummer oder die Länderbezeichnung in einer Datenquelle)
- Themenbezogene Gruppierung der Daten nach betriebswirtschaftlichen Inhalten (z. B. eindeutige Kundendefinition: Rechnungsempfänger oder Lieferempfänger).

Im zweiten Transformationsprozessschritt erfolgt eine Anreicherung der Daten um fehlende Hierarchien, Dimensionsausprägungen und Kennzahlen. Hierdurch ist eine Aggregation der Werte nach zusätzlichen Hierarchien (z. B. parallele Kundenhierarchien) oder neuen Dimensionsausprägungen (z. B. Branchenzugehörigkeit) möglich, die bisher nicht in den Quellsystemen vorhanden waren. Zudem können neue bisher fehlende betriebswirtschaftliche Kennzahlen ausgewertet werden.

Im **dritten ETL-Prozess-Schritt** werden schließlich die Quelldaten anhand der Extraktions- und Transformationsregeln mit dem **Ladeprozess** in die Zieldatenbank transferiert, um dort i. d. R. physisch gespeichert zu werden.[49] Vom Zeitpunkt her gesehen sind folgende Ladeprozesse zu unterscheiden:

- **Synchron** mit jeder Änderung im Quellsystem (Real-Time-Data-Warehousing)
- **Asynchron** zu festgelegten Zeitpunkten:
  - Periodisch (z. B. monatlich zu einem festzulegenden Termin)
  - Ereignisgesteuert (z. B. beim Eintritt eines Ereignisses, wie z. B. das Erreichen eines Datensatzvolumens)
  - Manuell (z. B. auf Anfrage des Anwenders).

Die Ladeprozesse erfolgen entweder vollständig (**Full-Upload**) oder nur bezogen auf die geänderten Werte (**Delta-Upload**).

Aufgrund der Beanspruchung der Rechnerleistung bei großen Datenmengen werden Ladeprozesse häufig in den Ruhephasen des Betriebs (in der Nacht oder am Wochenende) angestoßen. Der Zeitpunkt der Aktualisierung stellt einen Snapshot des Unternehmensgeschehens zu dem jeweiligen Zeitpunkt dar.

Durch geeignete Zwischenverdichtungen der Werte auf bestimmten Aggregationsebenen lassen sich zudem die Antwortzeiten der Auswertungen deutlich verbessern, wozu allerdings Daten zusätzlich abgespeichert werden müssen.

Abbildung 5.13 zeigt den ETL-Prozess in einer einfachen Darstellung.

[49] Neben der echten physischen Speicherung in Zieldatenbanken sind auch andere Formen der virtuellen Speicherung möglich, bei dem nur die Datenstrukturen nicht aber die Dateninhalte im Data-Warehouse-System gespeichert werden, sondern diese bei Anfrage direkt auf das Quellsystem zugreifen. Auch eine zusätzliche Vorabspeicherung der Quelldaten im Data-Warehouse-System in einer Staging Area (Datenbank-Abschnitt) wird häufig ermöglicht, um die noch nicht integrierten aber bereits vorbereiteten transformierten Daten der Vorsysteme separat als Datenpakete verwalten und paketweise in die Zieldatenbanken laden zu können.

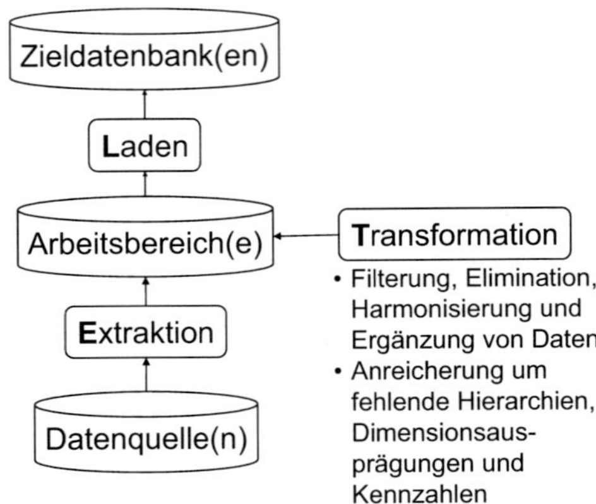

Abb. 5.13 Einfache Darstellung des ETL-Prozesses

Transformationen, die zur Standardisierung der Datenstruktur dienen, sind in der Softwarebranche auch unter dem Begriff Datenmigration bekannt. Bei der Migration von Daten kommt dem Aspekt der Datenqualität eine besondere Aufmerksamkeit zu. Nicht selten mangelt es an ausreichender Datenqualität in den Quellsystemen, wo redundante, veraltete oder fehlerhafte Werte gespeichert sein können. Diese können im Transformationsprozess bereinigt werden, wenn sie rechtzeitig erkannt werden. Es soll abschließend hier erwähnt werden, dass insbesondere schlechte Datenqualität nicht nur aus den Datenquellen kommen kann, sondern auch während des ETL-Prozesses entstehen kann, wenn z. B. Fehler in den Transformationsregeln eingebaut werden.[50]

5.5.3 Berechtigungssystem und Zugriffssteuerung

Zur EDV-gestützten Realisierung vielfältiger Reporting- und Planungsaufgaben verschiedenster Einzelpersonen, Abteilungen und Hierarchieebenen ist ein zugeschnittenes Datenschutzkonzept mit der Vergabe von Zugriffsberechtigungen auf unterschiedliche Datenbestände und Funktionen notwendig. Benutzer- bzw. Berechtigungskonzepte sind für den DV-gestützten Reporting- und Planungsprozess deshalb so wichtig, weil verschiedene Mitarbeiter unterschiedlicher Unternehmensbereiche Zugriffsmöglichkeiten auf sensible Daten besitzen, die einzuschränken sind. Beispielsweise dürfen Personaldaten nur von einem ausgewählten Personenkreis eingesehen und bearbeitet werden. Weiterhin können Zugriffsrechte auch dafür genutzt werden, unnötige überfrachtete Informationen für die Nutzer auszublenden.

[50] Vgl. Apel et al. (2009, S. 67).

Ein Berechtigungskonzept soll ein Bündel von Risiken, z. B. den Verlust, den Diebstahl, die bewusste Manipulation oder die unbewusste Beschädigung von Daten, minimieren. Beispiele für solche Risiken sind:[51]

- Finanzielle Verluste durch Irrtum, Fehler und Nachlässigkeit
- Fehlentscheidungen des Managements aufgrund unzuverlässiger Daten
- Wirtschaftsspionage
- Aufwändige Fehlersuche.

Aus diesen Gefahren heraus leiten sich die Ziele der Einrichtung eines Berechtigungskonzeptes ab: [52]

- Gesetzliche und firmeninterne Anforderungen an Informationssicherheit und Informationstransparenz müssen berücksichtigt werden.
- Eine möglichst optimale Vergabe und Einschränkung auf Datenzugriffe sollte erreicht werden.
- Daten sollen vor zufälliger Zerstörung und Manipulation geschützt werden.
- Daten sollen vor absichtlicher Manipulation und absichtlichem Missbrauch geschützt werden.
- Die Vertraulichkeit sensibler Informationen muss gewährleistet sein.
- Aufwand und Nutzen müssen in einem angemessenen wirtschaftlichen Verhältnis stehen.

Ein Berechtigungskonzept muss bestimmte Anforderungen erfüllen. Diese Anforderungen können entweder intern oder extern an das Berechtigungskonzept gestellt werden. Interne Anforderungen werden auf den Ebenen von einzelnen Mitarbeitern, Fachabteilungen oder des Gesamtunternehmens direkt an das Berechtigungskonzept gestellt (z. B. Geschäftsleitung, Controlling, Administration, Mitarbeiter im Vertrieb und im Einkauf). Diese können aufgrund der unterschiedlichen Aufgabenstellungen und Bedürfnissen deutlich voneinander variieren.

Externe Anforderungen werden von Personen bzw. Institutionen außerhalb des Unternehmens an das Berechtigungskonzept gestellt. Kunden, Lieferanten und auch Behörden werden z. B. an ihre Ansprechpartner im Unternehmen Anforderungen bezüglich der Auskunftsfähigkeit stellen. Weiterhin ergeben sich direkte Anforderungen an das Berechtigungskonzept durch das Bundesdatenschutzgesetz (BDSG) und die Landesdatenschutzgesetzte der Bundesländer. Ebenfalls müssen bestimmte gesetzliche Vorschriften der verschiedenen Branchen berücksichtigt werden (z. B. bei Banken, Versicherungen und Energieversorgungsunternehmen). Die zunehmende Vernetzung der Unternehmen unterein-

[51] Vgl. IBM Consulting Services (2003, S. 32).
[52] Vgl. IBM Consulting Services (2003, S. 32).

ander führt dazu, dass externe Personen in Zukunft mehr Zugriff auf die Informations-Plattformen der Unternehmen, z. B. über das Internet, haben.[53]

Aus den Zielsetzungen an ein Berechtigungskonzept ergeben sich in der Praxis folgende Grundregeln:[54]

- Funktionsorientierung
  Die vergebenen Berechtigungen sollten aufgrund existierender Aufgaben und Positionen erstellt werden. Hierbei sollten die Berechtigungen vorerst nicht auf spezifische Personen zugeschnitten werden, sondern standardisierte Berechtigungsprofile enthalten.
- Beachtung der Notwendigkeit
  Mitarbeiter sollten die Berechtigungen erhalten, die für ihre Aufgaben notwendig sind. Kritische Berechtigungen sollten nicht vergeben werden. Unkritische Berechtigungen können so weit wie möglich vergeben werden.
- Detailtiefe und Komplexität
  Es sollte genau untersucht werden, welche Detailtiefe bei der Vergabe der Berechtigungen benötigt wird. Eine zu hohe Detailtiefe und Komplexität erschwert die Übersichtlichkeit und Wartung.
- Kritische Berechtigungen
  Kritische Berechtigungen (z. B. Genehmigungen, Freigaben und Löschungen) sollten nur ausgewählten Mitarbeitern aufgrund ihrer Position und ihrer fachlichen Kompetenz zur Verfügung stehen.
- Hinzuziehen der Fachabteilungen
  Bei der Entwicklung des Berechtigungskonzepts müssen qualifizierte Mitarbeiter der jeweiligen Abteilungen mit einbezogen werden. Ihr Fachwissen über die notwendigen Prozesse und den damit verbundenen und benötigten Berechtigungen sollten schon in einer frühen Phase der Entwicklung einbezogen werden.
- Trennung der Funktionen
  Besonders wichtige Prozesse sollten gemäß des Vier-Augen-Prinzips in das Berechtigungskonzept implementiert werden.[55]
- Test
  Vor Inbetriebnahme der Berechtigungen sollten diese ausreichend durch Mitarbeiter der jeweiligen Fachabteilungen getestet werden. Dies stellt sich allerdings in der Praxis bei laufendem Betrieb als eher schwierig dar. Deshalb werden in der Praxis neue Berechtigungen erst nach und nach in Betrieb genommen.

[53] Hier sind vor allem Kunden-, Lieferanten- und Behörden-Beziehungen wie z. B. B2B (Business-to-business), B2 C (business-to-consumer) und (B2G) Business-to-government von Bedeutung.

[54] Vgl. IBM Consulting Services (2003, S. 154–155).

[55] Kurzbeschreibung des Vier-Augen-Prinzips: Prozesse müssen von einer zweiten Person initialisiert oder gegengezeichnet werden.

- Dokumentation im System
  Die erstellten Berechtigungen müssen für die Weiterentwicklung nachvollziehbar dokumentiert werden.

Die Zugriffsrechte in ERP- und Reportingsystemen, die auf relationaler Datenbanktechnik aufsetzen, sind i. d. R. separat in den einzelnen Systemen geregelt und müssen auch separat gepflegt werden. Dies gilt auch für den Zugriff von Excel-Files, die häufig über Zugriffsteuerungen auf Dokumentenverzeichnisse geregelt sind.

Data-Warehouse-Lösungen haben den Vorteil, die Berechtigungszugriffe für alle ihre Planungs- und Reportinglösungen bereits als integrierten Bestandteil der Datenhaltung bereitzustellen.

Durch die größere Flexibilität in der Entwicklung und Pflege von Berechtigungskonzepten haben sich rollenbasierte Berechtigungszugriffskontrollen (Role-bases access control) durchgesetzt.

Betriebswirtschaftliche Aufgaben werden in Sammelrollen gebündelt. Die einzelnen Sammelrollen bestehen wiederum aus den jeweiligen zur Ausübung notwendigen Detailaufgaben (Einzelrollen). Eine Einzelrolle umfasst dann diejenigen Tätigkeiten, um eine einzelne betriebswirtschaftliche Aufgabe auszuführen. Beispielsweise werden die Einzelaufgaben für Einkäufer z. B. „Anlegen Bestellung", „Pflege Bestellung", „Anzeigen und Löschen der Bestellung" in der Sammelrolle „Bestellung abwickeln" zusammengefasst. In der Planung kann dies z. B. die Anzeige der Planung, das Pflegen und Löschen der Planwerte und die Ausübung von Planungsfunktionen darstellen.

Weiterhin benötigt man für das Berechtigungskonzept eine Zuordnung der Objekte zu der Organisationsstruktur des Unternehmens, in denen die Objektwerte (z. B. Kostenstellen, Kostenträger, Buchungskreise und Gesellschaften) den Organisationsgruppen (z. B. Vertrieb, Produktmanagement und Einkauf) zugewiesen werden. Solche Organisationszuordnungen können wiederum einer Sammelrolle oder Einzelrolle zugeordnet werden. Für das Reporting und für die Planung ist es insbesondere wichtig, dass Personen nur den Datenbestand erhalten, für den Sie Zugriffsberechtigung besitzen. Dies gilt auch für Kombinationen von Objekten, z. B. Kostenstellen und Kostenträger.

Einzelnen Mitarbeitern oder Benutzergruppen werden dann die definierten Sammelrollen zugewiesen, was den Vorteil mit sich bringt, dass Berechtigungsänderungen, z. B. Zuweisen oder Wegnehmen von Detailaufgaben oder Organisationsänderungen, bei einmaliger Änderung in den Einzel- oder Sammelrollen für alle zugewiesenen Benutzer gelten.[56]

Für die Rollengruppierung bieten sich häufig die Fachfunktionen (Vertrieb, Einkauf, Personal etc.) sowie die Hierarchieebenen (Top-Management, mittleres Management etc.) an.

Aus Sicht der Anwender für das Berichtswesen und die Planung sind zudem häufig folgende oder ähnliche Benutzergruppen zu finden:

[56] Vgl. Ruprecht (2003, S. 126).

- Administratoren (= Pflege und Administration der Data-Warehouse-Lösung, i. d. R. technische Betreuung, keine Fachfunktion)
- Power User (= Berichte, Planungsformulare dürfen erstellt und in sämtlichen Funktionsumfang analysiert werden)
- Einfache User (= Berichte, Planungsmasken dürfen benutzt und analysiert werden, Analyse- und Planungsfunktionen können direkt angewendet werden)
- Einfache Analysten (Berichte, Planungsergebnisse dürfen nur gelesen und analysiert werden).

5.5.4 OLAP

Die Abkürzung OLAP steht für den Begriff On-Line Analytical Processing, der erstmalig im Jahre 1993 durch E.F. Codd, S.B. Codd und C.T. Salley veröffentlicht wurde. Sie untersuchten in dieser Veröffentlichung, inwieweit eine relationale Datenbank mit einer SQL-Abfragesprache geeignet ist, um multidimensionale Datenanalysen zu erstellen.[57] Anstelle der multidimensionalen Datenanalyse empfahlen *sie* diesen Analyseprozess als OLAP zu bezeichnen. Er steht in Abgrenzung zum Begriff On-Line Transaction Processing (OLTP), der für die operativen Datenverarbeitungsprozesse der meisten betriebswirtschaftlichen Anwendungssysteme (Erfassungs-, Administrations- und Distributions- sowie Abrechnungssysteme) mit relationaler Datenbanktechnik steht.[58] Charakteristisch für OLTP sind große operative Datenmengen, die ständig durch neue Buchungsbelege angereichert werden. Ältere Daten werden in OLTP-Systemen früher archiviert. OLTP-Abfragen auf Datenbestände sind gegenüber OLAP-Abfragen nicht so komplex und i. d. R. nicht oder nur begrenzt mehrdimensional.

Codd entwickelte zwölf Evaluationsregeln, die bei der Einführung von Informationssystemen die OLAP-Fähigkeit garantieren sollen:[59]

1. Mehrdimensionale Datensicht
2. Transparenz
3. Zugriff auf heterogene Datenbestände
4. Stabile Antwortzeiten
5. Client-Server-Architektur
6. Generische Dimensionalität
7. Verwaltung dünn besetzter Matrizen
8. Mehrbenutzerfähigkeit
9. Kreuzdimensionale Operationen

[57] Vgl. Bauer und Günzel (2001, S. 44). E.F. Codd gilt auch als der Erfinder des relationalen Datenbank-Konzeptes.

[58] Vgl. Chamoni und Gluchowski (Hrsg.) (2006, S. 164).

[59] Vgl. Chamoni (1997, S. 294) und Codd et al. (1993).

10. Intuitive Datenmanipulation
11. Flexibles Berichtswesen
12. Unbegrenzte Dimensions- und Aggregationsstufen.

Da aus den Schlagworten nicht unmittelbar die Bedeutung abzulesen ist, sollen Kurzerläuterungen helfen, diese Regeln besser einzuordnen:[60]

1. **Mehrdimensionale Datensicht**: Im Gegensatz zu flachen zweidimensionalen Datenstrukturen sollte die multidimensionale Sicht eines Analytikers sich in mehrdimensionalen Strukturen abbilden lassen. Diesbezüglich sind verschiedene Dimensionen und Hierarchien einzusetzen. Als Symbol für diese multidimensionale Sicht auf die Daten wird gerne von Datenwürfeln bzw. Cubes gesprochen.
2. **Transparenz**: Bei der Verwendung von OLAP darf der Endanwender nicht mit systemspezifischen Details überfordert werden. Eine konsistente Sicht der Analysedaten ist zu gewährleisten.
3. **Zugriff auf heterogene Datenbestände**: Das OLAP-Datenmodell bezieht seine Daten aus unterschiedlichsten heterogenen Datenquellen.
4. **Stabile Antwortzeiten**: Auch bei komplexen mehrdimensionalen Abfragen sollen gute Antwortzeiten im Sekundenbereich erzielt werden.
5. **Client-Server-Architektur**: Die Trennung von Datenbank- und Anwendungsserver, aber vor allem der Clients, ist ein zentrales Merkmal der Client-Server-Architektur. Ein OLAP-Server sollte unterschiedliche Clients mit minimalem Aufwand integrieren können.
6. **Generische Dimensionalität**: Die Dimensionen sind gleichgestellt, das heißt, es sollte für alle Dimensionen nur eine logische Struktur geben. Wird eine Dimension um zusätzliche Funktionen erweitert, müssen diese auch für die anderen Dimensionen zur Verfügung gestellt werden.
7. **Verwaltung dünn besetzter Matrizen**: OLAP-Werkzeuge haben die Aufgabe, dass sie das physische Schema des Modells automatisch an die gegebene Dimensionalität und die Verteilung jedes spezifischen Modells anpassen. Dies ist erforderlich, da einige Kennzahlen nur zu wenigen Dimensionen Beziehungen haben und somit viele Nulleinträge in den Matrizen vorkommen.
8. **Multi-User-Unterstützung**: Im Rahmen der Multi-User-Unterstützung können mehrere Benutzer gleichzeitig auf dasselbe Datenmodell zugreifen. Hierzu muss die Integrität der Datenbasis und der Datensicherheit gewährleistet werden.
9. **Kreuzdimensionale Operationen**: Das OLAP-Werkzeug soll beim Navigieren durch die Aggregationsebenen alle Berechnungen selber ableiten. Zudem hat der Anwender

[60] Vgl. z. B. Düsing und Heidsieck (2009, S. 108) (Identifikation von ca. 300 Regeln im OLAP-Umfeld) und Oehler (2000) (erweiterte Darstellung von 18 Regeln) oder in vielen Webseiten von Hochschulen, IT- und anderen Beratungs- und Softwareunternehmen.

die Möglichkeit, eigene Berechnungen innerhalb einer Dimension und über verschiedene Dimensionen hinweg festzuhalten, was für berechnete Kennzahlen wichtig ist.

10. **Intuitive Datenmanipulation**: Diese Regel verlangt, dass die Benutzeroberfläche ergonomisch und intuitiv erlernbar sein soll, so dass Datenanalysen wie z. B. die Navigation im Datenwürfel einfach möglich sind.
11. **Flexibles Berichtswesen**: Die Auswertungsmöglichkeiten sollten den mehrdimensionalen Auswertungsanforderungen des Benutzers entsprechen. Eine ansprechende visuelle Aufbereitung und Hilfestellung bei der mehrdimensionalen Datenauswahl sollte hierbei gewährt sein. Die Anordnung der Daten darf hierbei nicht vom System eingeschränkt werden.
12. **Unbegrenzte Dimensions- und Aggregationsfunktion**: Das OLAP-Datenmodell und die eingesetzten Werkzeuge sollten in der Lage sein, viele Dimensionen zu unterstützen. Aufgrund des stark anwachsenden Datenbestandes bei einer zu hohen Dimensionalität reichen für viele Unternehmensmodelle aber z. B. 10–20 Dimensionen aus. Die Aggregatsfunktionen innerhalb der Dimensionen sind flexibel und ohne Einschränkungen anwendbar.

Die Regeln von Codd wurden 1995 von Pendse und Creeth auf fünf Kerninhalte, die unter der Kurzform „FASMI" bekannt sind, reduziert. FASMI steht für die Anfangsbuchstaben der Begriffe „Fast, Analysis, Shared, Multidimensional und Information":[61]

- **Fast**: Ein OLAP-System soll reguläre Abfragen innerhalb von fünf, komplexe in 20 Sek. beantworten.
- **Analysis**: Das System soll eine intuitive Analyse bei beliebig komplexen Berechnungen anstellen.
- **Shared**: Es existiert eine effektive Zugangssteuerung, um so mit mehreren Benutzern gleichzeitig zu arbeiten.
- **Multidimensional**: Im Kern steht eine multidimensionale Sicht auf die Daten, unabhängig von der verwendeten Datenbankstruktur.
- **Information**: Es soll auch bei größeren Datenmengen möglich sein, die Anwendung so zu skalieren, dass die Informationsabfragen nicht eingeschränkt werden.

Ohne hier tiefer auf diese Codd- und FASMI-Regeln einzugehen, sollen in den beiden folgenden Kapiteln der Unterschied der OLAP-Datenmodellierung und -speicherung zu herkömmlichen relationalen Datenbankstrukturen aufgezeigt sowie mögliche OLAP-Speicherkonzepte vorgestellt werden, die für das Reporting und die Planung wichtig sind.

5.5.4.1 OLAP-Datenmodellierung und -speicherung

Die OLAP-basierte Datenmodellierung und -speicherung unterscheidet Data-Warehouse-Systeme von bisherigen relationalen datenbankgestützten Anwendungssystemen, wie z. B.

[61] Vgl. Pends und Creeth (1995).

Auftragskopftabelle

Auf-Nr	Kd-Nr	Datum
4812	K398	03.01.2011
4918	K007	04.02.2011

Kundentabelle

Kd-Nr	KdName
K398	Müller
K007	Meyer

Auftragspositionentabelle

Auf-Nr	Auf-Pos	Art-Nr	Menge
4812	10	77001	3
4812	20	66666	7
4918	10	77001	2
4918	20	44444	10
4918	30	66666	30

Artikeltabelle

Art-Nr	ArtBez	VkPreis
77001	Handbuch	34,00
66666	Diskette	5,00
44444	Bleistift	2,00

Abb. 5.14 Normalisierte Tabellenstruktur in der 3. Normalform

ERP-Systemen. Während letztere zumeist auf normierte Tabellenstrukturen in der 3. Normalform aufbauen, die mit Hilfe von relationalen Datenbanksprachen der 4. Generation wie SQL (Structured Query Language) abgefragt werden, verwendet ein Data Warehouse, das auf einem Relationalen Datenbank-Management-System (RDBMS) aufgebaut ist, denormalisierte Tabellenstrukturen zumeist in Anlehnung an die Grundform eines Starschemas oder in erweiterten Formen wie z. B. dem Snowflake- bzw. Galaxy-Schema.

Den Unterschied von normalisierten Tabellenstrukturen und denormalisierten Tabellen im Starschema verdeutlicht folgendes Kurz-Beispiel. Es wird eine relationale Tabellenbeziehung in der 3. Normalform gezeigt (vgl. Abb. 5.14), wobei die Primärschlüssel unterstrichen gekennzeichnet sind.

Durch die Trennung der Tabellen in der 3. Normalform wird eine redundanzfreie Datenspeicherung ohne Wiederholgruppen angestrebt. Der Nachteil für analytische Auswertungen ist die erhöhte Komplexität der hierauf aufbauenden Abfragen.

Die Abfrage „Welcher Kunde kauft das Produkt Diskette?" wird z. B. mit Hilfe von SQL wie folgt formuliert:

```
Selekt KdName
From Kundentabelle, Artikeltabelle
Auftragskopftabelle, Auftragspositionentabelle
Where Kundentabelle.Kd-Nr = Auftragskopftabelle.Kd-Nr AND
Auftragspositionentabelle.Auf-Nr =
Auftragskopftabelle.Auf-Nr AND
Artikeltabelle.Art-Nr =
Autragspositionentabelle.Art-Nr AND
ArtBez = 'Diskette'
```

Die Abfrage „Wie viel Umsatz wird mit dem Produkt Diskette und dem Kunden 398 erzielt?" wird mit z. B. Hilfe von SQL wie folgt formuliert:

```
SELECT Auftragskopftabelle.[Kd-Nr], Artikeltabelle.[Art-Bez],
Sum([Menge]*[VkPreis]) AS Umsatz
```

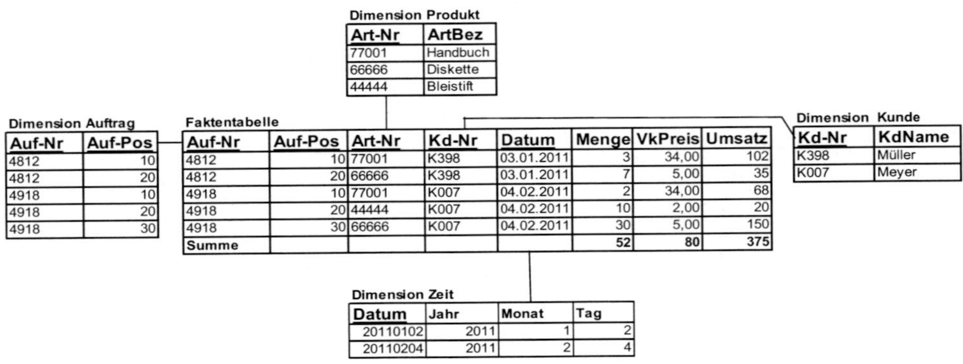

Dimension Produkt

Art-Nr	ArtBez
77001	Handbuch
66666	Diskette
44444	Bleistift

Dimension Auftrag

Auf-Nr	Auf-Pos
4812	10
4812	20
4918	10
4918	20
4918	30

Faktentabelle

Auf-Nr	Auf-Pos	Art-Nr	Kd-Nr	Datum	Menge	VkPreis	Umsatz
4812	10	77001	K398	03.01.2011	3	34,00	102
4812	20	66666	K398	03.01.2011	7	5,00	35
4918	10	77001	K007	04.02.2011	2	34,00	68
4918	20	44444	K007	04.02.2011	10	2,00	20
4918	30	66666	K007	04.02.2011	30	5,00	150
Summe					52	80	375

Dimension Kunde

Kd-Nr	KdName
K398	Müller
K007	Meyer

Dimension Zeit

Datum	Jahr	Monat	Tag
20110102	2011	1	2
20110204	2011	2	4

Abb. 5.15 Starschema mit Fakten- und Dimensionstabellen

```
FROM Auftragskopftabelle INNER JOIN (Artikeltabelle INNER JOIN Auftragspo-
sitionentabelle ON Artikeltabelle.[Art-Nr] = Auftragspositionentabelle.[Art-Nr])
ON Auftragskopftabelle.[Auf-Nr] = Auftragspositionentabelle.[Auf-Nr]
GROUP BY Auftragskopftabelle.[Kd-Nr], Artikeltabelle.[Art-Bez]
HAVING (((Auftragskopftabelle.[Kd-Nr])="K398") AND ((Artikeltabelle.[Art-Bez])
="Diskette"));
```

Es wird deutlich, dass je komplizierter die Teilung der Tabellen und ihre Beziehungen sind, umso zeitaufwändiger die Abfragen werden.

Beim **Starschema** werden Dimensionstabellen um eine zentrale Faktentabelle angeordnet (vgl. Abb. 5.15). Der Name leitet sich aus der sternförmigen Anordnung der Dimensionen (Zacken des Sterns) um die zentrale Faktentabelle ab. Die Dimensionstabellen sind nicht untereinander verknüpft. Es handelt es sich hierbei also um eine Denormalisierung von Teilen des „normalisierten" Datenmodells, da das Transitivitätsgesetz der 3. Normalform nicht eingehalten wird.

Die **Faktentabelle** enthält nur Kennzahlen (z. B. Werte und Mengen), deren inhaltliche Beschreibung über die Dimensionen (z. B. Kunde, Artikel, Aufträge und Zeit) erfolgt.

Die Spalten der Dimensionstabellen bestehen aus den Primärschlüsseln (z. B. Kundennummer) und weiteren Attributen (z. B. Kundenbezeichnung) der zugrunde liegenden Entitäten. In den **Dimensionstabellen** werden alle beschreibenden Felder definiert, die inhaltlich etwas mit der Dimension zu tun haben. So kann eine Dimension *Kunde* beispielsweise die Felder Branche, Region usw. als weiteres beschreibendes Attribut enthalten. Der Primärschlüssel der Faktentabelle ergibt sich aus den Primärschlüsseln der Dimensionstabellen.

Die Auswertungen können relativ einfach über die Selektion der Dimensionsausprägungen der Faktentabelle getroffen werden. Sucht man wie oben die Kundenumsätze für das Produkt „Handbuch", so selektiert man die Auswahl nach diesem Produkt (vgl. Abb. 5.16).

Auf-Nr	Auf-Po	Art-Nr	Kd-Nr	Datum	Meng	VkPre	Umsa
4812	10	77001	K398	03.01.2011	3	34,00	102
4918	10	77001	K007	04.02.2011	2	34,00	68
Summe					**5**	**68**	**170**

Abb. 5.16 Tabellenabfrage für die Dimension Produkt

Auf-Nr	Auf-Po	Art-Nr	Kd-Nr	Datum	Meng	VkPre	Umsa
4918	10	77001	K007	04.02.2011	2	34,00	68
Summe					**2**	**34**	**68**

Abb. 5.17 Tabellenabfrage für die Dimensionen Produkt und Zeit

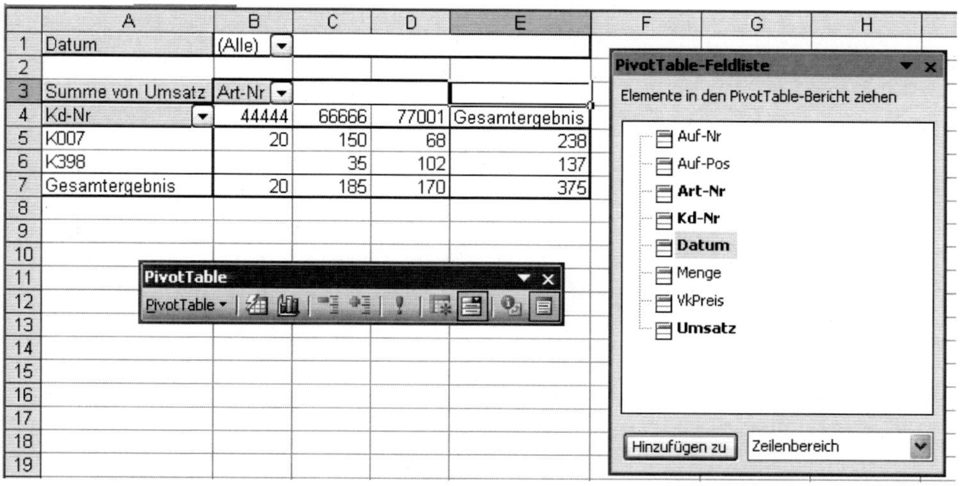

	A	B	C	D	E
1	Datum	(Alle)			
2					
3	Summe von Umsatz	Art-Nr			
4	Kd-Nr	44444	66666	77001	Gesamtergebnis
5	K007	20	150	68	238
6	K398		35	102	137
7	Gesamtergebnis	20	185	170	375

PivotTable
PivotTable ▾

PivotTable-Feldliste
Elemente in den PivotTable-Bericht ziehen
Auf-Nr
Auf-Pos
Art-Nr
Kd-Nr
Datum
Menge
VkPreis
Umsatz
Hinzufügen zu | Zeilenbereich

Abb. 5.18 Pivottabelle mit MS Excel

Erweitert man die Abfrage um die Zeit, z. B. den Februar, so erweitert man die Selektion (vgl. Abb. 5.17).

Diese Darstellung zeigt den Vorteil dieser Datenhaltung einfach an. Die Abfragen sind durch Auswahl der Dimensionen bzw. der angehängten Attribute einfach auszuführen. Die Einzelsätze als auch die Summe lassen sich schnell ermitteln.

Die Darstellung der Abfrage wird in der Regel nicht wie in der obigen Darstellung mit flachen Tabellen durchgeführt. Sie wird aufgrund der Mehrdimensionalität gerne über Pivottabellen durchgeführt, wo auf Basis des Datenbestandes Zeilen, Spalten und Seitenwerte gewählt werden können, auf die sich der Ergebnisbereich bezieht. Abbildung 5.18 zeigt eine Umsetzung einer Pivottabelle mit MS Excel.

Die Möglichkeiten der Datenanalyse in Pivottabellen auf mehrdimensionale Datenbestände wurde bereits im Abschn. 3.8.2.3 mit seinen Funktionen Rotation/Pivotierung, Slice und Dice, Roll-Up und Drill-Down, Drill-Through und Drill-Across beschrieben.

Im Originalansatz des Starschemas sind aus der Sicht der Datenmodellierung einige Defizite enthalten, denen von einigen Softwareherstellern, wie der SAP AG, versucht wird

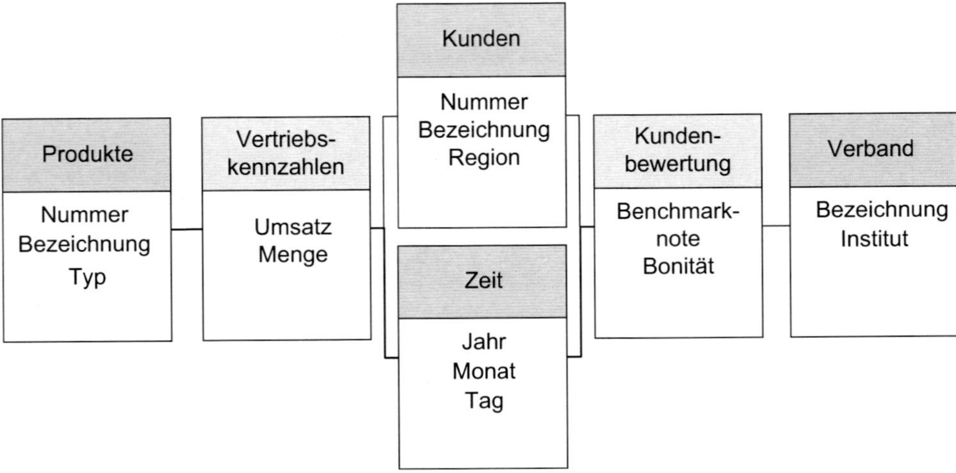

Abb. 5.19 Galaxy-Schema[64]

zu begegnen. Hierbei wird ein sogenanntes **erweitertes Starschema** abgebildet, das u. a. folgende zusätzliche Punkte in der Datenmodellierung unterstützt:[62]

- Mehrsprachigkeit der Attribute
- Hierarchieabbildung der Stammdaten (unabhängig von den Attributen)
- Zeitabhängigkeit von Stammdaten
- Alphanumerische Fremdschlüssel werden durch sogenannte Surrogat-ID ersetzt. Der Grund für die numerische Neu-Verschlüsselung der Dimensionen mit aufsteigenden Integerzahlen (4-Byte-Ganzzahl) liegt darin, dass die Suche nach Texten und anderen Schlüsseln länger dauert als mit den neu verschlüsselten Integerzahlen.

Sollte für einen Anwendungsfall zutreffen, dass mehrere Fakten durch genau dieselben Dimensionen beschrieben werden können, so reicht für die Modellierung das Starschema aus. Die Unternehmenspraxis ist in der Regel jedoch komplexer, da sehr viele Fakten mit sehr unterschiedlichen Dimensionen existieren. Dann ist es u. a. aus Performancegründen besser, die Kennzahlen der Faktentabelle in verschiedene Faktentabellen mit nur den notwenigen Dimensionsverbindungen aufzuteilen. Es werden quasi mehrere Würfel nebeneinander erzeugt, in denen die verschiedenen Faktentabellen dann nur teilweise mit den gleichen Dimensionstabellen verknüpft sind. Das so entstehende Schema nennt man Multi-Faktentabellen-Schema oder **Galaxy-Schema**.[63]

Ein Beispiel für ein kleines Galaxy-Schema zeigt Abb. 5.19.

[62] Vgl. Mohr (2006, S. 93 ff.).

[63] Vgl. Bauer und Günzel (2001, S. 204 f.).

[64] Eigenes Beispiel. Vgl. auch Mohr (2006, S. 97).

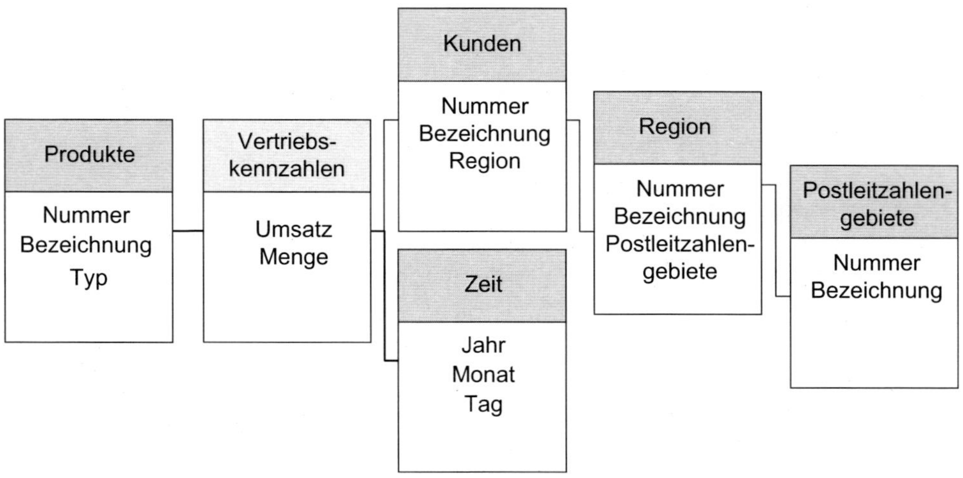

Abb. 5.20 Snowflake-Schema[67]

Die Faktentabellen *Vertriebskennzahlen* und *Kundenbewertung* sind hier die zentralen Faktentabellen der Galaxy. Die Dimensionen *Kunden* und *Zeit* sind eine einheitliche Dimensionen, die von beiden Faktentabellen benutzt werden. Die anderen Dimensionen werden nur von jeweils einer Faktentabelle genutzt.

Damit die Datenbestände in den Dimensionstabellen nicht zu groß werden, kann man im Gegensatz zur oben besprochenen Denormalisierung ein Starschema in ein **Snowflake-Schema** überführen,[65] in dem wieder eine Normalisierung der ggf. zu groß geratenen Dimensionstabellen vorgenommen wird. Anders als beim Star-Schema sind dann die Hierarchiestufen nicht mehr in einer Dimensionstabelle, sondern in mehreren miteinander verknüpften Tabellen verteilt (vgl. Abb. 5.20). Die Darstellung dieser Datenmodellierung ähnelt einer Schneeflocke, woher der Name Snowflake-Schema abgeleitet wurde.[66] Abbildung 5.20 zeigt ein sehr vereinfachtes Beispiel für ein Snowflake-Schema.

Die Dimension „*Kunden*" wurde hierbei weiter normalisiert in die Tabellen „*Region*" und „Postleitzahlengebiete". Der Vorteil dieser Struktur liegt in gewissen Speicherplatzeinsparungen und ggf. kürzeren Zugriffszeiten, denen jedoch eine höhere Komplexität gegenübersteht, insbesondere wenn die Endanwender durch die Snowflake-Struktur navigieren müssen.[68]

[65] Vgl. Azevedo et al. (2005, S. 46).
[66] Vgl. Azevedo et al. (2009, S. 52 f.).
[67] Eigenes Beispiel. Vgl. auch Mohr (2006, S. 98).
[68] Vgl. Behme et al. (2000, S. 229).

5.5.4.2 OLAP-Speicherkonzepte

Bei der physischen Speicherung multidimensionaler Würfel wird zwischen relationalen und multidimensionalen Datenbanktechnologien sowie Mischformen unterschieden. Entsprechend werden folgende Begriffe verwendet:

- ROLAP (Relationales OLAP)
- MOLAP (Multidimensionales OLAP) und
- HOLAP (Hybrides OLAP).

ROLAP steht für die Speicherung des Starschemas bzw. abgewandelte Modelle in Form von flachen (zweidimensionalen) relationalen Datenbanktabellen. Die Entwicklung multidimensionaler Sichten durch Nutzung von zweidimensionalen relationalen Tabellen wird durch logische Datenmodellierung realisiert, die bereits oben zum Starschema und den abgewandelten Formen (Galaxy- und Snowflake-Schema) schematisch gezeigt wurde. Durch die Transformation multidimensionaler Anfragen in relationale Abfragen ist der Einsatz bestimmter Abfragewerkzeuge, wie eine OLAP-Engine, notwendig. Die OLAP-Engine ist ein Abfragewerkzeug, dessen besondere Fähigkeit es ist, relationale Daten schnell zu verdichten und multidimensional auszuwerten.

Im Gegensatz zum ROLAP werden beim multidimensionalen OLAP (MOLAP) die Daten in multidimensionalen Datenbanken mit multidimensionalen Zellstrukturen (Array) gespeichert, was den Vorteil schnellerer Antwort- und Abfragezeiten mit sich bringt. Durch die Speicherung in multidimensionalen Zellstrukturen liegt eine physische Mehrdimensionalität vor. Weil die Zellen eine direkte Adressierung besitzen, werden für Abfragen keine umfangreichen Berechnungen benötigt. Verdichtungen von Werten auf verschiedenste Dimensionen lassen sich schnell ermitteln. Dem Vorteil der schnellen Antwort- und Abfragezeiten steht der Nachteil des hierdurch steigenden Datenvolumens entgegen. Mit der Anzahl der Dimensionen und der Tiefe der Hierarchien wächst dieser exponentiell an. Nachteilig ist zudem die geringe Flexibilität einer multidimensionalen Datenbank, da herstellerbedingt nur eine begrenzte Anzahl von Dimensionen gepflegt und ausgewertet werden können.

Ein weiterer Unterschied zum ROLAP stellt beim MOLAP die Vorausberechnung von verdichteten Werten über die Dimensionen und Hierarchien dar, durch die eine deutlich verbesserte Performance erzielt werden kann. Bei einer hohen Anzahl von Dimensionen kann diese Vorausberechnung lange dauern, so dass sich eine zeitliche Auslagerung in Randgeschäftszeiten (Wochenende/Nacht) anbietet.

Vor- und Nachteile beider Technologien führt Goeckel tabellarisch auf (vgl. Tab. 5.2).

Um den Vor- und Nachteilen zu begegnen, bieten einige Hersteller auch Hybrid-Lösungen (HOLAP) an, bei denen die Detaildaten in einer relationalen Datenbank und die häufig verwendeten Daten in verdichteter Form vorberechnet und multidimensional gespeichert werden. Bei diesen hoch verdichteten Datenbereichen werden MOLAP Techniken verwendet, die sich durch geringes Datenvolumen und eine überschaubare An-

Tab. 5.2 Vor- und Nachteile von ROLAP und MOLAP[69]

ROLAP	
Vorteile	**Nachteile**
Flexible Anzahl von Dimensionen Standardisierte Abfragesprache mit SQL Das Know-how dieser Technologie ist meist vorhanden Keine Vorberechnungen notwendig Große Datenvolumina können verwaltet werden Beruht auf ausgereifter, robuster Technologie, die in den meisten Unternehmen verfügbar ist	Keine explizierte Unterstützung der Multidimensionalität Performancenachteile und höhere Antwortzeiten
MOLAP	
Vorteile	**Nachteile**
Explizite Unterstützung der Multidimensionalität Performancevorteile bei Abfragen	Know-how zur Verwaltung multidimensionaler Datenbanken ist ggf. nicht vorhanden Unzureichende Standardisierung und Offenheit, da im Wesentlichen proprietäre Technologie verwendet wird Ggf. eingeschränkte Skalierbarkeit: – Datenvolumen kann beschränkt sein – Anzahl Dimensionen kann beschränkt sein Fehlende Robustheit der Technologie da relativ neu Umfangreiche Vorausberechnungen, daher ggf. Probleme mit der Aktualität der Daten

zahl von Benutzern auszeichnet. Sollte der Benutzer durch eine Drill-Down-Navigation in detaillierte Datenbereiche vorstoßen wollen, wechselt er automatisch in die relationale Datenhaltung.

5.5.5 Analysewerkzeuge

Frontendtools bzw. andere analyseorientierte Anwendungssysteme sind Applikationen, welche die Aufgabe haben, die Präsentation und die Berichtsdarstellung mit Hilfe tabellarischer, textmäßiger und vor allem visueller, grafischer Darstellungen anwenderfreundlich und entscheidungsbezogen zu erstellen.

[69] Leicht angepasst an: Goecken (2006, S. 42).

```
SELECT Kunden.KNDNR, Artikel.ARTNR, Auftrag.PLIKZ, Kunden.Name, Auftrag.KHIER, Artikel.Farbe, Sum(Auftrag.[Umsatz Flaschen]) AS [Summe von Umsatz Flaschen], Sum(Auftrag.[Umsatz Verpackung]) AS [Summe von Umsatz Verpackung], Sum(Auftrag.Rabatt) AS [Summe von Rabatt], Sum(Auftrag.Skonto) AS [Summe von Skonto], Sum(Auftrag.Bonus) AS [Summe von Bonus], Sum(Auftrag.Fracht) AS [Summe von Fracht], Sum(Auftrag.Gruppenbonus) AS [Summe von Gruppenbonus], Sum(Auftrag.Herstellkosten) AS [Summe von Herstellkosten], Sum(Auftrag.Provision) AS [Summe von Provision], Sum(Auftrag.Sonderbonus) AS [Summe von Sonderbonus]
FROM Kunden INNER JOIN (Farbe INNER JOIN (Artikel INNER JOIN Auftrag ON Artikel.ARTNR = Auftrag.ARTNR) ON Farbe.Farbnr = Artikel.Farbe) ON Kunden.KNDNR = Auftrag.KNDNR
GROUP BY Kunden.KNDNR, Artikel.ARTNR, Auftrag.PLIKZ, Kunden.Name, Auftrag.KHIER, Artikel.Farbe;
```

Abb. 5.21 Beispiel zur freien Datenrecherche (z. B. Select-Anweisung)

Analysewerkzeuge lassen sich nach freien Datenbankrecherchen und Abfragegeneratoren, OLAP-basierte Analysesystemen und modellbasierte Analysewerkzeugen differenzieren.

5.5.5.1 Freie Datenrecherchen und Abfragegeneratoren

Unter freien Datenrecherchen (Enterprise Search) versteht man die freie Datensuche bzw. Datenselektion. Dabei werden die Daten aus der Datenbank, dem Data Warehouse, den Data Marts bzw. dem ODS direkt mit Datenmanipulationssprachen (DML = data manipulation language), Programmierbefehlen oder Datenbanksprachen abgefragt. Für relationale Datenbankgestützte Systeme hat sich SQL (Structured Query Language) etabliert, eine Programmierabfragesprache, die neben der Datenmanipulation auch die Funktion der Datendefinition (DDL = data definition language) beinhaltet.[70] Eine einfache Datenrecherche mit einer Select-Anweisung ist der Abb. 5.21 zu entnehmen. In neueren Versionen des SQL-Standards wurden neue Navigations- und Bearbeitungsfunktionen ergänzt (ISO 2008), so dass SQL auch für multidimensionale Datenstrukturen genutzt werden kann.[71] Als Abfragesprache für multidimensionale Datenbankstrukturen hat sich zudem die Abfragesprache MDX (Multidimensional Expressions) der Mircrosoft Corporation als Industriestandard neben anderen Herstellern etabliert.

Für den betriebswirtschaftlichen Anwender ohne bzw. mit wenigen IT-Sprachen-Kenntnissen ist diese Form der Datenrecherche zu technisch und wenig benutzerfreundlich, weil er neben der Programmierung auch noch Kenntnisse über die Datenhaltung besitzen muss.

Deswegen bieten viele Softwarepakete neben der freien Datenrecherche zusätzlich Abfragegeneratoren an, wie man sie z. B. in dem Programm MS Access kennt (vgl. Abb. 5.22), mit denen man SQL-Querys über eine grafische Benutzeroberfläche erstellen kann. Diese Abfragegeneratoren verfügen zumeist über entsprechende Funktionen, wie z. B. die Nutzung von Feldauswahlboxen, die visuelle Gestaltung von Abfragen über Tabellenrelationen und den Einsatz zahlreicher Selektionskriterien (u. a. größer, kleiner, gleich oder die Boolsche Operatoren). Die Darstellung der Ergebnisse erfolgt bei der Sprache SQL immer in Listenform einer einfachen Tabelle.

---

[70] Vgl. Elmasri und Navathe (2007, S. 37 f.).
[71] Vgl. Kemper et al. (2010, S. 97).

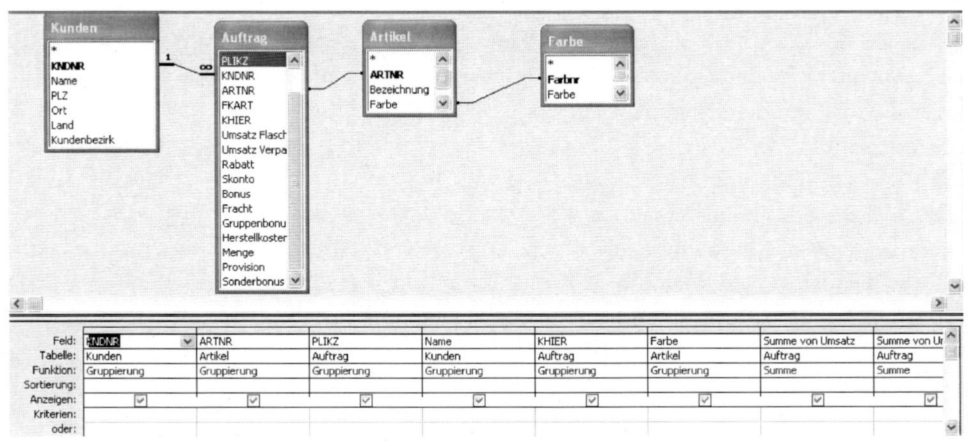

Abb. 5.22 SQL-Abfragegenerator (MS Access)[72]

Die Sprache MDX weist ähnliche Bestandteile auf wie SQL. Ihre Syntax ist an die von SQL angelehnt. Im Gegensatz zu SQL werden die Ergebnisse einer MDX-Abfrage allerdings in einer Kreuztabelle dargestellt. Für deren Darstellung müssen in der Abfrage Einschränkungen und Formatierungen spezifiziert werden.[73] Der größte Unterschied der beiden Sprachen liegt in der ihnen zugrunde liegenden Datenbank. Während SQL für Abfragen in relationalen Datenbanken optimiert ist, ist MDX für Abfragen aus multidimensionalen Datenbanken ausgelegt.

5.5.5.2 OLAP-basierte Analysesysteme

OLAP-basierte Analysesysteme setzen auf der multidimensionalen Datenhaltung auf, die bereits in Abschn. 5.5.4.1 erläutert wurden. Die physische Datenspeicherung kann dabei sowohl in relationalen als auch in multidimensionalen Datenbanken erfolgen, die sich in Performance und Handhabung bei der Modellierung und dem Aufbau der Selektionen unterscheiden (vgl. Abschn. 5.5.4.2).

Die Möglichkeiten der flexiblen Auswertung des mehrdimensionalen Datenbestandes in Datenwürfeln bzw. Cubes wurden bereits im Abschn. 3.8.2.3 (Pivottabellen) vorgestellt, auf das hier verwiesen wird:

- Rotation/Pivoting
- Slice und Dice
- Roll-Up und Drill-Down
- Drill-Through und Drill-Across
- Split und Merge.

[72] SQL Abfragegenerator von MS Access. (Query by Example).

[73] Vgl. Oehler (2006, S. 93).

Hinsichtlich der OLAP-basierten Analysewerkzeuge werden **geführte** und **freie OLAP-Analysen** unterschieden. Freie OLAP-Analysen enthalten lediglich eine eingeschränkte Benutzerführung, mit der flexible Auswertungen im multidimensionalen Datenbestand möglich sind. Geführte OLAP-Analysen besitzen hingegen komfortablere Benutzeroberflächen mit zahlreichen Funktionen, die es auch Nicht-IT-Experten leicht möglich macht, flexible Analysen im multidimensionalen Datenbestand zu erstellen und visuell ansprechend aufzubereiten. Neben der Auswahl der Dimensionen, Hierarchien, Attribute und Kennzahlen lassen sich zudem berechnete Kennzahlen anlegen und auswerten.

Vorteile von OLAP-Analysen sind zusammengefasst:

- einfache Datenabfrage (ohne IT-Fachkenntnis)
- schnelle Abfrage (auch bei großen Datenmengen)
- Flexibilität für Ad-hoc-Abfragen durch Änderung der Sichten.

Als Ausgabeoberflächen lassen sich für OLAP-basierte Analysen drei Typen unterscheiden:

a. Proprietäre Reportgeneratoren mit herstellereigener grafischer Benutzeroberfläche
b. Internetgestützte Reportgeneratoren mit Web-Oberfläche
c. Tabellenkalkulationsgestützte Reportgeneratoren mit Excel-Add-in als Oberfläche.

a. Proprietäre Reportgeneratoren mit herstellereigener grafischer Benutzeroberfläche

Die proprietären Reportgeneratoren mit herstellereigenen grafischen Benutzeroberflächen (hier basierend auf den relationalen und multidimensionalen Datenbeständen) sind die Nachfolger der klassischen Berichtssysteme, basierend auf den rein relationalen Datenbeständen, wie sie in den früher bezeichneten Berichtssystemen der Führungsebenen verwendet wurden:[74]

- MIS (Management Information Systems)
- EIS (Executive Information Systems)
- FIS (Führungsinformationssysteme)
- etc.

Die Anbieter unterscheiden beim Reporting zwischen der **Reportentwicklungsebene** und der **Reportanalyseebene**.

[74] Vgl. hierzu die Ausführungen der historischen Entwicklung von Management Support Systemen (MSS) in Abschn. 5.2.

Wichtig bei der Reportentwicklung ist die Gestaltungsfreiheit bei der Darstellung der Berichtsinhalte. Bei der Berichterstellung müssen keine großen Kenntnisse für Datenbankstrukturen und Programmiersprachen vorhanden sein. Dennoch wären sie hilfreich. Die Berichte können i. d. R. ohne die IT-Abteilung und ohne IT-Spezialisten und Berater technisch erstellt werden. Eine Unterstützung ist zumeist dennoch nützlich.

Die proprietären Reportgeneratoren verfügen für die **Entwicklungsebene** (Entwicklungssuiten, Reporting- bzw. Berichtseditoren) über folgende Funktionen:

- Nutzung aller im System verfügbaren Objekte vor allem der Kennzahlen, Dimensionen, Attribute und Hierarchien im zu erstellenden bzw. zu pflegenden Bericht
- Definition und Verwendung von Navigations-, Selektions- und Gruppierungshilfen
- Nutzung von Gestaltungselementen (Schaltflächen, Register, Texteingaben, Auswahlboxen etc.)
- Diagrammerstellung und -einbindung
- Layoutfunktionen (Platzierung der Berichtselemente, wie Tabellen, Diagramme, Logos etc.)
- Nutzung weiterer integrierter Funktionen, wie z. B. die freie Datenrecherche und Abfragegeneratoren
- Nutzung einer Makroprogrammiersprache zur Entwicklung individueller Reportingfunktionen wie z. B. Navigation, Anstoß von Druckaufträgen etc.
- Organisations- und Prozessunterstützungshilfen: Kalenderfunktionen, E-Mail-Generierung etc.
- Teilweise vorschlagsmäßige benutzergeführte Berichterstellung über sogenannte Wizard-Funktionen, die schrittweise Elemente und Eigenschaften des zukünftigen Berichts in der Benutzerführung abfragen und so eine Berichtsvorlage (Vorschaubild = Thumbnails) entwickeln, die der Benutzer schließlich individuell weiterentwickeln kann.
- Vorgefertigte Standard-Berichtsvorlagen, sogenannte **Templates**, helfen bei der Gestaltung individueller Reports.
- Mit Hilfe von Dokumentenmanagementfunktionen lassen sich beliebige „Back-Office"-Dokumente zu den Berichten hinterlegen (z. B. Bilder, Verträge etc.).

Eine solche Entwicklungssuite zur Reportgenerierung zeigt Abb. 5.23 am Beispiel der Firma *Arcplan* mit dem Produkt InSight.

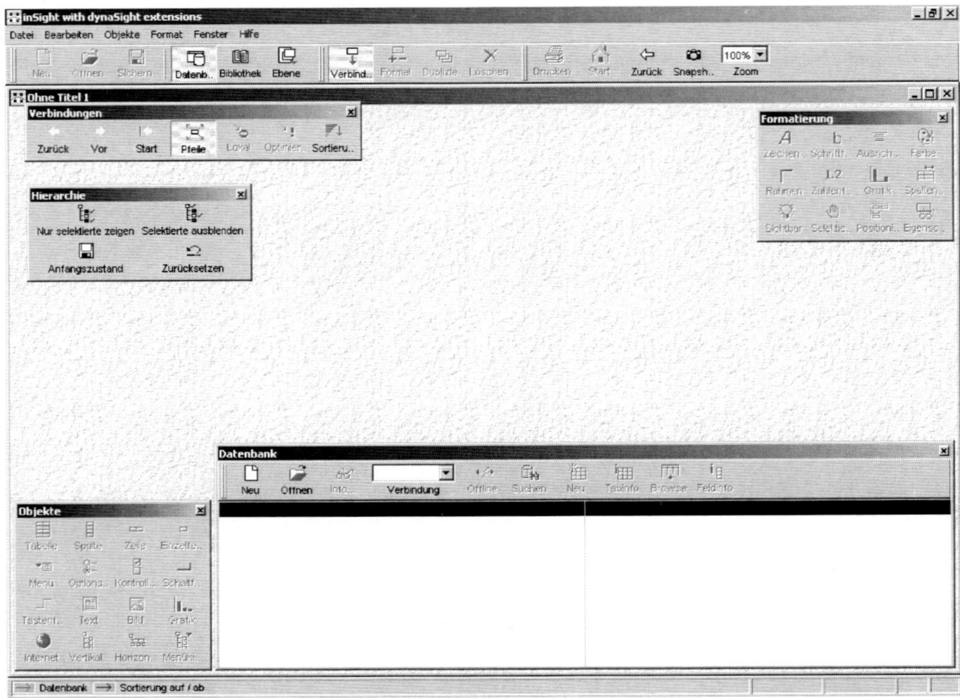

Abb. 5.23 InSight-Reportgenerator mit Drag- und Drop von Arcplan[75]

Über Frames können dabei in einem Bericht auf einer Seite Dateninhalte voneinander getrennt werden. Mit der Drag & Drop-Funktionalität werden die Berichtsobjekte (z. B. Tabellen, Selektionsfilter, Grafiken, Menü- und Schaltfelder) individuell positioniert, formatiert und können flexibel geändert werden. Beliebige Kommentare und Corporate Identity-Merkmale, wie Logos und andere Firmenlayouts, sind individuell einfügbar.

In Werkzeugvorlagen lassen sich zudem individuelle Darstellungsformen und Grafiken auswählen und gestalten, z. B.: Ampelfunktionen, Tabellen, Bubble-Charts, Scoring-Analysen, Punkt-, Linien- und Kreisdiagramme sowie andere Darstellungsformen, die bereits in Abschn. 3.8.2.4 vorgestellt wurden.

Das Ergebnis kann in der Reporting-Analyseansicht schließlich vom Anwender betrachtet werden (vgl. Abb. 5.24).

[75] Entnommen aus Schön (2004, S. 325).

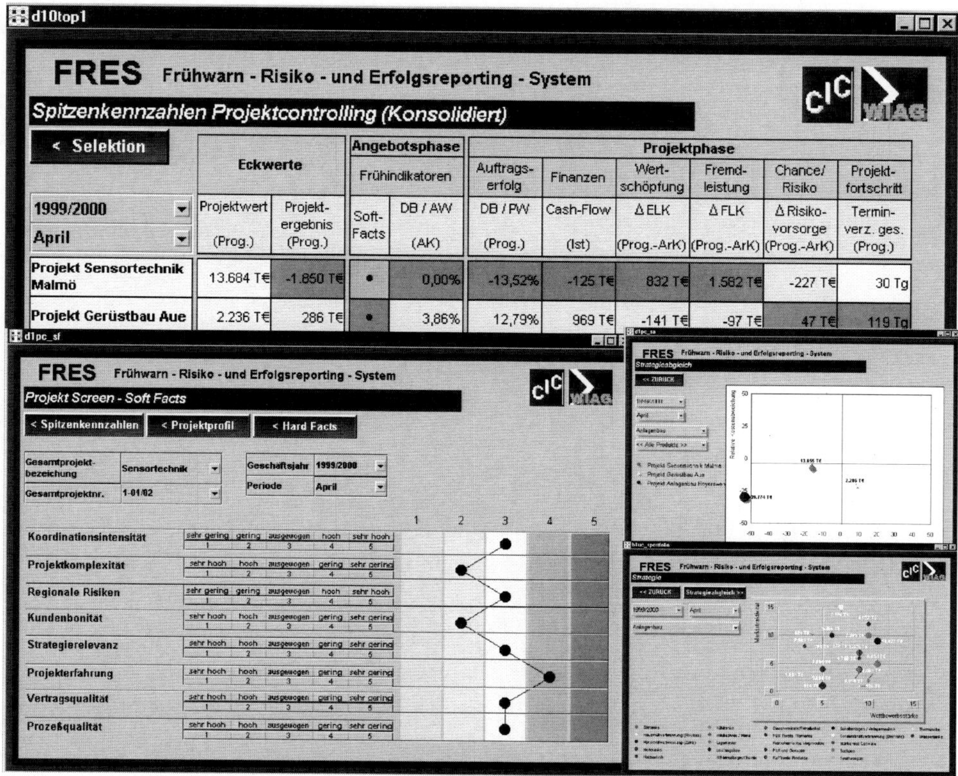

Abb. 5.24 Reportinganalyse u. a. mit Ampelsteuerung, Nutzwertanalysen und Portfoliotechnik (mit DynaSight von Arcplan)[76]

Die proprietären Reportgeneratoren verfügen in der Analyseebene über folgende Funktionen, die per Maus, Tastatursteuerung oder Touchscreen leicht bedient werden können:

- Auswahl aller möglichen Kombinationen von Kennzahlen bezüglich der Dimensionen, Attribute und Hierarchien
- Nutzung der Navigations- und Selektionshilfen
- Nutzung der Gestaltungselemente (Schaltflächen, Auswahlboxen etc.)
- Dynamische Tabellen- und Diagrammanpassung, z. B. durch Auswahl bestimmter Objekte
- Anstoß von zusätzlichen Berichtsfunktionen (z. B. Hochrechnungen, Verdichtungen, Drill-Through, Drill-Down etc.)
- Ausgabe- und Weiterleitungsfunktionen
- Nutzung von Info- bzw. Hilfesystemen.

[76] Entnommen aus Schön (2004, S. 326).

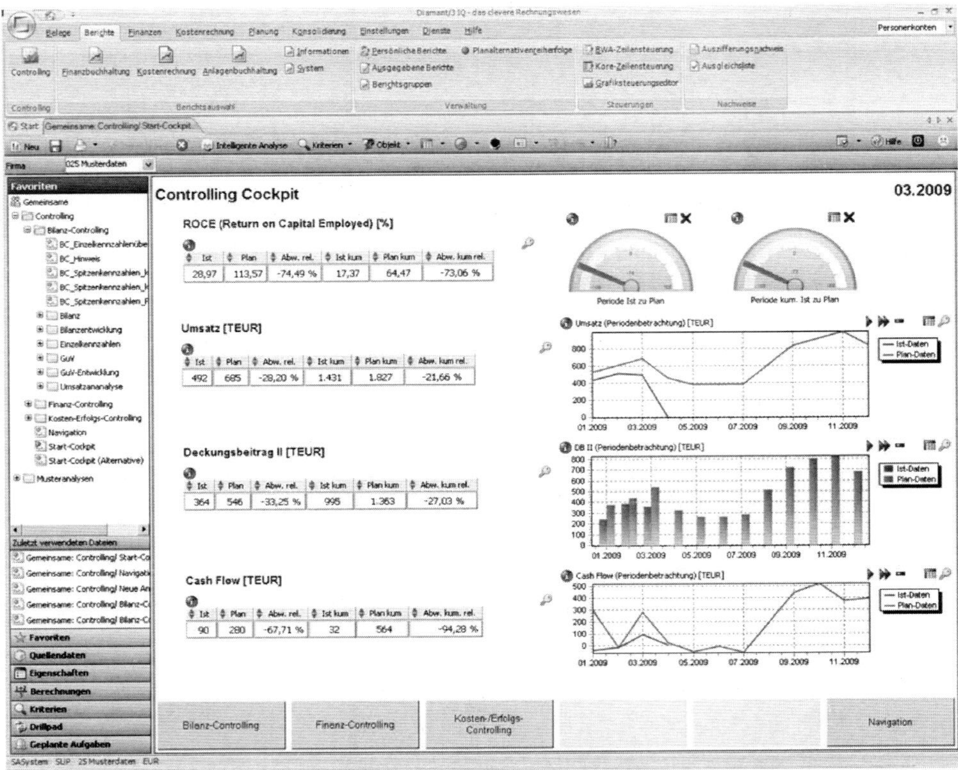

Abb. 5.25 Cockpit-/Dash-Board-Beispiel (Diamant®/3 IQ)[77]

Die Oberflächen der Reportgeneratoren werden von den Softwareherstellern gerne auch **Cockpit** oder **Dashboards** genannt, insbesondere dann, wenn für die Top-Managementebene nur die wichtigsten Daten unter einer Oberfläche zusammengefasst werden. Hierbei sind sowohl proprietäre als auch internetbasierte Oberflächen zu finden. Beispiel für Cockpit- und Dashboard-Lösungen sind den Abb. 5.25 und 5.26 zu entnehmen.

[77] Quelle: Schön und Müller (2010, S. 155). Vgl. zum Diamant®/3 IQ auch URL: http://diamant-software.de/291.html [Zugriff am 12.09.2011].

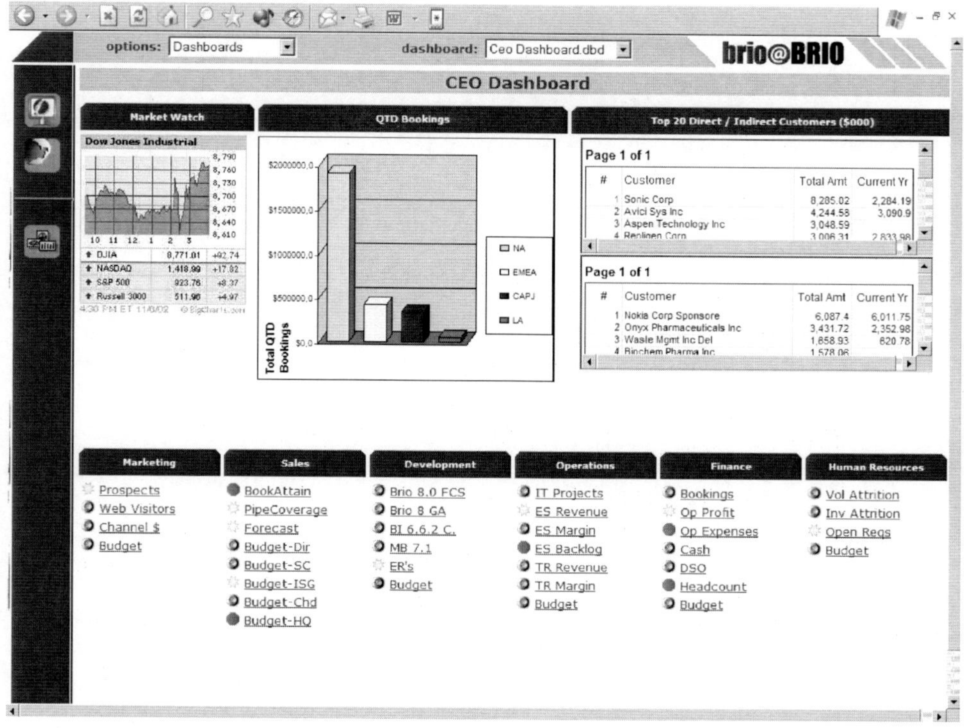

Abb. 5.26 Cockpit-/Dash-Board-Beispiel (Brio)[78]

Modellierte Berichtsverknüpfungen erlauben es später beim Analysieren Sprünge auf verlinkte Reports per Knopfdruck zu tätigen.

Darüber hinaus werden Methoden für die individuelle Gestaltung zur Verfügung gestellt, die spezielle betriebswirtschaftliche Analysen mit ihren Eigenarten ermöglichen. Beispiele hierfür sind die ABC-Analyse und die Portfolioanalyse.

b. Internetgestützte Reportgeneratoren mit Web-Oberfläche

Die internetgestützten Reportgeneratoren mit Web-Oberflächen (als Cockpit- oder Dash-Board-Lösung) unterscheiden sich von den proprietären Reportgeneratoren mit herstellereigener Oberfläche in erster Linie nur durch die Web-Oberfläche, was folgende Vorteile mit sich bringt:

- Nutzung der verfügbaren und bekannten Web-Browser-Oberfläche
- Leicht erlernbar, leicht administrierbar
- Keine zusätzliche Installation einer zusätzlichen grafischen Benutzeroberfläche

[78] Quelle Schön (2004, S. 328).

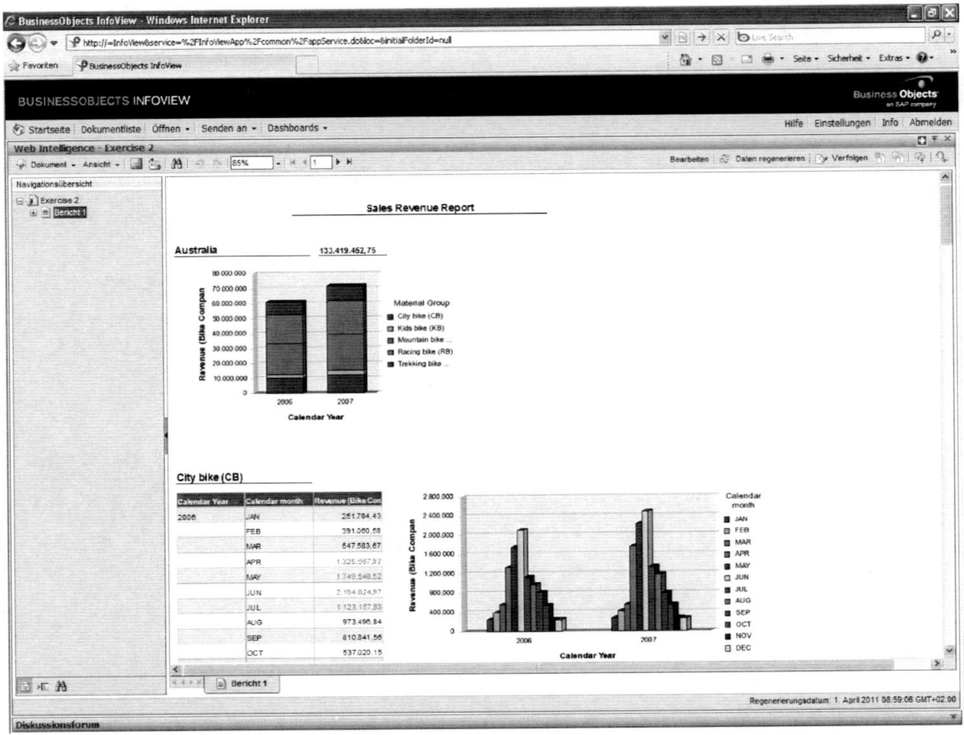

Abb. 5.27 Web-Oberfläche[80]

Die internetgestützten Reportgeneratoren nutzen die verbreiteten Internettechnologien mit den gängigen Austausch- und Übertragungsprotokollen. Als Berichtsformat wird häufig das gängige HTML-Format verwendet. Andere Formate wie PDF, CSV, XML und XBRL etc. sind aber auch möglich.[79]

Grundsätzlich gilt auch für internetgestützte Reportgeneratoren, dass kein tieferes Verständnis für Datenbankstrukturen und keine Kenntnisse in Programmiersprachen vorhanden sein müssen, aber von Vorteil wären. Die Berichte können i. d. R. ebenfalls ohne die IT-Abteilung und ohne IT-Spezialisten und Berater technisch erstellt werden. Unterstützungen sind in der Praxis aber hilfreich.

Die internetgestützten Reportgeneratoren verfügen in der **Entwicklungs- und Analyseebene** über dieselben Funktionen, Werkzeuge und Möglichkeiten, die bereits bei den proprietären Reportgeneratoren aufgeführt wurden. Sie sind im Unterschied nur auf die Internettechnologie ausgerichtet. Deshalb wird hier auf die Aufzählung verzichtet und auf das vorherige Kapitel verwiesen.

Ein Beispiel für einen Sales Revenue Report im Web-Browser zeigt Abb. 5.27.

---

79 Vergleiche zu den Ausgabeformaten Abschn. 5.5.5.6.

80 Quelle: SAP AG, Sales Revenue Report erstellt mit SAP Business Objects© Infoview.

c. Tabellenkalkulationsgestützte Berichtssysteme mit Excel-Add-in als Oberfläche
Als Reporting-Oberfläche besitzt MS-Excel gegenüber den proprietären und internetgestützten Oberflächen und als Ausgabeformat noch immer einen hohen Anteil, was vor allem an folgenden Gründen liegt:

- Bekanntheitsgrad von MS Excel
- Flexibilität in der Nutzung und Gestaltung
- Leicht erlernbar und administrierbar
- Geringe Kosten

Excel wir deswegen von vielen Softwareherstellern als integrierte Add-in-Oberfläche für das Reporting und die Planung eingesetzt. Hierbei wird eine Integration zwischen der Datenhaltung des Data Warehouse und der Excel-Oberfläche als Berichts- und Eingabe-Medium geschaffen. Hierdurch sind ein Teil der Analyse- und Eingabewerte in der Excel-Tabelle fest mit dem Data Warehouse verdrahtet. Zur Bearbeitung (Filtern, Verdichten etc.) dieser Daten werden spezielle Zusatzfunktionen als Excel-Add-in angeboten, die wiederum viele Reportentwicklungs- und Analysemöglichkeiten bieten.

Darüber hinaus können aber in den anderen (nicht integrierten) Teilen der Excel-Tabelle die üblichen Excel-Funktionen angewendet werden, die in den integrierten Teilen der Tabelle nicht genutzt werden sollten.

Es ist zu erwarten, dass Web-Oberflächen und proprietäre Anwendungsoberflächen gegenüber Excel-integrierten Oberflächen im Reporting aufholen. Excel wird als (integrierte) Oberfläche aber weiterhin einen großen Stellenwert besitzen. Die Anwender werden verstärkt zwischen Anwendungsoberflächentypen wechseln.[81]

Die Excel-Add-in-basierten Reportgeneratoren verfügen in der **Entwicklungs- und Analyseebene** über fast dieselben Funktionen, Werkzeuge und Möglichkeiten, die bereits bei den proprietären und internetbasierten Reportgeneratoren aufgeführt wurden. Folgende Punkte decken sie aber nicht oder nur eingeschränkt ab:

- Organisations- und Prozessunterstützungshilfen
- Wizard-Funktionen
- Vorgefertigte Standard-Berichtsvorlagen/Templates
- Nutzung weiterer integrierter Funktionen, wie z. B. die freie Datenrecherche und Abfragegeneratoren

Nachteilig ist zudem die Manipulationsmöglichkeit und Fehleranfälligkeit von Werten in den Tabellenbereichen, die nicht mit der zentralen Datenquelle des Data Warehouse verbunden sind, sondern die zusätzlich in die Excel-Tabellen individuell eingetragen wurden.

Ein Beispiel für die Excel-Add-in-basierte Oberfläche zeigt Abb. 5.28.

[81] Vgl. hierzu die Umfrageergebnisse der Untersuchung von Schön (2011, S. 31).

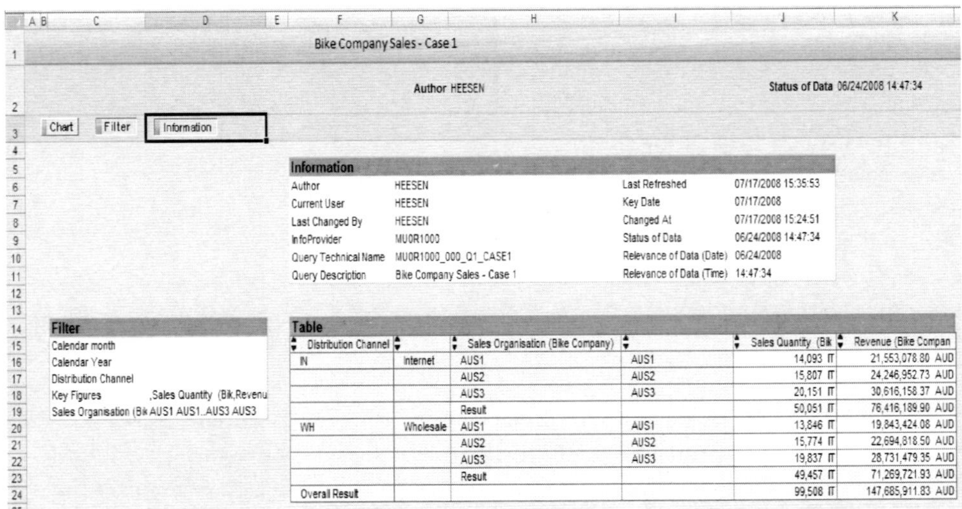

Abb. 5.28 Excel-Add-in als Oberfläche (hier SAP BEx Analyser)[82]

Die grundsätzlichen Vor- und Nachteile der jeweiligen Oberflächen sind in Tab. 5.3 stichpunktartig aufgeführt.

5.5.5.3 Modellbasierte Analysewerkzeuge

Im Gegensatz zu freien Datenrecherchen oder OLAP-Analysen, die nur Verdichtungen und kleinere Berechnungen, wie z. B. zusätzliche Kennzahlenberechnungen benötigen, erfordern modellbasierte Analysewerkzeuge umfangreichere algorithmische oder regelbasierte Berechnungen. Unterschieden werden hier Entscheidungsunterstützungssysteme, Expertensysteme, Data Mining, Text Mining und Web Mining.

Für das Reporting und die Planung werden die modellbasierten Analysewerkzeuge bei speziellem Analyse- und Planungsbedarf hinzugezogen.

Entscheidungsunterstützungssysteme (EUS/DSS)

Entscheidungsunterstützungssysteme (EUS) oder englisch Decision Support Systems (DSS) liefern Lösungsansätze für Probleme mit unbekannten und unstrukturierten Entscheidungssituationen.[83] Hierbei handelt es sich um ein klassisches modellorientiertes Analysesystem, das bei komplexer Sachlage und selbst bei ungenügender Informationslage zur gestellten Analyseproblematik Entscheidungshilfen bietet. Hierzu benötigt es verschiedene Komponenten:

[82] Quelle: SAP AG, SAP BEx Analyser.

[83] Vgl. Turban et al. (2004, S. 103). Vgl. hierzu auch die Ausführungen in Abschn. 5.2.

Tab. 5.3 Vergleich der Oberflächen

Oberflächentyp	Vorteile	Nachteile
Proprietäre, herstellerspezifische grafische Benutzeroberfläche	Sehr hohe Funktionalität und Gestaltungsmöglichkeit	Höherer Einarbeitungsaufwand Eigene grafische Benutzeroberfläche muss installiert werden Höherer Zeitaufwand bei der Entwicklung der Berichte
Web-Oberfläche	Hohe Funktionalität und Gestaltungsmöglichkeit Nur Browser-Installation notwendig Schnelle Einarbeitung durch Berichtsempfänger Geringe Kosten	Höherer Zeitaufwand bei der Entwicklung der Berichte
Excel-Add-in als Oberfläche	Flexible Gestaltungsmöglichkeit Bekanntheitsgrad hoch Schnelle Einarbeitungszeit durch Berichtsersteller und -empfänger Geringe Kosten	Eingeschränkte Funktionalität Fehleranfälligkeit und Manipulationsmöglichkeiten in den nicht integrierten Tabellenbereichen

- Datenbasis, häufig Data Marts oder flate files
- Modell- und Methodendatenbanken:
  - Methodendatenbanken, die Standard- und Spezialalgorithmen, vor allem heuristische, statistische, finanzmathematische und prognostische Verfahren enthalten, in denen man aber auch andere zum Teil selbst entwickelte Methoden speichern kann.
  - Modelldatenbanken, in denen eine Menge von Methoden zusammengefasst werden.
- Anwendungsunterstützung und Dialogführung helfen dem nicht IT-Spezialisten, die vorhandenen Methoden- und Modelldatenbanken auf dem vorhandenen Datenbestand komfortabel einzusetzen und die Ergebnisse auszuwerten.

Kleinere DSS-Lösungen lassen sich bereits mit Tabellenkalkulationsprogrammen oder einfachen Datenbank-Management-Systemen umsetzen, da diese bereits über die drei genannten Komponenten verfügen.

Expertensysteme (XPS)

Expertensysteme (XPS) werden dort benötigt, wo Entscheidungsträger aufgrund der Problemkomplexität und der Fülle des zur Lösung anfallenden Datenmaterials Unterstützung brauchen. Beispielsweise bei der Kreditwürdigkeitsprüfung eines Kunden werden Kennzahlen zur Bonitätsprüfung analysiert, deren Beschaffung und Bereitstellung zeitaufwändig sind. Eine Kreditwürdigkeitsanfrage bei einem Institut greift auf ein solches spezielles Analysewerkzeug zu.

Expertensysteme lassen sich dem Forschungsbereich der künstlichen Intelligenz zurechnen. Spezielles Expertenwissen sowie langjährig entwickelte Problemlösungsmechanismen sollen dabei in Expertensystemen eingebaut und nutzbar gemacht werden.[84]

Data Mining, Text Mining und Web Mining

Mit Hilfe der Verknüpfung von Informationen liefert **Data Mining** (Datenmustererkennung) neue Erkenntnisse für den Analysten.[85] Hierbei werden die Daten systematisch nach unbekannten Zusammenhängen abgefragt. Wird ein spezieller Zusammenhang mit einer statistischen Wahrscheinlichkeit gefunden, so liefert das Data Mining diesen Zusammenhang. Zum Beispiel werden für den Vertrieb spezielle Kundenprofile erzeugt, die für die Werbung und den Verkauf eines Produktes genutzt werden. Unter dem Begriff Data Mining wird also ein Prozess verstanden, der sinnvolle Zusammenhänge sowie Muster und Trends erkennt, indem eine große Datenbasis mittels Mustererkennung (statistische und mathematische Verfahren) durchforscht wird.

Die Unterteilung der Data-Mining-Methoden kann in zwei Klassen erfolgen:[86]

1. Assoziationen: Ziel der Assoziationen ist es, die Zusammenhänge in Datenbeständen zu erkennen. Beispiele sind vergleichbare Datensätze zur Mustererkennung oder auch Zusammenhänge zwischen Daten, die isoliert sind.
2. Progressionsverfahren: Durch die Progressionsverfahren können aus bestehenden Daten zukünftige Entwicklungen abgeleitet werden.

Das Data Mining bedient sich einiger Methoden, die im Folgenden kurz erläutert werden:[87]

- Clusterbildung
  Dieser Teil beschäftigt sich mit der Gruppenbildung von Daten nach bestimmten Merkmalen. Die Zusammenfassung von ähnlichen Kunden wird z. B. dazu gezählt. Diese Zusammenfassung wird aufgrund ausgesuchter Kriterien veranlasst.
- Klassifikation
  Um eine bessere Zuordnung zu erhalten, erfolgt eine Einteilung der Daten in Klassen. Ein bekanntes Beispiel für die Zuordnung in Klassen sind die Schadensklassen der Versicherungsunternehmen, in der die Kunden der jeweiligen Versicherung klassifiziert werden.

---

[84] Vgl. Gabriel (2010) http://www.oldenbourg.de:8080/wi-enzyklopaedie/lexikon/ [Zugriff am 15.01.2011].

[85] Vgl. Bissantz und Hagedorn (2001, S. 130–131) oder Determann und Rey (1999, S. 143).

[86] Schrödl (2009, S. 25 f.).

[87] Vgl. Schrödl (2009, S. 26 f.); vgl. auch Gluchowski et al. (2008, S. 196 ff.).

- Hauptkomponentenanalyse
  Bei der Hauptkomponentenanalyse geht es darum, Objekte durch die Untersuchung ihrer wichtigsten Faktoren einfacher zu beschreiben.
- Faktorenanalyse
  Eine Faktorenanalyse ist ein statisches Verfahren, bei dem die Merkmale zueinander in Relation gesetzt und Merkmalsgruppen gebildet werden, die einen Zusammenhang aufweisen.
- Abhängigkeitsentdeckung
  Dieser Prozess deckt die Beziehungsmuster der Merkmalsstufen untereinander auf. Die Abhängigkeitsentdeckung wird z. B. für die Warenkorbuntersuchung im Einzelhandel genutzt.
- Abweichungsentdeckung
  Hierbei wird untersucht, ob Merkmale vorhanden sind, die sich im großen Ausmaß von anderen unterscheiden. Mit Hilfe dieser Funktion kann man zum Beispiel Produktivitätsschwankungen in einem festen Zeitraum untersuchen.
- Diskriminanzanalyse
  Die Diskriminanzanalyse stellt ein Verfahren dar, das signifikante Unterschiede von Merkmalen erkennt und das die Zuordnung eines neuen Objekts in bestehende Klassen ermöglicht.
- Entscheidungsbäume
  Einen Entscheidungsbaum kann man sich bildlich als einen Baum vorstellen, wobei die Verzweigungen die Fragestellung und die Äste die unterschiedlichen Antwortmöglichkeiten darstellen. Entscheidungsbäume dienen zur Darstellung der Entscheidungswege, die zu einer bestimmten Aussage führen.
- Attributgewichtung
  Die Attributgewichtungsverfahren werden eingesetzt, um bestimmende Faktoren für ein Ergebnis, z. B. einen Entscheidungsprozess, zu ermitteln. Die Präferenzordnung der Attribute wird hierbei durch Gewichtungen vorgenommen.
- Regressionsanalyse
  Die Regressionsanalyse ergründet die Beziehung zwischen einer abhängigen und einer oder mehreren unabhängigen Variablen.
- Neuronale Netze
  Ein neuronales Netz besteht aus Neuronen, die miteinander über gewichtete Verknüpfungen verbunden sind. Neuronale Netze kommen zum Einsatz, wenn die Vielzahl von Datenobjekten das gesuchte Muster erschwert.
- Support-Vector-Maschine
  Eine Support-Vector-Maschine unterteilt eine Menge von Objekten in zwei Kategorien. Dadurch wird die Reduktion der sukzessiven Dimensionen ohne Informationsverlust möglich.

Die Erstellung eines Data-Mining-Analysemodells erfordert ein umfangreiches fachliches und technisches Wissen. Dabei beruht die Data-Mining-Implementierung im Wesentlichen auf vier Säulen:[88]

1. Datengrundlage: Die Qualität und die Verfügbarkeit von Daten sind ein wichtiger Faktor für den gesamten Projekterfolg.
2. Klarheit der Fragestellung: Die zu untersuchende Fragestellung soll deutlich formuliert sein. Andernfalls kann es zu einer Abweichung vom Zielergebnis kommen.
3. Qualität und Auswahl der Data-Mining-Methode: Um ein Ergebnis zu erlangen, müssen die Methoden der Analyse zur Fragestellung und zu den Daten passen.
4. Interpretation der Ergebnisse: Es ist besonders hervorzuheben, dass konkrete Aktionen durch die erzielten Ergebnisse abgeleitet werden, um dadurch einen Mehrwert für den betreffenden Geschäftsvorgang zu erzielen.

Verwandt mit dem Data Mining ist auch die Methode des **case-based reasoning** (fallbasierte Rückschlüsse). Unter dem case-based reasoning ist ein maschinelles Lernverfahren zu verstehen, das mit Hilfe von Analogien Lösungen für Problemstellungen sucht. Hierbei werden für neue Probleme ähnliche, historische Probleme und deren Lösungen gesucht und ggf. gleich oder angepasst angewendet.[89] Praktische Anwendungen sind im Kundendienstservice, z. B. als Helpdesk-Systeme, zu finden.

Unter **Text Mining** wird ein zumeist automatisierter Prozess der Erkenntnisermittlung in textmäßig dargestellten Daten verstanden, der eine effektive und effiziente Nutzung verfügbarer Dokumentsammlungen ermöglichen soll.[90] In Analogie zum Data Mining sollen hierbei Zusammenhänge zwischen Texten erkannt werden. Der Begriff Text Mining wurde von Ronen Feldman und Ido Dagan zunächst als „Knowledge Discovery from Text" (KDT) eingeführt.[91] Aus den analysierten Textdokumenten sollen wesentliche Erkenntnisse (Hypothesen, Zusammenhänge etc.) mit Hilfe von statistischen und linguistischen Mitteln der Text-Mining-Software ermittelt werden.

Artverwandt mit dem Text Mining ist das Audio Mining, bei dem Audiosequenzen, Tonträger oder andere Audiodateien bezüglich Ihrer Muster und Beziehungen analysiert werden. Erweitert man die Dokumente noch um Video- und Bilddateien, wird auch über Multimedia Mining gesprochen.[92] Zielt man darüber hinaus auf Internet- bzw. Web-Informationen, spricht man vom **Web Mining**.

[88] Vgl. Schrödl (2009, S. 28 f.)
[89] Vgl. Richter (2003, S. 407–430).
[90] Vgl. Mehler und Wolf (2005, S. 2).
[91] Vgl. Hotho et al. (2005, S. 19–62).
[92] Vgl. Mertens (2002, S. 17–19), URL: http://www.wi1-mertens.wiso.uni-erlangen.de/veroeffentlichungen/download/Business_Intelligence-ein_Ueberblick_Arbeitspapier_der_Universitaet_Erlangen-Nuernberg.zip, [Zugriff am 23.07.2011].

Durch die neuen Möglichkeiten, die das Internet im Bereich der Informationsbeschaffung bietet, liegt es nahe, Daten und Informationen aus dem Internet in ein Data Warehouse zu importieren. Dabei ist das WWW die wichtigste Informationsquelle für das Data Warehouse, wobei es relativ einfach ist, die vorhandenen Daten aus den strukturierten Websites mit HTML- oder XML-Format zu extrahieren und in das Data Warehouse zu importieren. Diese Ausprägung des Data Warehouse Konzeptes wird als „**Web Farming**", „**Web Casting**" bzw. „**Web Mining**" bezeichnet.[93] Hauptbereiche der Erkenntnisermittlung liegen auf den Inhalten, der Struktur der Web-Daten und dem Verhalten der Benutzer. Systeme wie DynaSight von Arcplan oder Decision von Comshare integrieren z. B. Datenquellen aus dem Intranet und dem Internet, wobei Web-Casting-Anwendungen die Internetinhalte auf Änderungen überprüfen und aktualisieren.[94] In die gleiche Richtung zielen auch sogenannte Internet-Agenten, wie z. B. BullsEye, SearchPad und InfoMagnet, die als Metasuchmaschinen mit Datenbeschaffungsfunktionen ausgestattet sind.[95] Web-Farming bzw. Internet-Agenten stehen bzgl. ihres Einsatzes und deren Ausgestaltung am Anfang ihrer Karriere. Insbesondere für die strategische Planung können sie mit Funktionen des Net Echoing, Net Monitoring und Net Scanning eine zentrale Rolle spielen. Sich ändernde Marktbedingungen können schneller über die Informationen aus dem Internet erkannt werden. RSS-Channels versorgen z. B. Anwender, ähnlich wie bei einem Nachrichtenticker, mit kurzen Informationsblöcken, die z. B. aus einer Schlagzeile, einem Kurzanriss des Textes einer Internetseite oder eines Blogs sowie dem entsprechenden Link zur Website besteht. Hierdurch kann sich der Anwender gezielter mit Neuigkeiten versorgen.[96]

5.5.5.4 Portal

In Portal-Lösungen werden vielfältige Analysesysteme und Informationen (z. B. basierend auf dem Data Warehouse aber auch auf anderen Systemen) durch eine einheitliche Benutzeroberfläche verbunden und meistens im Web zugänglich gemacht. Für eine bessere Handhabung und komfortablere Bedienung wird das Portal benutzerindividuell personalisiert, was bedeutet, dass auf den Endanwender die Oberfläche und Nutzung seiner benötigten Analyse- und Planungswerkzeuge etc. individuell abgestimmt und optimiert werden kann. Beispielsweise ist es möglich, seine eigenen Ordnerstrukturen für das Berichtswesen anzulegen und zu verwalten.[97] Auf aggregierter Ebene sind auch Rollenbasierte Portalausrichtungen für bestimmte Nutzergruppen sinnvoll.

Im Gegensatz zu Standardsoftware-Reporting-Lösungen, die die Erstellung von Berichten und Planungen nur von einem bestimmten Arbeitsplatzrechner oder einem anderen Endgerät erlauben, kann man mit Portalen unterschiedliche Anwendungen mit Hilfe der

[93] Vgl. Behme und Mucksch (1997, S. 150) und Schinzer et al. (1999, S. 284 u. 314 f.).

[94] Siehe Leßweng (2004, S. 43).

[95] Vgl. Leßweng (2004, S. 41–49).

[96] Really Simple Syndications (RSS) ist eine Familie von Formaten für die einfache und strukturierte Veröffentlichung von Änderungen auf Internetseiten.

[97] Vgl. Egger et al. (2009, S. 101 f.).

Internettechnologie sinnvoll integrieren. Beispiele für solche Portale sind z. B. SAP Business Objekts mit Info View von der SAP AG oder das SharePoint Portal von Microsoft. Alle Informationen und Applikationen lassen sich in einem Webbrowser anzeigen und nutzen, ohne dass ein separater Aufruf eines anderen Programms notwendig wird. Daher ist das **Single Sign On**, das einmalige Anmelden für verschiedenste Programme und Aufgaben ein wichtiger Vorteil von **Portal- bzw. Sharepoint**-Lösungen. Über die Anmeldeprüfung des Berechtigungsprofils werden nur die individuellen oder rollenspezifischen Inhalte und Anwendungen zur Verfügung gestellt. Allgemein öffentlich zugängliche und nützliche Informationen, wie aktuelle Mitteilungen des Unternehmens, Betriebskalender, Aktienkurse etc. bereichern die Informationsmöglichkeiten der Portale.

Ein weiterer Vorteil von Portal- und Sharepoint-Lösungen liegt in der Interaktion mit anderen Benutzern. Beispielsweise werden Chats und Videokonferenzen für Präsentationen ermöglicht oder es kann gemeinsam an Berichten und Dokumenten gearbeitet werden.

Es lassen sich folgende Arten von Portalen unterscheiden:

- Öffentliche Portale (Katalog-, Such-, Nachrichtendienste, soziale Netzwerke etc.)
- Persönliche Portale (persönliche Internetseiten)
- Unternehmensportale (u. a. Firmen-Intranet)

Um den gleichzeitigen Zugriff auf mehrere angebundene Anwendungen zu ermöglichen verwenden Portale sog. Portlets. Jedes Portlet bildet dafür innerhalb einer Berichtsseite ein eigenständiges Fenster für die mit ihm verbundene Anwendung. Diese Portlets können vom Benutzer individuell am Bildschirm arrangiert sowie minimiert werden. Portale basieren heutzutage generell auf der Internet-Technologie und werden daher weitestgehend in Web-Browsern geöffnet.

Das Reporting und die Planung sind innerhalb der Unternehmensportale eingebunden. Sie können von beliebigen Endgeräten, dem Arbeitsplatzrechner oder den mobilen Endgeräten (Handys, PDA's, Smartphones etc.) über das Internet und den gesicherten Portalzugängen weltweit erreicht werden.

Aufgrund der wichtigen Entscheidungsunterstützungsfunktion für das Management sind Reporting und Planung wichtige Bestandteile für Portallösungen, die um die Kommunikationsfunktion und weitere Informationsbereiche sinnvoll ergänzt werden können, wie Abb. 5.29 verdeutlicht. So können neben den Reporting und Planungsanwendungen auch Collaboration- und Büro- Funktionalitäten, wie z. B. Terminplaner, E-Mail-Dienste, Suchmaschinen und Chats etc. eingebaut werden.

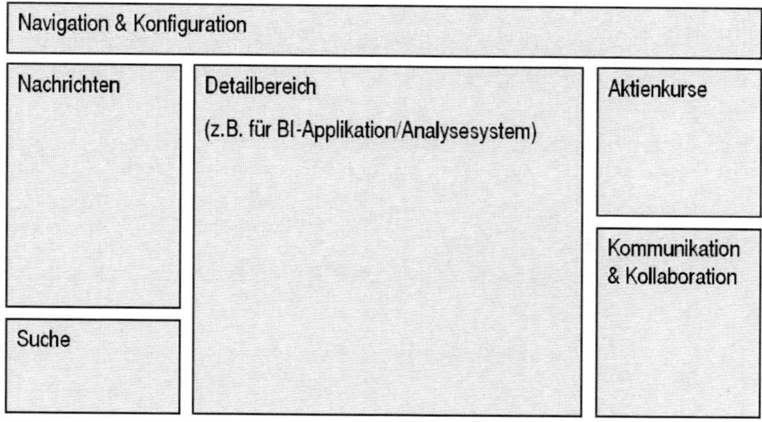

Abb. 5.29 Schematischer Aufbau eines Portals[98]

5.5.5.5 Verteilungsmöglichkeiten

In diesem Kapitel sollen kurz die Verteilungsmöglichkeiten für die Planung und das Berichtswesen skizziert werden:[99]

Bei der **Verteilung** stehen grundsätzlich folgende Wege zur Verfügung:

a. Nutzung der Berichts- und Planungsfunktionen innerhalb des Analysewerkzeugs:
   - Anlage von einstufigen oder hierarchischen Ordnerstrukturen, Listen, Registern bzw. Berichtsmappen (Briefing Books), z. B. für Personen, Rollen und Bereiche,
     - in denen die Berichte in einem Format abgelegt sind oder
     - in denen ein Direktzugriff auf die Berichte und Planungsformulare in der jeweiligen Oberfläche (z. B. proprietär, Web oder Excel-Add-in) möglich ist.
   - Anlage von Navigationsberichten, z. B. für Personen, Rollen und Bereiche,
     - aus denen die Berichte in einem Ausgabeformat abgerufen werden können oder
     - in denen ein Direktzugriff auf die Berichte und Planungsformulare in der jeweiligen Oberfläche (z. B. proprietär, web, Excel-Add-in) möglich ist.

b. Weitergabe der Berichte und Planungen außerhalb des Analysewerkzeugs in folgenden Formen:
   - Verschiedenste Ausgabeformate mit Email (manuell oder ggf. unterstützt vom Analysewerkzeug)
   - Verschiedenste Ausgabeformate in einfache Dokumentenverzeichnisse
   - Verschiedenste Ausgabeformate in Content-/Dokumentenmanagementsysteme
   - Verschiedenste Ausgabeformate an spezielle Reporting – und Planungs-Server über Managed Query Environment

[98] Entnommen und um die Umrandung gekürzt aus: Kemper et al. (2010, S. 158).
[99] Vgl. u. a. Kemper et al. (2010, S. 148–153).

- Verschiedenste Ausgabeformate an Portallösungen
- Verschiedenste Ausgabeformate für bestimmte Kommunikationsdienste (Chat, Videokonferenzen etc.)
- Online-Links
- Direkte Einbindung der Analyse- und Planungssysteme in Portallösungen

5.5.5.6 Ausgabeformate und -medien

Als Ausgabeformate für die Planung und das Reporting stehen vor allem folgende Formate zur Verfügung

- Dokumentenformate
  - Web-Formate (HTML etc.)
  - Druckformate (.pdf etc.)
  - Textformate (.doc, .txt etc.)
  - Präsentationsformate (u. a. .ppt von MS Powerpoint)
  - Grafik-Formate (.jpg, .bmp etc.)
  - Video- und Audio-Formate (.mp3, .avi, .wmv etc.)
  - E-Books: (.epub [offener Standard für electronic publication])
  - ...
- Maschinen verarbeitende Datenformate und Standardformate für spezielle Anwendungskomponenten
  - CSV-Dateien (Comma Separated Values)
  - Tabellenkalkulationsformat (u. a. .xls von Microsoft)
  - Proprietäres Format des Analysewerkzeugs
  - XML-Format (Extensible Markup Language)
  - XBRL-Format (Extensible Business Reporting Language)
  - PMML (predictive Model Mining Language) für Data Mining-Modelle
  - ...

Berichte und Planungsformulare werden gerne zur Weiterverarbeitung, für den Druck, für nachgelagerte Systeme oder für die Präsentation in verschiedene Ausgabeformate konvertiert.

Reine Dokumentenformate eignen sich gut für die papiermäßige Berichterstattung und die Versendung von elektronischen Mails oder das Hinterlegen von fixierten Berichten in Portal- und Web-Lösungen oder in speziellen Dokumentenverzeichnissen, Content- bzw. Dokumentenmanagementsystemen bis hin zu eigenen Reporting-Servern.

Präsentationsausgabeformate eignen sich gut für die Präsentation der Berichtsinhalte z. B. in Führungskreisrunden, Versammlungen oder anderen Besprechungsmeetings. Im Gegensatz zur fixierten Darstellung von Berichtsinhalten wie beim Ausdruck, können die Analysten in den Präsentationen teilweise sogar interaktiv im Datenbestand navigieren, ohne dass sie direkt in das System verzweigen müssen.

Maschinenverarbeitende Datenformate und Standardformate für spezielle Anwendungskomponenten werden zur Weiterverarbeitung für Berichte und Planungen in nachgelagerten Systemen verwendet. Häufig wird hier MS Excel als Tabellenkalkulationssystem verwendet, in dem allerdings die Nachpflege der Planungen und Berichte jedoch teils sehr aufwändig und zeitintensiv ist. Seltener anzutreffen ist die Exportfunktion für andere Systeme (z. B. in ein ERP-System oder in ein Datenbankmanagementsystem wie z. B. MS Access).

Die Softwareapplikationen für das Reporting und die Planung besitzen i. d. R. eine eigene (proprietäre) grafische Benutzeroberfläche und proprietäre Ausgabeformate, mit der die Berichte zur Verfügung gestellt werden. Diese lassen sich per DV-Zugang über die Reportingsoftware direkt ansteuern. In Führungskreisrunden und anderen Besprechungsmeetings kann die Reportingsoftware in Analysemeetings in Büro-, Konferenz- bzw. Präsentationsräumen mit Beamer, Bildschirmen oder anderen technischen Darstellungsmöglichkeiten genutzt werden. Die Berichte und der ausgewählte Datenbestand lassen sich dabei flexibel analysieren. Nachteilig ist, dass die Software und die grafische Benutzeroberfläche auf dem Rechner oder über den Rechnerzugang zur Verfügung gestellt werden muss, was i. d. R. mit Lizenzkosten verbunden ist.

Seit Einführung des World Wide Web sind die internet- und intranetfähigen Web-Formate wie HTML nicht mehr für die Analyse von Berichten wegzudenken. Einige Softwareanbieter setzen für die Ausgabeform der Berichte und sogar für die gesamte Applikation nur noch auf die Web-Technologie. Besitzt der PC auf dem die Analyse angesteuert wird einen Browser, kann der Bericht unabhängig von der Reportingsoftware betrachtet werden. Der Vorteil hierbei ist, dass keine Lizenz und keine zusätzlichen Installationskosten für die Software auf den jeweiligen PCs für die Analyse anfallen. Für viele international tätige Firmen ist zudem vorteilhaft, dass von jedem Ort der Welt, an dem ein Internetzugang vorhanden ist, Berichte und Planungen aufgerufen werden können.

Als Bündelung des Reporting, der Planung aber auch vieler anderer Applikationen werden immer häufiger webfähige Portallösungen eingesetzt. Sie haben den Vorteil, dass hierunter die ganze Informationsvielfalt des Unternehmens für all seine externen und internen User und Geschäftspartner unter einer Oberfläche gestaltet und genutzt werden können.

Für den Austausch von Geschäftsdaten werden zudem auch verstärkt andere Sprachen wie XML (Extensible Markup Language) oder Weiterentwicklungen wie XBRL (Extensible Business Reporting Language ist ein internationaler Standard u. a. für den Austausch einer elektronischen Bilanz) verwendet.[100]

Von der Anwenderseite können folgende Ausgabemedien differenziert werden:

[100] Vgl. Manhart, K.: Grundlagenserie Business Intelligence (Teil 1) Berichtssysteme: Grundtypen und Techniken, URL: http://www.tecchannel.de/server/sql/1751728/berichtssysteme_teil_1_grundtypen_und_techniken/index6.html [Zugriff am 28.06.2011].

- Papierausdruck
  - In verschiedensten Größen (Din A4 etc.)
  - Farbgebung (Schwarz-Weiß/Bunt)
  - Bindung (Spiral, Ordner etc.)
- Bildschirme und Präsentationsmedien
  - In verschiedensten Größen (z. B. 15-Zoll, 17-Zoll, 19-Zoll etc.)
  - Ausgabemedium: Flachbildschirm, interaktive Whiteboards, Fernseher, Beamer, Display etc.
  - Standortgebundene Geräte (PC, Netzwerk-Terminal etc.)
  - Mobile Geräte (Laptop, Notebook, Smartpad, Smartphone, ebook reader etc.)

Bei der Ausgestaltung der Berichte und Planungsformulare sind unterschiedliche Ausgabemedien zu beachten, die vor allem die Seitenansicht und -größe beeinflussen.

Druckberichte

Druckberichte werden i. d. R. im gängigen DIN A4 Format quer oder hochkant erstellt. Sollen Druckberichte in Anlehnung an Bildschirmpräsentationen erzeugt werden, ist das Querformat zu empfehlen, da der Umbau der Bildschirmformatausgabe ansonsten größer ausfällt. Die heutigen modernen Reporting-Design-Programme konvertieren aus den Bildschirmberichten häufig druckfähige Präsentationsberichte und skalieren die Formate von der Bildschirmauflösung an die Druckformatgröße.

Im Falle von nach Objekten sortierten Berichten, wie z. B. beim Kostenstellenbericht nach Bereichen und Einzelkostenstellen, ist darauf zu achten, dass die generellen Berichtskopfinformationen mitgegeben werden, damit die Berichte später eindeutig zugeordnet werden können.

Bei Druckberichten ist weiterhin die Farbgestaltung von Bedeutung. Werden kostensparende Schwarz-Weiß-Drucker eingesetzt, ist bei der Gestaltung des Layouts und vor allem bei der Gestaltung der Diagramme darauf zu achten, dass aufgrund der fehlenden Farbgebung die Lesbarkeit des Berichts nicht eingeschränkt oder sogar stellenweise unmöglich gemacht wird, da die Farben beim Schwarz-Weiß-Ausdruck nicht bzw. schlecht unterschieden werden können. Im Falle von farbintensiven Managementberichten ist aufgrund der höheren Wiedererkennung zum Bildschirmbericht und der besseren Lesbarkeit der Farbdruck zu favorisieren. Dennoch kann es Sinn machen, bei einfacher Berichtsform die kostensparende Schwarz-Weiß-Version zu verwenden.

Aufgrund der vielen modernen elektronischen Präsentationsmedien werden Druckberichte aber an Bedeutung verlieren. Kosteneinsparungen sind hier zu generieren.

Bildschirme und Präsentationsmedien

Gerne werden für das Managementreporting Bildschirmberichte und andere Präsentationsmedien wie Beamer, Großleinwände oder Großbildschirme eingesetzt, egal um welches Ausgabeformat der Software es sich handelt. Vorteile dieser Präsentation sind die Flexibilität bei der Navigation im Berichtswesen und die farbliche Wahrnehmung.

Je nach Typ und Medienart haben die Bildschirme und andere Präsentationsmedien unterschiedliche Größen-Auflösungen. Diese werden teilweise durch die Skalierung der Reporting-Software angepasst. Ist die Auflösung jedoch zu klein, sind Teile der Berichtsinformationen auf den ersten Blick nicht zu sehen und müssen durch scrollen der Bildschirmlaufleisten nach rechts- und links bzw. nach oben oder unten erreicht werden. Dies sollte vermieden werden.

Die Bildschirmgröße wird noch entscheidender, wenn das Management-Reporting auf Smartphones dargestellt werden soll. Hier reicht die Größe des 3,5″-Bildschirm, wie z. B. bei einem iPhone 4 s, nicht aus, um die Informationen eines 19 Zoll Monitors wiederzugeben. Hier ist die Informationsaufteilung und -verdichtung unabdingbar.

Die derzeit weitgehendste Informationsbereitstellung für den Benutzer erfolgt direkt zu seinem mobilen Endgerät. Smartphones, Smartpads und andere mobile Endgeräte sind bereits so leistungsfähig, detaillierte Berichtsinhalte darzustellen. Sie reichen vom Zugriff auf einfache PDF-Dokumente über Web-Seiten-gestützte Berichtssysteme bis hin zu Direktzugriffen auf die jeweiligen Applikationen. Vorteil ist die ständige Verfügbarkeit der Informationen an allen mobil erreichbaren Orten der Welt. Nachteilig sind die kleinen Auflösungen, die für komplexeres Berichtsmaterial sowie für Planungsaufgaben nicht geeignet sind (vgl. hierzu Abschn. 5.7).

Grundsätzlich besteht in der Abstimmung der Berichtsgrößen von Druck- und Bildschirmberichten eine große technische, bedingt aber auch inhaltliche Herausforderung für das Reporting und die Planung. Dem Benutzer sollte beim Wechseln der Medien leicht fallen, sich unter der jeweiligen neuen Oberfläche möglichst schnell zurechtzufinden.

Hinsichtlich der Technik sind Bildschirmgröße und Bildschirmauflösung zu beachten. Während die Bildschirmgröße (hier in Zoll dargestellt) die Diagonale der Bildschirmfläche beschreibt, gibt die Bildschirmauflösung die Punktdichte je Spalte und Zeile an, über die man die Pixelanzahl des Bildes bestimmen kann (vgl. Abb. 5.30).

Für das mobile Reporting sind aufgrund der kleineren Bildschirmauflösung folgende Punkte wichtig:

- PDF-Dokumente in e-book-Format mit angepasster Schriftgröße
- Page-by-Page-Navigation anstelle von aktiver Navigation im Detailbericht z. B. mit Icons
- Ausblendung von nicht benötigten Funktionen
- Reduktion der Inhalte auf Kerninformationen für das One-Page-Reporting
- Gestufte Navigation von Kern- auf Detailinformationen
- Einfache Hervorhebungen wie mit Colour-Coding (Ampelfarben) ohne Überfrachtung mit Details
- Register zum Blättern statt aufwändige Pull-down-Menüs

Der Nachteil der kleinen Bildschirmgröße kann ggf. in der Kombination mit anderen Endgeräten (z. B. TV und Bildschirmen) verkleinert werden, wenn die mobilen Endgeräte

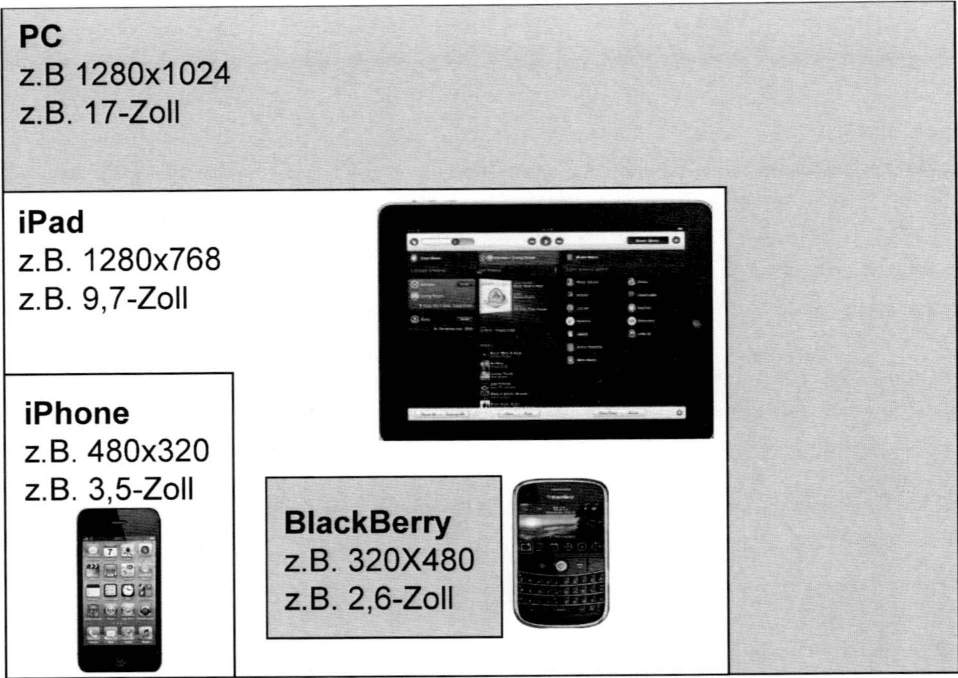

Abb. 5.30 Bildschirmauflösung und Bildschirmgröße[101]

an diese Geräte angeschlossen werden. Mit der Airplay-Funktionalität von Apple ist dies z. B. sogar drahtlos möglich, setzt aber wiederum kompatible Endgeräte voraus, die z. B. über eine Bluetooth-Schnittstelle verbunden werden.

5.5.6 Planungswerkzeuge

Planungswerkzeuge mit denen sich einfache Planungslösungen für ausgewählte Funktionsbereiche, aber auch komplexe integrierte Unternehmensplanungsmodelle abbilden lassen, basieren auf den gleichen technischen Voraussetzungen eines Data Warehouse (ETL-Prozesse, OLAP etc.), wie sie auch bei Reportinglösungen zur Anwendung kommen, die in den voranstehenden Kapiteln erläutert wurden. Allerdings gibt es Besonderheiten, die speziell die Planungswerkzeuge betreffen, die im Folgenden herausgestellt werden.

[101] Die Marken, Abbildungen und Symbole vom iPhone und iPad sind ausschließliches Eigentum und Warenzeichen der Apple Inc. Die Marken, Abbildungen und Symbole der RIM- und BlackBerry-Familie sind ausschließliches Eigentum und Warenzeichen von Research in Motion Limited.

Die Softwareanbieter bieten Planungslösungen an, die von Planungsplattformen bis hin zu Standardlösungen reichen.[102] Planungsplattformen stellen eine offene Entwicklungsumgebung dar, die Methoden und Modelle als Werkzeuge zur Verfügung stellt, mit denen der Aufbau einer individuellen Planungslösung entwickelt werden kann. Zusätzlich lassen sich einfache Planungsvorlagen nutzen und flexibel anpassen.[103]

Standardlösungen hingegen sind betriebswirtschaftlich weit vorgedachte Planungslösungen mit vielen Standardvorlagen z. B. für Planungsformulare und -funktionen, die normiert sind und vom Unternehmen nur bedingt angepasst werden können. Auch Mischformen sind vorhanden, wo für Teilbereiche Standardvorlagen existieren und für andere Bereiche die Entwicklungsumgebung mit Methoden und Modellen als Werkzeuge genutzt werden.

Weiterhin unterscheiden sich die Softwareanbieter in diejenigen, welche die Planungslösungen als Teil einer gesamten Produktpalette verstehen, und diejenigen, welche die Planungslösung als Spezialprogramm losgelöst von einer Produktpalette anbieten. Im ersten Fall handelt es sich beispielsweise um ERP-Systemanbieter, die neben der Produktion und der Logistik, das Rechnungswesen und das Personalmanagement für die operative Geschäftsabwicklung anbieten und zudem dispositive Führungssysteme mit Planungs- und Reportingkomponenten zur Verfügung stellen. Im zweiten Fall sind andere Softwarehäuser zu finden, die sich vollkommen auf die Entwicklung von Werkzeugen und Vorlagen für Planung spezialisiert haben. Diese Systeme haben dementsprechend einen höheren Integrationsaufwand, wenn es darum geht, Datenquellen anzubinden oder Informationen weiterzureichen. Die Planungssysteme können in beiden Fällen als Plattformlösung, als Standardlösung oder als Mischform ausgeprägt sein.

Bei der **Datenhaltung** können die im Reporting eingesetzten Datenwürfel (Cubes) nicht einfach auch für Planungszwecke verwendet werden, da aus Sicht der Technik Reporting-Cubes nur für Lesezugriffe und für eine vergleichsweise kleine Zahl gleichzeitiger Zugriffe optimiert werden.

Beim Erzeugen von Plandaten werden jedoch neue Datensätze erzeugt, so dass die Performance bei Schreibzugriffen eine größere Bedeutung bekommt und man zu diesem Zweck z. B. einen separaten Cube oder eine spezielle Partition anlegen muss, die auf Planungszwecke spezialisiert sind.[104] Die Multiuser-Fähigkeit muss für die Planung und für das Reporting gleichermaßen sichergestellt werden.

Die SAP-Lösungen SEM BPS oder SAP BI IP sehen z. B. einen Basis-Cube mit reinen Leserechten (für Reporting-Zwecke) vor, in denen Daten über den ETL-Prozess geladen werden. Darüber hinaus wird ein transaktionaler Cube mit Schreib- und Leserechten für die Planung benötigt, der mittlerweile realtime-fähiger InfoCube genannt wird. Dieser hier

[102] Vgl. Dahnken et al. (2004, S. 55 ff.).
[103] Vgl. Meier et al. (2003, S. 90 ff.).
[104] Vgl. Hilfetexte des SAP-Portals, URL: http://help.sap.com/saphelp_sem60/helpdata/de/39/100c38e15711d4b2d90050da4c74dc/frameset.htm [Zugriff am 20.07.201].

weiterhin transaktional genannte Cube muss dabei z. B. verschiedene Aktionen trennen können:

- Transaktionaler Cube kann mit Daten beladen werden → kein Planen erlaubt
- Transaktionaler Cube kann beplant werden → kein Datenladen erlaubt

Damit ein Umschalten zwischen Planen und Datenladen bei transaktionalen Cubes nicht notwendig wird, ist es hier zu empfehlen eine virtuelle Verbindung des Basis- und transaktionalen Cubes mit Hilfe eines sogenannten Multicube zu erzeugen, mit denen Planungs- und Reportingzwecke gleichzeitig erfüllt werden können.

Hiermit kann die Restriktion umgangen werden, dass die für die Planung häufig als Referenz erforderlichen Ist-Daten aus vorgelagerten Quellen nicht direkt in einen transaktionalen Cube geladen werden können.[105] In diesem Fall werden also drei Objekte zur Datenhaltung und -pflege benötigt:

- Ein herkömmlicher (nicht-transaktionalen) **Basis-Cube**, der über den modellierten ETL-Prozess mit zu ladenden Daten befüllt wird.
- Ein **transaktionaler Cube**, in dem unter Bezug auf die geladenen Daten des herkömmlichen Cube Plandaten erzeugt werden.
- Ein Multi-Cube, der den Basis- und transaktionalen Cube verbindet, um gleichzeitig Planungs- und Reportingzwecke unterstützen zu können.

Aufgrund der Schreibzugriffe verschiedener Planer benötigen Planungssysteme spezielle Servicefunktionen, die das parallele Arbeiten ermöglichen. Objekte, die von einem Planer gerade geplant werden, können nicht gleichzeitig von anderen geplant werden. Zudem dürfen Ladeprozesse und Schreibprozesse sich nicht in die Quere kommen. Hier helfen Sperrkonzepte und Funktionen, die diese Aufgabe lenken.

Das Befüllen eines transaktionalen Cubes kann über drei Wege erfolgen. Über die manuelle Planung im Planungsformular, über die Anwendung von Planungsfunktionen oder über das Laden von Daten vorgelagerter Quellen.

Eine weitere Besonderheit bei Planungswerkzeugen stellen die Methoden und Modelle zur Abbildung der Planung dar. In einer **Planungsumgebung können dabei** alle Planungsobjekte und Planungsfunktionen administriert werden. Sie bildet somit die zentrale Arbeitsumgebung für die Planung. Für eine Planungssystemlösung werden folgende Objekte und Funktionen benötigt:

- Planungsgebiete
- Planungsfunktionen

[105] Vgl. Hilfetexte des SAP-Portals, URL: http://help.sap.com/saphelp_sem60/helpdata/de/5d/7c4b52691011d4b2f00050dadfb23f/frameset.htm [Zugriff am 26.01.2009].

- Planungsformulare
- Planungsprozessunterstützung

Planungsgebiete umfassen in sich geschlossene Planungsbereiche, die sich mit einem Teil der Gesamtplanung beschäftigen. Es bietet sich an, z. B. Absatz-, Finanz- und Kostenstellenplanung etc. eigenen Planungsgebieten zuzuordnen. Auch die Unterteilung dieser Gebiete in kleinere Planungsgebiete ist je nach Komplexität des Planungsmodells sinnvoll.

Eine wichtige Planungsaufgabe bei komplexen, integrierten Unternehmensplanungsmodellen ist die **Integration und Abstimmung der Teilpläne**. Hierzu bieten die Planungssysteme ebenfalls Lösungen an, die Daten zu verdichten und zu vergleichen. Zudem werden hier Abstimmungs- und Genehmigungsprozesse unterstützt.

Ein Planungsgebiet im SAP-Planungssystem SEM BPS oder SAP BI IP enthält z. B. eine Datenbasis, in der die Plan-Daten inklusive Stammdaten (Attribute und Variablen, wie z. B. Planungszeiträume) bereitgestellt werden und es beinhaltet zusätzlich die Einstellungen, die das manuelle oder maschinelle Bearbeiten der Plan-Daten erlauben. Mehrere Planungsgebiete können zudem zu einem Multi-Planungsgebiet zusammenfasst werden.[106]

Unterhalb der Multi- bzw. Planungsgebiete sind häufig weitere Administrationsebenen wie Planungsebenen oder Planungspakete vorhanden, in denen u. a. die Ist-Daten als Vorgabewerte geladen werden können und zu planende Merkmale, Merkmalsausprägungen und Kennzahlen gefiltert bzw. selektiert werden können, Vorschlagswerte definiert werden können oder Planungsfunktionen zur Verfügung gestellt werden können.

Planungsfunktionen verändern Bewegungsdaten. Bei der Definition einer Planungsfunktion wird festgelegt, welche Werte verwendet werden sollen. Typische Planungsfunktionen sind:

- Kopieren
- Verteilungen, z. B.
  - Top-Down mit oder ohne Fixierung nicht änderbarer Werte
  - Restwertverteilungen
  - Referenzverteilungen
  - Saisonverteilungen
  - Schlüsselverteilungen
  - ...
- Verdichtungen
- Abstimmfunktionen
- Datenänderungen rückgängig machen (Rollback-Funktion)
- Umwertungen
- Umrechnungen von Einheiten und Währungen
- Hochrechnungs- und Prognosefunktionen

[106] Vgl. Hilfetexte des SAP-Portals, URL: http://help.sap.com/saphelp_sem60/helpdata/de/05/242537cedf2056e10000009b38f936/frameset.htm [Zugriff am 09.02.09].

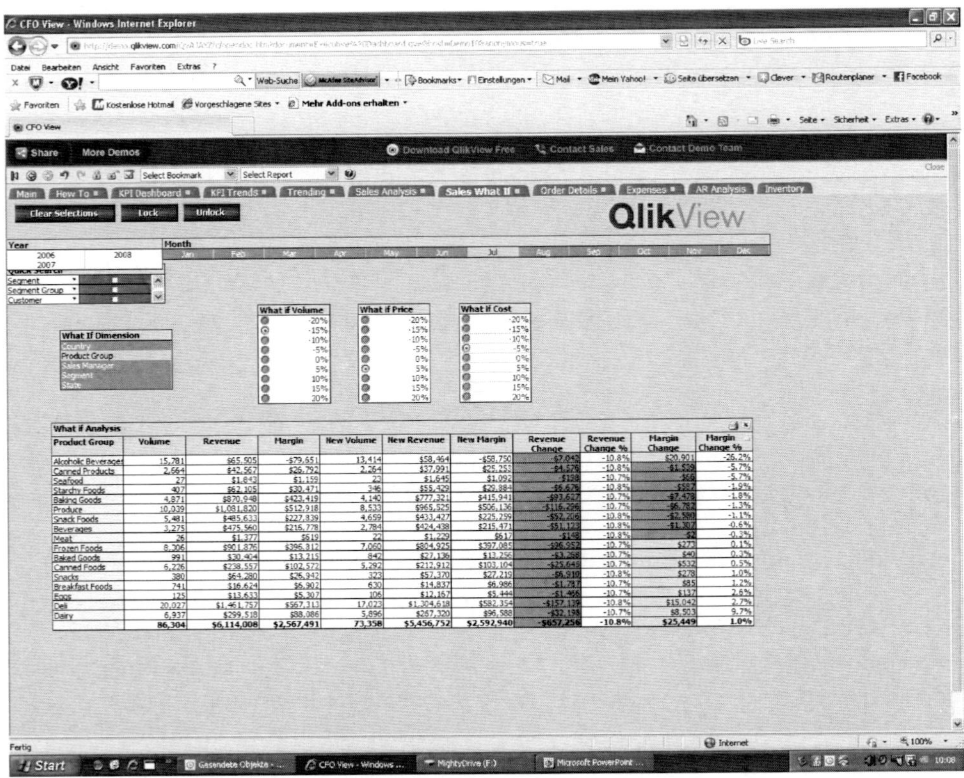

Abb. 5.31 What-If-Simulation (Beispiel QlikView)[107]

- Simulationen und Sensitivitätsanalysen (u. a. What-If- und How-to-Achieve-Simulation)
- Mathematische und statistische Formeln
- Umbuchen
- Löschen
- Manuelles Ändern

Bei vielen Planungsfunktionen wird i. d. R. sofort ein Ergebnis erwartet, das „on the fly" angestoßen und analysiert werden kann. Ein Beispiel für eine What-If-Simulation, die sofort die Änderung der Inputfaktoren auf das Ergebnis berechnet, zeigt exemplarisch Abb. 5.31.

Unter einem **Planungsformular** versteht man grundsätzlich ein Formular zur Erfassung von Plan-Daten. Dem Anwender wird die Möglichkeit gegeben, neue Daten zu planen

[107] Quelle: QlikView-Demo Sales Analysis, URL: http://demo.qlikview.com/QvAJAXZfc/opendoc.htm?document=Executive%20Dashboard.qvw&host=Demo10&anonymous=true, [Zugriff am 20.07.2011].

bzw. geladene oder berechnete Werte zu Report- und Analysezwecken zu nutzen.[108] Über Pflegefunktionen kann das Layout des Planungsformulars in allen Facetten definiert werden:

- Filter-/Selektionskriterien
- Berichtskopf/-fuß
- Report- und Planungstabellen mit Anzeigewertfelder und manuellen Eingabefeldern
- Planungsfunktionen
- Diagramme
- etc.

Für die Gestaltung der Planungsformulare stehen dem Anwender Modellierungswerkzeuge zur individuellen Gestaltung oder Wizard-Funktionen zur Verfügung, bei denen der Anwender geführt Vorschläge bekommt, wie einzelne Formularinhalte gestaltet werden sollen.

Zu den Besonderheiten von Planungsformularen vergleiche auch Abschn. 3.9.

Ausgereifte Planungssysteme verfügen zudem über Funktionen zur **Planungsprozessunterstützung**. Diese reichen von der Abbildung von individuellen Planungsworkflows, der Terminierung, dem Monitoring, der Abstimmung und der Genehmigung der Teilpläne bis hin zur Integration von Collaboration-Funktionen wie Email, Chat, Wiki und Blogs, wie sie auch unter dem Schlagwort Web 2.0 im Internet zusammengefasst werden. Sogenannte Status- und Trackingsysteme[109] helfen dabei, den Bearbeitungsfortschritt im Rahmen der verschiedenen Planungsaufgaben im Unternehmen zu überwachen. Diese Systeme unterstützen die Ablaufiteration der jeweiligen Planungsaufgaben und helfen den Planenden, die hierfür notwendigen Planungsgebiete und -objekte zu bearbeiten. Wie der Name verdeutlicht, helfen Status- und Trackingsysteme den Status der Planungsaufgaben zu überwachen und informieren, z. B. mit Hilfe von E-Mails, die Planenden über den Start ihrer Planungsteilaufgaben. Die Definition von Planungsrunden, die Abhängigkeiten zwischen den Planungsgebieten und ihren Aufgaben sowie die Prüf- und Genehmigungsschritte und die damit verbundenen Freigaben werden ebenfalls unterstützt.[110]

Als Planungsoberflächen kommen die bereits im Abschn. 5.5.5.2 vorgestellten Benutzeroberflächen in Frage:

- MS Excel als Add-in-Lösung
- Proprietäre grafische Benutzeroberfläche
- Web-Oberfläche

---

[108] Vgl. Egger et al. (2005, S. 163 ff.).

[109] Prozessunterstützende Systeme sind auch unter dem Begriff Status- und Trackingsysteme bekannt.

[110] Vgl. Knöll et al. (2006, S. 212–215).

5.5.7 Weitere Nutzungsmöglichkeiten für Managementaufgaben (Konsolidierung, Balanced Scorecard, Risikomanagement etc.)

Die Nutzung von Data-Warehouse-gestützten Systemen beschränkt sich nicht rein auf Reporting- und Planungsaufgaben, sondern unterstützt Geschäftsprozesse (Real-time-Data-Warehousing), Funktionsbereiche (z. B. CRM- und SCM-Systeme) und viele weitere Leitungs- und Managementaufgaben. Neben dem Reporting und der Planung als Kernaufgaben im Management-Regelkreis, findet man für das Management spezielle Aufgabengebiete, die mit Data-Warehouse-Systemen abgedeckt werden. Hierzu gehören u. a.:

- Kennzahlensysteme z. B. zur Wertorientierten Unternehmensführung
- Balanced Scorecard
- Konsolidierung
- Risikomanagement
- etc.

Für die Abbildung dieser Aufgabenbereiche können die für die Planung und das Reporting geschilderten Werkzeuge, angefangen von der Datenmodellierung bis zur Datenanalyse sowie den vorhandenen Methoden- und Modelldatenbanken, für eine individuelle Eigenentwicklung genutzt werden. Dies betrifft vor allem betriebswirtschaftliche Aufgaben, die viele Planungs- und Reportingfunktionen benötigen, wie z. B. die Balanced Scorecard und die Kennzahlensysteme.

Kennzahlensysteme, wie sie u. a. in klassischen Konzepten wie dem RL-Kennzahlen-System, dem Du-Pont- oder ROI-Kennzahlensystem oder in neuen Konzepten der „Wertorientierten Unternehmensführung“ (Value Bases Management) zu finden sind, lassen sich in tabellarischer und grafischer Form i. d. R. leicht mit den aufgeführten Reporting- und Planungswerkzeugen erstellen. Moderne Kennzahlen wie z. B. der Discounted Cash Flow (DCF), der Economic Value Edit (EVA) oder der Cash Flow Return on Investment (CFROI) lassen sich dabei genauso einfach abbilden wie traditionelle Kennzahlen. Selbst die Darstellung der Werttreiberbäume lassen sich grafisch verwirklichen, wie Abb. 5.32 zeigt. Für Sonderfunktionen wie der Simulation der Kennzahlenentwicklung in den Werttreiberbäumen haben sich aber auch erweiterte Standardlösungen etabliert.

Ein Beispiel für die Umsetzung der **Balanced Scorecard** mit Hilfe von vorhandenen Methoden- und Modelldatenbanken wurde bereits im Abschn. 3.11.1 am Beispiel der SAP-NetWeaver-Technologie gezeigt. Vorteil solcher Individuallösungen ist der flexible Aufbau und die Umsetzung der individuellen Unternehmensanforderungen, die eine Unternehmung an eine betriebswirtschaftliche Methode wie die Balanced Scorecard stellt.

Wichtigster Nachteil ist der hierfür höhere Aufwand der anfällt, um methodenspezifische Funktionen und Leistungen neu zu erstellen. Wird die Balanced Scorecard-Methodik über die Darstellung der reinen Kennzahlentafel-Darstellung immer weiter mit methodenspezifischen Funktionen ausgebaut, kommen Standardlösungen in Betracht. Eine solche Standardlösung für die Balanced Scorecard umfasst dann neben der Darstellung der Kenn-

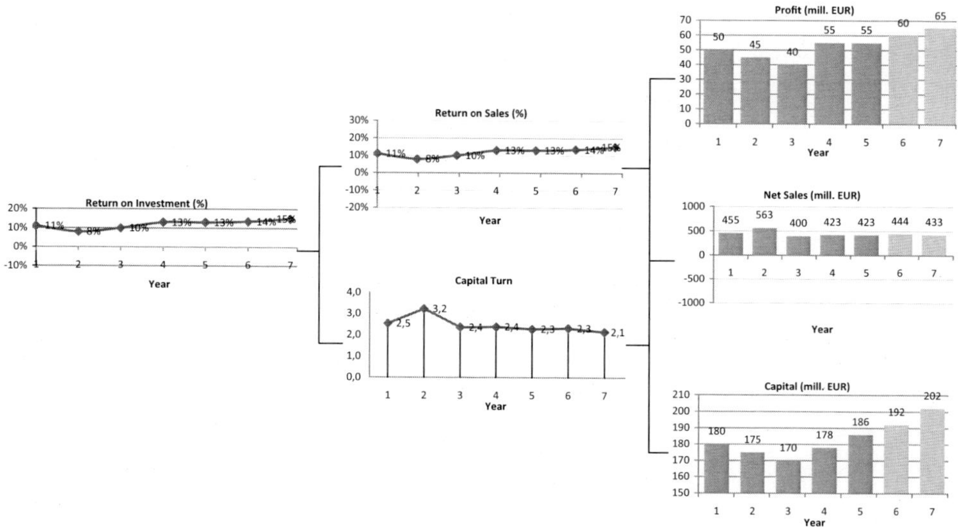

Abb. 5.32 Exemplarischer Du-Pont-Kennzahlen-Baum

zahlentafel (u. a. mit strategischen Zielen, Kennzahlen, Vorgaben, Werte zur Zielerreichung je Perspektive) auch zusätzlich folgende Funktionen:

- Kaskardierung und Abstimmung der Balanced Scorecard von der zentralen Unternehmensebene auf Bereichs-Scorecards (z. B. strategische Geschäftsfelder und Funktionsbereiche)
- Dokumentations- und Kommunikationsfunktionen zur Strategiefindung
- Integration strategischer Instrumente wie z. B. der GAP-, SWOT- und Portfolio-Analyse
- Projektmanagementfunktionen für die Steuerung der strategischen Aktivitäten/Maßnahmen
- Abbildung und Nutzung von Feedback-Diagrammen zur Darstellung und Planung von Ursache-Wirkungszusammenhängen

Ein Beispiel für eine Analyse der Ursachen- und Wirkungszusammenhänge ist der folgenden Abb. 5.33 zu entnehmen.

In den Gebieten der **Konsolidierung** und des Risikomanagements ist die Anzahl der methodenspezifischen Funktionen noch umfangreicher, da hier viele Aufgaben über die reine Reporting- und Planungsfunktionen hinausgehen.

Im Bereich der Konsolidierung sind dies vor allem folgende Aufgaben:

- Abbildung der Struktur der zu konsolidierenden Gesellschaften (u. a. Voll-/Teilkonsolidierung)

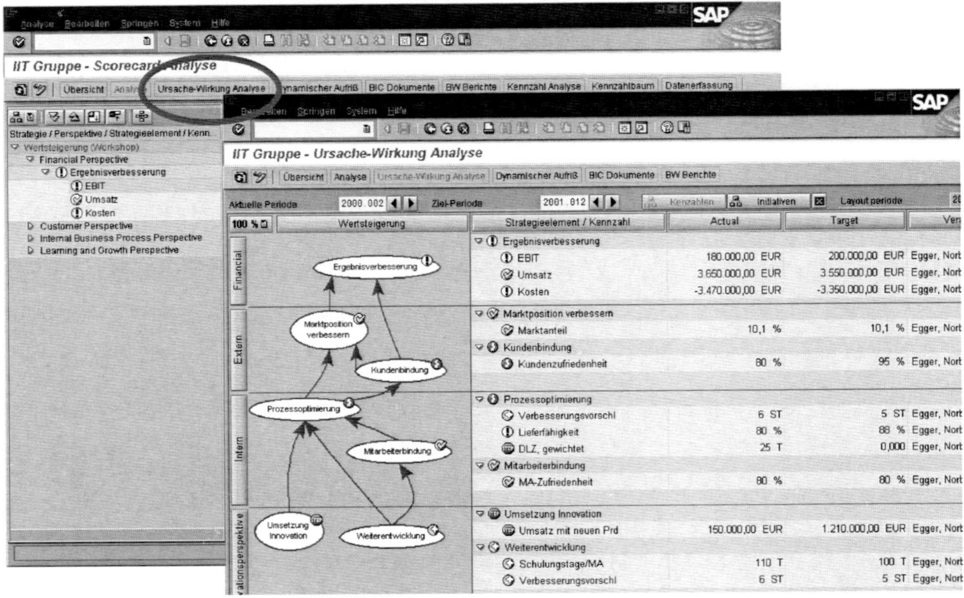

Abb. 5.33 Scorecard-Analyse mit SAP SEM[111]

- Erfassung, Monitoring, Validierung und Aufbereitung der Daten der zu konsolidierenden Gesellschaften
- Gesetzliche Konzernkonsolidierung mit Kapital-, Schulden-, Aufwands- und Ertragskonsolidierung sowie Zwischenergebniseliminierung
- Zusätzliche Abgrenzungs- und Abschlussbuchungen
- Währungsumrechnungen
- Managementkonsolidierung (Auflösung des Intercompany-Geschäftes auch für Sparten und andere Ergebnisobjektgruppen (SGE, Business Units etc.)
- Berichterstellung (Bilanz, GuV, Kapitalflussrechnung, Segmentberichterstattung, Anhang, Lagebericht etc.)

Im **Risikomanagement** sind vor allem folgende Aufgaben abzubilden:

- Risikoidentifikation
- Risikobewertung
- Risikoberichtswesen
- Risikosteuerung mit projektmäßiger Maßnahmenverfolgung
- Unterstützung der Risikomanagementorganisation (Aufbau- und Ablaufstrukturen)

[111]Quelle: SAP AG, SAP SEM, Scorecard-Analyse und Ursache-Wirkungs-Analyse.

Aufgrund der vielen Managementaufgaben, die über reine Planungs- und Reportingfunktionen hinausgehen, lassen sich insbesondere für die oben aufgeführten Managementmethoden bzw. -instrumente (Konsolidierung, Kennzahlensysteme, Balanced Scorecard und Risikomanagement) Standardlösungen finden, die sowohl auf relationaler Datenbank-Technik als auch auf OLAP- bzw. Data-Warehouse-gestützten Systemen aufsetzen können. Weitere Aufgabenfelder und Managementinstrumente, wie z. B. das Benchmarking, die Lebenszyklus- und die Conjoint-Analyse können ebenfalls durch Data-Warehouse-Technologie unterstützt werden, um nur einige weitere Nutzungsmöglichkeiten zu nennen.

5.6 Business Intelligence

Für die Abbildung moderner Reporting- und Planungslösungen zeigt sich seit über 10 Jahren ein Trend zu Systemen, die auf Data-Warehouse-Technologie basieren und unter dem Stichwort „Business Intelligence" (kurz BI) beschrieben werden.[112]

Unbestritten ist, dass Business Intelligence ein sehr populärer Begriff ist, der sowohl bei der Wissenschaft als auch bei Softwareherstellern und Unternehmen in der Praxis Anwendung findet. Recherchiert man diesen Begriff im Internet gibt es unbewältigbar große Mengen an Treffern.

Für den Begriff Business Intelligence gibt es allerdings bis heute keine allgemein akzeptierte Definition.[113] Die wörtliche Übersetzung z. B. mit „Geschäftsintelligenz" führt sogar auf die falsche Fährte. Das Wort „Intelligence" sollte hier eher für Informationsdienst oder weiterführend für die Umwandlung von Informationen in Wissen stehen.[114]

Vor allem die Abgrenzung zu anderen Begriffen wie Controlling und Data Warehause sind undeutlich. Klar ist, dass dieser Begriff dem Wissenschaftsgebiet der Wirtschaftsinformatik zugeschrieben wird. Mertens hat beispielsweise aus der Vielzahl der Definitionen sieben Varianten herausgearbeitet:[115]

1. BI als Fortsetzung der Daten und Informationsverarbeitung: Informationsverarbeitung für die Unternehmensleitung
2. BI als Filter in der Informationsflut: Informationslogistik
3. BI = MIS (Management-Informations-System), aber besonders schnelle/flexible Auswertung
4. BI als Frühwarnsystem

[112] Vgl. Winterstein und Leitner (1998, S. 34) und Kemper et al. (2010, S. 10) und Chamoni und Gluchowski (2004, S. 119).

[113] Vgl. u. a. die Definitionen von Schrödel und die im weiteren Verlauf dieses Kapitels genannten Autoren (Schrödl 2009, S. 9).

[114] Vgl. Hanning (2008, S. 77).

[115] Vgl. Mertens (2002, S. 4).

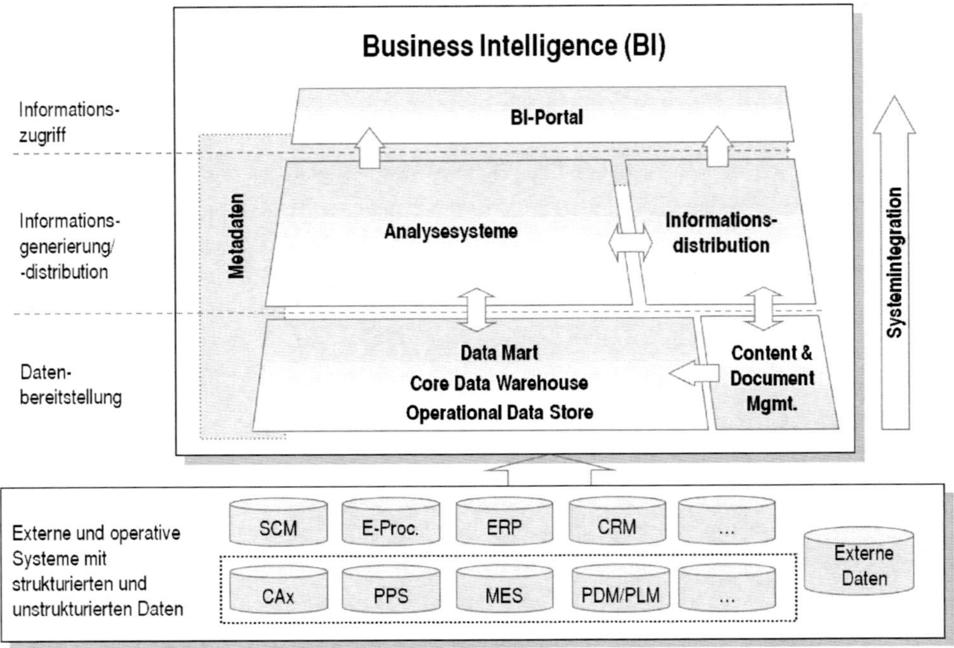

Abb. 5.34 BI-Ordnungsrahmen[116]

5. BI = Data Warehouse
6. BI als Informations- und Wissensspeicherung
7. BI als Prozess: Symptomerhebung → Diagnose → Therapie → Prognose → Therapiekontrolle

Die meisten dieser Varianten zeigen jedoch, dass sich die Definitionen häufig über die verwendeten Systeme abgrenzen. Die betriebswirtschaftlichen Managementmethoden und Steuerungsaufgaben kommen hier gar nicht vor.

Interessant ist die Variante 5, bei der BI dem Data Warehousing gleichgesetzt wird. Betrachtet man den BI-Ordnungsrahmen den Kemper (siehe Abb. 5.34) entwickelt hat, wird der Vergleich mit den drei beschriebenen Data-Warehouse-Ebenen (vgl. Abschn. 5.5.1) schnell sichtbar.

Die Ebenen Datenanbindung und Datenbereitstellung sind im unteren Teil der Grafik zu sehen, wobei hier unklar bleibt, ob die Extraktion der Datenanbindung Teil des BI ist oder nicht. Aufgrund der Integration des ETL-Prozesses ist die Extraktion m. E. hier mit zu berücksichtigen. Die Datenauswertung und -nutzung ist hier aufgeteilt in die Ebenen

[116] Quelle: Kemper et al. (2010, S. 11).

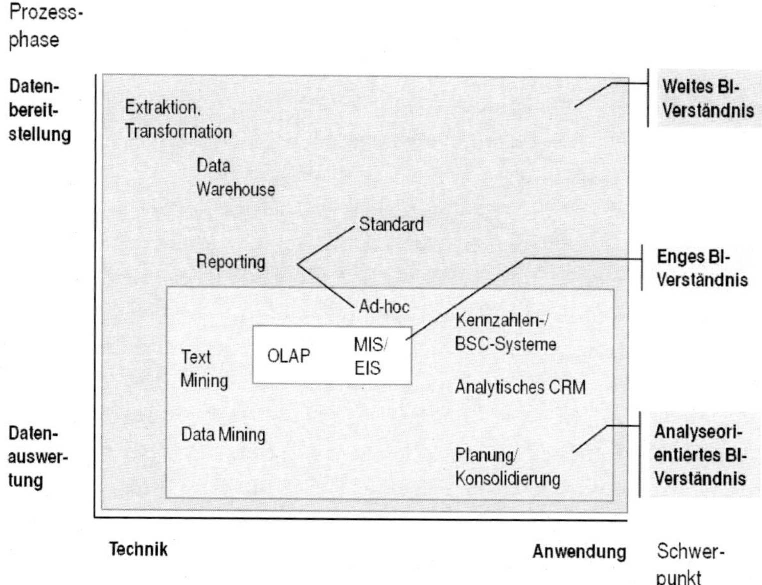

Abb. 5.35 Unterschiedliche Facetten von BI[117]

Informationsgenerierung (Analysesysteme) und -distribution (Verteilung) sowie dem Informationszugriff, hier verbunden mit der Portalintegration.

Interessanterweise werden unter Analysesystemen auch konzeptorientierte Systeme wie die Balanced Scorecard, die Planung, die Konsolidierung und das wertorientierte Management gefasst, die m.E. als betriebswirtschaftliche Methoden bzw. Instrumente zur Managementunterstützung einzuordnen sind. Also wird hier auch, wenn nicht auf den ersten Blick ersichtlich, eine Verbindung zwischen betriebswirtschaftlichen Methoden sowie IT hergestellt.

Gluchowski versucht BI im Zusammenhang zwischen der Prozessphase der Datenbereitstellung und -auswertung sowie den Schwerpunkten Technik und Anwendung zu beschreiben (vgl. Abb. 5.35).

Positiv hervorzuheben ist an dieser Einteilung, dass versucht wird, die technischen Systemebenen und die (fachliche) Anwendung miteinander zu verbinden. Unklar ist allerdings, warum Planung eher als Anwendung und Reporting eher der Technik zugeordnet wird. Auch die unscharfen technischen Zuordnungen sind nur schwer zu verstehen. Planung wird z. B. mehr der Datenauswertung zugeordnet als das Reporting. Von daher muss die Abgrenzung deutlicher erfolgen.

Schaut man auf die/den Begründer des Begriffes BI zurück, so erkennt man hier zunächst auch den Schwerpunkt der Informationssystemseite der Definition und weniger die

[117] Von Kemper modifiziert übernommen aus Gluchowski (2001, S. 7). Vgl. Kemper et al. (2010, S. 4).

fachliche, betriebswirtschaftliche Anwendung der Managementmethoden: Unter dem Begriff ***„Business Intelligence"*** versteht die *Gartner Group* die kreative intelligente Nutzung von unternehmensweit zur Verfügung stehendem Wissen. Howard Dresner von der Gartner Group hat diesen Begriff 1989 erstmalig geprägt als einen Umwandlungsprozess von Daten in Informationen und mittels Erforschung in Wissen.[118]

Er prägte zudem auch den weiterführenden Begriff **Business Performance Management (BPM)**. „Performance" bedeutet wörtlich übersetzt „Leistung". Der Begriff „Leistungsmanagement" oder englisch „Performance Management" bezeichnet das Management einer Organisation, das sich mit der Leistungssteuerung (Mitarbeiter, Teams, Abteilungen, Prozesse etc. im Unternehmen) befasst.[119] Zur Steuerung und Kontrolle der Performance dienen Zielvorgaben, Ergebniskontrollen, Leistungsbeurteilungen und die Honorierung der Leistungen, vor allem der Mitarbeiter und Führungskräfte im Unternehmen.[120] Die Messung (Measurement) der Performance erfolgt durch eine Mischung von quantitativen und qualitativen Größen. Zur Leistungssteuerung werden Instrumente wie z. B. die Balanced Scorecard vorgeschlagen. Die Daten zur Messung und die generierten Informationen zur Steuerung der Performance werden i. d. R. über die drei Data-Warehouse-Ebenen bereitgestellt.

Der Begriff Business Performance Management (BPM) stellt somit eine Weiterentwicklung von Business Intelligence dar.[121] Unter BPM werden betriebswirtschaftliche und DV-technische Methoden, Werkzeuge und Prozesse zur Verbesserung der Leistungsfähigkeit und Profitabilität von Unternehmen verstanden.

Während das Business Intelligence eher von der Daten- und Informationsverarbeitung her geprägt ist, fasst das Business Performance Management die Wechselwirkungen zwischen dem Informationsversorgungssystem sowie den primären und sekundären Führungsfunktionen zusammen (vgl. Abb. 5.36). BPM integriert damit Informationstechnische und betriebswirtschaftliche Methoden zur Führung und Steuerung eines Unternehmens.

Der Begriff BI hat sich aber gegenüber dem Begriff BPM in der Praxis stärker etabliert und verzahnt heute nach weiter Definitionsauslegung die Informationstechnik und die betriebswirtschaftliche Steuerungsunterstützung.

Auch die Abgrenzung zum Controlling ist schwer zu ziehen. Wenn Controlling zumeist mit der Aufgabe der zielbezogenen Entscheidungsunterstützung von Führungskräften im Unternehmen und mit den Aufgaben der Planung, Analyse, Steuerungsunterstützung, Kontrolle sowie deren Koordination verbunden wird,[122] dann ist eine Unterstützung mit DV-gestützten Informationssystemen unabdingbar. Business Intelligence wird hier daher wie folgt definiert:

---

[118] Vgl. Behme und Mucksch (1997, S. 15).
[119] Vgl. hierzu Bange et al. (2009, S. 7).
[120] Vgl. Jetter (2004, S. 33).
[121] Vgl. Gleich (2001). Alternativ zum Begriff Business-Performance-Management wird auch der Begriff Corporate-Performance-Management (CPM) verwendet.
[122] Vgl. Horváth (2008, S. 125) und Reichmann (2006, S. 13).

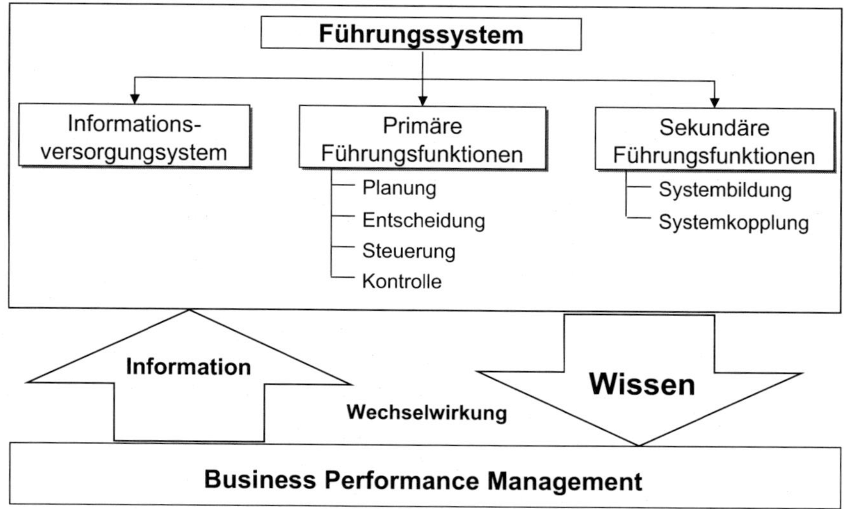

Abb. 5.36 Business Performance Management

Business Intelligence ist die Integration von fachlichen Management-Methoden, EDV-technischen Verfahren und analytischen Prozessen, die sowohl die Aufbereitung und Bereitstellung von Daten als auch die Aufdeckung relevanter Zusammenhänge sowie die Kommunikation der gewonnenen Erkenntnisse zur Entscheidungsunterstützung für das Management umfassen, und hierzu insbesondere die neuen Informationstechnologien der Data-Warehouse-Ebenen von der Datenanbindung bis zu der Datenauswertung und -nutzung, wie z. B. OLAP-basierte Frontend-Systeme, Cockpits, Dashboards bis zu Portallösungen, einsetzen.[123]

Wesentliches Abgrenzungsmerkmal ist hier also der Hinweis auf die EDV-technische Unterstützung controllingrelevanter Aufgaben, weshalb auch der Begriff „BI-gestütztes Controlling" diesen integrativen Sachverhalt zwischen betriebswirtschaftlichen Methoden und technischer Umsetzung deutlicher macht.

Unter diesem Gesichtspunkt ist Business Intelligence also eine Definition, welche die Nutzung neuer Informationstechnologien, insbesondere die 3 Ebenen des Data Warehouse mit den fachlichen steuerungsunterstützenden Anwendungsmethoden des Controlling für das Management verbindet. Dies wäre gegenüber den rein informationssystembezogenen BI-Definitionen eine weite Definition von BI.

[123] Business-Intelligence-Definition von Prof. Dr. Dietmar Schön im Fachgebiet Controlling an der FH Dortmund, Juli 2011.

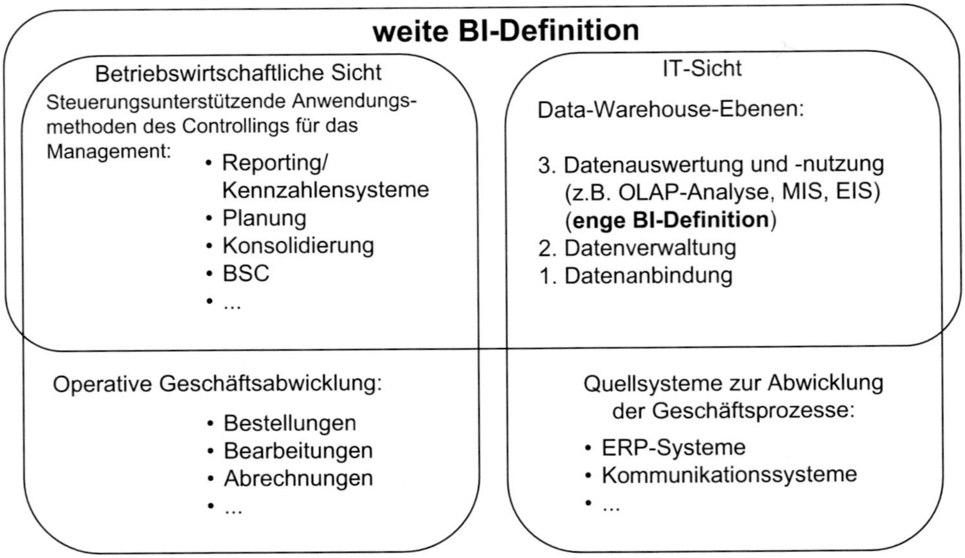

weite BI-Definition

Betriebswirtschaftliche Sicht
Steuerungsunterstützende Anwendungsmethoden des Controllings für das Management:
- Reporting/ Kennzahlensysteme
- Planung
- Konsolidierung
- BSC
- ...

IT-Sicht
Data-Warehouse-Ebenen:
3. Datenauswertung und -nutzung (z.B. OLAP-Analyse, MIS, EIS) (**enge BI-Definition**)
2. Datenverwaltung
1. Datenanbindung

Operative Geschäftsabwicklung:
- Bestellungen
- Bearbeitungen
- Abrechnungen
- ...

Quellsysteme zur Abwicklung der Geschäftsprozesse:
- ERP-Systeme
- Kommunikationssysteme
- ...

Abb. 5.37 Enge und weite BI-Definition

Der Gesamtzusammenhang von enger und weiter Definition für Business Intelligence ist der Abb. 5.37 zu entnehmen:

Betrachtet man nur die Auswertungs- und Nutzungsebene von Daten z. B. über Frontendsysteme, Berichtsgeneratoren, Cockpits, Portale etc. dann ist dies eine sehr eng gefasste BI-Definition. Häufig wird der Begriff „Business Intelligence" auch nur mit diesen Frontend-Lösungen in Verbindung gesetzt. In diesem Falle spricht man auch von Business-Intelligence-Tools.

Die Definition kann nun schrittweise auf der Seite der IT-Sicht oder der betriebswirtschaftlichen Sicht erweitert werden.

Mögliche betriebliche Anwendungsgebiete sind:

- Reporting in allen Funktionsbereichen und Führungsebenen
- Planungs- und Budgetierungs-Systeme
- Konsolidierungs-Systeme
- Customer Relationship Management
- Supply Chain Management
- Risiko-Management
- Stakeholder-Informationssysteme
- Balanced Scorecard-Systeme
- Kennzahlensysteme, z. B. für die wertorientierte Unternehmenssteuerung
- Benchmarking
- ...

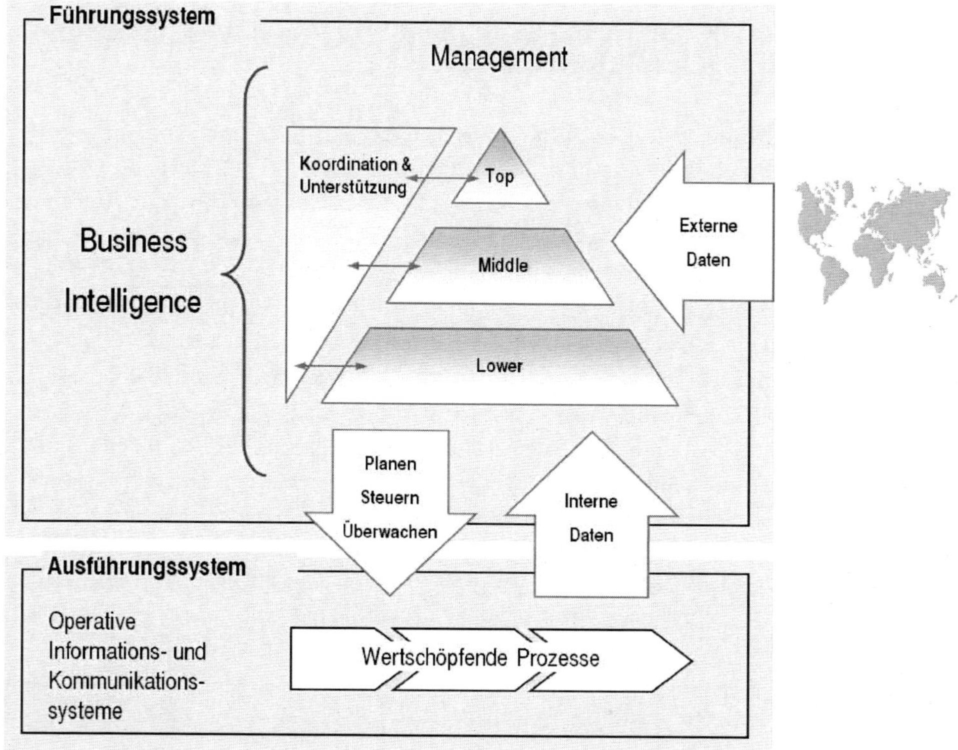

Abb. 5.38 Einsatzfelder von BI-Anwendungssystemen[124]

Kemper veranschaulicht in der Abb. 5.38 den Einsatz von BI-Anwendungssystemen für steuernde Tätigkeiten in allen Management-Ebenen. Das BI übernimmt hierbei die Rolle des Führungssystems und unterstützt bei der Anwendung betriebswirtschaftliche Funktionen wie Planen, Steuern und Überwachen.

Auch hier wird die Klammer zwischen der Sicht der IT und der Betriebswirtschaft deutlich, so dass m.E. der Begriff Business Intelligence mehr und mehr der weiten Definition folgt. Dies zeigt auch seine Definition zu BI: „Business Intelligence (BI) bezeichnet einen integrierten, unternehmensspezifischen, IT-basierten Gesamtansatz zur betrieblichen Entscheidungsunterstützung."[125] Allerdings präzisiert der Begriff IT-basierter Gesamtansatz nicht die eingesetzte Technologie und könnte somit auch ERP-Systeme umfassen. Hier wäre ein eindeutiger Hinweis auf die Data-Warehouse-Technologie und seine drei Ebenen hilfreich.

[124] Vgl. Kemper et al. (2010, S. 9). Den BI-Einsatz im Controlling insbesondere im Reporting und in der Planung heben u. a. Seufert und Oehler hervor (Seufert und Oehler 2009).
[125] Vgl. Kemper et al. (2010, S. 9).

5.6.1 Einsatz und Resonanz von BI für Planung und Reporting im Mittelstand

Inwieweit Business Intelligence im Mittelstand sich bezüglich Planung und Reporting durchgesetzt hat und welche Vor- und Nachteile aus der Sicht der Unternehmen hiermit verbunden sind, waren Hauptmotive einer Online-Befragung, die vom Autor im April 2011 durchgeführt wurde.[126] Wichtige Ergebnisse dieser Befragung wurden in einer Studie dokumentiert und sind im Folgenden aufgeführt.

Business Intelligence hat sich im Mittelstand in den letzten Jahren weiter etabliert. 41 % der mittelständischen Unternehmen gaben in der Befragung an, bereits mehr als 3 Jahre BI im Einsatz zu haben. Weitere 47 % führten auf, BI in den letzten drei Jahren eingeführt zu haben, und 5 % gaben an, den BI-Einsatz für die Zukunft zu planen. Die mittelständischen Unternehmen folgen dabei dem Trend der größeren Unternehmen. BI ist im Mittelstand eher ein Thema für Unternehmen ab einer gewissen Größenordnung. Klein- und Kleinstunternehmen unter 100 Beschäftigte setzen BI im Unternehmen eher seltener ein.

Die meisten BI-Projekte fangen mit dem Reporting und der hiermit verbundenen Datenanalyse an. Planungsprojekte folgen meist später. Die Lücke zwischen Planung und Berichtswesen beträgt fast 1/3. Während bei vielen Unternehmen das Reporting fast zu 100 % mit BI abgedeckt wird, besteht bei der Planung noch Nachholbedarf, oder anders gesagt, die Lücke im Managementregelkreis zwischen Planung und Kontrolle mit BI muss noch geschlossen werden.

Dies entspricht auch trendmäßig den Ergebnissen einer BARC-Studie von 2007, die aufgezeigt hat, dass nahezu jedes zweite mittelständische Unternehmen bereits BI-Systeme zur Steuerung einsetzt, weitere 40 % planen die Einführung solcher Software. Als wichtigste Aufgabengebiete wurden hier Berichtswesen (96 %), Datenanalyse (86 %) sowie Planung und Budgetierung (73 %) genannt.[127]

Der BI-Markt ist trotz Weltwirtschaftskrise kontinuierlich gewachsen. Die Produktanzahl stieg von 2007 auf 2010 von ca. 250 auf 430 Produkte. Die Anbieterzahl stieg von 2007 auf 2010 von ca. 150 auf 250 Anbieter.[128] Der BI-Markt im Jahr 2009 konzentrierte sich dabei auf die TOP-10-Anbieter (von 220 insgesamt), die einen Anteil von 74 % vom Gesamtumsatz (816 Mio. Euro) in 2009 besaßen.[129]

[126] Vgl. Schön (2011). Die kompletten Ergebnisse der Studie stehen über folgenden Link zum Download bereit: URL: http://www.fh-dortmund.de/de/studi/fb/9/personen/lehr/schdie/103020100000206873.php [Zugriff am 01.06.2011]. Von ca. 1400 per Mail angeschriebenen Unternehmen antworteten 105, was einer Rücklaufquote von ca. 7,5 % entspricht. Geschäftsführer, Mitarbeiter und leitende Angestellte der teilnehmenden Unternehmen kamen dabei aus unterschiedlichsten Branchen und unterschiedlich großen Unternehmen, so dass die ermittelten Ergebnisse Tendenzaussagen für den Mittelstand ermöglichten.

[127] Vgl. Friedrich (2007/2008, S. 10–11), URL: http://www.barc.de/fileadmin/Fachartikel/10-11_FB_BI-Guide.pdf, [Zugriff am 19.02.2011], S. 10.

[128] Vgl. Bange (2011).

[129] Vgl. Bange (2011).

Laut der Umfrage im April 2011 ist der Anteil der Beschäftigten mit Zugriffsmöglichkeiten auf BI-Lösungen in Anbetracht der Analyse- und Steuerungsmöglichkeit allerdings noch verhältnismäßig klein. Er liegt bei ca. 80 % der Unternehmen unter 25 %. Hier besteht Handlungsbedarf. BI sollte kein Werkzeug für wenige Ausgewählte bleiben, sondern durch die Ausweitung der Zugriffsmöglichkeiten sind Transparenz, Entscheidungs- und Handlungsfähigkeit im gesamten Unternehmen zu fördern.

Mittelständische Unternehmen haben zudem deutlich weniger Personen mit BI-Know-how. Hinsichtlich der Einführung und Nutzung von BI muss das entsprechende Know-how im Unternehmen verfügbar sein. Hier zeigt sich zwischen mittelständischen und größeren Unternehmen ein deutlicher Unterschied, der aus Sicht des Mittelstandes behoben werden müsste, um den BI-Einsatz zu erhöhen.

5.6.2 Einsatzprobleme von BI-Lösungen im Mittelstand

Die am häufigsten genannten Probleme mit dem BI-Einsatz im Mittelstand sind laut der Umfrage vom April 2011 die Datenqualität (70 %) und die fehlende Datenintegration (50 %) aus den Vorsystemen (Abb. 5.39). Durch die fehlende Datenintegration wird deutlich, dass der Mittelstand keine neuen Insellösungen mit BI, sondern übersichtliche, unternehmensweite BI-Lösungen anstrebt. Deutlicher sind auch die Unterschiede zwischen Mittelstand und größeren Unternehmen bei den fehlenden Anforderungen aus Fachabteilungen. Hier besteht demnach Nachholbedarf im Mittelstand bei der Aufstellung und dem Abgleich von inhaltlichen Anforderungsprofilen für BI-Lösungen.

Die meisten Unternehmen nutzen zur Planung und zum Reporting immer noch MS Excel bzw. Tabellenkalkulationsprogramme. Nur knapp 30 % der Unternehmen im Mittelstand verwenden für die Planung und für das Reporting spezielle BI-Software. Hier besteht ein großes Potenzial zum Wechsel auf BI-Lösungen. Excel ist aber nicht wegzudenken. Selbst wenn eine BI-Software verwendet oder angestrebt wird, wollen die Unternehmen verstärkt die Excel-Oberfläche als integrierte Lösung nutzen.

Ein Hauptargument ist sicherlich die Vertrautheit der Anwender mit dieser Oberfläche. Danach folgen mit deutlichem Abstand bei mittelständischen Unternehmen die grafische Oberfläche der BI-Anwendung und schließlich die Web-Oberfläche. Die Anwender werden verstärkt zwischen verschiedenen Anwendungsoberflächen wechseln.

Standardberichte bzw. zyklische Berichte sind der am häufigsten verwendete Berichtstyp im Mittelstand. Das Ad-hoc-Reporting, flexibles Analysereporting und Exception Reporting liegen deutlich dahinter. Gerade hier aber hat BI seine Stärken. Die Vermutung liegt nahe, dass die inhaltliche Ausgestaltung und die technologische Umsetzung eines flexiblen Analysereporting mit BI in der Unternehmenspraxis noch nicht so flächendeckend vorhanden ist.

Die Erstellung eines Fachkonzeptes zur inhaltlichen Vorbereitung von BI-Projekten wurde mit Abstand als wichtigste organisatorische Maßnahme für BI-Projekte angesehen (Abb. 5.40). Danach folgten Plausibilitätshilfen wie Abstimmberichte, die vor allem zur

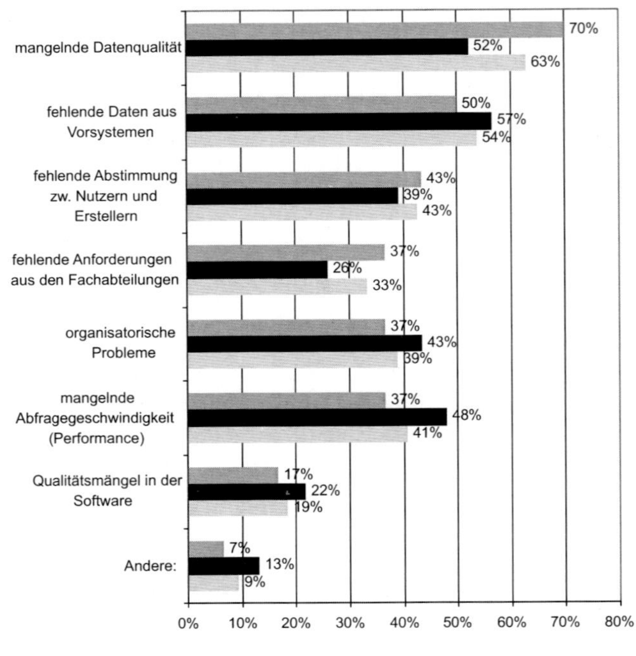

Abb. 5.39 Einsatzprobleme von BI-Lösungen[130]

Sicherstellung der Datenqualität genutzt werden können. Mit Abstand folgen schließlich Berechtigungs-/Sicherheitssysteme und die Workflowunterstützung.

Die Ergebnisse der „BI Survey 9"-Studie zeigten bezüglich der zentralen Probleme beim Einsatz von Business-Intelligence-Software in die gleiche Richtung, bei der sich 2170 Anwender zu 23 BI-Produkten äußerten (Abb. 5.41).

Die am häufigsten genannten Probleme bei der Installation und dem Einsatz von BI-Software waren laut BI Survey 9 eine schlechte Datenqualität, eine zu langsame Abfragegeschwindigkeit, die Unternehmenspolitik, mangelnde Einigung über Anforderungen, administrative Probleme und fehlendes Interesse der Fachanwender.

[130] Entnommen aus Schön, D.: Ergebnisse zur empirischen Untersuchung: Business Intelligence für Reporting und Planung im Mittelstand – April 2011. URL: http://www.fh-dortmund.de/de/studi/fb/9/personen/lehr/schdie/103020100000206873.php [Zugriff am 01.06.2011], S. 18.

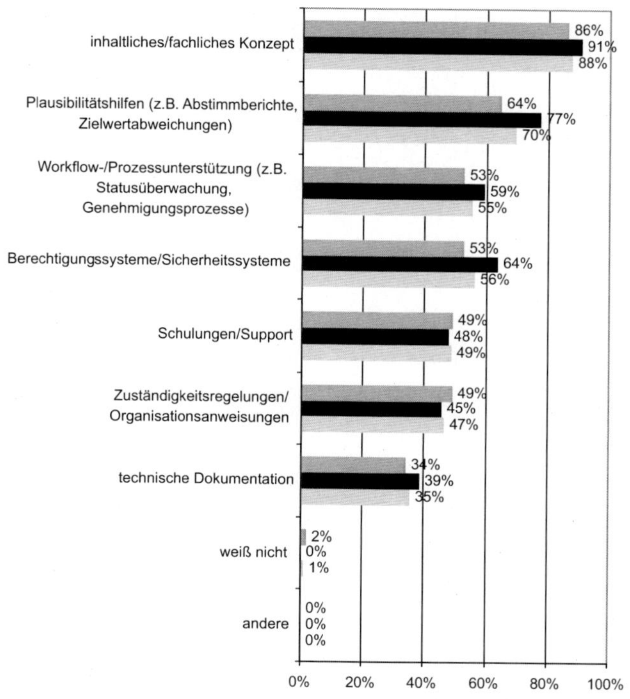

Abb. 5.40 Organisatorische und prozessunterstützende Maßnahmen[131]

Die Hoffnung der Praxis, alles technisch zu lösen, ist damit geplatzt. Vielmehr zeigen diese Studien als auch viele Praxisberichte, dass neben den technischen Lösungen vor allem auch inhaltliche, personelle, organisatorische, prozessuale und administrative Probleme gelöst werden müssen.

[131] Entnommen aus Schön (2011, S. 36). URL: http://www.fh-dortmund.de/de/studi/fb/9/personen/lehr/schdie/1030201000002068 73.php

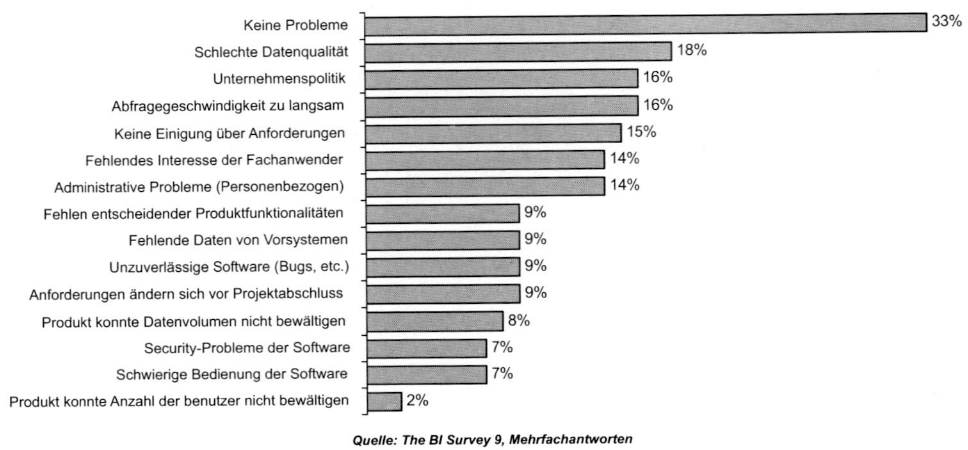

Abb. 5.41 BI-Problemfelder nach BI Survey 9[132]

5.6.3 Erfolgsfaktoren für BI-Projekte im Mittelstand

Aus den Ergebnissen der Online-Umfrage vom April 2011 lassen sich folgende Erkenntnisse für BI im Mittelstand ableiten[133]:

Erfolgreiche BI-Projekte basieren auf guten inhaltlichen Anforderungsprofilen, die zu Beginn der BI-Einführung in einem fachlichen Konzept erarbeitet werden sollten. Aufgrund des zum Teil fehlenden BI-Know-hows in den Unternehmen bietet es sich hier an, konzeptionelle Hilfe von außen hinzuzuziehen. Es steht wenig Zeit des eigenen Personals neben dem Tagesgeschäft für BI zur Verfügung. Hierdurch sind die Steuerung und der Erfolg eines BI-Projektes gefährdet. Eine gut funktionierende BI-Projektkoordination benötigt interdisziplinäre Kompetenz zwischen fachlichem Wissen (vor allem BWL- und BI-Know-how) sowie Führungsstärke in Form von Durchsetzungsvermögen, Kommunikations- und Koordinationsfähigkeit.

Die wichtigsten Vorteile bei einem Wechsel auf BI-Lösungen werden in der besseren Datenintegration, der Verbindung von Reporting und Planung sowie in der höheren Flexibilität gesehen.

Planung und Reporting bilden im Rahmen der Steuerung eine Einheit und sollten durch BI mehr verzahnt werden als bisher. Daher empfiehlt es sich, im Projekt auch beide Seiten zu berücksichtigen. Insbesondere bei der Planung besteht im Gegensatz zum Reporting noch Nachholbedarf bei der Abbildung mit BI.

[132] Quelle: Finucane und Mack (2010/2011, S. 9).
[133] Vgl. Schön (2011, S. 36). URL: http://www.fh-dortmund.de/de/studi/fb/9/personen/lehr/schdie/103020100000206873.php [Zugriff am 01.06.2011].

Ein zentraler Erfolgsfaktor für ein erfolgreiches BI-Projekt ist die Einbindung der Berichts- und Planungsadressaten bei der Aufstellung der Anforderungsprofile. Eine kompakte Ist-Analyse hilft dabei, die Unternehmung und ihre Mitarbeiter von ihrem Standpunkt abzuholen, die Stärken auszubauen und die Schwächen in Zukunft zu vereiteln.

Das Fachkonzept sollte alle inhaltlichen, prozessbezogenen, organisatorischen und technischen Anforderungsprofile enthalten. Im inhaltlichen Fachkonzept sind die wertschöpfungstreibenden operativen und strategierelevanten Faktoren zu identifizieren. Zudem bilden inhaltliche Gestaltungs- und Layoutvorschläge der Einzelberichte und die Berichtsstrukturierung und Navigation wichtige Elemente des Fachkonzeptes. Das inhaltliche Fachkonzept ist schließlich Basis für das DV-Konzept zur Umsetzung der BI-Lösung. Es sollte vor allem die technischen Datenquellen der vorgelagerten DV-Systeme bestimmen, ein Datenversorgungskonzept enthalten sowie die Datenmodellierung und die Abfrage- und Berichtsgestaltung technisch beschreiben.

Soll das BI **keine Insellösung** bleiben, ist eine **Datenintegration aller entscheidungsrelevanten Informationen** aus den verschiedenen verfügbaren Vorsystemen zwingend erforderlich.

Die Unterstützung von außen sollte nach dem **Coachingprinzip** durchgeführt werden und hierbei den nötigen **Know-how-Transfer** zum BI für das Projektkernteam liefern. Hierdurch bleibt das Unternehmen mittelfristig von Dritten unabhängig und kann das Berichtswesen und die Planung im Unternehmen später auch in Eigenregie weiterentwickeln. Es zeigt sich häufig, dass BI-gestützte Reporting- und Planungssysteme, die durch die Mitarbeiter selbst in großen Teilen mitgestaltet wurden, später auch im Unternehmen besser angenommen und akzeptiert werden.

Zur **Sicherung der Datenqualität** ist die Einführung von geeigneten Hilfsinstrumenten, wie z. B. von Abstimmberichten, Kontierungs- und Stammdatenvalidierungen zu empfehlen, um somit bessere Plausibilitätskontrollen und Qualitätsprüfungen hinsichtlich der Daten durchführen zu können. Zudem wird bereits Software zur Überprüfung der Datenqualität angeboten, die Validierungs- und Transformationsverfahren wie Parsing (Syntaxanalyse) einsetzen.[134] Datenqualität ist schließlich das am meisten genannte Problemfeld der Online-Umfrage und weiterer zurückliegender Studien.

Das Berichtswesen sollte ausgehend von kompakten Kerninformationen für die Top-Management-Ebene bis zu den dezentralen Entscheidungsbereichen im Unternehmen hinunterreichen und die entscheidungsrelevanten finanziellen und nicht finanziellen Kennzahlen zur Steuerung liefern. Durch die Datenintegration mit BI sind die **Berichterstellungs- und Planungsprozesse erheblich zu verkürzen**. Viele manuelle Verarbeitungsschritte für die Aufbereitung der Berichte und Planungsformulare entfallen durch die Datenintegration mit BI, vor allem durch die erhöhte Anbindung der Vorsysteme.

[134] Vgl. Atacama: URL: http://www.ataccama.de/produkte/dq-analyzer/dqa-uberblick.html, [Zugriff am 22.07.2011].

Das Controlling als zentral unterstützendes Organ in den Planungs- und Berichtsprozessen im Unternehmen erhält durch die Nutzung von BI **mehr Zeit, Analysen vorzubereiten und wichtige Management-Kommentierungen und Maßnahmenvorschläge** für die Führungsgremien zu erstellen. Als Oberfläche kann dabei auch die beliebte Excel-Oberfläche als integrativer Bestandteil neben neuen Web-gestützten Anwendungsoberflächen bestehen bleiben. Flexible Analysen der vielfältigen Informationen helfen dabei Abweichungsursachen der Ergebnisse und Wirkungszusammenhänge der steuerungsrelevanten Faktoren im Betrieb und seiner Umwelt zu erkennen. Unterstützt wird dies durch verschiedene Ausgabemedien und den vielen unterschiedlichen Zugangsmöglichkeiten zu den Informationen über Portale, Web-Zugänge und mobile Endgeräte.

BI sollte kein Werkzeug für wenige Ausgewählte bleiben, sondern sollte durch die Ausweitung der Zugriffsmöglichkeiten im BI-gestützten Reporting gefördert werden. Zudem sind durch das BI-gestützte Reporting und die Planung die Entscheidungs- und Handlungsfähigkeit im gesamten Unternehmen zu verbessern.

5.7 Mobile Computing

Das Mobiltelefon hat sich schon seit geraumer Zeit in unserer Gesellschaft etabliert und ist ein wesentlicher Bestandteil unseres Lebens geworden. Es gibt uns die Sicherheit jederzeit erreichbar zu sein und die Freiheit, unabhängig vom Aufenthaltsort Informationen anzunehmen bzw. weiterzugeben. Mobile Computing befasst sich in diesem Sinne mit der *„[...] Gesamtheit von Geräten, Systemen und Anwendungen, die einen mobilen Benutzer mit den auf seinen Standort und seine Situation bezogenen sinnvollen Informationen und Diensten versorgt“.*[135] Insbesondere seit der Entwicklung des Blackberry von der Firma RIM (Research in Motion) ist Mobile Computing auch ein fester Bestandteil innerhalb der Geschäftswelt. Als ein weiterer innovativer Meilenstein im Mobile Computing zählen die Einführung und die intensive Vermarktung des iPhone von der Firma Apple im Jahre 2007, infolgedessen das öffentliche Interesse um sogenannte Smartphones enorm zunahm. Die neusten Innovationen stellen moderne Tablet-PCs wie z. B. das ebenfalls von Apple entwickelte iPad dar. Infolge dieser Entwicklungen steigt die Popularität der Tablet-PCs in der Öffentlichkeit wieder an. Zudem bieten Tablets große Potenziale auch in der Unternehmenswelt Fuß zu fassen.

Um die Grenzen und Potenziale in Hinblick auf mobiles Reporting und mobile Planung zu bewerten, ist es nötig die verschiedenen dafür in Frage kommenden mobilen Endgeräte bezüglich der unterschiedlichen Funktionalitäten und Eigenschaften zu betrachten. Ferner stellen drahtlose Netzwerke einen weiteren, entscheidenden Faktor für die effektive Nutzung von mobilem Reporting dar und müssen dementsprechend ebenfalls nachfolgend differenziert werden.

[135] Vgl. Bollmann und Zeppenfeld (2010, S. 4).

5.7.1 Mobile Endgeräte

Mobile Endgeräte stellen die technologische Basis für mobiles Reporting und mobile Planung zur Verfügung. Ihre Funktionalität und Leistungsfähigkeit ist daher von entscheidender Bedeutung für die effektive Nutzung eines mobilen Berichtswesens. In den vergangenen Jahren haben die Leistungsfähigkeit dieser Geräte und der Umfang an angebotenen Funktionen enorm zugenommen.[136] Zudem bietet der Markt eine große Vielfalt an verschiedenen mobilen Endgeräten an. Diese Endgeräte lassen sich vor allem den Kategorien Notebooks, Tablet-PCs und Mobiltelefone zuordnen. Jede Endgerätkategorie bietet dabei spezifische Vor- und Nachteile in der Verwendung als mobile Reporting-Plattform.

5.7.1.1 Notebooks

Notebooks stellten erstmals einen nahezu vollwertigen Ersatz zu den stationären PCs dar und ermöglichen zudem ortsunabhängiges Arbeiten. Ihre Leistungsfähigkeit und Funktionalität entspricht annäherungsweise dem eines stationären PC und aufgrund der meist einheitlichen Betriebssysteme ist eine Kompatibilität der Anwendungen überwiegend gewährleistet. Moderne Kommunikationstechnologien wie WLAN (Wireless Local Area Network) und UMTS (Universal Mobile Telecommunications System) ermöglichen zudem eine Verbindung zu drahtlosen Netzwerken. Mit einem relativ großen und übersichtlichen Bildschirm sowie komfortablen Eingabemöglichkeiten sind Notebooks durchaus für die Verwendung von mobilen Berichten geeignet und werden in diesem Sinne auch bereits verwendet. Sie besitzen jedoch aufgrund ihrer Größe und der meist geringen Akkulaufzeit nur eine eingeschränkte Mobilität im Vergleich zu anderen mobilen Endgeräten.

5.7.1.2 Tablet-PC

Im Gegensatz zu den Notebooks besitzt ein Tablet-PC einen berührungsempfindlichen Bildschirm, der die Eingabe z. B. über einen elektronischen Stift oder mit den Fingern der Hand ermöglicht. Daher wird teilweise auf die Integration einer Tastatur wie beim Notebook verzichtet. Daneben besitzen Tablet-PCs meist dieselbe Funktionalität wie Notebooks bzw. stationäre PCs. Tablet-PCs wurden in der Vergangenheit nur von einer kleinen Benutzergruppe verwendet. Erst seit der Einführung des iPad der Firma Apple ist diese Kategorie wieder mehr in den Mittelpunkt der mobilen Geräte gerückt. Diese neue Generation von Tablet-Computern, wie z. B. auch das Samsung Galaxy Tap und das Blackberry Playbook, zeichnen sich insbesondere durch eine intuitive und einfache Bedienung über einen kapazitiven Touchscreen aus und sind somit sehr gut für Präsentationszwecke geeignet. Die Funktionalität und Kompatibilität ist jedoch bisher im Vergleich zu klassischen Tablets-PCs und Notebooks stark beschränkt. Dennoch sind diese Geräte für die mobile Präsentation von Berichten aufgrund der einfachen Navigationsmöglichkeiten und den sehr guten Mobilitätseigenschaften (z. B. lange Akkulaufzeit) gut geeignet.

[136] Vgl. Bollmann und Zeppenfeld (2010, S. 87–111).

5.7.1.3 Mobiltelefone

Die Verwendung von Mobiltelefonen ist schon seit längerer Zeit nicht mehr ausschließlich auf das Telefonieren beschränkt. Mobiltelefone stellen dem Nutzer mittlerweile auch eine Vielzahl an weiteren Funktionen zur Verfügung. Zu diesen Funktionen können z. B. verschiedene Multimediaanwendungen, Kalender und Organizer, Rechner, Kamera, Internetbrowser und GPS (Global Positioning System) gehören. Darüber hinaus besitzen moderne Mobiltelefone mehrere verschiedene Datenübertragungsmöglichkeiten (u. a. WLAN, Bluetooth, UMTS), die eine schnelle und grenzenlose Kommunikation und Datenübertragung ermöglichen können. Die neuste Generation von Mobiltelefonen fällt unter den Begriff „Smartphone". Im Vergleich zu klassischen Mobiltelefonen zeichnen sich Smartphones insbesondere durch eine sehr hohe Leistungsfähigkeit und durch Betriebssysteme aus, die eine Erweiterung von vielfältigen Anwendungen (sogenannten Apps[137]) ermöglichen. Für die Navigation bzw. Bedienung hat sich überwiegend ein berührungsempfindlicher Bildschirm (Touchscreen) etabliert. Zudem können standortbezogene Dienste (Location Based Services) z. B. mit Hilfe des GPS-Empfängers angeboten werden. Mit der Einführung des Apple iPhone im Jahre 2007 stellten Smartphones zunächst nur ein Nischenprodukt dar. Mittlerweile sind Smartphones sehr populär und auch in niedrigeren Preissegmenten von verschiedenen Herstellern zu finden. Von Geschäftskunden werden zurzeit noch überwiegend Blackberry-Geräte der Firma *RIM* verwendet. Diese Geräte besitzen meist eine QWERTZ-Tastatur und ermöglichen über einen Server eine Push-Funktion für E-Mails. Push-Funktion bedeutet, dass E-Mails wie Kurznachrichten sofort nach Erhalt auf das Endgerät gesendet werden und nicht periodisch abgefragt werden müssen. Aufgrund dieser Funktionalität ist das Blackberry vor allem in der Geschäftswelt sehr weit verbreitet. Doch auch das iPhone und weitere z. B. auf dem Google Betriebssystem „Android" basierende Geräte werden zunehmend von Geschäftskunden akzeptiert. In Bezug auf Mobile Reporting stellt ein Smartphone die ideale Plattform dar. Es bietet die nötigen Verbindungsmöglichkeiten, um eine schnelle Internetverbindung herzustellen und die Funktionalität sowohl umfangreiche Browser-basierte als auch native Anwendungen, die direkt für die Betriebssystemumgebung geschaffen wurden, zu verwenden.

Des Weiteren zeichnen sich Smartphones durch ihre Bedienungsfreundlichkeit aus und besitzen im Gegensatz zu Notebooks aufgrund ihrer Größe und Laufzeit eine weit höhere Mobilität. Verschiedene Betriebssysteme erschweren jedoch die Kompatibilität zwischen den Systemen. Des Weiteren besitzt die Anzeigefläche nur sehr beschränkte Ausmaße, um detaillierte Berichte oder Analysen komfortabel darstellen bzw. analysieren zu können. Für kompakte Auswertungen und schnelle Kennzahlenanalysen reicht die kleine Bildschirmoberfläche aber aus. Für die Planung erweisen sich die Mobiltelefone bzw. Smartphones als zu klein, hier sind z. B. in der mobilen Anwendung die Tablet-PC oder Notebooks vorzuziehen.

[137] „App" ist die Kurzform für application.

5.7.1.4 Drahtlose Netzwerke

Drahtlose Netzwerke ermöglichen einen flexiblen Zugriff auf Informationen und sind daher Grundvoraussetzung für „Mobile Computing". Dabei unterscheiden sich diese Netzwerke stark in ihrer Übertragungsgeschwindigkeit und Ortsunabhängigkeit. Während WLAN eine sehr hohe Datenübertragungsrate besitzt, sind diese Netzwerke dennoch stark ortsgebunden. Mobilfunknetze sind im Gegensatz zu lokal gebundenen WLAN-Netzwerken weit flächendeckender verfügbar, ihre Übertragungsrate ist jedoch weitaus geringer. Dabei haben sich Mobilfunknetze in den letzten Jahren enorm weiterentwickelt und besitzen auch weiterhin große Entwicklungspotenziale.[138] Das erste digitale Mobilfunknetz GSM (Global System for Mobile Communication) ist für die Datenübertragung nur sehr bedingt geeignet. Mit einer verbindungsorientierten Datenübertragung bei GSM ist eine dauerhafte Verbindung nur über einen ununterbrochenen Zugang mit dementsprechendem Ressourcenverbrauch möglich. Zudem ist die Geschwindigkeit trotz Beschleunigungstechniken sehr gering. Erst die Erweiterung GPRS (General Packet Radio Service) ist für Datenübertragung nicht nur aufgrund der paketorientierten Übermittlung, sondern auch dank einer höheren Geschwindigkeit, besser geeignet. Die neuste Generation von Mobilfunknetzen UMTS (Universal Mobile Telecommunications System) ist der Nachfolger von GMS und GPRS und bietet eine wesentlich höhere Übertragungsgeschwindigkeit von mehreren 100 Kbit/s bzw. in Verbindung mit HSPA (High Speed Packet Access) sogar Übertragungsraten im Mbit-Bereich.

Erst mit der Entwicklung von modernen Mobilfunknetzen wurde mobiles Reporting ermöglicht und dient daher in Verbindung mit den mobilen Endgeräten als Grundvoraussetzung für die mobile Nutzung von Informationen. Technologien wie UMTS bieten eine ausreichende Geschwindigkeit für das Senden und Empfangen von umfangreichen Berichten. Die annährend flächendeckende Verfügbarkeit und die geringen Kosten für die Nutzung ermöglichen einen nahezu unbegrenzten Zugriff ins Internet. Informationen stehen somit überall und jederzeit zur Verfügung. Dies setzt jedoch eine mobile Informationsversorgung seitens der Unternehmen voraus.

5.7.2 Einordnung von Reporting und Planung im Mobile Computing

In Bezug zu den 3 Ebenen des Data Warehouse lässt sich Mobile Computing als technische Plattform für die Datenauswertung und -nutzung, also speziell für Analyse- und Planungszwecke, sowie weitere betriebswirtschaftliche Nutzungsmöglichkeiten einordnen.

Mobiles Reporting und mobile Planung lassen sich dem Forschungsgebiet „Mobile BI" unterordnen. Mobile BI beschäftigt sich mit dem Zugang zu entscheidungsrelevanten Daten mit Hilfe von mobilen Endgeräten und mit der Gestaltung des mobilen BI-Systems. Der bisherige Fokus von Mobile BI liegt hierbei in der Mobilisierung des betrieblichen Berichtswesens.[139] Die Planung wird bisher nicht berücksichtigt.

[138] Vgl. Bollmann und Zeppenfeld (2010, S. 87–111).
[139] Vgl. Bensberg (2008, S. 72).

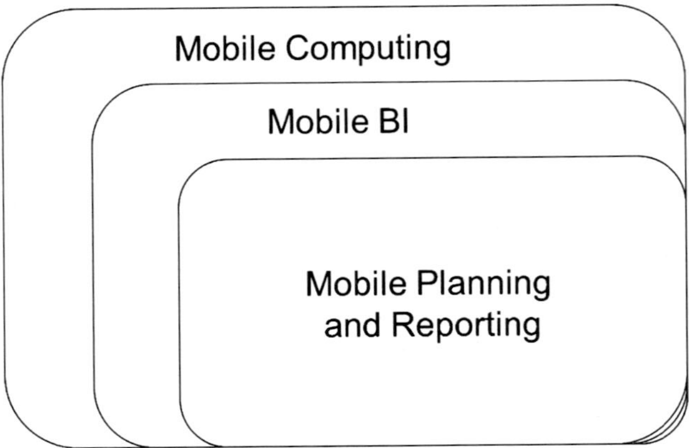

Abb. 5.42 Mobile Computing, Mobile BI and Mobile Reporting and Planning

Mobiles Reporting ist ein Kernelement von Mobile BI und wird zum Teil auch als Synonym verwendet. In seinem weitesten Sinne lässt sich sowohl „Mobile Reporting" als auch „Mobile BI" dem Ordnungsrahmen des „Mobile Computing" zuordnen. Mobile Computing ist ein sehr weit reichendes Konzept, das sich mit der mobilen Verwendung und der Allgegenwärtigkeit von Computern in der heutigen Gesellschaft beschäftigt. Dieses Forschungsgebiet bietet vor allem die technischen Grundlagen zur Realisierung von „Mobile Planning and Reporting" und umfasst zudem die gesamte gesellschaftliche Entwicklung der Mobilisierung. In der Abb. 5.42 wird der Zusammenhang verdeutlicht.

5.7.3 Mobile Business Intelligence

Mobile Computing hat einen signifikanten Wandel in der Gesellschaft ausgelöst. Mit modernen Endgeräten, Mobilfunknetzen und weitverbreiteten WLAN-Netzwerken wurde die technische Grundlage geschaffen, um ohne eine Bindung an einen stationären Arbeitsplatz den Zugang auf relevante Informationen zu bekommen. Daher lässt sich mit Hilfe von Mobile Computing auch die Anwendung von BI grundlegend verändern. Voraussetzung für die mobile Informationsversorgung ist jedoch ein um mobile Komponenten erweitertes BI-System. Mit dem Forschungsgebiet Mobile BI wird dieses Grundgerüst geschaffen. Das Konzept Mobile BI bietet dabei für die verschiedensten Unternehmensbereiche enorme Potenziale, die zu Effizienzsteigerungen von Entscheidungsprozessen beitragen können.

In der Umsetzung und Gestaltung eines mobilen BI-Systems stellen sich viele Herausforderungen für die Unternehmen. Diese Herausforderungen liegen nach der Auffassung von Bensberg insbesondere in der Anpassung von bereits existierenden BI-Lösungen.[140]

[140] Vgl. Bensberg (2008, S. 75–79).

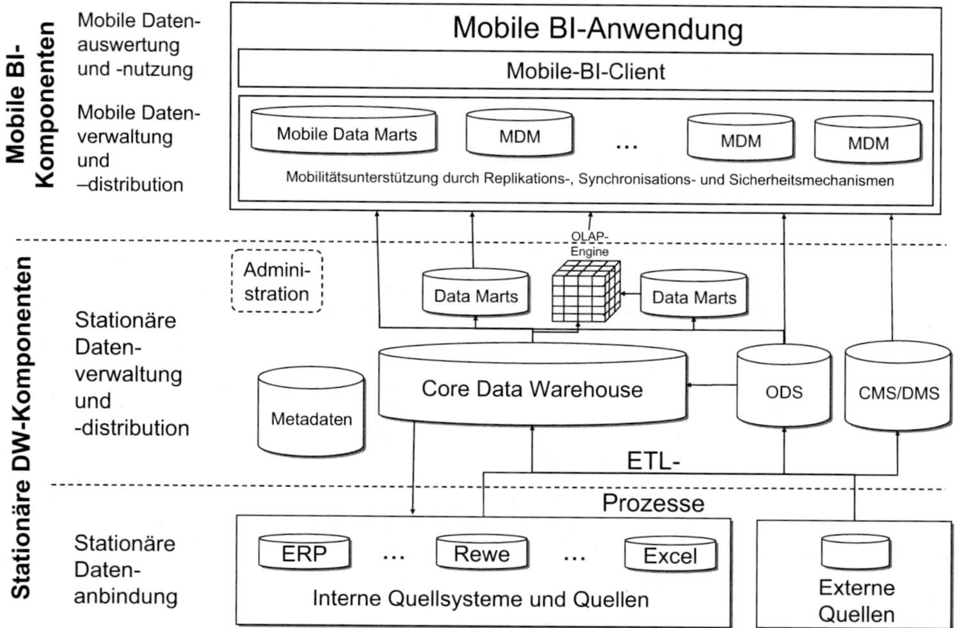

Abb. 5.43 Aufbau von mobilen BI-Systemen

Diese müssen den Anforderungen entsprechen, die sich aufgrund der unterschiedlichen Eigenschaften der mobilen Umgebung ergeben. Wie im vorherigen Abschnitt beschrieben, zeichnet sich der Mobile-Computing-Sektor durch eine Vielzahl an mobilen Endgeräten aus, die sich untereinander stark in ihrer Funktionalität unterscheiden. Eine Integration dieser verschiedenen Endgeräte in ein bestehendes BI-System ist nicht ohne eine Erweiterung des Systems realisierbar. Zudem müssen über verschiedene drahtlose Netze die Zugangsmöglichkeiten auf die dispositiven Daten für den Entscheidungsträger ermöglicht werden. Das stationäre BI-System wird daher um mobile Komponenten erweitert, die den Zugang der Endgeräte über verschiedene Zugangsarten ermöglichen sollen. Der Aufbau eines mobilen BI-Systems setzt auf den ersten beiden Ebenen der Data-Warehouse-Architektur auf und wird in der Abb. 5.43 dargestellt.

Die Kommunikationseigenschaften von mobilen Systemen unterscheiden sich stark von den Eigenschaften der stationären Systeme. Während der Zugang auf das BI-System in einem „klassisch" verteilten System, wie z. B. dem lokalen Firmennetzwerk, in der Regel störungsfrei hergestellt werden kann, bestehen in mobil verteilten Systemen häufige Änderungen in der Verbindungsqualität.[141] Somit müssen Verbindungsabbrüche (auch zur Energieeinsparung beim Endgerät) und schwankende Datenübertragungsraten in der Umsetzung eines mobilen BI-Systems berücksichtigt werden. Mit der Erweiterung um mobile

[141] Vgl. Fuchß (2009, S. 137–151).

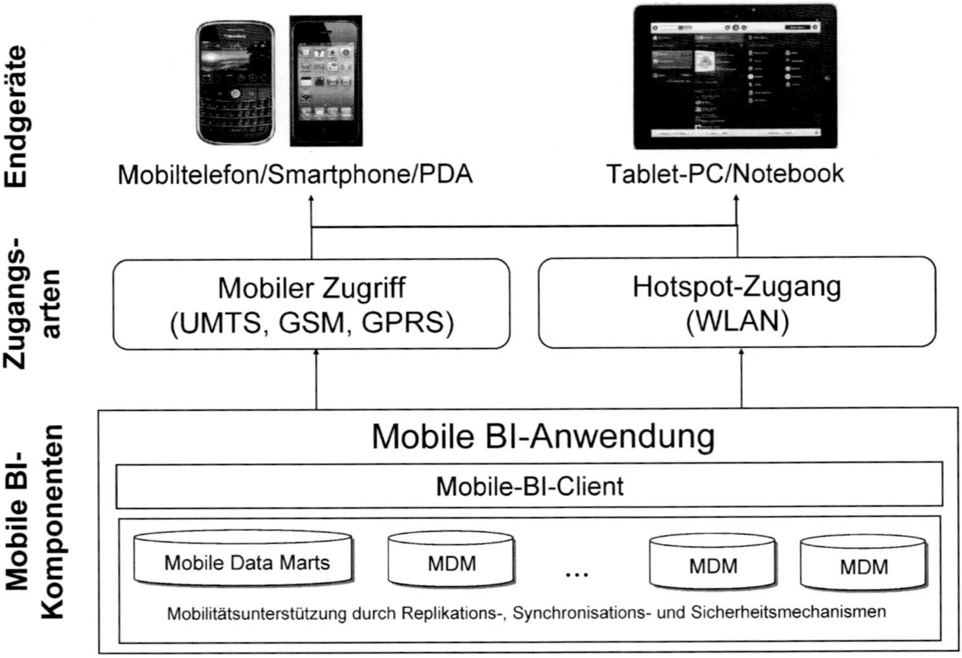

Abb. 5.44 Mobile Zugangsarten und Endgeräte[143]

Komponenten wird das System dementsprechend angepasst. Um die Aufrechterhaltung des Zugangs zu den Datenbeständen des DWH-Systems über mobile Endgeräte auch im Falle eines kurzfristigen Verbindungsabbruchs zu gewährleisten, ist die Einrichtung von Mobile Data Marts erforderlich. Mobile Data Marts stellen eine reduzierte, auf den Endgeräten eingerichtete Datenschicht dar. Somit kann im Falle einer Abkopplung vom System weiterhin z. B. in Form von „Caching" auf zwischengespeicherte Daten zugegriffen werden.[142] Zur Realisierung einer konsistenten Datenreplikation wird daher eine Replizierung und eine ständige Synchronisation der Daten nach einer Wiederankopplung vorausgesetzt. Eine als „Middleware" bzw. auch als „Mobile-Server" bezeichnete Komponente übernimmt diesen Prozess des regelmäßigen Datenabgleichs zwischen der stationären und der mobilen Datenbank. Mit diesen Ab- und Ankopplungsfunktionen wird der mobile Zugriff auf Datenbanken ermöglicht. Zudem kann der Anwender auch ohne Datenverbindung (offline) mit replizierten Datenbeständen arbeiten (vgl. Abb. 5.44).

[142] Vgl. Schill und Springer (2007, S. 265–271).

[143] Eigene Abbildung. Die Marken, Abbildungen und Symbole vom iPhone und iPad sind ausschließliches Eigentum und Warenzeichen der Apple Inc. Die Marken, Abbildungen und Symbole der RIM- und BlackBerry-Familie sind ausschließliches Eigentum und Warenzeichen von Research in Motion Limited.

Der mobile Zugriff erfolgt UMTS, GSM und GPRS oder über einen Hotspot-Zugang über WLAN. Zudem können die mobilen Endgeräte auch über Festnetzzugänge per Ethernet oder DSL an die Firmennetzwerke und somit an das stationäre Data Warehouse angebunden werden. Falls keine Konnektivität zum Netzwerk besteht, kann dennoch auf zwischengespeicherte Daten zugegriffen werden.

Über die Verbindung von mobiler Kommunikationstechnik mit dem Internet ergeben sich weitere Möglichkeiten. Erfolgt die Datenhaltung für das Reporting und die Planung zukunftsweisend über das Internet in einer sogenannten Cloud, so können die mobilen Endgeräte über diesen Zugang weltweit mobile Managementinformationen erhalten. Sollten die Stabilität und die Sicherheit über das Cloud-Computing in den nächsten Jahren zufriedenstellend gelöst sein, ergeben sich hieraus für das mobile Reporting und die mobile Planung sehr gute Entwicklungsperspektiven insbesondere hinsichtlich der Verfügbarkeit und Schnelligkeit von planungs- und entscheidungsrelevanten Informationen.

Des Weiteren müssen in einem mobilen BI-System Sicherheitsmechanismen wie Verschlüsselungen und Authentifizierungsverfahren eingerichtet werden.[144] Insbesondere in Bezug auf die Übertragung an Mobiltelefone müssen die sensiblen Daten nicht nur vor dem Abhören und Ausspionieren geschützt werden, sondern auch im Falle eines Verlustes oder Diebstahls des Endgerätes unzugänglich sein. Im Idealfall sollte bei einem Verlust der Geräte über Remote-Kill- oder Wipe-Funktionen der komplette Datenbestand gelöscht werden.

Die Heterogenität der mobilen Endgeräte ist ein weiteres Problem, das sich bei der Gestaltung eines mobilen BI-Systems stellt. Wie zuvor erläutert unterscheiden sich die Endgeräte bezogen auf ihre Eigenschaften, wie Leistungsfähigkeit, Betriebssysteme und Funktionalität, stark voneinander. Ein Mobile-Server stellt eine mögliche Lösung für dieses Problem dar. Dieser kann in einer dreischichtigen Architektur im Sinne des Managed Query Environment (vgl. Abschn. 5.3) die Daten vor der Übertragung sowohl an die Eigenschaften der Endgeräte als auch an die Übertragungsgeschwindigkeit und Stabilität der Kommunikationskanäle anpassen.[145] Insbesondere bei Web-Anwendungen wird auf diese Weise eine Kompatibilität zu mehreren unterschiedlichen Endgeräten ermöglicht. Mit Hilfe von Filterungs- und Komprimierungsmethoden können zudem die Datenmengen vor der Übertragung reduziert werden und z. B. je nach Displaygröße in verschiedenen Qualitätsstufen dem Nutzer, auf die jeweilige Anwendungssituation bezogen, zur Verfügung gestellt werden. Die Potenziale der verschiedenen Endgeräte und Übertragungstechnologien können dadurch voll ausgeschöpft werden. Demzufolge kann einerseits die Aufbereitung oder Analyse von Daten auf dem Endgerät geschehen, oder andererseits von einem Server vor der Übertragung verarbeitet werden.

Eine weitere Komponente im BI-System, die die mobile Informationsversorgung ermöglicht, ist der mobile BI-Client. Diese Frontend-Anwendung befindet sich auf dem Endgerät und stellt dem Nutzer Präsentations- und Anwendungsfunktionen zur Verfügung.

[144] Vgl. Bensberg (2008, S. 76).

[145] Vgl. Schill und Springer (2007, S. 274–280).

Der Client übernimmt die Visualisierung und kann zudem weitere Anwendungsfunktionen unterstützen. Bei der Gestaltung der Clients kommt es zu einem Zielkonflikt zwischen Leistungsbeanspruchung und Server-Abhängigkeit. Einerseits kann die Abhängigkeit von einem stationären Server vermieden werden, indem der Client die Verarbeitung der Daten direkt auf dem Endgerät übernimmt. Diese Methode lässt sich aufgrund der hohen Ressourcenbeanspruchung nur auf leistungsfähigen Endgeräten realisieren. Daher basiert ein großer Teil der heutigen Frontend-Anwendungen auf Web-Technologien, die die Aufbereitung auf den Server verlagern. Demzufolge lassen sich nun zwei Ansätze unterscheiden (Rich- und Thin-Client).[146] Beide Ansätze bieten sowohl Vor- und Nachteile in Bezug auf das mobile Reporting. Die Auswahl einer adäquaten Anwendung hängt von den individuellen Bedürfnissen der Nutzer ab.

5.7.3.1 Rich-Client

Unter einem Rich-Client wird ein eigenständiges, auf dem Endgerät installiertes Programm verstanden, über den der Zugriff auf das BI-System erfolgt. Ein natives Programm wird speziell für den Betrieb auf einem bestimmten Betriebssystem wie z. B. iOS, Android und Windows Mobile entwickelt. Unter bestimmten Voraussetzungen kann ein Rich-Client jedoch auch plattformunabhängig z. B. mit der Programmiersprache Java entworfen werden. Der Rich-Client zeichnet sich besonders durch einen großen Funktionsumfang, bezogen auf die Visualisierungstechniken, die Anwendungs- und Navigationsmöglichkeiten, aus. Dadurch können z. B. auch umfangreiche Offline-Funktionalitäten unterstützt werden. Demzufolge eignet sich der Client vor allem für umfassende und dynamische Mobile-Reporting-Anwendungen, die über die einfache Betrachtung von statischen Berichten hinausgehen. Die Anwendung eines Rich-Clients beansprucht jedoch stark die Performance der Endgeräte. Daher können auf leistungsschwächeren Endgeräten rechenintensive Aufgaben nicht erfüllt werden. Des Weiteren sind Rich-Clients meist nicht zu allen Betriebssystemen der verschiedenen Endgeräte kompatibel. Die Investition lohnt sich daher vornehmlich für Unternehmen mit standardisierten Endgeräten.

5.7.3.2 Thin-Client

Aufgrund der zuvor erwähnten Nachteile von Rich-Clients tendieren viele Unternehmen zu der Verwendung von Web-basierenden Anwendungen. Als Zugangsschnittstelle wird hierbei üblicherweise der auf den Endgeräten vorinstallierte Web-Browser verwendet. Dies ermöglicht eine Verwendung von verschiedenen Endgeräten. Zudem entfallen Aufwendungen für die Installation und Wartung auf den einzelnen Geräten. Der Einsatz von Thin-Clients reicht hierbei vom Aufrufen einfacher Web-Seiten, die den Zugang auf Datenbestände ermöglichen, bis hin zu speziell aufbereiteten und interaktiven Cockpit- und Dashboard-Lösungen. Die Aufbereitung über einen speziellen Server ist hierbei mit zusätzlichem Aufwand verbunden. Da sich die Navigation auf Web-Seiten über mobile Endgeräte als sehr umständlich erweisen kann, lässt sich jedoch ein höherer Aufbereitungsaufwand durchaus rechtfertigen. Moderne Web-basierende Anwendungen lassen sich kaum noch

[146] Vgl. Bensberg (2008, S. 77).

in ihrer Gestaltung und Funktionalität von dedizierten Anwendungen unterscheiden und werden daher auch als „Rich Internet Application“ bezeichnet.[147] Dennoch hängt die Performance der Thin-Clients weiterhin stark von der Übertragungsgeschwindigkeit des mobilen Netzwerks ab. Ein nahezu permanenter und schneller Netzwerkzugang wird daher vorausgesetzt, um eine effiziente Verwendung gewährleisten zu können.

5.7.4 Mobiles Reporting und mobile Planung

Aktuelle Studien von der *Dresner Advisory Services LLC* zum Mobile Business Intelligence aus dem Jahre 2010 und 2011 zeigen einen deutlich wachsenden Trend zum mobilen BI und vor allem zum mobilen Reporting in Unternehmen auf.[148] Allerdings vernachlässigen diese Studien den Themenbereich mobile Planung. Genau wie im stationären BI wurden zunächst ausschließlich Reportinglösungen berücksichtigt. Typische Eigenschaften und Funktionen von mobilen Reporting-Lösungen sind:

- View-Charts/Reports (tabellarische und grafische Berichte)
- KPI Monitoring (Kennzahlenanalysen)
- Alerts (Alarm-/Warnfunktionen)
- Drill down navigation
- Drag and drop navigation
- Data selection, data filtering
- Guided analytics
- Dashboards

Der Entwicklung im stationären BI folgend wird aber auch die mobile Planung ihren Stellenwert im „Mobile BI“ ausbauen, da die Unabhängigkeit von einer stationären Anbindung für viele Planende interessant sein kann.

Da derzeit die Begriffe mobiles Reporting und mobile Planung noch nicht eindeutig bestimmt sind, sollen hier folgende Definitionen verwendet werden.

> Unter dem Begriff „mobiles Reporting“ wird die zeit- und standort**un**abhängige Informationsversorgung und -nutzung aller steuerungs- und entscheidungsrelevanter Informationen der Entscheidungsträger eines Unternehmens verstanden, wobei diese idealerweise auf das jeweilige mobile Endgerät optimiert und mit dem stationären Reporting abgestimmt sind.

[147] Vgl. Kemper et al. (2010, S. 251).

[148] Vgl. Dresner Advisory Services LLC: Mobile Business Intelligence Market Study, 2010 und 2011. URL: http://www.microstrategy.com/mobile/mobile-bi-landscape-dresner.pdf (gesichtet am 25.07.2011). und URL: http://www.informationbuilders.com/pdf/press/dresner_mobile_bi_2011.pdf [Zugriff am am 25.07.2011].

Unter dem Begriff „mobile Planung" wird die zeit- und standort**un**abhängige Informationsversorgung und -nutzung aller planungsrelevanten Informationen in Form von Planungsformularen, -berichten und -funktionen für die Entscheidungsträger eines Unternehmens verstanden, wobei diese idealerweise mit dem stationären Planungssystem abgestimmt und auf das jeweilige mobile Endgerät optimiert sind.

Wichtige Aufgaben des mobilen Reporting und der mobilen Planung sind demnach die standortunabhängige Informationsversorgung, die jederzeit bei Bedarf durch den mobilen Anwender weltweit angefordert kann, sowie die Integration und Abstimmung mit dem stationären Reporting- und Planungssystem als auch die Optimierung der Ausgabe für das jeweilige Endgerät.

Mobiles Reporting und mobile Planung ergänzen das klassische Berichtswesen und die Planung um neue Möglichkeiten, die durch die zeit- und stationsungebundene Informationsversorgung gegeben sind und betreten dabei ein Neuland. Dementsprechend ergeben sich selbstverständlich auch neue Anforderungen, die von mobilen Lösungen erfüllt werden müssen:

Übersichtlichkeit und Verständlichkeit

Entsprechend dem klassischen Berichtswesen und der Planung müssen selbstverständlich auch im Mobile BI die Berichte und Planungsformulare übersichtlich in ihrer Gestaltung und für den Anwender verständlich sein, damit der Benutzer möglichst schnell, die für ihn relevanten Informationen entnehmen und Planungen durchführen kann. Diese Anforderungen sind im mobilen Reporting und in der mobilen Planung jedoch in ihrer Umsetzung weit anspruchsvoller, da die stark begrenzten Darstellungsmöglichkeiten auf den relativ kleinen Displays der mobilen Endgeräte eine übersichtliche Darstellung der Informationen erschweren. Daher sollten die Berichte nicht nur entsprechend des Anwendungskontextes formatiert sein, sondern auch an das verwendete Medium angepasst werden. Die Akzeptanz der Berichte durch den Anwender setzt eine zweck- und empfängerorientierte Gestaltung der Informationen voraus. Nur so kann erreicht werden, dass der Empfänger die relevanten Informationen akzeptiert und zudem beurteilen kann.[149]

Belastbarkeit

Ein weiteres Problem, das sich neben der Übersichtlichkeit ergibt, ist die quantitative Belastung des Nutzers. Mit mobilem Reporting und mobiler Planung wird eine weitaus schnellere Informationsversorgung ermöglicht. Im Gegensatz zum klassischen Reporting müssen Berichte nicht erst ausgedruckt, sondern können dem Empfänger nahezu unmittelbar zu jeder Zeit zur Verfügung gestellt werden. Diese Eigenschaft birgt jedoch zugleich das Risiko, den Empfänger mit zu vielen Informationen zu überfordern. Aus der Vielzahl an

[149] Vgl. Jung (2011, S. 207–209).

übermittelten Berichten ist der Nutzer nicht mehr fähig, die relevanten Informationen zu verarbeiten. Zu einem ähnlichen Problem führte bereits die Push-Funktion des Blackberrys. Geschäftsleute waren mit der sofortigen Verfügbarkeit von E-Mails und der daraus resultierenden permanenten Informationsversorgung derart beschäftigt, dass sie sich nicht mehr auf andere Aufgaben konzentrieren konnten.[150] Zudem müssen die Anwender lernen, wann und wie sie die Informationen am besten verarbeiten können, d. h. auch, sie müssen lernen, wann sie die mobile Informationsversorgung nicht nutzten und wann es ggf. sinnvoll ist, die Geräte auszustellen.

Sicherheit

Besonders die technischen Anforderungen unterscheiden sich im mobilen Reporting und in der mobilen Planung stark von den Anforderungen der stationären Systeme für Planung und Reporting. Wie zuvor erwähnt müssen sich mobil verteilte Systeme an die Eigenschaften der drahtlosen Netzwerke anpassen, um eine fehlerfreie Übertragung zu ermöglichen. Eine weitere signifikante Anforderung stellt insbesondere der Sicherheitsaspekt in der Informationsversorgung dar. Bezogen auf die Verwendung von mobilen Endgeräten und die Übertragung über drahtlose und öffentliche Netzwerke ist die Sicherheit der Daten nur mit Hilfe von weiteren Maßnahmen zu erreichen. Die Bedeutung der Sicherheit beim Mobile Computing ist hierbei leicht nachzuvollziehen, da überwiegend sensible und unternehmenskritische Informationen übermittelt werden.[151] Der Verlust bzw. Diebstahl dieser vertraulichen oder wettbewerbsrelevanten Daten kann zu verheerenden Folgen für ein Unternehmen führen. Deshalb müssen verschiedene Risiken berücksichtigt werden, die bei mobilen Geräten höher sind als bei stationären Anwendungen. Anhand dieser Risiken können dann unterschiedliche Sicherheitsmechanismen entwickelt werden. Diese Sicherheitsmechanismen müssen einen unautorisierten Zugriff im Falle von Diebstahl und Spionage verhindern. Für die IT ergibt sich dabei die Herausforderung, die Sicherheits-Mechanismen speziell an die mobile Umgebung anzupassen ohne den Anwender in der Nutzung einzuschränken. Demnach herrscht in Bezug auf die Sicherheit ein Zielkonflikt zwischen der Risikominimierung und der Benutzerfreundlichkeit.

Lopez verdeutlicht diesen Zusammenhang anhand eines Beispiels. Von einem Benutzer kann bei der Eingabe eines Passwortes über ein Smartphone nicht verlangt werden, ein 20-stelliges Passwort einzugeben. Stattdessen sollte z. B. ein 6-stelliges alphanumerisches Passwort vorgezogen werden, um dieselbe Sicherheitsstufe zu gewährleisten.[152]

Zudem unterscheiden sich die Sicherheitsanforderungen je nachdem welches Endgerät oder Betriebssystem verwendet wird und müssen dementsprechend individuell gestaltet werden. Aufgrund der verschiedenen Risiken lassen sich die Sicherheitsanforderungen anhand von drei verschiedenen Ebenen differenzieren:

[150] Vgl. Bollmann und Zeppenfeld (2010, S. 42).
[151] Vgl. Bensberg (2008, S. 76).
[152] Vgl. Lopez (2009, S. 2).

- Device Security
  Unter „Device Security" versteht man den Schutz der Daten auf dem mobilen Endgerät als auch den Schutz des Gerätes vor „Malware", also bösartiger Software. Insbesondere der Verlust des Geräts oder der Diebstahl ist bei mobilen Geräten viel wahrscheinlicher als bei stationären Computern. Daher müssen die Daten auf dem Gerät für Fremde unzugänglich sein. Um diese Sicherheit zu gewährleisten, sollten die Daten auf dem Endgerät verschlüsselt werden und über ein Passwort bzw. PIN (Persönliche Identifikationsnummer) geschützt sein. Teilweise ist die Verschlüsselung der Daten bereits im Betriebssystem des Mobiltelefons wie beispielweise beim Blackberry integriert. Überdies muss das Endgerät mit Hilfe von Firewalls und Virenscannern vor z. B. Viren, Würmern und Trojanern geschützt werden, die die Daten zerstören oder Unbefugten den Zugang ermöglichen könnten.
- Transmission Security
  Zur Datenübertragung werden im mobilen Reporting drahtlose Netzwerke verwendet. Diese sind im Vergleich zu drahtgebundenen Netzwerken weitaus offener und dadurch für alle Personen frei zugänglich. Ein nicht autorisierter Zugriff in der Übertragung der Daten ist somit schwerer zu verhindern als in geschlossenen, lokalen Netzwerken. Die „Transmission Security" umfasst in diesem Sinne den Schutz vor fremdem und ungewolltem Zugriff in der Datenübertragung. Für diesen Zweck müssen Zugriffsbeschränkungen in Form von Verschlüsselungsverfahren genutzt werden. Beim WLAN-Netzwerk kann die Verbindung z. B. mit Hilfe eines WPA2-Schlüssels (Wi-Fi Protected Access 2) geschützt werden. Mobilfunknetze sind bereits von den Netzbetreibern verschlüsselt. Diese Verschlüsselung ist jedoch relativ unzuverlässig und sollte durch eigene Maßnahmen ergänzt werden.[153]
- Network Security
  Selbstverständlich umfassen die Sicherheitsanforderungen des mobilen Reporting auch den Schutz des lokalen Firmennetzwerkes. Die Öffnung des internen Netzwerkes nach außen birgt zusätzliche Sicherheitsrisiken. Der mobile Zugriff auf die internen Datenbestände muss für nicht autorisierte Personen unterbunden werden, ohne dadurch den berechtigten Nutzern den Zugriff zu erschweren. Dementsprechend müssen die Firewalls an die mobile Verwendung des Netzwerkes angepasst und zudem Authentifizierungsverfahren eingerichtet werden. Auch die Verwendung eines „Virtual Private Network (VPN)" stellt beispielweise eine weitere Sicherungsmethode dar, mit der ein sicherer Fernzugriff auf das Unternehmensnetzwerk ermöglicht werden kann.

Integration und Implementierung von BI-System-Komponenten

Für die Verwendung von mobilen Reporting-Anwendungen müssen zuvor weitere Komponenten in das bestehende BI-System integriert werden (vgl. dazu Abschn. 5.7.3). Die schnelle und einfache Implementierung des Mobile-BI-Systems stellt hierbei eine weitere Anforderung für das mobile Reporting dar. Der Markt bietet für eine einfache Imple-

[153] Vgl. Bollmann und Zeppenfeld (2010, S. 127–130).

mentierung sogenannte BI-Suiten an.[154] Diese BI-Suiten bieten sämtliche Schichten des BI-Systems in Form einer Komplettlösung an. Mit der Verwendung des „Single Source-Authoring" können Berichte direkt auf einer einheitlichen Basis wie dem Data Warehouse sowohl für die mobile als auch für die stationäre Verwendung erzeugt werden, ohne eine weitere Anpassungsphase für die Berichtsgestaltung zu benötigen. Ein wichtiges Kriterium in der Auswahl der Anwendung stellt zudem die Geschwindigkeit der Software in der Aufbereitung und Übertragung der Daten dar. Auch bei der Anwendung von Standardsoftwareprodukten ist auf eine einfache Implementierung zu achten. Statt verschiedene Anwendungen zu verwenden, sollte eine Software mit einer einheitlichen Oberfläche für das mobile Reporting genutzt werden. Im Idealfall bieten diese Anwendungen dieselben Funktionen wie vergleichbare stationäre Anwendungen und ermöglichen dadurch dem Nutzer eine kürzere Eingewöhnungsphase.

Kompatibilität

Ergänzend zu den Implementierungsanforderungen wird von mobilen Reporting und Planungs-Anwendungen auch eine hohe Kompatibilität gefordert. Mobile Programme sollten zu einer Vielzahl von mobilen Endgeräten, Betriebssystemen und Übertragungsmethoden kompatibel sein und sich idealerweise an die individuellen Eigenschaften der Plattformen anpassen. Ein weiterer Aspekt ist die Benutzung von alten Systemen oder Datenbeständen. Entsprechend sollten die mobilen Anwendungen zum bisherigen System und zu dessen Datenbeständen kompatibel sein und beispielsweise historische Informationen ohne eine weitere Anpassung verwenden können. Des Weiteren wird die Kompatibilität des mobilen BI-Systems im Mehrbenutzerbetrieb vorausgesetzt. Viele Anwender und eine hohe Komplexität der Prozesse sollten demnach die Performance der mobilen und stationären Reporting- und Planungs-Anwendungen nicht einschränken.

Funktionalität

Vom mobilen Reporting und von der mobilen Planung werden prinzipiell dieselben Funktionen erwartet, die bereits für die stationären Systeme erläutert wurden. Hierbei kommt es vor allem auf eine benutzergerechte Funktionalität an, die sich an die Benutzerrolle anpasst. Im Folgenden werden Funktionen unterschieden, die entweder besonders geeignet oder besonders **un**geeignet für mobile Anwendungen sind:

- Funktionen, die für mobile Anwendungen geeignet sind:
  - Sortierungs- und Aggregationsfunktionen
  - Navigationsmöglichkeiten
  - Verdichtetes Standardreporting
  - Exceptionreporting (u. a. mit Colour-Coding)
  - Analysereporting mit Slice and Dice, Drill-Down, Roll-up,

[154] Vgl. Bensberg (2008, S. 77).

  - Verdichtete Informationen (Kennzahlen, grafische Informationen, verdichtete Management Cockpits/Dashboards)
  - Kurzkommentare
  - Planungsfunktionen mit wenigen Werteingaben (z. B. zum Anstoßen von Simulations- und Szenariorechnungen)
- Funktionen, die für mobile Anwendungen eher ungeeignet sind:
  - Individuelles Ad-hoc-Reporting
  - Listenreporting und größere Tabellen
  - Drill-Through
  - Umfangreiche Text- und Kommentarfunktionen
  - Planungsfunktionen mit vielen Werteinträgen

5.7.4.1 Einsatzprobleme von mobilen Anwendungen im Mittelstand

Obgleich die Verwendung von mobilen Anwendungen zur Planung und zum Reporting viele Vorteile für ein Unternehmen bietet, sollten auch die in Verbindung stehenden Nachteile für den Mittelstand berücksichtigt werden. Mobile Planung und mobiles Reporting befinden sich zurzeit noch in einem relativ frühen Entwicklungsstadium und werden tendenziell in größeren Unternehmen eingesetzt.

Die größten Nachteile ergeben sich für die Anwender in Bezug auf die Sicherheit der unternehmenskritischen Daten. Die Erweiterung der Informationsversorgung und der damit erweiterte Zugang auf unternehmensinterne Datenbestände erhöht vor allem das Risiko eines Datenzugriffs von unberechtigten Personen. Dieses Risiko lässt sich nur mit dedizierten Sicherheitsmaßnahmen (vgl. Abschn. 5.7.4) einschränken. Diese sind in mittelständischen Unternehmen nicht so ausgeprägt wie in größeren Unternehmen.

Zu den weiteren Kritikpunkten zählen die im Vergleich zu stationären PCs eingeschränkten Visualisierungstechniken und Interaktionsfähigkeiten der mobilen Endgeräte. Jedoch wurden bereits mit der iPad-Einführung die ersten Grenzen in Bezug auf die notwendige Skalierbarkeit durchbrochen. Moderne Smartphones und Tablet-PCs sind durchaus für Präsentationszwecke geeignet und besitzen ausbaufähige Potenziale. Immer höher auflösende Displays, bessere Funktionalitäten und schnellere Übertragungsmethoden werden daher in Zukunft die derzeitigen Hürden in der technischen Umsetzung überwinden.

Auch in soziologischer Hinsicht haben sich mit mobilen Anwendungen die bisherigen Rahmenbedingungen der Informationsversorgung verändert. Mobiles Reporting ermöglicht eine nahezu permanente Informationsversorgung. Der Nutzer wird dadurch zunehmend gefordert eine immer größere Menge an Informationen aufzunehmen und zu verarbeiten, ohne dabei überfordert zu werden. Eine Überversorgung mit Informationen wäre kontraproduktiv für den Analyse- und Entscheidungsprozess. Jedoch lässt sich dieses Problem nicht explizit dem mobilen Reporting zuordnen, sondern bezieht sich vielmehr auf das Verhalten und auf die Gewohnheiten der Anwender. Daher ist eine Anpassung an diese Bedingungen eher auf Seiten der Anwender erforderlich, um die Potenziale aber auch Gefahren, die in Verbindung mit dem mobilen Reporting stehen, bestmöglich zu nutzen.

5.7.4.2 Erfolgspotenziale von mobilen Anwendungen im Mittelstand

Mit Hilfe von mobilen Reporting- und Planungsanwendungen wird eine zeit- und standortunabhängige Informationsversorgung und Planung ermöglicht und damit eine nahezu grenzenlose Verfügbarkeit von Informationen und Planungsmöglichkeiten erreicht. Neuste technologische Fortschritte, sowohl in der mobilen Datenübertragung als auch bei den mobilen Endgeräten selbst, ermöglichen einen immer schnelleren und zuverlässigeren Zugriff auf entscheidungsrelevante und dispositive Daten. Die Verbreitung von mobilen Anwendungen wächst mit zunehmender Leistungsfähigkeit und Interaktivität der Anwendungen und den sinkenden Kosten für die Umsetzung, was für mittelständische Unternehmen von hoher Bedeutung ist. Anwendungen für die mobile Planung sind bisher kaum zu finden. Es ist aber zu vermuten, dass sich nach der Etablierung des mobilen Berichtswesens auch mobile Planungsanwendungen verbreiten.

Die Leistungsfähigkeit des Mobilen Reporting lässt sich anhand der Nutzungspotenziale der Anwender beurteilen. Im Rahmen der von der *Dresner Advisory Services* durchgeführten Studie wurden die Teilnehmer nach den Vorteilen gefragt, die sich im Zusammenhang mit Mobile BI ergeben. Die wichtigsten Nutzenpotenziale der Befragten waren der grenzenlose und schnelle Zugriff auf Datenbestände.[155] Dem Anwender wird mit dem mobilen Reporting mehr räumliche und zeitliche Flexibilität im Entscheidungsprozess geboten.[156]

Nicht nur Führungskräfte, sondern auch die operative Ebene kann in Folge der sinkenden Kosten für Mobile BI von dieser größeren Flexibilität profitieren. Dies könnte speziell für den Mittelstand ein wichtiges Einstiegsargument sein. Einerseits können beispielsweise Außendienstmitarbeiter im operativen Geschäft direkt beim Kunden auf aktuelle Datenbestände zugreifen und den Kunden mit Hilfe dieser Daten effizienter beraten. Wenngleich diese Anwendung bereits mit herkömmlichen Notebooks möglich war, bieten moderne Smartphones und Tablet-PCs eine weitaus bessere Mobilität. Insofern könnte eine höhere Mitarbeiterproduktivität und eine verbesserte Kundenzufriedenheit für ein Unternehmen realisiert werden. Andererseits lassen sich dispositive Entscheidungen von Führungskräften anhand der sofort verfügbaren Daten weitaus schneller treffen als bisher. Unternehmen können daher immer schneller mit Hilfe der mobilen Informationen auf Veränderungen am Markt reagieren und infolgedessen besser auf veränderte Kundenbedürfnisse und Wettbewerbssituationen eingehen. Hierbei werden die Führungskräfte zunehmend aktiv in den Reporting-Prozess mit einbezogen und können die benötigten Informationen unmittelbar zu der jeweiligen Situation selbst anfordern, ohne an einen stationären Arbeitsplatz gebunden zu sein.

[155] Vgl. Dresner Advisory Services LLC (2010, S. 23).
[156] Vgl. Bensberg (2008, S. 72–79).

Neben dem verkürzten Entscheidungsprozess kann auch die Qualität der Entscheidungen durch die Verwendung von mobilen Informationen verbessert werden. Relevante Informationen stehen in der jeweiligen Situation sofort zur Verfügung und können somit kurzfristig für Entscheidungen verwendet werden. Diese Effizienzsteigerung kann hierbei zu einem entscheidenden Wettbewerbsvorteil führen. Mit der zunehmenden Verbreitung von mobilem Reporting wird die Umstellung des bisherigen Berichtswesens daher für Unternehmen unumgänglich. Dies gilt auch für die Planung, die im Sinne eines rollierenden Forecasting eine höhere zeitliche und stationäre Unabhängigkeit nutzen kann.

Literatur und Quellen zum Kap. 5

Apel, D., W. Behme, R. Eberlein, und C. Merighi. 2009. *Datenqualität erfolgreich steuern*. München, Wien.

Atacama. http://www.ataccama.de/produkte/dq-analyzer/dqa-uberblick.html. Zugegriffen: am 22.07.2011.

Azevedo, P., G. Brosius, und S. Dehnert et al. 2005. *Business Intelligence und Reporting mit Microsoft SQL-Server*.

Bange, C. 2011. *BARC-Tagungsband: Planungs- und Controlling-Systeme für den Mittelstand, Teil: Keynote*, Folie 11, Würzburg.

Bange, C., B. Marr, und A. Bange. 2009. *Performance Management: eine weltweite Umfrage*, BARC-Studie August.

Bauer, A., und H. Günzel. 2001. *Data Warehouse Systeme; Architektur, Entwicklung und Anwendung*. Heidelberg.

Becker, J., O. Richter, und A. Winkelmann. Analyse von Plattformen und Marktübersichten für die Auswahl von ERP und Warenwirtschaftssystemen – Arbeitsbericht 121: Westfälische Wilhelms-Universität Münster. http://www.wi.uni-muenster.de/institut/arbeitsberichte/ab121.pdf. Zugegriffen: am 17.08.2011.

Behme, W. 1996. Business Intelligence als Baustein des Geschäftserfolgs. In *Das Data Warehouse-Konzept – Architektur-Datenmodelle-Anwendungen*, Hrsg. H. Mucksch, W. Behme, 27–46. Wiesbaden.

Behme, W., und H. Mucksch. 1997. Die Notwendigkeit einer entscheidungsorientierten Informationsversorgung. In *Das Data Warehouse-Konzept: Architektur – Datenmodelle – Anwendungen*, 2. Aufl., Hrsg. W. Behme, H. Mucksch. Wiesbaden.

Behme, W., J. Holthuis, und H. Mucksch. 2000. Umsetzung multidimensionaler Strukturen. In *Das Data Warehouse-Konzept – Architektur-Datenmodelle-Anwendungen*, 4. Aufl., Hrsg. H. Mucksch, W. Behme, 215–242. Wiesbaden.

Bensberg, F. 2008. Mobile Business Intelligence – Besonderheiten, Potenziale und prozessorientierte Gestaltung. In *Erfolgsfaktoren des Mobilen Marketing*, Hrsg. H.H. Bauer, T. Dirks, M.D. Bryant. Berlin.

Bissantz, N., und J. Hagedorn et al. 2001. Data Mining. In *Lexikon der Wirtschaftsinformatik*, 4. Aufl., Hrsg. P. Mertens, 130–131.

Bollmann, T., und K. Zeppenfeld. 2010. *Mobile Computing – Hardware, Software, Kommunikation, Sicherheit, Programmierung*. Witten.

Buck-Emden, R. 1995. *Die Client/Server-Technologie des SAP R/3: Basis für betriebswirtschaftliche Standardanwendungen*, 2. Aufl. Bonn, Paris.

Chamoni, P et al. 1997. Online Analytical Processing (OLAP). In *Lexikon der Wirtschaftsinformatik*, 3. Aufl., Hrsg. P. Mertens. Berlin.

Chamoni, P., und P. Gluchowski (Hrsg.). 2006. *Analytische Informationssysteme*, 4. Aufl. Berlin Heidelberg.

Chamoni, P., and P. Gluchowski. 2004. Integrationstrends bei Business-Intelligence-Systemen. *Wirtschaftsinformatik* 46(2): 119–128.

Codd, E.F., S.B. Codd, und C.T. Salley. 1993. *Providing OLAP to User-analysts: An IT Mandate*. Ann Arbor/Michigan: Codd & Associates.

Dahnken, O., P. Keller, J. Narr, und C. Bange. 2004. *Planung und Budgetierung, 21 Software-Plattform zum Aufbau unternehmensweiter Planungsapplikationen*. München.

Dahnken, O., P. Keller, J. Narr, und C. Bange. 2003. *Software im Vergleich – Integrierte Unternehmensplanung*. Feldkirchen.

Determann, L., und M. Rey. 1999. Chancen und Grenzen des Data Mining im Controlling. *ZfC* 11(2): 43–147.

Dresner Advisory Services LLC: Mobile Business Intelligence Market Study, 2010 und 2011. http://www.microstrategy.com/mobile/mobile-bi-landscape-dresner.pdf. Zugegriffen: am 25.07.2011. http://www.informationbuilders.com/pdf/press/dresner_mobile_bi_2011.pdf. Zugegriffen: am 25.07.2011.

Düsing, R., und C. Heidsieck. 2009. Analysephase. In *Data-Warehouse-Systeme: Architektur, Entwicklung, Anwendung*, 3. Aufl., Hrsg. A. Bauer, H. Günzel, 104–127. Heidelberg.

Egger, N., J.M. Fiechter, C. Rohlf, J. Rose, und S. Weber. 2005. *SAP BW Planung und Simulation*. Bonn.

Egger, N., Hastenrath, Kästner, und Kramer et al. 2009. *Reporting und Analyse mit SAP Business Objects*. Bonn.

Elmasri, R., und S.B. Navathe. 2007. *Fundamentals of Database Systems*, 5. Aufl. Bosten.

Finucane, B., und M. Mack. 2010/2011. Business-Intelligence-Software boomt in Deutschland. In *is report, Informationsplattform für Business Applications, BARC-Guide Business Intelligence*, 8–11.

Friedrich, D. 2007/2008. Business Intelligence etabliert sich im Mittelstand, BARC-Guide Business Intelligence, 10–11. http://www.barc.de/fileadmin/Fachartikel/10-11_FB_BI-Guide.pdf. Zugegriffen: am 19.02.2011.

Fuchß, T. 2009. *Mobile Computing – Grundlagen und Konzepte für mobile Anwendungen*. München.

Gabriel, R. Expertensystem, In *Enzyklopädie der Wirtschaftsinformatik – Online-Lexikon*, Hrsg. K. Kurbel, J. Becker, N. Gronau, E. Sinz, und L. Suhl, 4. Aufl. http://www.oldenbourg.de:8080/wi-enzyklopaedie/lexikon/. Zugegriffen am 15.01.2011, publiziert am 06.10.2010.

Gabriel, R., P. Chamoni, und P. Gluchowski. 2000. Data Warehouse und OLAP – analyseorientierte Informationssysteme für das Management. *Zeitschrift für betriebswirtschaftliche Forschung* 52(2): 74–93.

Gleich, R. 2001. *Das System des Performance Measurement. Theoretisches Grundkonzept, Entwicklungs- und Anwendungsstand*. München.

Gluchowski, P. 2001. *Business Intelligence, in HDM – Praxis der Wirtschaftsinformatik*, Bd. 38, Nr. 222.

Gluchowski, G., R. Gabriel, und C. Dittmar. 2008. *Management Support Systeme und Business Intelligence*, 2. Aufl. Berlin Heidelberg.

Gluchowski, P., R. Gabriel, und C. Dittmar von. 2008. *Management Support Systeme und Business Intelligence. Computergestützte Informationssysteme für Fach- und Führungskräfte.* Berlin, Heidelberg.

Goecken, M. 2006. *Entwicklung von Data-Warehouse-Systemen.* Wiesbaden.

Hahne, M. 2005. *SAP Business Information Warehouse.* Berlin, Heidelberg.

Hanning, U. (Hrsg.) 2008. *Vom Data Warehouse zum Corporate Performance Management.* Ludwigshafen.

Hansel, S. 2011. Puristische Strategie – Internetbasierte Programme – neudeutsch Cloud Computing – werden zur ernsthaften Alternative für die Unternehmens-IT. *Wirtschaftswoche,* 8: 62–67.

Hein, A. 2011. prevero Unternehmen und Lösungen – Unternehmenssteuerung mit prevero, prevero Österreich GmbH Wien. *Vortragsunterlagen.* Wien.

Hesseler, M. 2009. Costumizing von ERP-Systemen. *Zeitschrift für Controlling & Management, Sonderheft 3.*

Hesseler, M., und M. Görtz. 2007. *Basiswissen ERP-Systeme.* Herdecke Witten.

Horváth, P. 2008. *Controlling,* 11. Aufl. München.

Hotho, A., A. Nürnberger, und G. Paaß. 2005. A Brief Survey of Text Mining. *Zeitschrift für Computerlinguistik und Sprachtechnologie* 20(1): 19–62.

IBM Consulting Services 2003. *SAP Berechtigungswesen.* Bonn.

Inmon, B. Definition of a data warehouse. www.billinmon.com. Zugegriffem: am 31.07.2002.

Jetter, W. 2004. *Performance Management,* 2. Aufl. Stuttgart.

Jung, H. 2011. *Controlling,* 9. Aufl. München.

Kemper, H.G., H. Baars, und W. Mehanna. 2010. *Business Intelligence – Grundlagen und praktische Anwendungen,* 3. Aufl. Wiesbaden.

Knapp, P., und F. Kusterer. 1996. Weltweit einsatzfähige Führungsinformationssysteme, Umsetzungen und Anforderungen. In *Tagungsband zum 11. Deutschen Controlling Congress,* Hrsg. T. Reichmann, 219–244. Düsseldorf.

Knöll, H.D., C. Schulz-Sacharow, und M. Zimpe. 2006. *Unternehmensplanung mit SAP BI.* Wiesbaden.

Laudon, K., und J. Laudon. 1988. *Management Information Systems,* 2. Aufl. New York.

Leßweng, H.-P. 2004. Einsatz von Business Intelligence Tools (BIT) im betrieblichen Berichtswesen. *ZfC,* 1: 41–49.

Lopez, M.D. 2009. *Successful Mobile Deployments Require Robust Security.*

Manhart, K.: Grundlagenserie Business Intelligence (Teil 1) Berichtssysteme: Grundtypen und Techniken. http://www.tecchannel.de/server/sql/1751728/berichtssysteme_teil_1_grundtypen_und_techniken/index6.html. Zugegriffen: am 28.06.2011.

Manhart, K. Business Intelligence. http://www.tecchannel.de/server/sql/1739205/business_intelligence_teil_2_datensammlung_und_data_warehouses/index8.html. Zugegriffen: am 19.02.2011.

Martin, W., und E. von Maur. 1997. Data Warehouse. In *Lexikon der Wirtschaftsinformatik,* 3. Aufl., Hrsg. P. Mertens, 105–106. Berlin.

Mehler, A., und C. Wolf. 2005. Einleitung: Perspektiven und Positionen des Text Mining. *Zeitschrift für Computerlinguistik und Sprachtechnologie* 20(1): 1–18.

Meier, M., W. Sinzig, und P. Mertens. 2003. *SAP Strategic Enterprise Management™/Business Analytics – Integration von strategischer und operativer Unternehmensführung,* 2. Aufl. Berlin, Heidelberg.

Mertens, P. 2002. Business Intelligence – ein Überblick, Arbeitspapier Nr. 2/2002, Universität Erlangen-Nürnberg. http://www.wi1-mertens.wiso.uni-erlangen.de/veroeffentlichungen/download/Business_Intelligence-ein_Ueberblick_Arbeitspapier_der_Universitaet_Erlangen-Nuernberg.zip. Zugegriffen: am 23.07.2011.

Mertens, P., und J. Griese. 1988. Informations- und Kontrollsysteme. In *Industrielle Datenverarbeitung*, Bd. 2. Wiesbaden.

Mertens, P., und J. Griese. 2002. *Integrierte Informationsverarbeitung 2. Planungs- und Kontrollsysteme in der Industrie*, 9. Aufl. Wiesbaden.

Mohr, M. 2006. *HCC-Einführungsschulung zum SAP Business Information Warehouse – Grundlagen, Reporting und Analyse, Modellierung und Staging*, Hrsg. SAP Hochschulkompetenzzentrum an der Technischen Universität München am Lehrstuhl für Wirtschaftsinformatik – Prof. Dr. H. Krcmar.

Mucksch, H., und W. Behme. 2000. Das Data Warehouse-Konzept als Basis einer unternehmensweiten Informationslogistik. In *Das Data Warehouse-Konzept*, 4. Aufl., Hrsg. H. Mucksch, W. Behme, 3–80. Wiesbaden.

Navrade, F. 2008. *Strategische Planung mit Data-Warehouse-Systemen*. Wiesbaden.

Oehler, K. 2006. *Corporate Performance Management*. München, Wien.

Oehler, K. 2000. *OLAP, Grundlagen, Modellierung und betriebswirtschaftliche Lösung*. München.

Oppelt, R.U.G. 1995. *Computerunterstützung für das Management*. München, Wien.

Pends, N., und R. Creeth. 1995. *The OLAP Report*. o. O.

Pütter, C. Keine Hilfe für BI-Projekte. http://www.cio.de/2239428. Zugegriffen: am 12.03.2011.

QlikView-Demo Sales Analysis. http://demo.qlikview.com/QvAJAXZfc/opendoc.htm?document=Executive%20Dashboard.qvw&host=Demo10&anonymous=true, . Zugegriffen: am 20.07.2011.

Reichmann, T. 2006. *Controlling mit Kennzahlen und Managementberichten*, 7. Aufl. München.

Reichmann, T. 2011. *Controlling mit Kennzahlen, Die systemgestützte Controlling-Konzeption mit Analyse- und Reportinginstrumenten*, 8. Aufl. München.

Richter, M. 2003. Fallbasiertes Schließen. In *Handbuch der Künstlichen Intelligenz*, 4. Aufl., Hrsg. G. Görz, C.R. Rollinger, J. Schneeberger, 407–430. München/Wien.

Ruprecht, J. 2003. Zugriffskontrolle im Data Warehouse. In *Data Warehouse Management*, Hrsg. E. von Maur, R. Winter, 113–147. Berlin, Heidelberg.

SAP AG: Sales Revenue Report erstellt mit SAP Business Objects© Infoview.

SAP AG: SAP BEx Analyser.

SAP AG, SAP SEM, Scorecard-Analyse und Ursache-Wirkungs-Analyse.

SAP AG: SAP ERP CC System – Standardbericht, Selektionsmaske und Planungsformular aus einem IDES-System.

SAP-Portal. http://help.sap.com/saphelp_sem60/helpdata/de/39/100c38e15711d4b2d90050da4c74dc/frameset.htm. Zugegriffen: am 20.07.2010.

Scheer, A.W. 1990. *EDV-orientierte Betriebswirtschaftslehre*, 4. Aufl. Berlin.

Schill, A., und T. Springer. 2007. *Verteilte Systeme – Grundlagen und Basistechnologien*. Berlin.

Schinzer, H.D. 1998. *Entscheidungsorientierte Informationssysteme. Grundlagen, Anforderungen, Konzept, Umsetzung*. München.

Schinzer, H.D., C. Bange, und H. Mertens. 1999. *Data Warehouse und Data Mining, Marktführende Produkte im Vergleich*, 2. Aufl. München.

Schinzer, H., C. Bange, und H. Mertens. 2000. Wachstum, Trends und gute Produkte – Neue BARC-Studie zum OLAP- und Business Intelligence-Markt. *is report* 1(4): 10–17.

Schön, D. 2011. Ergebnisse zur empirischen Untersuchung: Business Intelligence für Reporting und Planung im Mittelstand. Die kompletten Ergebnisse der Studie stehen über folgenden Link zum Download bereit. http://www.fh-dortmund.de/de/studi/fb/9/personen/lehr/schdie/103020100000206873.php. Zugegriffen: am 01.06.2011.

Schön, D. 2004. Moderne DV-gestützte Planungstools. *Controlling* 16(10): 567–577.

Schön, D. 2004. Moderne Planungskonzepte und Reportingtools. In *19. Deutscher Controlling Congress, Tagungsband*, Hrsg. T. Reichmann, 287–337. Dortmund.

Schön, D., und R. Müller. 2010. Mittelstandscontrolling für Inhaber und Manager. In *25. Deutscher Controlling Congress, Tagungsband*, Hrsg. T. Reichmann, 123–165. Dortmund.

Schrödl, H. 2009. *Business Intelligence mit Microsoft SQL Server 2008*, 2. Aufl. München.

Seufert, A., und K. Oehler. 2009. Grundlagen Business Intelligence. In *Business Intelligence & Controlling Competence*, Bd. 1. Stuttgart, Berlin.

Turban, E., J.E. Aronson, und T.P. Liang. 2004. *Decission Support and Intelligent Systems*, 7. Aufl.

Vaduva, A., und T. Vetterli. 2001. Metadata Management for Data Warehousing: an Overview. *International Journal of Cooperative Information Systems* 10(3): 273–298.

Weber, H.W., und U. Strüngmann. 1997. Data Warehouse und Controlling – Eine vielversprechende Partnerschaft. *ZfC* 1: 30–36.

Wild, J. 1981. *Grundlagen der Unternehmensplanung*, 3. Aufl. Opladen.

Winterstein, A., und E. Leitner. 1998. An Informationen nicht ersticken. *Client Server Computing* o. Jg. (3): 34–39.

Ausblick 6

Inhaltsverzeichnis

In Anlehnung an die vier Analysefelder des Untersuchungsrahmens sollen nun wichtige Trends für die Weiterentwicklung der Planung und des Reporting im Mittelstand aufgezeigt werden. Sie wurden in der Tab. 6.1 stichpunktartig aufgeführt:

Fachlicher Inhalt

- **Integrierte Planung und Reporting**
  Planung und Reporting werden in Zukunft stärker zusammenwachsen und nicht mehr isoliert voneinander betrachtet. Im Rahmen der integrierten Planung werden **strategische, mittelfristige, operative und dispositive Planungsaufgaben** miteinander verzahnt. Als Werkzeug für die strategische Integration wird sich die **Balanced Scorecard** im größeren Mittelstand durchsetzen, in denen insbesondere die Planung und Kontrolle der strategischen Projekte in Bezug zur mittelfristigen und operativen Ergebnisbeeinflussung eine wichtige Rolle spielt. Die operativen Planungen werden kontinuierlich durch **Forecasts bzw. rollierende Planungen** aktualisiert, so dass es auch möglich sein wird, dispositive Entscheidungsgrundlagen zur Ressourcensteuerung mit aktuellen Planwerten zu unterstützen. Die Planungsgebiete in einer integrierten Planung rechnen modellierte Abhängigkeiten der einzelnen Planungsgebiete, z. B. angefangen von der Absatzplanung bis zur Bilanz- und Finanzplanung, durch. Hierbei werden z. B. Zahlungsziele (Skontogewährung und Zahlungsverhalten der Kunden) und Zahlungstermine (Abschläge) sowie Steuerzahlungen (Umsatzsteuerzahllast) für die Finanzplanung berücksichtigt. Bei Investitionen sind z. B. die Auswirkungen der Zahlung (auf dem Cash-Konto und Verbindlichkeitskonto), der Wertberichtigungen und Abschreibungen (im Anlagevermögen und im Abschreibungskonto) zu berücksichtigen. Abbildung 6.1 zeigt eine „Wertreiberbasierte Planung" von Personalkosten, wobei durch Veränderung von kostentreibenden Faktoren, wie z. B. den Neueinstellungen und Personalkostensteigerungen, die Personalkosten gesamt simuliert und prognostiziert werden können.

D. Schön, *Planung und Reporting im Mittelstand*, DOI 10.1007/978-3-8349-3604-2_6,

Tab. 6.1 Zukünftige Entwicklungstrends in der Planung und im Reporting

Fachlicher Inhalt: Integration von Planung und Reporting Fachkonzepte Ausbau der Planungs- und Analysefunktionen Standardlösungen	**DV-Unterstützung:** Web-Frontends und Excel-Integration Ausbau der BI-Lösungen um Portallösungen, DMS, CMS und Data Mining Mobile Systeme Weitere technische Trends
Organisation: Stärkung der Organisation für Planung und Reporting Leistungsfähige Berechtigungs- und Zugriffssysteme Adressatengerechte Aufbereitung Verteilung und Zusammenarbeit (Collaboration)	**Prozesse:** Generelle Prozessunterstützung Bilaterate Integration von BI- und ERP-Planungs- und Reportingprozessen Gestufte Planungsprozesse Zirkuläre Planungsprozesse

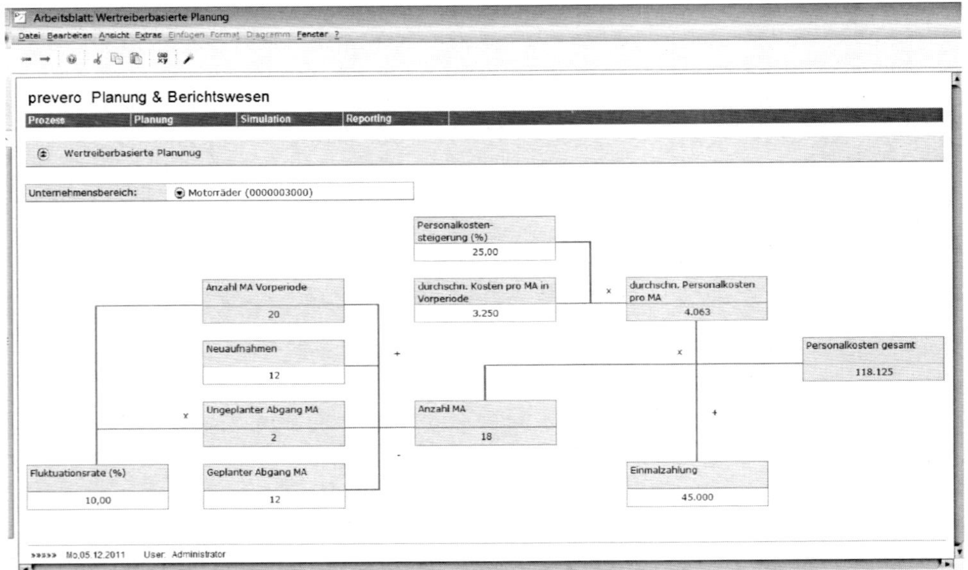

Abb. 6.1 Werttreiberbasierte Planung mit prevero Planung & Berichtswesen[1]

Das Berichtswesen dient auf der einen Seite als Planungsbasis (z. B. über Orientierungsgrößen) und auf der anderen Seite als **Analyse- und Kontrollmedium zur Zielwerterreichung** und ggf. zur Planungs- und Kurskorrektur. Analyse- und Planungsfunktionen

[1] Entnommen aus den Vortragsunterlagen von Hein (2011).

werden nicht getrennt voneinander, sondern mehr und mehr gemeinsam und kontinuierlich ausgeführt.

- **Fachkonzepte**
  Aufgrund der zunehmenden Steuerungskomplexität und der Managementorientierung in den Unternehmensleitungen werden Planungs- und Reportingsysteme zum wichtigen Steuerungsinstrument und Wettbewerbsvorteil. Historisch gewachsene Planungs- und Reportinglösungen sollten von Grund auf überarbeitet werden, um inhaltliche und weitere Mängel zu beheben. Hierzu werden Fachkonzepte notwendig sein, die das zukünftige Steuerungskonzept der Unternehmung ganzheitlich betrachten.
- **Ausbau der Planungs- und Analysefunktionen**
  Zur Unterstützung der Führungskräfte bedarf es einen weiteren Ausbau der Planungs- und Analysefunktionen. Bei den Planungsaufgaben sind hier vor allem **Simulations- und Szenariofunktionen**, die Berücksichtigung der **Prämissenplanung**, vielfältige **Verteilungsfunktionen** (z. B. Saisonverschieberegler, Restverteilungen um fixierte Werte) und **Plausibilitätshilfen** (u. a. Abstimmberichte, Prüfregeln) zu nennen. Im Reporting kommt der **Layoutgestaltung** eine höhere Bedeutung zu, vor allem mit den Grafikfunktionen (u. a. Sparklines und interaktive Diagramme, die sich bei Auswahl der Objekte anpassen), den Signalfunktionen (u. a. Alerts, Colour-Couding, Trendpfeile) und den **Kommentierungsfunktionen** (u. a. Kommentarberichte, Aggregation von Kommentierungen, Audio- und Videokommentierungen)
  Weiterhin wird die Ausnutzung **statistischer Methoden** mit modernen Prognose- und Trendrechnungen sowie die Nutzung von **Data Mining, Text und Web Mining** die Analysequalität der Informationen verbessern.
  Für die Planung und das Reporting ist zudem eine Weiterentwicklung der Erstellungswerkzeuge für Berichte und Planungsformulare zu erwarten, die es auch dem EDV-Laien ermöglicht, Formulare und Reports ohne große Programmierkenntnisse zu entwickeln. Hier sind vor allem die Weiterentwicklungen der wizard- bzw. assistentengeführten Generatoren und Entwicklungssuiten zur Erstellung von Berichten und Planungsformularen zu beobachten. Aber auch im Bereich der Datenmodellierung sollten für Nicht-IT-Spezialisten geeignete Werkzeuge bereitstehen. Die Firma *pmOne* gibt mit dem Modul OneMind z. B. die Möglichkeit, die Strukturen des Datenmodells mit einer Mindmap intuitiv zu erstellen.[2]
- **Standardlösungen**
  Um Kosten, Entwicklungs- und Einführungszeit zu sparen, werden gerade im Mittelstand Standardlösungen in den Bereichen genutzt werden, wo viele Unternehmen ähnliche Interessen besitzen. Beispiele für die Etablierung von Standardlösungen sind:
  - Integration der Erfolgs-, Bilanz-, GuV- und Finanzplanung sowie Konsolidierung
  - Balanced Scorecard und Risikomanagement
  - Absatz- und Umsatzplanung sowie Ableitung der nachgelagerten Ressourcenpläne
  - Einzelprojekt- und Multiprojektplanung

[2] Vgl. pmOne (201.

- Kennzahlensysteme wie der ROI-Baum oder Kennzahlensysteme zur wertorientierten Unternehmenssteuerung
- Branchenlösungen

Bisher sind am Softwaremarkt nur Lösungsanbieter zu finden, die einzelne Aufgabengebiete abdecken. Vor allem im Bereich der Erfolgs-, Finanz- und Bilanzplanung sowie zum Teil bei der Konsolidierung gibt es geeignete Lösungen. Seltener findet man Standardlösungen in den vorgelagerten operativen Planungsbereichen, z. B. für die Umsatz- und Ressourcenplanung oder die Einkaufsplanung.

Es ist zu erwarten, dass sich die Standardlösungen weiter ausbauen und Teilgebiete stärker integriert werden als bisher. Hierbei sind Templates zu den einzelnen Reporting- und Planungsgebieten bereitzustellen, die individuell angepasst werden können.

Organisation

- **Stärkung der Organisation für Planung und Reporting**
  Zur Durchsetzung leistungsfähiger Planungs- und Berichtssysteme wird die Institutionalisierung und organisatorische Verankerung gestärkt werden müssen.
  Das **Controlling** übernimmt hier die zentrale fachliche Koordination. In der **EDV** sind spezielle Kenntnisse im Bereich Data Warehousing und Business Intelligence aber auch der Datenquellsysteme (u. a. ERP-Systeme) notwendig. Controlling und Mitarbeiter der EDV etablieren eine **Business-Intelligence-Organisation**, die zusammen mit dem Management und den Fachbereichen an der kontinuierlichen Weiterentwicklung des Planungs- und Reportingsystems arbeiten. Statt eine eigene BI-Organisation mit einem BI Competence Center einzurichten, empfiehlt sich m.E. für den Mittelstand, ein BI-Team mit Vertretern aus den Bereichen Controlling, IT und den Fachbereichen unter Leitung des Controlling einzusetzen (vgl. hierzu Abschn. 4.1.1).
- **Leistungsfähige Berechtigungs- und Zugriffssysteme**
  Entscheidungsunterstützung und die Verhinderung des Missbrauchs von Daten sind durch leistungsfähige Berechtigungs- und Zugriffssysteme sicherzustellen. Rollenbasierte Zuordnungen von Funktionen und Objektwerten müssen einfacher werden. Sicherheitslücken im Steuerungssystem sind konsequent zu schließen.
- **Adressatengerechte Aufbereitung**
  Die Ergebnisse der Planung und des Reporting sind heute für viele interne und externe Adressaten relevant, so dass die Unterstützung einer Informationszuordnung hinsichtlich des notwendigen Detaillierungsgrades und des Umfanges notwendig wird. Hierfür sind geeignete Instrumente zur Verfügung zu stellen.
- **Verteilung und Zusammenarbeit (Collaboration)**
  Die adressatengerechte Verteilung der Planungsaufgaben und der Berichte über automatisierte Zuordnungs- und Versendungsfunktionen (Push-Berichtswesen) und die Bereitstellung zusätzlicher Informationen (Pull-Berichtswesen) über spezielle

Planungs- und Berichtsserver (z. B. über Management Query Environments), über Portallösungen, über Dokumenten- und Content-Management-Systeme oder direkt aus den Planungs- und Reportinganwendungen heraus werden an Bedeutung gewinnen.

In der Organisation von Planung und Reporting sind weiterhin Funktionen für die bessere Zusammenarbeit zu erwarten. Hierzu gehören die Terminierung, die Reservierung von Analysemeetings, Chats etc. bezüglich Ort, Teilnehmer und das zur Verfügung zu stellende technische Equipment sowie die notwendigen Dokumente. Dies gilt unternehmensintern aber auch -übergreifend, wenn z. B. nationale oder internationale Geschäftspartner mit einbezogen werden sollen. Auch in der Kommunikation mit Benutzern und Unternehmen in sozialen Netzwerken und über die Collaboration im Internet (Web 2.0) sind hier Entwicklungstrends zu beobachten.

Prozesse

- **Generelle Prozessunterstützung**
  Der gesamte Planungs- und Reportingprozess wird derzeit noch wenig mit geeigneten Instrumenten unterstützt. Hier könnten folgende Werkzeuge an Bedeutung gewinnen. Ein Workflow bzw. Netzplan zeigt grafisch die einzelnen Teilaufgaben des gesamten Planungsprozesses an. Ein Planungskalender terminiert die Teilaufgaben. Aktivitäts- und Statusberichte helfen bei der Steuerung und Kontrolle des Planungs- und Reportingprozesses.
- **Bilaterale Integration von BI- und ERP-Planungs- und Reportingprozessen**
  Aufgrund der unterschiedlichen Datenhaltungskonzepte in BI- und ERP-Systemen bietet sich eine Zusammenarbeit an. Dies wurde beim ETL-Prozess bereits in Richtung der BI-Systeme gezeigt (vgl. Abschn. 5.5.2), gilt aber auch umgekehrt. Dies kommt speziell bei rechenintensiven Planungs- und Reportingaufgaben vor, wie z. B. bei der Auflösung der Mengen- und Wertgerüste in den MRP-Läufen oder der innerbetrieblichen Leistungsverrechnung. Diese rechenintensiven Programme können im ERP-System belassen werden, anstelle im BI-System nachgebildet zu werden. In diesem Falle bietet sich eine Integration von BI- und ERP-Prozessen an, um die Vorteile beider Systemwelten zu nutzen. Zudem benötigen ggf. die ERP-Systeme die Ergebnisse der in der BI-Planung erzielten Werte, um eine vollständige Datenbasis zu besitzen (z. B. für die Verrechnungspreisermittlung in der Kostenstellenrechnung und Bewertung in der Kalkulation).
- **Gestufte Planungsprozesse**
  Zur Vereinfachung der Planung sind gestufte Planungsprozesse sinnvoll, bei der wichtige Informationen detailliert analytisch geplant werden und weniger wichtige Informationen vereinfacht, z. B. vergangenheitsorientiert hochgerechnet werden. Hierzu müssen die Systeme gestufte Planungsprozesse anbieten, die wahlweise genutzt werden können.

- **Zirkuläre Planungsprozesse**
  Die Planungen finden in zirkulären Kreisen statt. Vorgaben der Führungsebene werden heruntergebrochen auf die Detailbereiche. Die dezentralen Einheiten planen Bottom-Up ihre Leistungen. Die Ergebnisse müssen plausibilisiert und geprüft werden. Es ergeben sich Korrekturbedarfe und erneute Planungsrunden bis eine endgültige Freigabe und Genehmigung des Budgets bzw. des Forecast erreicht wird. Diese Qualitätssicherungs- und Genehmigungsprozesse benötigen eine bessere Unterstützung, die u. a. Plausibilisierungshilfen, Analysefunktionen bezüglich der Abweichungen und Genehmigungsprozesshilfen zur Verfügung stellen.

DV-Unterstützung

- **Web-Frontends und Excel-Integration**
  Bei den Frontends geht der Trend weg von den proprietären zu den web-gestützten Frontends. Cockpits und Dashboards lassen sich einfach über Web-Browser aufrufen, ohne dass zusätzliche grafische Benutzeroberflächen installiert werden müssen. Daneben existieren aber weiterhin integrierte Exceloberflächen als Excel-Add-in-Lösung, deren Datenhaltung mit dem Data Warehouse verbunden ist. Je nach Anwendung wird man zwischen den Oberflächen beliebig wechseln.
- **Ausbau der BI-Lösungen um Portallösungen, DMS, CMS und Data-Mining**
  Verstärkt werden BI- bzw. Data-Warehouse-Lösungen in Portale eingebunden, um hier eine zentrale Einstiegsmöglichkeit für den Anwender zu schaffen. Dokumenten bzw. Content Management Systeme werden ebenfalls eingebunden, die zudem für die Planung und das Reporting unstrukturierte Textinformationen und Dokumente in verschiedensten Ausgabeformaten (Bilder, E-Books, Audio- und Videodateien etc.) themenorientiert bündeln. Die bereits bei den Planungs- und Analyseinformationen angesprochene Funktionalität des Data Mining bzw. Text und Web Mining ist bisher nur vereinzelnd zu finden. Hier sind Weiterentwicklungen und ein höherer Nutzungsanteil zu erwarten.
- **Mobile Systeme**
  Die Verbreitung von Smartphones und Smartpads in der Gesellschaft und in den Unternehmen führt dazu, dass Planungs- und Berichtssysteme stärker auf diese mobile Endgeräte ausgerichtet sein müssen als bisher (vgl. Abschn. 5.7.1). Die Rich-Thin-Client-Technologie erweitert die traditionellen Thin-Clients um leistungsfähige Steuerungselemente, konfigurierbare ereignisgesteuerte Methoden und zusätzliche Kommunikationsmodelle.[3] Allerdings müssen die Planungs- und Reportinginhalte so konzipiert werden, dass sie optimal an die Größe des Bildschirms und die Auflösung angepasst sind. Es muss eine inhaltliche und layouttechnische Abstimmung zwischen mobilem und stationärem Reporting erfolgen. Tendenziell werden sich mobile Systeme, vor allem die kleinen Smartphones, beim Reporting eher durchsetzen als bei der Planung, da manuelle Planwerteinträge größere Eingabeoberflächen benötigen. Weiterhin wird zu

[3] Vgl. Neumann(2011, S. 2).

beobachten sein, welche der derzeit vorhandenen Betriebssysteme und Standards von Apple, Android, Windows 7 oder den allgemeinen Standards wie HTML5 sich technologisch durchsetzen.

- **Weitere technische Trends**[4]
  Bei den Anbietern von BI-Software ist eine Zunahme von Open-Source-Produkten zu erkennen, bei denen der Urheber einer Software in den Lizenzen Nutzungsbedingungen festlegt, die i. d. R. die Software zur „freien" Nutzung ohne größere Beschränkung dem Anwender überlassen. Wichtige Voraussetzung für die freie Nutzbarkeit sind die Lizenzgebührenfreiheit und ein offen zugänglicher Quellcode. Ob sich die Open-Source-Produkte gegenüber den herkömmlichen Systemen durchsetzen, ist derzeit nicht abzusehen.
  Mit Hilfe des In-Memory-Computing sollen spezielle Funktionalitäten und Auswertungen von Datenbanken, BI-Anwendungen und OLAP-Würfeln direkt in den Arbeitsspeicher (RAM) eines Servers geladen werden, um so performanter Analysereporting für Endgeräte zu betreiben.[5]
  Weiterhin sind Trends bezüglich der Auslagerung von Diensten über das Web zu erkennen. Anbieter von „Software as a Service (SaaS)" vermarkten beispielsweise Software-Lösungen als Dienstleister über das Web, die anstelle der eigenen Software genutzt werden können. Über das sogenannte Cloud Computing sollen Softwarestrukturen und Informationen im Web verteilt und gespeichert werden.[6] Für die Planung und das Reporting scheinen diese Auslagerungen bzw. Verteilungen bezüglich der sensiblen Informationen nur dann richtungsweisend zu sein, insoweit sich sichere und stabile Zugriffe gewährleisten lassen und Datenmissbräuche ausgeschlossen sind. Wenn dies garantiert ist, bietet die Cloud eine nie dagewesene weltweite mobile Verfügbarkeit von planungs- und steuerungsrelevanter Managementinformationen.

Literatur und Quellen zum Kap. 6

Bernhardt, N., A. Seufert. Auf dem Weg in die Business Intelligence Cloud. http://www.beyenetwork.de/print/14860. Zugegriffen: am 19.01.2011.

Buxton, I. 2010. *High.* aus dem RAM – SAPs In Memory Technologie, in: Computerwoche. http://www.computerwoche.de/1935940. Zugegriffen: am 18.05.

Hansel, S. 2011. Puristische Strategie – Internetbasierte Programme – neudeutsch Cloud Computing – werden zur ernsthaften Alternative für die Unternehmens-IT. *Wirtschaftswoche* 8: 62–67.

Hein, A. 2011. prevero Unternehmen und Lösungen – Unternehmenssteuerung mit prevero, prevero Österreich GmbH Wien, *Vortragsunterlagen*. Wien.

[4] Vgl. zu weiteren technischen Entwicklungen im Bereich Business Intelligence u. a. Kemper et al. (2010, S. 249 ff.).

[5] Vgl. Buxton (2010).

[6] Vgl. Bernhardt (2011) und Hansel (2011, S. 62–67).

Kemper, H.G., H. Baars, und W. Mehanna. 2010. *Business Intelligence – Grundlagen und praktische Anwendungen*, 3. Aufl., 249. Wiesbaden.

Neumann, T. Richt Thin Clients für Web-Anwendungen. http://www.sigs.de/publications/os/2005/01/neumann_OS_01_05.pdf. Zugegriffen: am 18.07.2011, S. 2.

pmOne Produktinformationen.
http://www.pmone.de/de/produkte-loesungen/bi-technologie/onemind/onemind-im-schnelldurchlauf-innovative-datenbankmodellierung/. Zugegriffen: am 19.07.2011.

Stichwortverzeichnis

D. Schön, *Planung und Reporting im Mittelstand*, DOI 10.1007/978-3-8349-3604-2,

MIX
Papier aus verantwortungsvollen Quellen
Paper from responsible sources
FSC® C105338

Printed by Books on Demand, Germany